高等学校通用教材

系统测试性设计分析与验证

田　仲　石君友　编著

北京航空航天大学出版社

内 容 简 介

测试性(testability)是使系统和设备的监控、测试与诊断简便而且迅速的一种设计特性,与系统维修性、可靠性和可用性密切相关。本书全面介绍了测试性设计分析与验证的有关理论和方法。内容包括:测试性和诊断概念、度量参数和指标、测试性要求和诊断方案、测试点与诊断策略、指标分配和预计以及测试性设计和验证等技术及方法。

本书注意科学性与实用性相结合,既可作为大专院校相关专业的教材、参考书,也可作为从事维修性、测试性及测试与诊断等工作的工程技术和研究人员的参考书。

图书在版编目(CIP)数据

系统测试性设计分析与验证/田仲等编著. —北京:北京航空航天大学出版社,2003.4
ISBN 978-7-81077-297-6

Ⅰ.系⋯ Ⅱ.田⋯ Ⅲ.系统可靠性—测试 Ⅳ.N945.17

中国版本图书馆 CIP 数据核字(2003)第 023533 号

版权所有,侵权必究。

系统测试性设计分析与验证
田 仲 石君友 编著
责任编辑 刘晓明

*

北京航空航天大学出版社出版发行
北京市海淀区学院路 37 号(邮编 100191) http://www.buaapress.com.cn
发行部电话:(010)82317024 传真:(010)82328026
读者信箱:bhpress@263.net 邮购电话:(010)82316936
涿州市新华印刷有限公司印装 各地书店经销

*

开本:787×1 092 1/16 印张:27 字数:691千字
2003 年 4 月第 1 版 2010 年 9 月第 4 次印刷 印数:5 001~7 000 册
ISBN 978-7-81077-297-6 定价:45.00 元

前 言

科学技术的进步,特别是计算机技术和大规模集成电路的广泛应用,在改善和提高系统、武器装备性能的同时,也大大增加了系统的复杂性。这势必带来测试时间长、故障诊断困难和使用保障费用高等问题,从而引起了人们的高度重视。研究人员展开了大量的系统测试和诊断问题的研究,要求在设计研制过程中使系统具有自检测和为诊断提供方便的设计特性,即测试性。20世纪80年代以来,测试性和诊断技术在国外得到了迅速发展,出现了大量的文章和研究报告,颁布了一系列军用标准,并贯彻到武器系统的研制中,取得了明显效益。测试性逐步形成了一门与可靠性、维修性并行发展的学科分支。

测试性是系统和设备的一种便于测试和诊断的重要设计特性,对现代武器装备及各种复杂系统特别是对电子系统和设备的维修性、可靠性和可用性有很大影响。具有良好测试性的系统和设备,可以及时、快速地检测与隔离故障,提高执行任务的可靠性与安全性,缩短故障检测与隔离时间,进而减少维修时间,提高系统可用性,降低系统使用保障费用。

测试性研究是一门新兴的学科,我国在这方面的研究起步较晚。近些年来,有关部门已经开展了不少的研究工作,颁布了测试性军用标准,在新型号研制中提出了测试性要求,开展了有关设计工作。但总的来说,我国还是处于测试性技术发展的初级阶段,测试性知识尚不普及,教学上缺少教材,工程应用上缺少设计指南,实践经验也不多。编写本书的出发点是为测试性教学和工程应用方面提供参考资料,希望能在促进我国测试性和诊断学科发展方面做些有益的工作。

本书是在多年科研、教学和参与设备研制的基础上,吸收国内外测试性研究成果,参考有关标准、文章、研究报告和图书编写而成的。书中全面阐述了测试性与诊断、参数和指标、设计工作项目、测试性要求和诊断方案、测试点与诊断策略、指标分配和预计以及测试性设计和验证等技术及方法。测试性和机内测试（BIT）技术是首先在航空电子领域发展起来的，所以许多基础理论是针对电子系统和设备的，不少内容是以航空机载设备为例说明的。但本书介绍的测试性基本设计分析思想和技术，各类系统和设备均可参照应用。

考虑到教学和工程应用的需要，编写本书时注意到了科学性和实用性，力求结合国情，从系统性和工程实用观点出发组织有关章节内容。希望它能作为贯彻测试性国家军用标准的应用指南，并成为一本有用的教学参考书，为从事测试性和诊断技术研究的工程技术人员提供参考。

本书共分13章，其中第9章由石君友编写，其余各章由田仲编写。在该书编写过程中，单位领导和同事们给予了热情的支持和帮助。王晓峰副教授参与了本书的校对工作；康锐教授审阅了本书主要章节；曾天翔研究员审阅了全书，提供了宝贵意见。在此一并表示衷心的感谢。

测试性是一门新兴学科，正处在发展之中。鉴于编者水平有限，对于书中的错误和疏漏之处，恳请读者谅解和指正。

编　者

2002 年 7 月

目 录

第1章 绪 论

1.1 故障、诊断与测试性的基本概念 ··· 1
　1.1.1 故障及其后果 ··· 1
　1.1.2 故障诊断 ··· 4
　1.1.3 测试性和机内测试 ··· 8
　1.1.4 综合诊断 ··· 13
1.2 测试性及诊断技术的发展 ·· 13
　1.2.1 由外部测试到机内测试 ··· 13
　1.2.2 测试性成为一门独立的学科 ······································· 14
　1.2.3 综合诊断、人工智能及CAD的应用 ································· 15
　1.2.4 国内测试性发展现状 ··· 17
1.3 测试性/BIT 对系统的影响 ··· 17
　1.3.1 对维修性的影响 ··· 17
　1.3.2 对可靠性的影响 ··· 18
　1.3.3 对可用性和战备完好性的影响 ····································· 19
　1.3.4 对寿命周期费用的影响 ··· 19
　1.3.5 测试性/BIT 影响分析实例 ·· 21
1.4 常用测试性与诊断术语 ·· 23
习 题 ·· 27

第2章 测试性和诊断参数

2.1 概 述 ·· 28
2.2 参数定义及说明 ·· 29
　2.2.1 故障检测率 ··· 29
　2.2.2 关键故障检测率 ··· 31
　2.2.3 故障隔离率 ··· 32
　2.2.4 虚警率 ··· 34
　2.2.5 故障检测时间 ··· 35
　2.2.6 故障隔离时间 ··· 35
　2.2.7 系统的故障检测率和隔离率 ······································· 35
　2.2.8 不能复现率 ··· 36
　2.2.9 台检可工作率 ··· 37
　2.2.10 重测合格率 ·· 37

        2.2.11 误拆率 …………………………………………………………… 37
        2.2.12 BIT/ETE 可靠性 ………………………………………………… 38
        2.2.13 BIT/ETE 维修性 ………………………………………………… 38
        2.2.14 BIT/ETE 平均有效运行时间 …………………………………… 38
        2.2.15 虚警与 CND 及 RTOK 的关系 ………………………………… 38
    习　题 ……………………………………………………………………………… 40

第3章　测试性设计与管理工作概述

    3.1 测试性工作项目及说明 ……………………………………………………… 41
        3.1.1 测试性工作项目 ……………………………………………… 41
        3.1.2 测试性工作项目说明 ………………………………………… 42
        3.1.3 测试性与其他专业工程的接口 ……………………………… 46
    3.2 系统各研制阶段的测试性工作 ……………………………………………… 47
        3.2.1 要求和指标论证阶段 ………………………………………… 47
        3.2.2 方案论证和确认阶段 ………………………………………… 47
        3.2.3 工程研制阶段 ………………………………………………… 48
        3.2.4 生产阶段和使用阶段 ………………………………………… 48
    3.3 测试性设计的目标和内容 …………………………………………………… 49
        3.3.1 设计目标 ……………………………………………………… 49
        3.3.2 设计内容 ……………………………………………………… 49
    3.4 测试性设计工作流程 ………………………………………………………… 50
        3.4.1 各研制阶段测试性工作流程 ………………………………… 50
        3.4.2 与系统功能和特性设计并行的测试性设计流程 …………… 52
        3.4.3 多级测试性设计流程 ………………………………………… 53
        3.4.4 UUT 测试性与诊断设计流程 ………………………………… 53
    3.5 测试性设计工作的评价与度量 ……………………………………………… 54
        3.5.1 测试性设计分析报告 ………………………………………… 54
        3.5.2 测试性与诊断有效性评价 …………………………………… 55
        3.5.3 产品对使用要求的符合性评价 ……………………………… 57
    习　题 ……………………………………………………………………………… 57

第4章　测试性与诊断要求

    4.1 概　述 ………………………………………………………………………… 58
    4.2 确定测试性与诊断要求依据分析 …………………………………………… 59
        4.2.1 任务要求分析 ………………………………………………… 59
        4.2.2 系统构成特性分析 …………………………………………… 59
        4.2.3 使用和保障要求分析 ………………………………………… 60
        4.2.4 可利用新技术分析 …………………………………………… 60
    4.3 测试性与诊断要求的内容 …………………………………………………… 61

4.3.1　嵌入式诊断要求 …………………………………………………… 61
　　4.3.2　外部诊断要求 ……………………………………………………… 61
　　4.3.3　测试性与诊断定性要求 …………………………………………… 63
　　4.3.4　测试性与诊断定量要求 …………………………………………… 64
4.4　系统与产品的测试性要求 …………………………………………………… 65
　　4.4.1　系统测试性要求 …………………………………………………… 65
　　4.4.2　产品测试性要求 …………………………………………………… 66
4.5　确定测试性指标的程序和方法 ……………………………………………… 67
　　4.5.1　确定测试性要求的程序 …………………………………………… 67
　　4.5.2　测试性参数的选择 ………………………………………………… 69
　　4.5.3　测试性与可靠性、维修性之间的权衡分析 ……………………… 71
　　4.5.4　用类比法确定测试性指标 ………………………………………… 73
　　4.5.5　初定指标的分析检验 ……………………………………………… 79
4.6　诊断指示正确性和 BIT 影响分析 ………………………………………… 80
　　4.6.1　BIT 对可靠性影响分析 …………………………………………… 80
　　4.6.2　BIT 对维修性影响分析 …………………………………………… 83
　　4.6.3　诊断指示正确性分析 ……………………………………………… 85
4.7　测试性/诊断规范示例 ……………………………………………………… 89
　　4.7.1　初步系统测试性规范 ……………………………………………… 89
　　4.7.2　系统测试性规范 …………………………………………………… 89
　　4.7.3　CI 测试性研制规范 ………………………………………………… 91
习　题 ………………………………………………………………………………… 93

第5章　故障诊断方案

5.1　诊断方案的制定程序 ………………………………………………………… 94
5.2　候选诊断方案 ………………………………………………………………… 94
　　5.2.1　确定诊断方案的依据 ……………………………………………… 94
　　5.2.2　诊断方案组成要素 ………………………………………………… 95
　　5.2.3　候选诊断方案的确定 ……………………………………………… 97
5.3　最佳诊断方案的选择 ………………………………………………………… 98
5.4　权衡分析 ……………………………………………………………………… 98
　　5.4.1　定性权衡分析 ……………………………………………………… 98
　　5.4.2　定量权衡分析 ……………………………………………………… 101
5.5　费用分析 ……………………………………………………………………… 107
　　5.5.1　故障诊断子系统费用模型 ………………………………………… 107
　　5.5.2　BIT 寿命周期费用增量模型 ……………………………………… 108
　　5.5.3　简单费用分析举例 ………………………………………………… 112
习　题 ………………………………………………………………………………… 114

第6章 测试性与诊断要求分配

6.1 概述 ·· 115
6.1.1 测试性分配的指标 ··· 115
6.1.2 进行测试性分配工作的时间 ·· 115
6.1.3 测试性分配工作的输入和输出 ··· 115
6.1.4 测试性分配的模型和要求 ··· 116
6.2 等值分配法和经验分配法 ··· 119
6.2.1 等值分配法 ·· 119
6.2.2 经验分配法 ·· 119
6.3 按系统组成单元的故障率分配法 ··· 119
6.4 加权分配法 ·· 121
6.5 综合加权分配法 ·· 123
6.5.1 测试性分配模型和工作程序 ··· 123
6.5.2 综合主要影响因素的加权分配方法 ··· 124
6.5.3 只考虑复杂度时的分配方法 ··· 125
6.5.4 只考虑重要度时的分配方法 ··· 126
6.6 有部分老产品时的分配方法 ··· 127
6.7 优化分配方法 ·· 128
6.7.1 优化分配的数学模型 ·· 128
6.7.2 解法介绍 ·· 128
6.7.3 算法及步骤 ·· 130
6.7.4 目标函数和约束函数的选择 ··· 130
6.7.5 应用举例 ·· 135
习 题 ·· 139

第7章 固有测试性设计与评价

7.1 固有测试性设计 ·· 140
7.1.1 划 分 ·· 140
7.1.2 功能和结构设计 ··· 142
7.1.3 初始化 ·· 142
7.1.4 测试控制 ·· 144
7.1.5 测试观测 ·· 148
7.1.6 元器件选择 ·· 149
7.1.7 其 他 ·· 150
7.2 测试性设计准则 ·· 150
7.2.1 电子功能结构设计 ··· 150
7.2.2 电子功能划分 ·· 150
7.2.3 测试控制 ·· 151

7.2.4 测试通路 ... 151
7.2.5 元器件选择 ... 152
7.2.6 模拟电路设计 ... 152
7.2.7 大规模集成电路、超大规模集成电路和微处理器 ... 153
7.2.8 射频(RF)电路设计 ... 153
7.2.9 光电(EO)设备设计 ... 154
7.2.10 数字电路设计 ... 154
7.2.11 机内测试(BIT) ... 156
7.2.12 性能监控 ... 156
7.2.13 机械系统状态监控 ... 156
7.2.14 诊断能力综合 ... 157
7.2.15 测试要求 ... 157
7.2.16 测试数据 ... 157
7.2.17 测试点 ... 157
7.2.18 传感器 ... 158
7.2.19 指示器 ... 159
7.2.20 连接器 ... 159
7.2.21 兼容性 ... 160
7.3 固有测试性评价 ... 160
7.3.1 通用设计准则剪裁原则 ... 161
7.3.2 简单分析评价方法 ... 161
7.3.3 加权评分法 ... 161
7.4 印制电路板测试性评价方法 ... 164
7.4.1 方法概述 ... 164
7.4.2 测试性评价因素及其评分 ... 165
习题 ... 170

第8章 测试点与诊断策略

8.1 简单 UUT 的测试点和诊断策略 ... 171
8.1.1 依据已知数据确定诊断策略 ... 171
8.1.2 依据 UUT 构型确定诊断策略 ... 171
8.2 复杂系统的诊断策略 ... 174
8.2.1 分层测试策略 ... 174
8.2.2 UUT 测试点和优化测试顺序 ... 175
8.2.3 复杂系统诊断的基本原理 ... 175
8.3 基于相关性模型的诊断方法 ... 177
8.3.1 有关假设和定义 ... 177
8.3.2 相关性建模 ... 178
8.3.3 优选测试点制定诊断策略 ... 180

8.3.4 考虑可靠性和费用的影响 ………………………………………… 186
8.3.5 应用举例 ……………………………………………………………… 189
8.3.6 基于相关性的诊断方法小结 ………………………………………… 198
8.4 最少测试费用诊断策略设计 ………………………………………………… 199
8.4.1 诊断树费用分析方法 ………………………………………………… 199
8.4.2 诊断子集费用优选方法 ……………………………………………… 201
8.4.3 有用诊断子集分析方法 ……………………………………………… 204
8.4.4 有用诊断子集分析示例 ……………………………………………… 205
8.5 基于故障树分析的故障诊断方法 …………………………………………… 209
8.5.1 故障树分析 …………………………………………………………… 209
8.5.2 利用 FTA 确定测试顺序 …………………………………………… 210
8.5.3 举 例 ………………………………………………………………… 212
习 题 ………………………………………………………………………………… 213

第 9 章 测试性/BIT 设计技术

9.1 系统测试性设计 ……………………………………………………………… 214
9.1.1 系统测试性顶层设计 ………………………………………………… 214
9.1.2 系统测试性设计指南 ………………………………………………… 216
9.2 系统 BIT 设计 ………………………………………………………………… 219
9.2.1 系统 BIT 顶层设计 ………………………………………………… 219
9.2.2 系统 BIT 设计指南 ………………………………………………… 229
9.3 常用 BIT 设计技术 …………………………………………………………… 230
9.3.1 数字 BIT 技术 ……………………………………………………… 231
9.3.2 模拟 BIT 技术 ……………………………………………………… 244
9.3.3 环绕 BIT 技术 ……………………………………………………… 246
9.3.4 冗余 BIT 技术 ……………………………………………………… 249
9.3.5 动态部件 BIT 技术 ………………………………………………… 252
9.3.6 功能单元 BIT 实例 ………………………………………………… 253
9.4 测试点的选择与设置 ………………………………………………………… 257
9.4.1 测试点类型 …………………………………………………………… 257
9.4.2 测试点要求 …………………………………………………………… 258
9.4.3 测试点选择 …………………………………………………………… 258
9.4.4 测试点设置举例 ……………………………………………………… 259
9.5 测试性设计应注意的问题 …………………………………………………… 262
9.5.1 可靠性分析是测试性设计的基础 …………………………………… 262
9.5.2 确定合理的测试容差 ………………………………………………… 263
9.5.3 采取必要的防止虚警措施 …………………………………………… 266
9.5.4 注意测试性增长工作 ………………………………………………… 267
习 题 ………………………………………………………………………………… 269

第 10 章 BIT 虚警问题及降低虚警率方法

10.1 BIT 虚警问题 …………………………………………………………… 270
10.1.1 虚警和虚警率的定义 …………………………………………… 270
10.1.2 已服役系统的虚警状况 ………………………………………… 272
10.1.3 国内虚警问题现状 ……………………………………………… 275

10.2 BIT 虚警的影响 ………………………………………………………… 276
10.2.1 虚警对 BIT 有效性的影响 ……………………………………… 276
10.2.2 虚警对系统完成任务的影响 …………………………………… 277
10.2.3 虚警对系统可靠性、维修性的影响 …………………………… 277
10.2.4 虚警对系统备件的影响 ………………………………………… 277

10.3 产生虚警的原因 ………………………………………………………… 277
10.3.1 虚警原因综述 …………………………………………………… 278
10.3.2 I 类虚警的原因 ………………………………………………… 279
10.3.3 II 类虚警的原因 ………………………………………………… 280

10.4 降低虚警率的方法 ……………………………………………………… 283
10.4.1 确定合理的测试容差 …………………………………………… 284
10.4.2 确定合理的故障指示、报警条件 ……………………………… 287
10.4.3 提高 BIT 的工作可靠性 ………………………………………… 294
10.4.4 环境应力的测量与应用 ………………………………………… 297
10.4.5 灵巧 BIT——人工智能技术的应用 …………………………… 301
10.4.6 灵巧 BIT 与 TSMD 综合系统 ………………………………… 303
10.4.7 其他方法 ………………………………………………………… 305

10.5 降低虚警率方法总结 …………………………………………………… 307
习 题 ………………………………………………………………………… 308

第 11 章 系统测试性与诊断的外部接口

11.1 BIT 信息的显示与输出 ………………………………………………… 309
11.1.1 BIT 测试能力和 BIT 信息内容 ………………………………… 309
11.1.2 通过指示器、显示板输出信息 ………………………………… 314
11.1.3 通过 BIT 结果读出器、维修监控板和显示器输出信息 ……… 315
11.1.4 通过中央维修系统/综合监控系统输出 BIT 信息 …………… 317
11.1.5 通过打印机、磁带/磁盘和 ACARS 输出 BIT 信息 ………… 323
11.1.6 利用外部测试设备输出和采集 BIT 信息 …………………… 324

11.2 UUT 与 ATE 的兼容性 ………………………………………………… 325
11.2.1 兼容性一般要求 ………………………………………………… 325
11.2.2 兼容性详细要求 ………………………………………………… 325
11.2.3 兼容性偏离的处理 ……………………………………………… 326
11.2.4 兼容性评价 ……………………………………………………… 327

  11.2.5 兼容性验证 331
 11.3 测试程序及接口装置 331
  11.3.1 TPS 要求 332
  11.3.2 TPS 研制 334
 习题 336

第 12 章 测试性预计

 12.1 概述 337
  12.1.1 测试性预计的目的和参数 337
  12.1.2 进行测试性预计工作的时机 337
  12.1.3 测试性预计工作的输入和输出 338
 12.2 工程常用预计方法 339
  12.2.1 BIT 故障检测与隔离能力的预计 339
  12.2.2 系统测试性预计 342
  12.2.3 LRU 测试性分析预计 344
  12.2.4 SRU 测试性分析预计 345
  12.2.5 其他参数的预计问题 346
 12.3 概率方法 347
  12.3.1 常用方法存在的问题和故障责任数据 347
  12.3.2 概率方法的简单例子 349
  12.3.3 更复杂的例子 350
 12.4 集合论方法 351
  12.4.1 专用测试的 FDR 351
  12.4.2 重叠覆盖的 FDR 352
  12.4.3 重叠覆盖的不相交和相交故障类的 FDR 355
  12.4.4 FIR 的计算 357
  12.4.5 集合论方法小结 359
 习题 362

第 13 章 测试性验证与评价

 13.1 概述 363
  13.1.1 测试性验证试验 363
  13.1.2 测试性验证的内容 363
  13.1.3 测试性验证试验与其他验证的关系 363
  13.1.4 测试性验证试验的时机和测试的产品 364
 13.2 测试性验证的工作任务和程序 364
  13.2.1 测试性验证工作任务 364
  13.2.2 测试性验证工作程序 364
 13.3 测试性验证的技术准备工作 365

  13.3.1 关于试验的样本量 ……………………………………………… 365
  13.3.2 故障影响及注入方法分析 ………………………………………… 367
  13.3.3 注入故障样本的分配及抽样 ……………………………………… 367
  13.3.4 验证的产品及测试设备 …………………………………………… 369
 13.4 测试性验证试验步骤与参数计算 ………………………………………… 369
  13.4.1 试验步骤 …………………………………………………………… 369
  13.4.2 参数计算 …………………………………………………………… 370
  13.4.3 接收/拒收的判定 …………………………………………………… 370
 13.5 验证试验方案及结果判定 ………………………………………………… 371
  13.5.1 成败型定数抽样试验方案 ………………………………………… 371
  13.5.2 最低可接受值试验方案 …………………………………………… 381
  13.5.3 成败型截尾序贯试验方案 ………………………………………… 381
  13.5.4 近似试验方案及判据 ……………………………………………… 384
 13.6 虚警率验证问题 …………………………………………………………… 385
  13.6.1 数据来源 …………………………………………………………… 385
  13.6.2 按可靠性要求验证 ………………………………………………… 386
  13.6.3 按成功率验证 ……………………………………………………… 386
  13.6.4 考虑双方风险时的验证 …………………………………………… 387
  13.6.5 近似验证方法 ……………………………………………………… 387
 13.7 测试性参数估计 …………………………………………………………… 389
  13.7.1 点估计 ……………………………………………………………… 389
  13.7.2 区间估计 …………………………………………………………… 389
  13.7.3 近似估计 …………………………………………………………… 390
 13.8 测试性综合评价 …………………………………………………………… 392
  13.8.1 现有测试性验证方法的适用性 …………………………………… 392
  13.8.2 三阶段评定方法 …………………………………………………… 393
  13.8.3 综合分析评定 ……………………………………………………… 395
 习 题 ……………………………………………………………………………… 396

附　录

 附表1 二项分布单侧置信下限 ……………………………………………… 397
 附表2 二项分布单侧置信上限 ……………………………………………… 400
 附表3 χ^2 分布分位数表 ……………………………………………………… 403
 附表4 BIT 信息表 …………………………………………………………… 405
 附表5 BIT 信息统计汇总表 ………………………………………………… 406

常用英文缩略语

参考文献

第1章 绪 论

1.1 故障、诊断与测试性的基本概念

1.1.1 故障及其后果

故障诊断和维修是研究系统和设备使用过程中与故障作斗争的理论和方法,而测试性、维修性和可靠性是从产品设计角度研究与故障作斗争的理论和方法。所以,研究测试性和诊断技术,必须首先对产品的故障有全面的了解。

1. 故障定义和分类

一个系统或一台设备不可能永远地正常运行下去。当工作不正常出现故障时,会发生各种情况。例如:

① 动作偶然失灵,但能很快恢复正常;
② 有异状,但短期内并不影响其完成功能;
③ 有异状,但性能指标尚没有明显下降,还能在一定时间内勉强维持运行;
④ 有异状,性能指标明显下降,需要退出运行进行检查和修理;
⑤ 已丧失正常功能,必须立即停止运行;
⑥ 已产生损坏现象,随即失去功能并自行停止运转;
⑦ 已发生破坏事件,造成严重损失或安全事故。

以上七种现象尽管表明设备"生病"程度和影响不同,但都属于故障现象。其中①~④项需要进行维修,以消除故障隐患,恢复设备的"健康"状况;而第⑤、⑥和⑦项,则已经错过检修时机而造成损失或事故。

通常,故障定义为产品不能执行规定功能的状态,即故障是产品已处于一种不合格的状况,是对产品正确状态的任何一种可识别的偏离,而这种偏离对特定使用者要求来说是不合格的,已经不能完成其规定功能。

产品合格与不合格、能否完成规定功能的判断,不仅取决于所研究产品的功能本身,而且还与产品的特性和使用范围有关。如航空发动机的滑油消耗量变大,对于短程飞行来说也许不会成问题;而远程飞行时,可能会把滑油耗光。又如,一个发动机仪表不正常了,对于多引擎的飞机不会造成飞行中断;而对于单引擎的飞机则显然是不行的。因此,不同使用部门所定的不合格标准可以是不相同的;但一个使用部门之内,则应把合格与不合格界线加以统一规定,给出明确的故障定义。

产品不合格状态的范围可以是,从完全丧失其完成规定功能的能力,到表明很快就要丧失这种能力的某种实际迹象。因此,对于维修来说还需把故障进一步分为功能故障和潜在故障。

功能故障是指产品(部件、设备或系统等)不能满足其规定的性能指标或丧失其完成规定

功能的能力。产品丧失其一种或几种规定功能当然是功能故障。除此之外，产品性能明显下降，工作时不能达到规定的性能水平也是功能故障。例如，一个电子表，有显示时、分、秒、日期和音乐报时等功能。如丧失了其中任一种或两种功能，都是功能故障。也会有这种情况，虽然表还在走，但每天的误差可达半小时，这也不能说表的功能是正常的。

潜在故障是一种指示产品即将发生功能故障的可能鉴别的实际状态，是与定义功能故障的产品性能标准直接相关的。例如，轮胎的胎面橡胶的功能之一是提供可以翻新的表层，保护轮胎的胎身使之能够翻新。轮胎在使用过程中会逐渐磨去胎面胶，如果这种磨损到了使轮胎不能翻新的程度，那么功能故障就发生了。为了防止发生这种功能故障，必须定义潜在故障为危及胎身前的某一个磨损点；定期检测胎面胶的磨损量，达到潜在故障标准时就进行更换。这样，就可以在不产生功能故障后果的情况下，使轮胎得到最大限度的利用。

在电子设备和计算机中，往往很难找出定义潜在故障的耗损特征值，或许不存在这种耗损特性。这类设备故障特征与上例胎面胶磨损不同，按其特点，有如下一些故障分类方法：

(1) 永久故障与间歇故障

所谓永久故障是测试期间一直存在的故障，故障现象在一定时间内是固定不变的。造成这类故障的原因多是构成系统、设备的物理器件损坏，以及参数偏离正常值、电路断路或短路等；计算机软件本身如有错误，有时也表现一定的"永久性"影响效果。

间歇故障是时有时无的，不是一直出现在检测过程中。这类故障多数是由于接触不良、元件老化、噪声、临界定时和过窄的容限等原因引起的。何时出现故障特性，带有一定的随机性。但是，有许多间歇故障最后将会演变成永久性故障。

(2) 系统故障与局部故障

系统故障是指影响到系统运行的全局性故障。这时系统可能出现如下情况：停止运行或永不停止运行；系统可以执行程序但结果总是错的。如计算机系统时钟故障就是影响全局的系统故障。局部故障只影响整个系统的某一部分，如某个一般的逻辑部件发生故障，但不影响全局。

(3) 硬件故障与软件故障

硬件故障是指构成系统或设备的物理器件参数偏离规定值或者完全损坏所造成的故障；而软件故障是指软件本身蕴含的错误所导致的结果。软件故障一般是在软件设计和编写过程中造成的。在计算机软件生产中，由于软件工程的复杂性，加之缺乏统一的科学管理和生产制度，出现软件错误往往是不可避免的，所以软件可靠性已成为人们共同关心的一个重要问题。

(4) 定值故障与非定值故障

定值故障是数字电路中输出固定为"0"(s—a—0)或固定为"1"(s—a—1)的故障。非定值故障是除固定为"1"或"0"以外的其他数字电路故障。

(5) 单故障与多故障

单故障是指测试时间内被测对象只有一个故障，常见于运行中的设备或系统；多故障是指被测对象同时存在多个故障，常见于新研制出来的设备。

故障类型不同，检测与诊断方法也不同。一般检测和诊断永久故障、硬件故障、定值故障及单故障相对比较容易些，而检测和诊断间歇故障、软件故障、非定值故障及多故障较困难些。许多检测与诊断方法都是对前者而言的，这是读者学习检测诊断方法时应注意的。

2. 故障影响后果

各种故障,不管它属于哪一类,只要存在就终究会产生程度不同的影响,带来不良后果。这也正是人们重视故障,并力争消除故障的原因。故障的影响可大可小,其范围包括从检测、修理或更换故障器件所花费用,直到损坏设备和危及人员安全等。故障的影响后果决定了故障检测、诊断和维修工作的优先顺序,以及要不要改进设计来防止该故障的发生。

一般说来,系统或设备越复杂,故障率越高,故障模式也越多。不管故障模式、类型有多少,所有的故障后果都可以归纳为以下四类。

(1) 安全性后果

发生故障会对设备使用安全性有直接不利的影响,其后果可能会引起人身伤害,甚至机毁人亡。安全性后果除来源于对使用安全有直接影响的功能丧失外,还可能来自因某种功能丧失所造成的继发性二次损伤。

(2) 使用性后果

这是故障对设备使用能力有直接不利影响的故障后果。它包括间接的经济损失(如原工作进度的拖延、停工等造成的损失)和直接的修理费用。所以,每当因排除故障而打断计划好的设备正常运行时,则该故障就是有使用性后果的。

(3) 非使用性后果

故障对设备的使用能力没有直接不利的影响,只影响直接的修理费用(经济性后果)。例如,配有多余度领航系统的飞机,一个领航装置出了故障,另外的领航装置保证所要求功能的可用性,仍可完成领航任务。因此在这种情况下,确定潜在故障的目的就是尽可能防止发生功能故障,把故障后果降低到只有非使用性后果的程度。

(4) 隐患性后果

有些故障没有直接的不利影响,但是增加了发生多重故障的可能性,隐含着可能产生直接的不利影响,属于隐蔽功能项目的故障后果。所谓隐蔽功能就是其故障时对于在履行正常职责的使用者来说是不明显的功能。如火警探测系统,平时是工作着的;而它的传感器功能是隐蔽的,若出了故障也是隐蔽的。当有火情时,如果因传感器故障而未报警就会导致严重后果。再如灭火系统,平时是不工作的,没有火警不需要灭火时也表现不出它的功能。如果这些隐蔽功能故障没有及时发现和排除,最终就可能造成严重的后果。

所有的故障后果都是系统或设备的设计特性所决定的,而且也只有从设计上采取改进措施才能改变故障后果。例如,安全性后果可能运用余度技术而降低为经济性后果;隐蔽功能可以通过配用自检装置或其他设计方法变成明显功能,从而改变其隐蔽性后果。

此外,故障的检测和诊断也与系统和设备的设计特性密切相关。如果设计时考虑到了故障检测与诊断的要求,设计了必要的自检测功能和与外部测试设备的接口等,为测试提供最大的方便,则检测与诊断故障就很容易进行;否则诊断故障将会是很难的,特别是对于复杂的电子系统和设备更是如此。

在设计过程中,如何考虑具有不同影响后果的故障,如何为检测和诊断故障提供最大的方便,从而提高测试性水平,是本书将要论述的中心内容。

1.1.2 故障诊断

1. 故障诊断的概念

利用各种检查和测试方法,发现系统和设备是否存在故障的过程是故障检测;而进一步确定故障所在大致部位的过程是故障定位。要求把故障定位到实施修理时可更换的产品层次(可更换单元)的过程称为故障隔离。故障诊断就是指检测故障和隔离故障的过程。

故障诊断过程与医生给患者看病的过程相似。医生看病时要利用各种检查和化验方法获取患者状态信息,经过由现象到本质、由局部到整体以及推测和判断等过程做出患者是否有病,生了什么病的诊断。对系统和设备的故障诊断也同样需要类似的过程。例如,抽取发动机滑油样品,检测其污染情况(所含杂质),以此判断发动机磨损情况,就是由局部推测整体的例子。再如,对长期运行状态下的滚动轴承不能拆开检查,而需通过携带轴承状态信息的振动噪声分析来识别轴承的故障;对于复杂电子设备也不能一出现不正常就大拆大卸来找故障,而要根据检测其运行状况信息、特征参数的变化来判断故障所在。这就是由现象判断本质的过程。所以也可以这样说,故障诊断是依据诊断对象运行状态信息,判断其"健康"状况和进行状态识别的过程。

要进行故障诊断,首先,要知道诊断对象的功能和特性,什么是正常状态和故障状态;其次,要知道获取哪些状态信息,用什么方法得到所需的信息;再次,要知道处理状态信息的方法和判断标准。这些都要在实施诊断前加以准备,最好在产品设计时就完成这些分析工作。在此基础上才能实施故障诊断的各项具体操作,完成诊断过程。

故障诊断的设计分析(准备工作)和实施过程如图1.1所示。

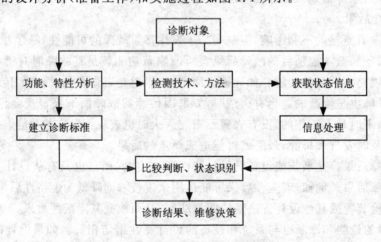

图1.1 故障诊断过程

(1) 诊断对象的功能、特性分析

主要是根据诊断对象的设计资料、技术说明、使用说明书或手册、故障模式与影响分析、故障模拟试验、使用经验和统计数据等,确定每种故障定义、故障特征参数及其检测方法,并确定被测对象功能正常与不正常的检测参数指标等。

(2) 建立诊断标准或判据

这项工作主要是根据诊断对象功能和特性分析结果,建立判断被诊断对象处于正常状态还是故障状态,以及判断哪个组成单元发生故障的标准,即确定故障检测与隔离的判据。例如,对单个检测参数来说,要确定其容差或门限值是多少;用模型或余度部件对比时,就要建立标准模型,并定出诊断对象与模型比较时的容差;为隔离故障,要建立故障字典或最佳诊断测试顺序等。

(3) 获取诊断对象的状态信息

这主要是指根据功能和特性的分析结果,设计合理的检测技术方法,取得诊断对象的当前运行状态信息。对于不同的诊断对象,需要测量的参数类型不同,所用检测手段也不一样。电气参数较容易检测,设置必要的检测点和检测通路即可;振动、温度等其他物理参数的检测,需用传感器、敏感器件及相关检测电路,有时还需要外加激励作用,才能从诊断对象的响应输出中获得所需要的状态信息;非电参数的测量往往需要专用测量仪器。

(4) 信息处理

这主要是指对获取的诊断对象状态信息所作的调整、变换和传输,如放大、衰减、滤波、整流、统计分析、频谱分析和模拟/数字(A/D)变换等。总之,要去掉干扰和无用分量,把诊断对象运行状态信息变成便于与诊断标准进行分析比较的形式。

(5) 比较判断或状态识别

这主要是指用实际测得的诊断对象运行状态信息与诊断标准进行比较分析,按照规定的判据或逻辑判断来确定诊断对象处于什么状态,即正常、故障或性能下降;如不正常,则还要判断什么部位或哪个组成单元发生了故障。这个比较分析和判断过程可用自动化方式完成,也可用手工完成。

(6) 给出诊断结果和维修决策

能够检测故障模式的多少和故障隔离的程度,取决于所获取诊断对象状态信息的多少和所建立的诊断逻辑与诊断标准。只要设计诊断的程序和标准合理,不是获取信息太少或诊断判据错误,就应给出诊断结果:正常或故障、发生故障部位或组成单元。按诊断结果确定维修策略,如继续运行、加强监控、适当维护、更换故障单元或停止使用等。

诊断对象的功能与特性分析,确定需要检测的参数和检测的技术方法,建立诊断逻辑、判断标准或判据,是诊断设计分析要完成的工作,是进行故障诊断的基础,是实施诊断前必须完成的准备工作。用规定的检测方法和相关测试设备获取诊断对象的状态信息,进行分析处理,并以规定诊断标准为基准,给出诊断对象当前所处状态的诊断结果,是实施诊断过程应完成的工作。

进行故障诊断设计分析和实施诊断所用到的各种技术的统称为故障诊断技术,如故障分析技术、检测技术、信息处理技术、诊断理论与方法、可测试性设计技术和测试设备设计与应用等。或简单地说,检测和隔离故障的技术就是故障诊断技术。

应当指出的是,故障诊断不仅仅是系统和设备的使用及维修人员的事,还与设计人员密切相关。如果设计的诊断对象没有设置必要的测试点和传感器,没有外部测试设备的检测接口,就很难获取足够的状态信息,也就很难实施故障检测与隔离。而这些便于检测的特性是产品设计时所赋予的一种固有属性——测试性。所以产品设计人员还应掌握有关故障检测、诊断技术以及测试性设计的理论和方法,才能设计出满足使用要求的产品。

2. 故障诊断研究内容

故障诊断是一门综合性的重要技术学科。不管是科技领域中的哪个专业,只要研究、设计、生产和使用某一类产品,就有故障诊断问题;而且专业领域不同,所涉及的诊断方法、手段以及依据的理论基础也不相同。同时,新的科研成果、新的技术方法和检测设备,只要有可能都会逐渐应用于故障诊断之中。这也和人类的医疗诊断技术不断进步一样,故障诊断也是随着科学技术的发展而不断更新的一门学科。

由于各行各业研制和使用的产品千差万别,运行着的系统和设备各有自己的特点,使用要求和工作条件也不一样,所以各类设备和产品的故障诊断技术方法各具特色,差别较大。其一般可以分为三类:机械设备故障诊断、机电设备故障诊断和电子设备故障诊断。其中电子设备又可分为模拟电路系统诊断和数字电路系统诊断。如按使用行业或专业,或按诊断技术方法来分类,诊断类型就更多了。不管是哪类故障诊断,既然是故障诊断也就存在共同点,所研究的内容都应包括故障分析、检测技术、诊断理论和方法以及有关测试设备的综合等。

(1) 故障分析

故障分析一般包括诊断对象的故障机理、故障模式及影响、故障发生概率和故障发展变化规律等。研究故障机理是研究引起故障的物理、化学过程等内因,以及故障发生和发展的条件等。这是产品设计者更需要关心的问题。故障模式是指产品故障的表现形式。故障模式及影响分析(FMEA),主要是分析产品故障状态的形式分类、表现特征及影响后果等(如1.1.1节所述),并且根据使用经验和试验结果了解故障发生概率和发展变化规律。这些信息是产品诊断设计和实施诊断者更为关心的问题。只有在此基础上才能确定适当的检测方法、诊断判据,从而进行有效的故障诊断。

(2) 检测技术

将代表系统、设备或器件特性和功能的各种参量(物理的、化学的),通过各种手段转变为能够说明其性能质量指标的技术称为检测技术。不同的被检测对象有不同的特征参量。被检测的物理、化学量有:声、光、电、热、力、转速、振动以及液体、气体的化学成分等。针对不同的检测对象,可以采用不同的检测手段和方法。检测可分为电参数检测;振动与噪声检测;温度检测;应力检测;光通量检测;微量气体含量检测;微量金属含量检测;滑油杂质检测;裂纹检测;磨损检测;腐蚀检测;泄漏检测等。

一般情况下,检测过程可以用图1.2所示的框图来表示。

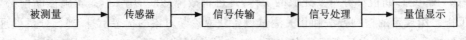

图1.2 检测过程框图

各种被测的物理、化学量能够通过传感器转变为向外界输出的信号。例如,测振动就要用加速度传感器或速度传感器;测电参数可以用各种电气仪表直接测试;测温度可用热电偶之类的测温元件或热象仪;测应力可贴电阻丝应变片;测光通量可用光敏元件;分析杂质含量或金属含量可用光谱分析仪;分析排出气体中的杂质需进行气体分析等。

由于电信号具有特殊优越性能,故传感器输出大多为电信号。油、气分析过程中也介入电信号,因而形成了一个"非电量的电气测量"的特殊领域。其中要研究对各种非电参量进行电气测量的基本方法;各种传感器的原理、结构与应用范围;测量的精度与误差等问题。

传感器与测试仪表、量值显示之间,有时存在一定距离,所以输出信号还有一个传输问题。在传输过程中,信号既不能失真,又不能受其他干扰的影响。此外,对信号还要进行必要的处理和变换,如从总信号中选出有用信号,滤除无用干扰;对信号进行依次加工或实时处理;进行幅度调整、交直流变换或模拟到数字变换等。

检测信号的显示有两种方法：一是模拟量指针式或记录式仪表显示；二是数字量用数字式仪表显示或用打印机打印出来。近年来多采用各种显示器给出检测结果。

检测技术所涉及的领域很多，既是一门老的学科，又是一门随科学发展而不断更新的学科。例如，对于一台旋转机械设备，要了解它的转速需用测速技术。几十年前是用直接接触机械指针式转速表，最低分辨读数不过 5~10 rpm。后来逐步发展到非接触式的闪频法、感应法和光电法，指示仪表则从机械指针式发展为数码显示，再进一步发展到遥测和远距离传输，相应的测量精度也在不断提高。

检测技术是一种相当重要的手段，利用各种检测技术方法了解被检测对象的特性参量，为研究、设计部门提供分析研究的科学依据，以便设计、研制出质量良好的产品；同时，利用各种检测技术还可以了解产品的质量状态、运行中或运行后物理参量的变化，以便判断产品是否存在故障，能否继续正常工作。所以，检测技术对设计、制造、试验研究、生产运行和维修等领域都有重要意义。

检测技术用于诊断就是故障检测技术。它是实施故障诊断必不可少的重要技术手段。因为没有适用有效的检测手段，就得不到诊断对象的状态信息，也就不能进行有效的故障诊断。

(3) 故障诊断理论与方法

这部分研究的主要内容是如何将新的科研成果和各领域发展的新技术应用到故障诊断中去。诊断理论和方法是这种研究的成果。它不只是针对某一设备或系统的，而是具有一定的通用性，可用于某一类或几类设备的诊断。如矩阵理论、模糊数学、信息论、信号处理、状态识别、控制论以及人工智能等都已应用到了故障诊断中。在诊断理论的指导下形成了各种各样的诊断方法，涉及到诊断对象描述与建模方法、故障特征的建立、诊断策略的设计、故障模式的识别等。例如关于数字电路故障诊断的有：通路敏化法和 D 算法、布尔差分法、建立故障字典法以及故障模拟法等。关于模拟电路故障诊断的有：估值法（包括迭代法、最小偏差向量法、联合判别法）、分类法（包括矩阵识别法、序贯识别法）。关于控制系统诊断的有：基于系统数学模型的观测器/滤波器诊断法、参数估计法、等价空间法和假设检验法等；不依赖系统数学模型的诊断方法，如输入/输出测量法、基于信息融合法、模式识别法、基于模糊数学的方法和基于神经网的诊断法等。关于机械设备故障诊断的有：机械图像的建模与分析、振动信号检测与分析、温度与红外监测、油样分析和故障树分析法等。此外，还有诊断与测试性参数、指标与验证等。

(4) 测试设备的综合

要实施故障诊断，必须获得诊断对象的状态信息和故障的特征值。这就离不开测试设备，包括通用测试设备、专用测试设备、自动测试设备（ATE）和机内测试设备（BITE）等。这些测试设备的设计与分析技术也属于故障诊断技术要研究的范畴。其中通用测试设备，如数字万用表、频率计、信号发生器和振动分析仪等已有专业厂家研究和生产，按需要选购即可。专用测试设备是针对特定产品的故障检测与隔离需要而专门研制的，一般由产品设计研制单位与该产品同期设计研制生产，以满足使用要求。自动测试设备（ATE）是指能自动进行产品功能和（或）参数测试，评价性能下降程度或隔离故障的设备。机内测试设备（BITE）是指包含在产品内的对产品本身的功能或参数进行测试，完成故障检测或隔离的硬件和软件。ATE 和 BITE 是实施故障诊断的重要手段，是保障维修和使用的关键，因而也是系统和设备测试性设计和测试设备设计的主要任务。

1.1.3 测试性和机内测试

1. 测试性、固有测试性和兼容性

(1) 测试与测试性

测试是指对给定的产品、材料、设备、系统、物理现象或过程,按照规定的程序确定一种或多种特性的技术操作。这是个广义的定义,涉及的测试对象可能是产品,也可能是物理过程或现象。可以利用各种手段确定各种特性,所以可进一步细分为多种类型的测试。按对象不同可分为:系统测试、部件测试和材料测试等;按测试方式和手段可分为:外部测试、嵌入式测试、自动测试和手工测试等;按不同的测试特性可分为:性能测试、功能测试;按测试目的不同可分为:性能鉴定测试、执行任务前的准备测试和诊断测试;另外,还有开环测试、闭环测试、动态测试与静态测试、环绕测试、软件测试和硬件测试等。本书中所关心的主要是为了检测和隔离故障的诊断测试,以后未具体说明的测试均是指故障诊断测试。

一个系统、设备或产品可靠性再高也不能保证永远正常工作,使用者和维修者要掌握其"健康"状况,要确知有无故障或何处发生了故障,这就要对其进行监控和测试。人们希望系统和设备本身能为此提供方便,这种系统和设备本身所具有的便于监控其"健康"状况、易于进行故障诊断测试的特性,就是系统和设备的测试性。

测试性定义为产品能及时准确地确定其状态(可工作、不可工作或性能下降)并隔离其内部故障的一种设计特性。

理解测试性概念时应特别注意:测试性是产品的一种设计特性,是设计时赋予产品的一种固有属性。测试性有别于测试,测试是确定产品某种特性的技术操作过程;测试性是产品为故障诊断提供方便的特性。测试性设计是为了提高产品自诊断和外部诊断能力,能方便有效地确定产品状态和隔离故障。所以系统和设备测试性好的主要标志如下。

◇ 自诊断(或自检)能力强
● 本身有自检测用的硬件和软件(BITE)或自检系统;
● 能够监测本身的工作状况;
● 检测和隔离故障的比例高;
● 有问题能给出指示或报警,假报和错报极少。

◇ 检查维修方便
● 人-机接口好,便于使用和维修人员检查和维修;
● 可自动记录、存储故障信息,便于查询;
● 可按需要检查系统各部分的健康状况。

◇ 便于使用外部测试设备进行诊断测试
● 设有足够的测试点,用于信号测量、激励输入和测试控制;
● 与外部测试设备(自动的和非自动的)接口简单方便,兼容性好,需要的接口装置少;
● 测试程序简单、易行、有效;
● 尽可能选用通用测试设备,需要的专用测试设备少。

(2) 固有测试性与兼容性

提高系统和设备的测试性水平,使其具有良好测试性的主要途径和方法是进行固有测试性设计、兼容性设计和机内测试(BIT)设计。

固有测试性是仅取决于系统和设备的硬件设计,不受测试激励和响应数据影响的测试性。例如可从功能和结构上把系统划分为不同的可更换单元,以便于单独测试和隔离故障;可初始化到规定初始状态以便于重复测试;提供观测特性数据的通路和电路,以便测试设备(BITE 和 ATE)能观测产品内部特征信息;提供能够控制产品内部元器件、组件工作和输入测试激励的通路和电路,以便于检测和隔离内部故障等。

兼容性是指被测试对象与外部测试设备(ETE)之间在信号传输、电气和机械上接口配合的一种设计特性。其目的是为 ATE/ETE 测试提供方便,减少或消除大量专用接口装置的设计。例如使 ATE 能够控制被测单元(UUT)的电气划分,以便分别测试;设置必要的隔离用测试点,能够满足诊断要求;设置的测试点要能方便地连接到 ATE 上;消除测试点与 ATE 之间的不良影响,保证 UUT 连接到 ATE 上性能不会下降;测量精度、频率等要求与 ATE 特性相符等。

2. 机内测试(BIT)/机内测试设备(BITE)

(1) 定义与分类

为了给故障诊断提供最大的方便,提高测试性水平,系统和设备内部设置了用于状态监控、故障检测与隔离的硬件和软件或自检装置等,使得系统本身就能检查工作是否正常或确定什么地方发生了故障。这就是机内测试(BIT)。

BIT 是指系统或设备内部提供的检测和隔离故障的自动测试能力。

BITE 是指完成机内测试功能的装置、可以识别的硬件和/或软件。

BIT/BITE 是系统或设备的组成部分,是提高测试性水平的主要方法和手段,也是测试性设计分析的重要内容。

需要指出的是 BIT 还有另外的定义方法,即 BIT 是利用设计在产品内的机内测试设备或自测试硬件和软件,对产品全部或一部分进行测试的方法。

按 BIT 的工作方式和时段不同,常见的 BIT 分类如下。

连续 BIT——连续不间断地监测系统工作状态的一种 BIT。

周期 BIT——以某一频率执行测试的一种 BIT。

启动 BIT——在外部事件(如操作者启动)发生后才执行检测的一种 BIT。

通电 BIT——当系统接通电源时启动执行规定检测程序的一种 BIT。它是启动 BIT 的一种特定形式。

主动 BIT——需要引入激励信号才能完成规定检测的一种 BIT。它可能要暂时中断系统正常工作。

被动 BIT——不需要加入激励信号,也不需要中断系统工作的一种 BIT。

任务前 BIT——系统执行任务前(如飞机起飞前)完成准备状态测试的 BIT。通常是利用通电 BIT 和启动 BIT。

任务中 BIT——在系统运行中(如飞机飞行中)执行检测与监控的 BIT。通常是利用周期 BIT 和连续 BIT。

维修 BIT——在系统完成任务后(如飞机着陆后)执行维修检查测试的 BIT。它可以启动运行系统所具有的任一种 BIT。

分布式 BIT——系统中各组成单元分别设置有各自独立的 BIT 配置类型。

集中式 BIT——系统中设有集中信号处理和故障信息显示装置的 BIT 配置类型。

(2) BIT/BITE 实例

例1 随机存储器的 BIT

随机存储器(RAM)是电子系统和设备中的常用部件。RAM 的机内测试方法是通过读/写功能检查来判定是否存在故障的。其测试过程如图 1.3 所示。这是简单易行的一种 RAM 测试方法。

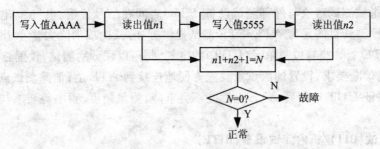

图 1.3 RAM 测试

例2 某系统脉冲信号的 BIT

该系统脉冲信号的机内测试主要采用了脉冲信号机内测试器件(BITD),BITD 可用于高频、中频和视频接收机电路中的故障检测与隔离,是模拟电路 BITE 的主要组成部分。由于 BITD 是一个集成的固体块,体积小,价格便宜,所以可放在中频盒印制电路板内,使用方便。

◇ 主要技术指标

① 可测试的中频脉冲信号参数如下。

中心工作频率:≤100 MHz;

脉冲宽度:≥0.2 μs;

脉冲幅度:≥100 mV$_{pp}$。

② 可测试的视频脉冲信号参数如下。

脉冲宽度:0.2 μs;

正脉冲幅度:≥50 mV;

脉冲重复频率:没有限制。

③ 输入阻抗:≥1 kΩ。

④ 测试同步信号的输入电平:TTL 电平。

⑤ 功耗:电压+5 V,电流≤25 mA;

电压-12 V,电流≤25 mA。

◇ BITD 组成及工作原理

BITD 组成及工作原理如图 1.4 所示。

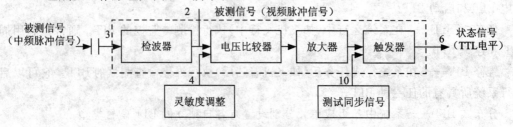

图 1.4 BITD 组成及工作原理

虚线框内为BITD。3端和2端都可输入被测信号。3端输入被测的中频脉冲信号;2端输入被测的视频脉冲信号或微波信号经过检波后的视频脉冲信号;10端接测试同步脉冲信号;4端外接偏置电阻,改变电压比较器的参考电压,从而改变2,3端输入信号的灵敏度;6端输出状态信号,为TTL电平,表示被测信号的状态。

被测信号在电压比较器中与参考电压进行比较。如果大于参考电压,则电压比较器输出高电平(TTL"1"),否则输出低电平。电压比较器输出的高电平和外加的测试同步脉冲信号,同时加在R-S触发器件的输入端,形成状态信号。如果被测信号存在,并且测试同步脉冲信号处于高电平,则状态信号为高电平(TTL"1");在下一个测试同步脉冲信号前沿到来时,状态信号复位为低电平(TTL"0")。

BITD最初用分离器件构成,现在已经以混合集成电路的形式,封装在一个全密封的金属壳里。

◇ BITD在系统中的应用

BITD在系统中的应用示例如图1.5所示。

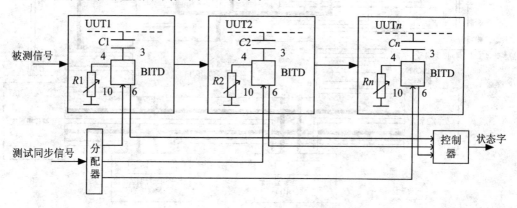

图1.5 BITD在系统中的应用示例

该系统有 n 个被测单元(UUT)。在每个UUT的主线信号输出端安装一块BITD,用电容器把主线上的信号耦合一部分到BITD的3(或2)端。测试同步脉冲信号是共用的,通过分配器分别加到BITD的每一端(10端)。被测信号和测试同步脉冲信号的关系是已知的,因此输出的状态信号,其高电平和低电平的时间也是惟一确定的。同步脉冲信号在高电平时间采样,被测信号为高电平;同步脉冲信号在低电平时间采样,被测信号为低电平。如果3次采样都正确,则报正常;有一次不正确,则报故障。

输出的状态信号通过控制器,形成状态字,送给系统的中心计算机,从而对被测单元进行故障检测和故障隔离。

例3 A320飞机的机内测试系统

该机载测试/维修系统由各功能系统的BITE、多功能控制显示装置(MCDU)、中央故障显示接口装置(CFDIU)和备选接口装置组成。其构成原理如图1.6所示。

机上各功能系统内设有BITE,负责本系统的故障检测与隔离。BITE与CFDIU的中央计算机相连接。1型系统用ARINC429总线与CFDIU交换输入/输出信息;2型系统用ARINC429总线输出,输入信号是离散型的,如启动测试等;3型系统不用总线,而是用离散的输入/输出线与CFDIU交换信息。

CFDIU 是一台中央计算机,装在电子设备舱中,通过双向总线等与各航空电子设备的 MCDU 相连,传输控制指令和各个 BITE 给出的信息。

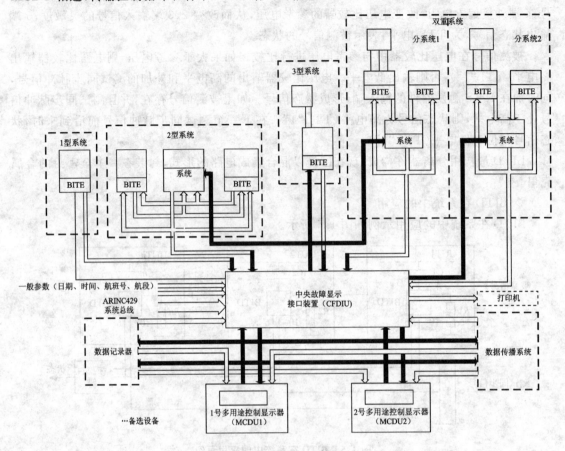

图 1.6 机载测试系统

MCDU 是各系统 BITE 与维修人员之间的接口装置,有键盘控制器和至少 12 行 24 个字符显示器。维修人员利用它可以调用故障及相关数据,按选项菜单进行测试。MCDU 通常装在座舱里,也可以装在设备舱内。MCDU 项目菜单的典型排列顺序如下。

① 初始项目单——当系统接通时提供下列备选内容:
● 连接到该系统的所有 LRU;
● 最后一个航段报告有故障的所有 LRU;
● 与某一座舱反应相关的所有故障报告;
● 已报告但未再出现的间歇故障;
● 在最初几个航段报告有故障的所有 LRU。

② LRU 询问——在报告有故障的 LRU 中,操作人员可选某一个 LRU 进一步仔细查询下列内容:
● 最后一个航段的故障状态;
● 前几个航段的故障状态;
● 通电或重新测试;
● 装置验证测试;

- 系统性能测试；
- 读出详细数据。

③ LRU 测试或显示——从 LRU 询问菜单中选择所要求的测试或数据显示。中央计算机向 LRU 发送命令,执行相应的动作并将测试结果或数据送给显示器显示给操作人员。

另外,该机内测试系统还有备选的接口装置,如打印机、数据记录器、飞机通信询问与报告系统(ACARS)等。

1.1.4 综合诊断

综合诊断定义为通过考虑和综合所有相关诊断要素,如测试性、自动测试、人工测试、培训、维修辅助措施和技术资料等,获得最大的诊断效能的一种结构化的设计和管理过程。这个过程包括:建立产品设计、工程技术应用、测试性、维修性、可靠性、人素工程及保障性分析相互间的接口关系。综合诊断的目标是经济有效地检测和准确隔离武器系统及设备中所有已知的或可能发生的故障,以满足武器系统的任务要求。

综合诊断强调的是故障诊断的设计和过程,并非是对某个故障要综合利用各种方法去进行诊断。它要求在设计和使用过程中,针对不同诊断对象、不同维修级别,选用最经济有效的方法及手段检测和隔离故障,并通过信息反馈等管理措施不断改进缺陷,提高诊断能力。对武器系统来说,综合诊断可以是一种诊断方式,但如果说它是一种有关故障诊断设计、实施的思路和原理更确切些。

1.2 测试性及诊断技术的发展

由于系统和设备性能的提高和复杂性的增加,故障诊断测试问题越来越受到人们的重视,许多新技术、新方法都应用到了故障诊断测试之中。随着科学技术的发展,故障诊断测试经历了由外部测试到嵌入式机内测试、由测试性/BIT 到综合诊断的发展过程。

1.2.1 由外部测试到机内测试

早期的设备比较简单,其故障诊断主要采用手工测试,维修测试人员的经验和水平起着重要作用。比较复杂的设备的诊断要用专用或通用测试设备才能完成其故障的检测和隔离。随着被诊断设备复杂性的增加,要求测试设备的水平和复杂性也越来越高,人们设计生产出了各种各样的测试仪器和设备,如数字万用表、任意波形发生器、示波器、动态信号分析仪和振动信号谱分析仪等。为进一步提高诊断测试的有效性和自动化程度,近些年来已开发出了标准化和模块化的系列测试用产品以及测控软件开发平台,如各种工业总线产品、数据采集产品、信号调理产品、各种接口产品,以及标准机箱、机柜和电缆等。由这些标准化产品和计算机及其实用程序包,可构成功能很强的测试平台,只要开发必要的接口适配器和诊断程序,即可组成很好的自动测试设备或系统,用于某一类型多种设备和系统的性能测试以及故障诊断。

外部测试设备(通用的、专用的和 ATE 等)需要和被测对象连接起来,获得其状态信息之后才能进行测试和诊断。有些重要的系统和设备,如连续运行的化工设备、飞机上的各系统和设备等,使用者和操作者需要实时了解其运行状态,有故障能及时采取措施。而外部测试设备不能总是伴随这些系统和设备一起工作进行实时监测,所以需要被测系统本身具有一定的自测试能力。这就产生了嵌入式的机内测试。早期的机内测试只是监测几个主要参数,由人工判断是否为故障,而不能隔离故障。如20世纪60年代初装备F—4B飞机的火控雷达APG—72,其发射机中配置BIT电路可以监测发射机工作时间、工作电压、磁控管电源和混频管电流等参数,由操作员启动测试和判定测试结果。故障隔离则要外部测试设备来完成。后来,由于技术的进步,系统和设备复杂程度增加,检测故障也更困难,因而要求有更强的BIT能力。部件的小型化,特别是计算机技术的广泛应用,为BIT发展提供了有利条件,机内测试能力得到了迅速提高。如1974年装备F—15飞机的APG—63多功能雷达,其BIT可进行连续监测、置信度测试、状态评定和故障隔离测试。检测到故障后,处理机将故障信息送到显示器,使BIT控制板上的相应指示灯亮。状态评定是通过一个彩色编码BIT矩阵来实现的,可以显示出各工作状态性能下降的程度。F—15飞机的其他电子设备,如敌我识别器和应答机、平视显示器、中央计算机和惯性导航系统等也都设有BIT能力,故障检测率达到了75%～95%。

　　进入20世纪80年代以后,计算机部件小型化、集成化程度越来越高,BIT技术迅速发展并获得了广泛应用。例如,80年代初期开始服役的F—18飞机,其80%的电子设备和系统都设计有BIT功能,而且有较高的故障检测与隔离能力。如其APG—65雷达的故障检测能力为98%,故障隔离能力为99%(隔离到单个外场可更换单元)。如今世界上先进的民用客机之一的波音777飞机设有机载维修系统,也是在BIT基础上发展成的机载诊断测试系统。该系统主要由飞机系统内各个外场可更换单元(LRU)的BITE、中央维修计算机(CMC)和用户维修存取终端(MAT)组成。BITE用来监测LRU的状态,当某一参数超限时,BITE就发出故障信息给CMC,将影响飞行的故障传给发动机组告警系统,建立告警信息。CMC接收、处理并存储BITE信息,判断出故障原因,确定各LRU及相关系统的状态,产生维修信息。一条完整的维修信息的内容应包括:故障现象及原因、故障类别(适航性的还是经济性的)、故障维修活动、经济性故障对容错及余度的影响程度和识别方法等。CMC接收的信息涉及87个系统和子系统的200个内装BITE的LRU。除了产生维修信息外,机载维修系统还具有机载数据装载、维修功能测试等相关功能。维修人员通过MAT屏幕、鼠标器或键盘与CMC进行人机对话。CMC菜单采用分层结构。当操作人员激活主菜单某一项时,屏幕上就弹出该项的子菜单,供操作者进一步访问其详细内容。波音777飞机的机载维修系统是一个较为先进的机载故障诊断系统,为维修人员进行故障诊断、确定维修活动和安排维修计划提供了有力的支持。

　　外部测试由简单的手工测试发展到高水平的自动化测试。但是,外部测试不能满足实时监控与诊断需求,因而产生了机内测试。机内测试又从简单的参数监测电路发展到能够自动检测与隔离故障的BITE,进而发展到了性能先进的机载维修测试系统。这就是故障诊断测试由简单到先进、由外部到机内的发展过程。

1.2.2　测试性成为一门独立的学科

　　机内测试(BIT)及BIT系统是被测系统和设备的组成部分,其构成不能太复杂。BIT一般是检测系统和设备的功能故障,把故障隔离到外场可更换单元(LRU);数字设备的BIT可隔离到车间可更换单元(SRU)。而更换下来的LRU和SRU需要用外部测试设备(如ATE等)进行测试和故障诊断。ATE等外部测试设备比BIT有更强的诊断能力,可把故障隔离到SRU、部件或元器件。所以,复杂系统和设备需要用机内测试和外部测试相结合的办法来达到完全的故障诊断能力。

要进行机内测试,必须首先把 BIT/BITE 设计到被测设备中去;要进行外部测试,被测设备要能够方便地与 ATE 连接,以提供充分的状态信息。这就需要对被测设备和系统进行可测试性设计,否则就会给故障诊断造成极大的困难。结果是不但没有自诊断能力,而且再好的外部测试设备也无法应用。所以,随着外部测试与机内测试的发展就产生了测试性设计问题。

测试性这一术语最早于 1975 年由 F. Liour 等人在《设备自动测试性设计》一文中提出,随后相继用于诊断电路设计及研究等各个领域。1976 年美国海军电子实验室的 BIT 设计指南、美国空军的模块化自动测试设备计划等都涉及到了测试性的研究。

20 世纪 70 年代以后,国外广泛开展了测试性/BIT 方面的研究。如仅 1980—1991 年间在可靠性和维修性年会上发表的有关 BIT、测试性的文章,就有近百篇。发表的研究报告也很多,例如《先进航空电子故障隔离系统》(1973 年)、《标准的 BIT 电路研究》(1977 年)、《BIT 设计指南》(1979 年)、《BIT/外部测试优良指数和验证技术》(1977 年)、《计算机辅助测试性设计分析》(1983),以及《测试性手册》、《外场级测试分析》、《虚警状况分析》、《测试性/诊断的订购方大纲管理指南》、《承包商大纲管理指南和测试性设计指南》和《BIT 计算机辅助设计(CAD BIT)》等。

为了把测试性/BIT 技术应用到军用装备中去,美国还制定并颁发了不少有关测试性/诊断方面的军用标准,例如《机载故障诊断子系统的分析与综合》(MIL—STD—1591)、《被测装置与 ATE 的兼容性要求》(MIL—STD—2076)、《TPS 一般要求》(MIL—STD—2077)、《测试设备设计准则》(MIL—STD—415D)、《测量、测试和诊断术语》(MIL—STD—1309)和《电子系统和设备维修性要求》(MIL—STD—2084)等。

1978 年,美国国防部联合后勤司令部建立了自动测试专业委员会,来协调指导自动测试计划的实施。该委员会下设测试性技术协调组,负责国防系统测试性研究计划的组织、协调及实施。同年 12 月,美国国防部颁发了《设备或系统的 BIT、外部测试故障隔离和测试性特性要求的验证及评价》(MIL—STD—471 通告 2),规定了测试性验证及评价的程序和方法。

1983 年,美国国防部颁发的《系统及设备维修性管理大纲》(MIL—STD—470A)中,强调测试性是维修性大纲的一个重要组成部分,承认 BIT 及外部测试不仅对维修性设计特性产生重大影响,而且影响到武器系统的采购及寿命周期费用。

1985 年,美国国防部颁发了《电子系统及设备的测试性大纲》(MIL—STD—2165)。大纲把测试性作为与可靠性、维修性同等的产品设计要求,并规定了电子系统和设备各研制阶段应实施的测试性设计、分析与验证的要求及实施方法。1985 年 MIL—STD—2165 的颁发,标志着测试性已成为一门与可靠性、维修性并列的独立学科。

1.2.3 综合诊断、人工智能及 CAD 的应用

20 世纪 70 年代以来,测试性/BIT 技术得到了广泛的应用。但是,常规的基本型 BIT 也存在着不少问题,主要是使用中特别是使用初期 BIT 不能满足使用要求,诊断能力差,虚警率高。根据美国空军试验和评价中心对 F—15,F—16 及 F—18 战斗机的 BIT 进行分析表明,这些 BIT 的故障诊断能力仅达到 50%～70%,虚警率高达 30% 以上,有的则达到 70%,如表 1.1 所列。后经逐步改进才达到了可以使用的水平。美国海军海上系统司令部进行的一项分析表明,从武器系统上拆下来的 LRU 有近 70% 是没有故障的。这是由于诊断不准确、虚警等因素造成的。

表 1.1 BIT 参数的要求值与使用值

雷达 (飞 机)	APG—63(F—15)		APG—66(F—16)		APG—65(F—18)	
	要求值/(%)	使用值/(%)	要求值/(%)	使用值/(%)	要求值/(%)	使用值/(%)
故障检测率	95	—	95	24~40	98	47
故障隔离率	95	—	95	73~85	99	73
虚警率	无	—	1	34~60	1	72

为了解决武器系统测试性差、BIT 无法诊断的问题,所研制的外部测试设备水平越来越先进,诊断能力也逐渐提高。但随之而来的是各种测试设备数量的大大增加。美国国防部 1983 年的调查表明,三军必须采购、部署的手工测试设备达 300 万台,自动测试设备(ATE)的类型达 1 000 种,每台设备的平均费用达 200 万美元。保障这些设备的正常使用和人员培训又成了费钱、费时的艰巨任务。

BIT 和外部测试设备存在的这些问题,成为现役武器系统战备完好性差、使用保障费用高的主要因素。为此,20 世纪 80 年代以来,美、英等国相继开展了诊断和人工智能技术应用的研究,以提高武器系统的故障诊断能力。现在这种技术已在新一代的武器系统中得到了应用。

20 世纪 80 年代中,美国军方相继实施了综合诊断研究计划,如空军的通用综合维修和诊断系统计划、海军的综合诊断保障系统(IDSS)计划等。综合诊断的概念和有关技术已在美国正在研制的新一代武器系统(如空军的先进战斗机 F—22、军用运输机 C—17、轰炸机 B—2 和三军用的倾转旋翼机 V—22)中得到应用。1991 年 4 月美国国防部正式颁发了《综合诊断》(MIL—STD—1814)军用标准,作为提高新一代武器系统的战备完好性和降低使用保障费用的主要技术途径,标志着测试性的发展进入一个新阶段。为了与诊断相协调,并考虑非电子产品的测试性,美国国防部于 1993 年 2 月颁发了军用标准《系统和设备的测试性大纲》(MIL—STD—2165A)取代原 MIL—STD—2165。

人工智能技术利用计算机模拟人的思维过程和处理问题的方法对基本 BIT 的输出结果进行分析、推理和判断,以提高 BIT 的故障检测与隔离能力,减少 BIT 虚警,并能测试和隔离间歇故障。应用简单的人工智能技术的 BIT 称为"灵巧"BIT,正在研究和试验的灵巧 BIT 主要有以下四种。

① 综合分析型 BIT——将若干分系统得到的 BIT 报告信息,传送到更高一级的 BIT 系统进步综合分析处理,其结果再返回低一级分系统,以提高诊断的准确性。

② 信息增强型 BIT——BIT 的最终决断不仅要根据被测单元内的基本 BIT 信息,而且还要根据其他装置提供的信息,如环境应力装置提供的被测单元的环境信息和应力信息等,从而提高决断准确性,减少虚警。

③ 改进决断型 BIT——BIT 采用更可靠的决断规则来提高诊断准确性。这些规则如下:
● 动态门限值。BIT 系统根据外部信息适时改变门限。
● 暂存监控。采用多次测试结果分析判断,而不是只根据一次测试结果的瞬时决断。
● 验证假设。实时验证电源稳定性及其他环境因素对 BIT 的影响。

④ 维修经历型 BIT——利用被测单元的维修历史数据以及整个机队相近单元的历史数据,综合分析在执行任务期间得到的 BIT 信息,从而更有效地确定间歇故障,区分出间歇故障

和虚警。

暂存监控 BIT 以及由维修经历 BIT 和信息增强 BIT 派生出来的自适应 BIT(由神经网络法和 K 个最近相邻特性算法实现),已在 F—111 飞机航空电子系统现代化计划中的中央大气数据计算机中进行验证,有希望用于 21 世纪新一代武器系统中。

计算机辅助测试性设计自 20 世纪 80 年代以来开始应用于航空电子系统、分系统和电路板设计,代表性的软件工具有 BIT 计算机辅助设计(CAD BIT)、系统测试与维修程序(STAMP)和综合诊断保障系统(IDSS)等。其中 CAD BIT 适用于 PCB 级产品的 BIT 设计;STAMP 适用于各类大小系统和设备的测试性/诊断的顶层设计;而 IDSS 则适用于系统的设计研制和使用各阶段,包括多个软件工具:武器系统测试性分析器、自适应诊断分系统、自适应诊断编辑工具、反馈分析器和技术信息与训练编辑工具。IDSS 系统的设计思想是实现综合诊断概念,对武器系统全寿命期实现全面保障。测试性/BIT 计算机辅助设计的应用,加速了测试性/BIT 技术的发展。

1.2.4 国内测试性发展现状

国内开展测试性/BIT 的研究与推广应用比国外晚得多,但在近些年来进步速度很快。这体现在以下几方面:开展了较为系统的研究,发表了不少有关测试性/BIT 方面的文章和研究报告;在重要系统和设备研制中提出了明确的测试性要求;开展了测试性/BIT 设计分析工作;制定了《装备测试性大纲》(GJB 2547—95)、《测试与诊断术语》(GJB3385—98)等国家军用标准;开发了测试性计算机辅助分析软件。

但是,目前国内测试性/BIT 技术知识尚不够普及,软件工具开发和实用经验方面与先进国家还有差距。今后应在人工智能应用、计算机辅助工具开发和自动化测试性验证技术方面开展更加深入的研究,在理论研究、总结设计与使用经验的基础上,开发出实用的测试性/BIT 技术及其方法和工具,迅速提高我国的测试性和诊断技术水平。

1.3 测试性/BIT 对系统的影响

在现代的重要系统和设备中,特别是武器系统如飞机等现代化系统中,由于越来越多地采用了各种复杂电子装置和系统,测试性及诊断对这些先进的复杂系统的影响越来越显著,对其可靠性、维修性、可用性和寿命周期费用等都有直接或间接的影响。

1.3.1 对维修性的影响

排除复杂系统和设备的故障是很困难的,一般查找故障及定位时间要占整个修复时间的 60% 以上(取决于维修人员水平和设备的复杂程度)。测试性/BIT 水平高的系统和设备,可以自动检测与隔离故障,可显示和记录故障信息,为外部测试设备提供方便的接口。所以,测试性/BIT 对维修性和维修的影响是最直接的。

① 使用 BIT 可以快速检测和隔离故障,除有时需要启动之外,完全是自动实现诊断的;与手工测试相比,其故障检测与隔离时间可以忽略不计,因此可以大大减少平均故障修复时间(MTTR)。

② 采用 BIT 可以实现系统维修后的自动检验,因而可以大大缩短维修后的检验时间。

③ BIT 可以在系统运行过程中实时检测与隔离故障,从而可以减少外部测试的后勤延误时间和备件等待时间。

④ BIT 实现自动测试,可以降低维修人员技术等级要求和减少维修人员数量,从而可以减少维修费用。

⑤ BIT 自动测试还可以减少手工测试时产生的人为诱发故障,从而减少了诱发故障维修时间。

⑥ 有了 BIT 后可以减少外部测试设备、有关保障设备等的要求,从而可减少等待维修时间及相关费用。

⑦ 因 BIT 具有显示报警功能,可使隐蔽故障变为明显故障,因而可以减少这类故障的修复时间。

⑧ BIT 具有记录和存储故障数据的功能,可应用于识别间歇故障和进行故障趋势分析和预测,便于安排维修工作计划,因而可进一步减少 MTTR。

⑨ 由于 BIT 能快速诊断故障,可减少备件补给库存量,可减少维修的后勤延误时间。

⑩ 好的测试性设计可为外部测试设备提供方便的接口和优化的诊断程序,从而可以减少利用外部测试设备进行诊断的时间,减少 MTTR。

⑪ BIT 产生虚假报警时会导致不必要的维修活动,这是 BIT 对维修性产生的不利影响。

1.3.2 对可靠性的影响

为提高系统的测试性水平,需要增加测试用的硬件和软件,即 BITE。这增加了系统复杂性,从而会降低系统基本可靠性,但 BIT 功能会提高系统的任务可靠性。

1. 对基本可靠性的影响

系统基本可靠性通常用平均故障间隔时间(MTBF)来度量。

① BITE 增加了系统的复杂性。BITE 自身也会发生故障,因而会降低系统的基本可靠性和系统的平均故障间隔时间(MTBF)。

② 当 BITE 设计不当或 BIT 与系统共用某些硬件和软件时,BITE 故障可能引起系统故障,对 MTBF 产生不利影响。

③ 当发生 BIT 虚警时,在未证实是虚警之前,认为是系统故障。

④ BIT 实现自动测试,可以避免人为差错导致的系统故障。这属于测试性/BIT 对系统基本可靠性的有利影响。

测试性对基本可靠性的不利影响远大于有利影响,所以通过合理设计和限制 BITE 故障率(一般要小于原系统故障率的 10 %)的办法尽量减少 BIT 的不利影响。这也是不能过量增加 BIT 的主要原因。

2. 对任务可靠性的影响

系统任务可靠性通常用任务可靠度(R_m)、任务成功概率(MCSP)等参数来度量。采用 BIT 改善系统测试性和诊断能力,可显著提高系统任务可靠性。

① 及时发现故障是实现余度管理的首要条件之一。通过 BIT 实时检测与隔离故障,实现余度管理功能,可显著提高系统任务可靠性。

② BIT 能够检测隐蔽故障,可及时通知操作者采取措施避免隐蔽故障发生,从而提高系统任务可靠性。

③ 设计功能较强的BIT,可以记录系统状态变化信息,分析预测故障趋势,提醒操作者采取预防措施,避免发生功能故障影响使用,从而提高系统任务可靠性。

④ 通过BIT检测与隔离故障,有助于系统重构和自修复,可提高系统任务可靠性和安全性。

⑤ 测试性好,有BIT自动检测,可减少人为故障和执行任务前的检测、校验时间,因而可减少系统非任务工作时间,提高战备完好性,有利于系统更好地完成任务。

⑥ BIT虚警有时会影响系统执行任务。

BIT虚警不但影响系统任务可靠性和系统基本可靠性,同时也影响维修性和维修,所以进行测试性/BIT设计与分析时,必须注意采取必要的减少虚警的有效措施。

1.3.3 对可用性和战备完好性的影响

可用性是系统可靠性和维修性的综合表征,可用性的度量是可用度 A,可以表示为

$$A = \frac{系统能工作时间}{能工作时间 + 不能工作时间}$$

只考虑系统的实际工作时间段落和非计划的故障维修时间段落时,为固有可用度 A_I。

$$A_I = \frac{\text{MTBF}}{\text{MTBF} + \text{MTTR}}$$

考虑系统总工作时间内所有时间段落(工作时间、待命时间、故障修理时间和计划维修时间等)时,为使用可用度 A_O。

$$A_O = \frac{\text{MTBM}}{\text{MTBM} + \text{MDT}}$$

式中　MTBM——系统平均维修间隔时间,即能工作时间;

　　　MDT——系统平均不能工作时间;

　　　MDT $= M_{ct} + M_{pt} + M_{it} + M_{at}$。

其中,M_{ct}为非计划的故障维修时间,即MTTR;M_{pt}为计划预防性维修时间;M_{it}为包括备件等待的后勤延误时间;M_{at}为等待维修人员、维修资料和测试设备的等待维修时间。

从前面对维修性和可靠性影响分析结果可知,良好的测试性/BIT设计可大大减少系统不能工作时间MDT,特别是对MTTR的影响更大,一般可减少MTTR值的60%以上。BIT对系统能工作时间MTBM和系统平均故障间隔时间MTBF产生不利影响,即减少MTBM或MTBF值,可通过限制BIT的故障率和采取防止虚警措施等降低这种不利影响。因而可通过良好的测试性/BIT设计来提高系统的可用性,有的文章估计固有可用性可提高30%。

战备完好性通常用使用可用度(A_O)来度量,因此良好的测试性/BIT设计还可提高武器系统的战备完好性。当然,如果BIT设计不良,虚警率很高,也会使战备完好性下降。所以发展智能BIT和综合诊断技术是测试性和诊断领域研究的重点之一。

1.3.4 对寿命周期费用的影响

系统的寿命周期费用通常包括研究与研制费用、采办费用和使用保障费用三部分。

系统中加入BIT会对研制费和采办费产生不利影响,但对使用保障费用产生有利影响。所以选用BIT和确定诊断测试方案时要进行权衡分析,保证加入BIT和使用的诊断方案能减少总的寿命周期费用。测试性/BIT对系统寿命周期费用的影响包括如下几个方面。

① 良好的BIT/测试性及诊断设计,可提高系统的可用性/战备完好性、任务可靠性/任务成功性,可以减少系统的采购数量,从而大大减少系统的采办费用;

② 完善的测试性和诊断能力,可显著减少维修人力、设备和维修时间,进而减少系统的使用保障费用;

③ 系统中增加BIT软件和硬件,会增加系统的研制费和采办费;

④ BIT虚警会导致无效的维修活动,从而会增加使用维修费用。

对于后两条不利影响可从设计上采取措施加以限制,如采取必要的防止虚警措施,尽量减少虚警的发生;限制BIT用硬件和软件数量,并且尽量采用成熟技术。这样可减少研究和研制费用。

国外研究资料表明,在各类航空电子设备中BIT的采办费平均占航空电子设备采办费用的8%左右。表1.2给出了各种航空电子设备BIT费用占设备费用的百分数。如果在系统研制初期充分开展了测试性/BIT设计,采用先进诊断技术,那么其寿命周期费用可减少10%~20%。这些是20世纪70~80年代国外资料的估计数据。现在各种技术又取得了巨大发展,软件BIT已大量采用,上述某些数据会有所变化。

表1.2 BIT采办费占电子设备费用的百分数

设备类型	各类电路所占百分数			BIT费用所占的百分数
	射 频	数 字	模 拟	
信号指令、读出和告警	0	95	5	
无源探测系统	72	16	12	10.0
控制指示器	0	56	44	11.0
计算机编程器	0	62	38	4.0
雷达探测处理机	0	76	24	9.6
敌我识别处理机	0	99	1	7.4
雷达装置	27	6	67	6.4
无线电台1	20	40	40	4.3
无线电台2	12	26	62	1.5

除上述各种影响之外,测试性/BIT对系统的性能和安全使用也有影响。对于复杂的重要系统和设备,除了要达到规定的性能指标、完成规定功能之外,还要有状态监控、故障指示或报警、数据记录和通信以及其他的自检测能力,以便能更好地完成规定任务。所以,BIT已成为系统功能的组成部分,而BITE是系统构成的一部分。BITE是可识别的装置,直接影响系统的质量、体积和功能。BIT的故障检测与隔离能力已成为系统技术指标的一部分。BIT的报警、状态监控和参与余度管理等功能也直接影响到系统使用安全性。

测试性/BIT对系统维修性、可靠性、可用性、战备完好性、寿命周期费用及系统的性能和安全性等都有直接或间接的影响,所以测试性设计已成为系统和设备研制过程中的重要工作之一。测试性/BIT对系统的影响综合表示在图1.7中。

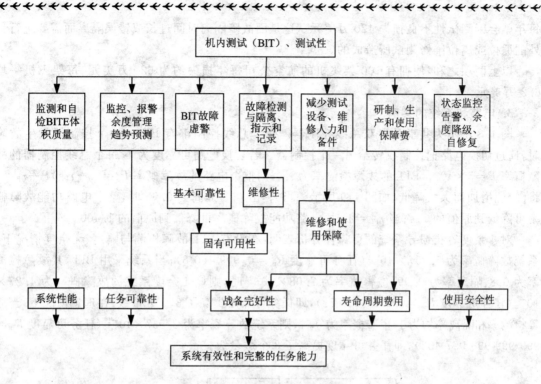

图 1.7 测试性/BIT 对系统的影响

1.3.5 测试性/BIT 影响分析实例

1. 军机实例

国外资料报道,F—18 飞机从研制一开始就重视了可靠性、测试性和维修性设计。使用数据统计分析表明,与它要替换的 F—4J 飞机相比,每飞行小时所需的平均维修工时,由 48 h(小时)降低到了 18 h,节约了 30 h。一个中队 12 架飞机所需要的维护人员数量,由 278 人减少到 229 人,减少了 49 人。为了比较,使用 1979 年海军资源模型得出的 F—4J 飞机使用数据,制定出相当于 F—18 飞机服役 20 年的飞行计划,共计 262 万飞行小时,总的作战支援保障费用与 F—4J 飞机相比,可节约 20 多亿美元(1981 年美元值)。

2. 民机实例

自动检测与隔离故障能力低,测试性、维修性差,会给民用飞机的使用造成很大经济损失。据国外文章分析,民用客机每次 1 h 的技术延误导致可统计的损失费平均为 2 000 美元。拥有 100 架飞机的航空公司每年累计离站可达 25 万次,如果每 100 次离站中发生两次延误,则其延误损失费就高达 1 000 万美元。如果再加上不容易统计的信誉损失费(就算与延误损失相同),每年的损失可达 2 000 万美元。美国的经验表明,至少有 10 % 的技术延误是由于过长的故障隔离时间或错误隔离所造成的。因此,有 100 架飞机的航空公司由于测试性不好、自动诊断能力差造成的损失每年达 200 万美元。

20 世纪 80 年代初期,美国民用飞机每飞行小时所需要的直接维修费用大约是 280 美元。拥有 100 架飞机的航空公司每年累积运营飞行时间可达 30×10^5 h,总的直接维修费用为 8 400 万美元。如果其中 5 %(相当于约 10 % 的维修工时)是由于故障隔离能力差造成的,则每年就会因测试性不良损失 420 万美元。这是因故障隔离时间过长或错误隔离而需要进行另外的原位或离位维修测试所造成的。

以上两项之和,使拥有 100 架飞机的航空公司每年损失约为 620 万美元,每架飞机平均 6.2 万美元。

3. 电路和系统的实例

图 1.8 所示为共享时间双总线控制器。每个总线控制都有 BIT。一个控制器发生故障时,通过切换电路把控制权转给另一个控制器。若切换电路可靠为 1,每个总线控制器的故障概率 $P=5\times10^{-4}$,BIT 的故障检测率为 r_{FD},则整个电路的故障概率 $P_s=(1-r_{FD})P+r_{FD}P^2$ 将随 r_{FD} 增加而大大降低,如图 1.9 所示。当 r_{FD} 由 0.8 提高到 0.95 时,整个电路功能故障概率可降低到原值的 1/4;当 $r_{FD}=1$ 时,电路功能故障概率可降低到原值的 1/400。

对 4 余度容错惯导系统的可靠性分析表明:在没有 BIT 故障检测与隔离、无余度情况下,系统故障概率为 5.397×10^{-4}(任务可靠度 $R_m=0.999\,460\,3$);当系统采用 BIT,其故障检测率为 0.8、隔离率为 0.99、虚警概率为 7.08×10^{-11} 时,则该 4 余度系统的故障概率为 4.27×10^{-7}(任务可靠度 $R_m=0.999\,999\,573$),即任务可靠度提高了 3 个数量级;在理想情况下,当故障检测率和隔离率均为 1、虚警概率为 0 时,则系统故障概率为 2.567×10^{-12}(任务可靠度 $R_m=999\,999\,999\,997\,433$),即任务可靠度提高了 8 个数量级。

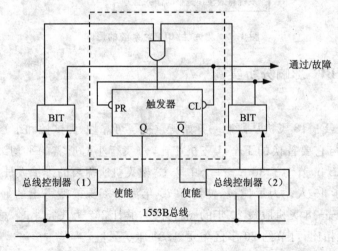

图 1.8 共享时间总线控制器

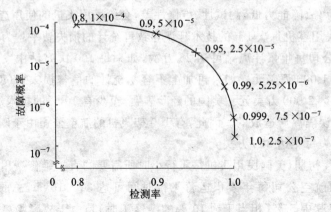

图 1.9 BIT 检测率对可靠性影响

1.4　常用测试性与诊断术语

本节列出测试性与诊断常用术语定义和缩写词,以便查阅。

1. 测试性　testability

系统或设备(产品)能及时准确地确定其状态(可工作、不可工作或性能下降)并隔离其内部故障的一种设计特性。

2. 固有测试性　inherent testability

仅取决于系统或设备硬件设计,不受测试激励和响应数据影响的测试性。

3. 机内测试　Built-In Test (BIT)

① 系统或设备内部提供的检测和隔离故障的自动测试能力;

② 利用设计到系统或设备内的测试硬件和软件对系统或设备全部或局部进行测试的方法。

4. 机内测试设备　Built-In Test Equipment (BITE)

① 完成机内测试功能的装置(包括硬件和软件);

② 被测单元中用于测试的、可以识别的装置。

5. 主动 BIT　active BIT

测试时需要施加激励信号到被测单元之内,并中断其工作的一类 BIT。

6. 被动 BIT　passive BIT

测试时不需要加入激励,也不中断被测单元工作的 BIT。

7. 连续 BIT　continuous BIT

连续不间断地监测系统工作的 BIT。

8. 周期 BIT　Periodic BIT (P BIT)

以规定时间间隔周期地启动测试的 BIT。

9. 启动 BIT　Initiated BIT(IBIT)

由某种事件或操作者启动进行测试的 BIT。它可能中断系统工作,也允许操作者参与故障检测和隔离过程。

10. 加电 BIT　power-on BIT

当系统接通电源时,启动规定测试程序的 BIT。检测到故障或完成规定测试程序后就结束,是启动 BIT 的特例。

11. 维修 BIT　maintenance BIT

在系统完成任务后用于进行维修、检查和校验测试的 BIT。它可以启动运行系统所具有的任一种 BIT,属于启动 BIT 类型。

12. 灵巧 BIT　smart BIT

应用了人工智能技术的 BIT。

13. 被测单元　Unit Under Test (UUT)

被测试的系统、分系统、设备、组件和部件等。

14. 自动测试设备　Automatic Test Equipment (ATE)

自动进行功能和(或)参数测试、评价性能下降程度或隔离故障的设备。

15. 外部测试设备　External Test Equipment（ETE）
在机械上与被测单元分开的测试设备。

16. 测试点　Test Point（TP）
被测单元（UUT）中用于测量或注入信号的电气连接点。

17. 故障检测　Fault Detection（FD）
① 发现故障存在的过程；
② 为确定 UUT 是否存在故障而进行的一次或多次测试。

18. 故障隔离　Fault Isolation（FI）
① 把故障定位到实施修理所要更换的产品组成单元的过程；
② 在知道有故障的情况下，准确确定发生故障部位的过程。

19. 故障定位　fault localization
在已知有故障的情况下，确定发生故障的大致部位的过程，没有故障隔离那么准确。

20. 模糊组　ambiguity group
具有相同或类似的故障特征，在故障隔离中不能分清故障真实部位的一组可更换单元。其中每个可更换单元都可能有故障。

21. 模糊度　ambiguity group size
模糊组中包含的可更换单元数。

22. 故障检测率　Fault Detection Rate（FDR）
在规定足够长的时间内，用规定的方法正确检测到的故障数与发生故障总数之比，用百分数表示。

23. 故障隔离率　Fault Isolation Rate（FIR）
在规定的时间内，用规定的方法将检测到的故障正确隔离到不大于规定的可更换单元数（模糊度）的故障数与检测到的故障总数之比，用百分数表示。

24. 故障潜伏时间　fault latency time
从故障发生到给出故障指示所经历的时间。

25. 故障检测时间　fault detection time
从开始检测故障到给出故障指示所经历的时间。

26. 故障隔离时间　fault isolation time
① 从检出故障到完成故障隔离所经历的时间；
② 从开始隔离故障到指出有故障的可更换单元所经历的时间。

27. 虚警　False Alarm（FA）
BIT 或其他监测电路指示有故障而实际不存在故障的情况。

28. 虚警率　False Alarm Rate（FAR）
在规定的时间内，发生的虚警数与同一时间内故障指示总数之比，用百分数表示。

29. 不能复现　Cannot Duplicate（CND）
由 BIT 或其他监测电路指示的故障，在基层级维修时得不到证实的现象。

30. 不能复现率　cannot duplicate rate
在基层级维修时，BIT 和其他监测电路指示的故障总数中不能复现的比例，用百分数表示。

31. 重测合格　Retest Okay (RTOK)
在某维修级别测试中识别出有故障的 UUT,在更高级维修级别测试时却是合格的现象。

32. 重测合格率　retest okay rate
有故障的 UUT 在中继级或基地级维修时,测试结果为重测合格的比例,用百分数表示。

33. 测试程序接口组合　Test Program Set (TPS)
启动被测单元(UUT)执行一给定测试所需的测试程序、接口装置、测试程序说明文件和辅助数据的组合。

34. 兼容性　compatibility
UUT 在功能、电气和机械上与期望的 ATE 接口配合的一种设计特性。

35. 现场可更换单元　Line Replaceable Unit (LRU)
在工作现场(基层级维修)从系统或设备上拆卸并更换的单元。同义词:外场可更换单元、武器可更换组件。

36. 车间可更换单元　Shop Replaceable Unit (SRU)
在维修车间(中继级)从 LRU 上拆卸并更换的单元。
同义词:车间可更换组件、内场可更换单元。

37. 诊断　diagnostics
检测和隔离故障的活动。

38. 诊断要素　diagnostic element
用于故障诊断的自动和人工测试方法、维修辅助信息、技术资料、人员和培训等。

39. 诊断能力　diagnostic capability
利用诊断要素对系统进行故障检测和隔离的能力。

40. 综合诊断　integrated diagnostics
通过考虑与综合全部有关诊断要素,使系统的诊断能力达到最佳的设计和管理过程。这个过程包括确定设计、工程活动、测试性、可靠性、维修性、人机工程和保障性分析之间的接口。其目标是以最少的费用,最有效地检测、隔离系统及设备内已知和预期发生的所有故障,以满足系统任务要求。

41. 维修辅助信息　maintenance aid
维修辅助信息是给维修技术人员提供帮助的信息,包括简便的维修操作方法、出版物或指南等。它可提供判断故障的历史信息、故障查找逻辑以及发现和修复故障的程序等。

42. 诊断方案　diagnostic concept
对系统或设备进行诊断的范围、功能和运用的初步安排。

43. 诊断测试　diagnostic test
为确定 UUT 发生了故障和隔离故障所进行的测试。

44. 自测试　self test
由产品本身进行的检查其是否在容限内工作的一个或一系列测试。

45. 性能监测　performance monitoring
在不中断系统工作的情况下,对选定性能参数进行连续或周期性的观测,以确定系统是否在规定的极限范围内工作的过程。

46. 通过/不通过测试　GO/NO GO test

为判定系统能否正常工作的测试。GO——表示工作正常；NO GO——表示工作不正常。

47. 环绕测试　wrap-around test

借助 UUT 内转换网络或自检适配器，把输出端连接到输入端来完成的测试。

48. 功能测试　functional test

确定 UUT 功能是否正常的测试。测试的工作环境（如激励和负载）可以是实际的，也可以是模拟的。

49. 联机测试　on-line testing

在 UUT 正常工作环境下对其进行的测试。同义词：在线测试。

50. 脱机测试　off-line testing

在 UUT 脱离产品正常工作环境下对其进行的测试。同义词：离线测试。

51. 测试可控性　test controllability

确定或描述系统和设备有关信号可被控制程度的一种设计特性。

52. 测试可观测性　test observability

确定或描述系统和设备有关信号可被观测程度的一种设计特性。

53. 测试适配器　test adapter

在 UUT 和测试设备之间提供电子、电气和机械上兼容的一个或一系列装置，可以包括测试设备中不具备的适当激励和负载。

54. 故障　fault

产品不能执行规定功能的状态。

55. 故障注入　fault insertion

为了验证 BIT，TPS 及 ATE 功能，在 UUT 中引入实际故障或模拟故障的过程。

56. 故障特征　fault signature

识别故障的一组特有的参量或征兆。

57. 故障字典　fault dictionary

包括产品的每一个故障及相应故障特征的表格。

58. 相关矩阵　dependency matrix

反映某一给定系统结构中单元和测试相互关联的布尔矩阵。

59. 测试要求文件　Test Requirements Document (TRD)

包括对 UUT 的性能特征要求和接口要求，以及规定的测试条件、激励值和相关响应的规范文件，用于以下几方面。

① 指明工作正常的 UUT；

② 检测和指明所有故障及超差的状态；

③ 按确定的维修方案把每个故障或超差状态隔离到约定的产品层次和模糊度；

④ 调整和校准。

60. 测试有效性　test effectiveness

综合考虑硬件设计、机内测试设计、测试设备设计和测试程序接口组合（TPS）设计的一种度量。测试有效性度量主要包括故障检测率、故障隔离率、故障检测时间、故障隔离时间和虚警率等。

习 题

1. 什么是故障?为什么要对故障影响后果进行分析和分类?
2. 何谓故障诊断?
3. 何谓测试性,何谓 BIT?测试性与测试有何区别?
4. 诊断、测试性、BIT 之间的关系如何,有什么相同与不同之处?
5. 测试性、BIT 对系统有什么影响?
6. 测试性与维修性、可靠性之间的关系如何?
7. 国内、国外测试性/BIT 发展情况如何?
8. 重要系统和设备为什么要进行测试性设计?

第 2 章 测试性和诊断参数

2.1 概　述

　　测试性是系统及设备的一种设计特性,描述和确定系统的检测和隔离故障的能力。测试性参数是对测试性特性的描述,测试性指标是测试性参数的量值。测试性影响到完成故障检测和隔离活动所需要的时间和维修工时。这两种活动所需的时间通常要大于其他所有与故障有关的修复性维修时间的总和。性能监控作为测试性的一个方面,对任务成功和维修活动有直接影响。由于机内测试设计及工作环境变化等问题的引入,就出现了虚警,是测试性的一个重要问题。在使用中还会出现不能复现(CND)和重测合格(RTOK),因而造成额外的不必要的维修活动,严重地影响现代武器系统的战备完好性及使用和保障费用。

　　每一个系统一般都由可拆卸的单元组成。一旦检测到系统故障并确定故障发生在某个具体的组成单元,那么必须拆卸更换有故障的单元并进行检验。通常可以用测试系统、性能监控和诊断来完成这些活动。

　　完成系统诊断和测试可采用的手段包括:
　　① 能自动或根据命令工作的机内测试(BIT)(作为系统或设备设计的组成部分);
　　② 由维修人员使用的外部测试设备(ETE),可以是一个具有专门用途的设备或在野战级维修情况下的自动测试设备(ATE);
　　③ 技术手册、查错程序、通用测试设备和维修人员的手工测试和诊断程序;
　　④ 操作人员和维修人员的观察或各种形式的性能监控;
　　⑤ 以上几种手段的结合。

　　具体选用哪一种方法,依赖于各种因素,包括主系统及设备的要求、特性和复杂程度,以及每一种方法的费效比。

　　总之,具有良好测试性的系统设备,可以提供良好的性能监控、故障检测和故障隔离能力,可以大大减少故障检测和隔离时间,从而大大缩短维修时间,降低对维修人员的技能要求,提高任务可靠性,提高系统和设备的使用效能,减少寿命周期费用(LCC)。近几年来,测试性在国内已逐步引起人们的重视,并在某些工程上得到初步应用。由于起步较晚,对测试性的研究已明显落后于使用需求,一些术语、参数定义的提法不够统一。这对测试性设计工作的开展带来了许多不利影响。

　　从现有文献上看,一些有关测试性的术语很难统一。由于使用对象及使用目的的不同,测试性参数的定义也不尽相同。许多定义为了某个特殊的度量作了剪裁,因而也就限制了他们的使用。有的出于研讨的目的,只给出了理论描述,这样定义的参数在外场又无法测量。测试性参数定义及其计算公式的多样性就其本身来讲并不是坏事,因为许多文献是直接针对某个具体的硬件或问题进行分析,而对定义作了剪裁。测试性/诊断参数定义应具有以下特点:
　　● 含义清楚、明确,不会导致多种理解;

- 与现用军用标准和手册一致；
- 与已定义的参数的直观解释相一致；
- 直接或间接地与战备完好性因素有关；
- 数学上可准确计算；
- 能表示设计特性,设计中可以控制；
- 使用中可以评价,能被准确测定,可凭经验或外场报告进行度量；
- 可预计、分配和验证；
- 照顾到现在的实际应用情况和今后发展(如综合诊断等)。

当然,就某一个具体的测试性参数来讲,不可能满足以上所有特性,但可将这几点作为一个基本原则,使所定义的参数尽可能多地具有以上特点。

BIT/ETE 参数可分为两类：第一类描述 BIT/ETE 的自身特性；第二类描述 BIT/ETE 的能力。

BIT/ETE 自身特性可进一步分为物理特性(如质量、体积和元器件数目等)、使用特性(如可靠性、维修性)和 BIT/ETE 能力。

BIT/ETE 的能力进一步可分为故障检测能力和隔离能力。这些能力又可分为三类,即检测或隔离故障的时间、比例和范围。图 2.1 是测试性和诊断参数的分类情况。

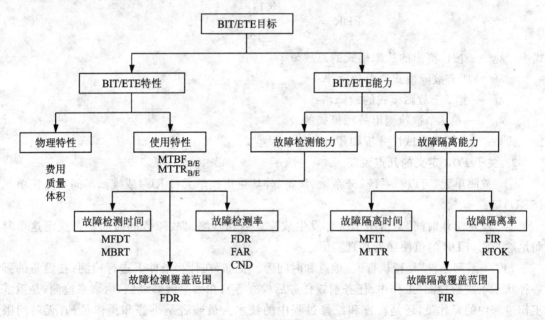

图 2.1　根据 BIT/ETE 目标对参数进行分类

2.2　参数定义及说明

2.2.1　故障检测率

故障检测率(FDR)是指检测并发现设备内一个或多个故障的能力。它也可被看作是通过采用规定的方法和步骤直接或间接地确定产品(系统、设备和单元)故障的能力,或向操作人员及其他有关人员(维修人员、观察人员等)指示产品故障的能力。

故障检测百分数 FFD 与故障检测率 FDR 是无实质区别的。但近几年来,随着综合诊断技术的发展,国外倾向于采用 FFD。按国内习惯叫法和国家军用标准的规定,在本书中采用 FDR,并称之为故障检测率。后面的 FIR,FAR 等参数的名称也有类似情况。

1. FDR 定义

FDR 一般定义为在规定的时间内,用规定的方法正确检测到的故障数与被测单元发生的故障总数之比,用百分数表示。此外,它还可定义为在给定的一系列条件下,被测单元在规定的工作时间 t 内,由操作人员和(或)其他专门人员通过直接观察或用其他规定的方法,正确地检测出的故障数与发生的故障总数之比,用百分数表示。其定量数学模型可表示为

$$\text{FDR} = \frac{N_D}{N_T} \times 100\% \tag{2.1}$$

式中　N_T——故障总数,或在工作时间 t 内发生的实际故障数;

　　　N_D——正确检测到的故障数,或在给定的一系列条件下,操作人员和(或)其他专业人员通过直接观察和用其他规定的方法可正确地检测出的实际故障数。

式(2.1)用于验证和外场数据统计。

对于某些系统和设备来说,故障率(λ)为常数,式(2.1)可改写为

$$\text{FDR} = \frac{\lambda_D}{\lambda} = \frac{\sum \lambda_{Di}}{\sum \lambda_i} \times 100\% \tag{2.2}$$

式中　λ_D——被检测出的故障模式的总故障率;

　　　λ——所有故障模式的总故障率;

　　　λ_i——第 i 个故障模式的故障率;

　　　λ_{Di}——第 i 个被检测出故障模式的故障率。

式(2.2)是用于测试性分析和预计的数学模型。

2. 关于 FDR 定义的几点说明

① "被测单元"可以是系统、分系统、设备、外场可更换单元(LRU)或维修车间可更换单元(SRU)等。

② "规定工作时间"是指用于统计发生故障总数和检测出故障数的时间。在规定这个时间足够长时,FDR 的值便接近其真实值。

③ "一系列条件"是指执行人、地点和时间等。例如,在什么条件下进行检测;在设备的哪一种状态下进行检测(工作中、任务前或任务后检查等);在哪个维修级别,由谁来检测,是系统工作过程中的操作员,还是检查和维修过程中的技术人员或者是维修和操作员;有无时间限制等。

④ "规定的方法"是指操作员或维修人员用 BIT、专用或通用外部测试设备、自动测试(ATE)人工检查或几种方法的综合来完成故障检测。

⑤ 由于在定义中强调是"正确地"检测出的故障数,因而在总故障数 N_T、检测到的故障数 N_D 中都不包括虚警。

⑥ 系统设备中的故障一般分为可检测的故障和不可检测的故障。认为是不可检测故障的原因主要有两种。

● 由于这种故障模式的故障率较低,且又不是关键性故障,故不影响系统安全及任务;

- 就目前的技术而言,检测这些故障比较困难。若要检测这些故障并进行测试性设计,则得不偿失。但 FDR 分母的 N_T 应包括所有发生的故障。

⑦ 间歇故障算作一个故障,因而 N_D,N_T 中间歇故障只能算一次。

⑧ 由外部瞬变或噪声引起的瞬时故障应另作处理,因而 N_D,N_T 中不包括瞬时故障。

⑨ 一般来说,系统及设备中的故障可分为三类。对三类故障采用不同的检测方法。

- I 类(对任务或安全来说是致命的):即使很短时间的降级工作或工作在故障状态,都可能危及任务成功或人员和设备的安全。对于这类故障应尽最大可能采用自动检测方式,如机内检测。

- II 类(对任务或安全来说是严重的):降级工作或工作在故障状态,都可能对任务成功或人员及设备的安全造成有害影响。对于这类故障采用自动和半自动检测方式。对多数故障采用自动方式检测,其余部分采用半自动方式。这种方式需要操作人员参与,但不能超过根据任务成功和安全性要求所规定的最大时间限度。除非确无其他可行的检测办法,应尽可能避免采用要求维修技术人员进行维护或由维修技术人员进行周期检查的故障检测方法。在这种情况下,应给出与任务目标、任务成功和安全性要求相协调的维护或检查计划表。另外,所选定的特定的诊断方法应与维修性要求和综合诊断策略相协调。

- III 类(对任务或安全来说不严重的):降级工作或工作在故障状态,实质上不会对任务成功或人员和设备的安全造成有害影响。对于这类故障可采用自动、半自动和手动三种故障检测方式的组合,操作人员和维修技术人员都可在规定的范围内参与故障检测。应注意与任务要求相协调,所选定的诊断方法应与维修性要求和综合诊断策略相协调。

最后,值得指出的一点是,国外相当一部分文献以及国内一些学者认为,式(2.1)中关于 FDR 定义的分母应当采用"可检测到的全部故障数"。他们的理由是,从设计者角度来看,因为在做 FMEA 分析及 BIT 设计时,根本就没有对某些故障设计故障检测,即某些故障不在检测之列或是不可检测的,因而,若分母采用"发生的全部故障总数",则 FDR 不能反映设计人员设计 BIT 故障检测水平的高低。但用户所关心的是整个产品的实际故障检测能力,是产品在外场的使用特性,即在外场所有发生的故障中用规定方法检测到多少。如果采用"可检测的故障"又未给出其明确的定义,则在验证中可能导致设计方和使用方之间的争论。

2.2.2 关键故障检测率

关键故障检测率(CFDR)是指在规定的时间内,用规定的方法,正确检测到的关键故障数与被测单元发生的关键故障总数之比;或是在给定的一系列条件下,在规定的工作时间 t 内发生的可由操作人员或(和)其他专业人员通过直接观察或其他规定的方法,正确地检测出的关键故障与关键故障总数之比,用百分数表示。其中,关键故障是指使系统处于危及任务完成、危及人员安全或资源使用状态的系统中的故障。其数学模型为

$$\text{CFDR} = \frac{N_{CD}}{N_{CT}} \times 100\% \tag{2.3}$$

用于某些系统及设备的 BIT 分析及预计模型为

$$\mathrm{CFDR} = \frac{\sum \lambda_{CDi}}{\sum \lambda_{Ci}} \times 100\% \tag{2.4}$$

式中　N_{CD}——在规定的工作时间 t 内,由操作人员或(和)其他专门人员通过直接观察或其他规定的方法正确地检测到的关键故障数;
　　　N_{CT}——在工作时间 t 内,可能发生的关键故障总数;
　　　λ_{CDi}——第 i 个可检测到的关键故障模式的故障率;
　　　λ_{Ci}——第 i 个可能发生的关键故障模式的故障率。

它可用于系统或设备级。CFDR 是 FDR 的一种特殊情况。FDR 包括所有的产品故障(关键的和非关键的),而 CFDR 只包括那些关键故障。

系统的 CFDR 可能会要求到 99.9%,甚至 100%,而针对每个单元的 FDR 要求则可以低一些。

2.2.3　故障隔离率

故障隔离率(FIR)是指快速而准确地隔离每一个已检测到的故障的能力。故障隔离可通过 BITE、ETE、半自动或手工故障隔离方法来完成。

1. FIR 定义

FIR 一般定义为在规定的时间内,用规定的方法正确隔离到不大于规定的可更换单元数的故障数与同一时间内检测到的故障数之比,用百分数表示。此外,还可定义为在规定的条件下,由维修人员或其他专业人员在规定的工作时间和给定的维修等级内,通过使用规定的方法,将故障正确地隔离到小于等于 L 个单元的故障数与在同一时间内已检测到的故障数之比,用百分数表示。其数学模型为

$$\mathrm{FIR} = \frac{N_L}{N_D} \times 100\% \tag{2.5}$$

式中　N_L——在规定条件下用规定方法正确隔离到小于等于 L 个可更换单元的故障数;
　　　N_D——在规定条件下用规定方法正确检测到的故障数。

用于某些系统及设备的分析及预计数学模型为

$$\mathrm{FIR} = \frac{\lambda_L}{\lambda_D} = \frac{\sum \lambda_{Li}}{\lambda_D} \times 100\% \tag{2.6}$$

式中　λ_D——被检测出的所有故障模式的故障率之和;
　　　λ_L——可隔离到小于等于 L 个可更换单元的故障模式的故障率之和;
　　　λ_{Li}——可隔离到小于等于 L 个可更换单元的故障中第 i 个故障模式的故障率;
　　　L——隔离组内的可更换单元数,也称故障隔离的模糊度。

2. 关于 FIR 定义的几点说明

① 定义中的"规定工作时间"、"规定条件下"的含义同 FDR。"可更换单元"根据维修方案而定,一般在外场维修测试时是指 LRU;在维修车间测试时是指 SRU;在大修厂或制造厂测试时是指可更换的部件和元器件。

② 一般情况下,故障隔离可以看作是维修人员通过使用规定的诊断方法和步骤,将故障隔离到特定的可更换单元或规定的可更换单元组,隔离的方法包括:

- 联机或脱机自动方法(BIT 或外部测试设备);

- 联机或脱机半自动方法(BIT 或外部测试设备);
- 一系列规定的手工测试和观察;
- 通过使用原理图和测试设备进行信号跟踪和分析;
- 反复进行拆卸、更换和性能检查;
- 热模型(hot make-up);
- 以上几种方法的结合。

③ 在理想情况下,如果指出在系统及设备或单元中出现故障,那么应立即将故障隔离到一个惟一的可更换单元。然而,实际上由于费用和工程约束或环境条件的影响,这种惟一性隔离有时是不现实的。因而,可先将该故障隔离到一个由 L 个可更换单元(其中含有故障单元)组成的单元组,然后,再采用其他的步骤将故障隔离到具体的故障单元。在这种情况下,L 就被称做给定测试方法的故障隔离模糊度或故障分辨率水平。$L=1$ 时为惟一性隔离;$L>1$ 时为模糊性隔离。FIR 和模糊度可以进行权衡,一般来说,FIR 随着模糊度的增大而增大。

当给定了模糊度,就应给出有关将该故障最终隔离到单一故障单元所应采用的方法及注意事项。下面是几种可供选用的方法。

- 在确定了含有故障单元的单元组后,通过采用半自动或手工测试的方法,在外场(或野战)维修级将故障隔离到故障单元。
- 在外场(或野战)维修级对单元组中的单元采用反复拆卸、更换和检查的方法,直到将故障隔离到故障单元。
- 若故障对任务影响是关键的,则迫于时间的压力可将单元组中的所有单元全部拆下并更换,然后在下一维修级将故障进行隔离。

以上所有的方法都影响到维修工时、MTTR 和使用费用。在确定针对模糊度所要求的维修活动时,应考虑到它们对时间和资源的影响。模糊度本身的大小对维修工时、MTTR 和保障费用也有明显的影响。如果使用方没有规定具体的必须遵循的步骤,那么,承制方应考虑推荐一种费用最少而又能有效地完成任务的方法。

④ 照理说,如果没有时间和资源的限制,任何故障都能实现惟一性隔离,但实际上在现实的资金、人力、任务时间和工程约束条件的制约下,在三个维修级没有任何一种单一的故障隔离程序或诊断方法能够对所有可能的故障进行隔离。另外,每个系统、任务背景和维修级别都有它自身所特有的特性、约束条件和需求,因而可能使得某个特定的诊断或隔离方法(或几种的组合)是可接受的,而其他方法则是不可接受的。

有时可能有几种方法都是可接受的,但某些方法可能又太费时,因而有必要将 FIR 要求与维修性要求(故障隔离时间在维修时间 MTTR 中占有的最大比例)综合在一起考虑,或给出平均和(或)最大隔离时间。

⑤ 要求 FIR 等于 95% 时,并不意味着剩下 5% 的故障是不必进行隔离的,只不过 5% 的故障可能只能隔离到大于给定模糊的单元组,或者通过采用其他可接受的方法来进行隔离。这时,同样也要给出在什么地方如何将故障隔离到故障单元以及注意事项。

⑥ FIR 的理想值是 100%。如果已检测出的故障不能被快速并有效地隔离,那么系统在很长一段时间内都无法进入任务准备就绪状态。为了满足战备完好性要求,维修人员可以更换整个任务关键系统,或花费大量时间采用"强制性"维修方法。这使得本来已经困难的零备件和使用问题变得更加困难,并增加了系统的寿命周期费用(LCC)。

2.2.4 虚警率

1. 虚警率 FAR 定义

FAR 是指在规定的工作时间内,发生的虚警数与同一时间内的故障指示总数之比,用百分数表示。其中,虚警是指当 BIT 或其他监控电路指示被测单元有故障,而实际上该单元不存在故障的情况。FAR 的数学模型可表示为

$$\mathrm{FAR} = \frac{N_{\mathrm{FA}}}{N} = \frac{N_{\mathrm{FA}}}{N_{\mathrm{F}} + N_{\mathrm{FA}}} \times 100\% \tag{2.7}$$

式中 N_{FA}——虚警次数;
　　　N_{F}——真实故障指示次数;
　　　N——指示(报警)总次数。

用于某些系统及设备的 FAR 分析及预计数学模型可表示为

$$\mathrm{FAR} = \frac{\lambda_{\mathrm{FA}}}{\lambda_{\mathrm{D}} + \lambda_{\mathrm{FA}}} \times 100\% \tag{2.8}$$

式中 λ_{FA}——虚警发生的频率,包括会导致虚警的 BITE 的故障率和未防止的虚警事件的频率等之和。
　　　λ_{D}——被检测到的故障模式的故障率总和。

2. 关于 FAR 定义的几点说明

(1) 两种虚警情况
- "假报",即 BIT 或其他监控电路指示某可更换单元有故障,而实际上系统及设备内的任何一个可更换单元均无故障。
- "错报",即系统中 A 单元发生了故障而指示 B 有故障。

"应报不报"(即有故障而 BIT 或其他监控电路没有故障指示)不属于虚警范畴。它实际上属于 FDR 的范畴。

(2) 虚警的原因、影响和减少虚警措施

产生虚警的原因是多方面的,如 BIT 失效、设计缺陷、瞬变状态和间歇故障等。虚警将影响使用和维修,降低基本可靠性。减少虚警的措施有:延时报警、多次测试判定故障、"滤波"与表决方法以及人工智能的应用等,详见第 10 章。

(3) 另一种虚警率定义

虚警率的另一个常用的定义是在规定工作时间内,单位时间的平均虚警数。由此可见,它是虚警出现的频率,是按时间归一化的虚警数,可按日历时间或工作小时归一。其数学模型为

$$\lambda_{\mathrm{FA}} = \frac{N_{\mathrm{FA}}}{t} \tag{2.9}$$

式中 t——系统累积工作时间。

虚警率的倒数为平均虚警间隔时间。

(4) 理想虚警率

FAR 的理想值为 0%,是 BIT 的一个限制性参数。高 FAR 如同低 FIR 一样,会导致系统更换设备或强制性维修。

2.2.5 故障检测时间

故障检测时间(FDT)是指从开始故障检测到给出故障指示所经历的时间。用BIT检测故障时，更看重的是故障检测时间。它在说明机内测试快速处理严重故障的能力时十分有用。通常，将全部故障分为最严重的故障和严重的故障等类型，并估计BIT故障检测的最大检测时间(表2.1给出了示例)。FDT还可用平均故障检测时间(MFDT)表示。

表 2.1 故障类型与最大故障检测时间关系示例

故障类型	检测出故障的百分数/(%)	最大检测时间
最严重的故障	95	<1 s
	100	<1 min
严重的故障	85	<1 min

平均故障检测时间是指当故障发生后，由BIT/ETE检测并指示该故障所需时间的平均值。其数学模型可表示为

$$\text{MFDT} = \frac{\sum t_{Di}}{N_D} \tag{2.10}$$

式中 t_{Di}——BIT/ETE检测并指示第i个故障所需时间；
N_D——被BIT/ETE检测出的故障数。

2.2.6 故障隔离时间

故障隔离时间(FIT)是指从开始隔离故障到完成故障隔离所经历的时间。使用人工测试或脱机测试进行维修期间，故障隔离时间通常是修复时间中最长、最难预测的那部分时间。测试性工作不仅应设法减少隔离时间，而且应给维修人员提供故障隔离时间的精确预测值。故障隔离时间可以用平均时间或最大时间(按规定的百分数)表示。这个时间不仅与诊断测试序列的长度有关，而且还必须包括人工干预所需的时间。

平均故障隔离时间(MFIT)定义为从开始隔离故障到完成故障隔离所经历时间的平均值。它还可定义为用BIT/ETE完成故障隔离过程所需的平均时间。用公式表示如下：

$$\text{MFIT} = \frac{\sum t_{Ii}}{N_I} \tag{2.11}$$

式中 t_{Ii}——BIT/ETE隔离第i个故障所用时间；
N_I——隔离的故障数。

2.2.7 系统的故障检测率和隔离率

系统的故障检测率FDR_s和隔离率FIR_s可用其组成单元的FDR_i和FIR_i来度量，计算公式为

$$\text{FDR}_s = \sum_{i=1}^{n} \lambda_i \text{FDR}_i \Big/ \sum_{i=1}^{n} \lambda_i \tag{2.12}$$

$$\text{FIR}_s = \sum_{i=1}^{n} \lambda_{Di} \text{FIR}_i \Big/ \sum_{i=1}^{n} \lambda_{Di} \tag{2.13}$$

式中 FDR_s, FIR_s——系统的故障检测率与隔离率；

n——系统中包含的组成单元数；

λ_i——第 i 个组成单元的故障率；

FDR_i, FIR_i——第 i 个组成单元的故障检测率、隔离率。

2.2.8 不能复现率

由 BIT 或其他监控电路指示的，而在外场维修时得不到证实的故障情况称之为不能复现。

不能复现率（CNDR）定义为在规定的时间内，由 BIT 或其他监控电路指示的而在外场维修中不能证实（复现）的故障数与指示的故障总数之比，用百分数表示。引起不能复现（CND）的主要原因为 BIT 虚警、不适当的检测容差、间歇故障、瞬态漂移和故障出现的环境不能重现等。

造成 CND 的主要原因可归为以下 8 种，详见图 2.2。

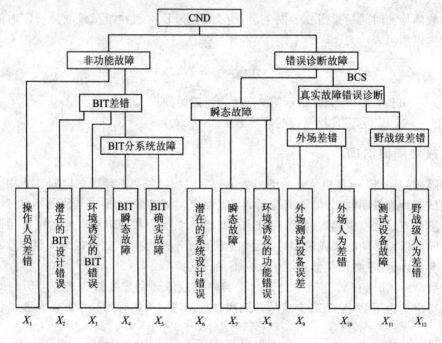

图 2.2 造成 CND 的原因

① 操作人员差错：系统（含有被测装置）操作人员错误地使用装置、错误地理解装置性能或两者兼有；操作人员错误地理解和报告故障，而维修人员却不能重现这些故障。

② 潜在的 BIT 设计错误：由于潜在的 BIT 设计错误，在一些事件按适当的顺序发生后，则会引起故障，而维修人员却不能重复使该故障按其事件发生的顺序表现出来。

③ 环境诱发的 BIT 错误：振动、压力和温度等环境条件导致了 BIT 系统的瞬时特性，其被错误地报告为故障，而维修人员却不能重现引起这种瞬时表现特性的条件。

④ BIT 瞬态故障：BIT 分系统中部件的退化引起瞬时故障特性，其结果是错误地报告主系统故障，而维修人员在测试中不能再现这种瞬时特性。

⑤ BIT 硬件故障：BIT 分系统本身出现故障，而 BIT 报告其他系统出现故障。当维修人

员对系统进行验证时,系统良好。

⑥ 潜在的系统设计错误:由于系统内潜在的设计错误,当一些事件按一定的顺序发生后,会引起故障,而维修人员却无法重复使该故障按其事件发生的顺序再现。

⑦ 瞬态故障:系统中部件的退化引起瞬态故障特性。其结果是报告系统出现故障,而维修人员在测试过程中不能重现这种瞬态特性。

⑧ 由环境诱发的功能错误:振动、压力和温度等环境条件引起系统的瞬态特性被报告为故障,而维修人员无法再现引起该瞬时特性的条件。

2.2.9 台检可工作率

外场维修人员从飞机上拆卸某 LRU 并送到野战级(中继级)维修车间,当技术人员在试验台上进行检查时发现该 LRU 是可工作的,称之为台检可工作(BCS)。

台检可工作率(BCS Rate)定义为在规定的时间内,外场维修发现故障而拆卸的可更换单元在野战级维修的试验台测试检查中是可工作的单元数与被测单元总数之比,用百分数表示。引起 BCS 的主要原因是虚警、不适当的测试容差、间歇故障、不正确的技术资料和 BIT 故障隔离模糊度等。其具体原因有如下 4 种(见图 2.2):

① 外场测试设备误差:由于在外场中使用的测试设备的误差,将某个好的被测设备定为故障设备,而在野战维修级验证时,该设备无故障;

② 外场人为差错:由于外场的人为差错,将一个好的 LRU 定为故障设备,而在野战维修级验证时,该设备无故障;

③ 车间测试设备故障:由于野战级使用的测试设备本身的差错,将有故障的 LRU 定为无故障;

④ 野战级人为差错:由于野战车间级的人为差错,将有故障的 LRU 定为无故障。

2.2.10 重测合格率

野战级维修车间的技术人员从某 LRU 拆下车间可更换单元(SRU),送到后方维修基地,而后方级技术人员对该 SRU 重新测试时良好,则称之为重测合格。重测合格率(RTOKR)通常定义为在规定的时间内,在后方维修(基地级维修)的测试中,发现因"报告故障"而拆卸的产品是合格的产品数与被测产品总数之比,用百分数表示。引起 RTOK 的主要原因,除了包括引起 BCS 的主要原因外,还有自动测试设备的故障验证及故障隔离的问题。

值得指出的是:在不少情况下,BCS 与 RTOK 合并为 RTOK。它是在运行测试中,识别出的有故障的被测单元在更高一级维修中测试时却是合格的情况下定义的。

2.2.11 误拆率

误拆率(FFP)是指由于 BIT/ETE 故障隔离过程造成的从系统中拆下好的可更换单元(即实际上没有故障的可更换单元)数与在隔离过程中拆下的可更换单元总数之比,用百分数表示。

$$\text{FFP} = \frac{N_{\text{FP}}}{N_{\text{FP}} + N_{\text{CP}}} \times 100\% \tag{2.14}$$

式中 N_{FP}——故障隔离过程中拆下的无故障的可更换单元数;

N_{CP}——故障隔离过程中拆下的有故障的可更换单元数。

2.2.12 BIT/ETE 可靠性

BIT 可靠性定义为在规定的条件下，BIT 电路在给定的时间区间内完成预计功能的能力。BIT 电路是指用于机内测试的硬件，不是通常的系统硬件。BIT 电路的可靠性通常用 $MTBF_B$ 表示。

$$MTBF_B = (\lambda_B)^{-1} = (\sum \lambda_K)^{-1} \tag{2.15}$$

式中　λ_K——第 K 个 BIT 硬件部件的故障率；
　　　λ_B——非系统硬件的 BIT 硬件的总故障率。

关于 BIT 的可靠性要求在合同中一般以 MTBF 或故障率给出。一般要求要比被测系统及设备的故障率低一个数量级。为满足此要求，可采用两种方法：
① 构成 BIT 的元器件故障率比系统及设备所采用的元器件故障率低一个数量级；
② 规定系统中用于 BIT 的元器件数不多于整个系统元器件总数的 10%。
由于第一种方法做起来比较困难，一般情况下均采用第二种方法。
外部测试设备 ETE 的可靠性要求与被测对象类似，规定 MTBF 值。

2.2.13 BIT/ETE 维修性

BIT 的维修性指的是 BIT 的平均修复时间 $MTTR_B$，定义为修理 BIT 电路中故障所需的平均时间。$MTTR_B$ 可用多种方式表示，下面是其中的一种：

$$MTTR_B = \frac{\sum (\lambda_K \times M_K)}{\sum \lambda_K} \tag{2.16}$$

式中　M_K——第 K 个 BIT 硬件部件的修理时间；
　　　λ_K——第 K 个 BIT 硬件部件的故障率。

ETE 的维修性与 BIT 的类似。

2.2.14 BIT/ETE 平均有效运行时间

MBRT 为完成一个 BIT/ETE 测试程序所需的平均有效运行时间。这可以是对一次测试、一组测试或所有测试的平均值。其数学模型可表示为

$$MBRT = \frac{\sum MBRT_i}{N_B} \tag{2.17}$$

式中　$MBRT_i$——第 i 个 BIT/ETE 测试程序的平均有效运行时间；
　　　N_B——BIT/ETE 测试程序数。

MBRT 的实际度量取决于 BIT 的设置方式以及用户对 MBRT 的定义要求。

2.2.15 虚警与 CND 及 RTOK 的关系

图 2.2 中列举了造成 CND 的原因，图 2.3 给出了虚警与 CND 及 RTOK 之间的关系。从图中可以看出，虚警事件是 CND 的一个子集，CND 事件可作为虚警事件的上限估计值。尽管 CND 与 RTOK，BCS 的含义非常相近，但三者之间仍有一些小的差异。它们实际上是同一问

题的两个方面。系统及设备在使用中,由 BIT 或操作人员发现故障指示后,在外场级进行检测或查找故障,然而所指示的故障没有再次出现,即故障不能复现(CND);当把被怀疑或确认有故障的设备或单元送到野战级维修车间,在更严格的测试容差和测试精度下进行测试,发现该设备或单元可工作,即 BCS;从 LRU 上拆卸下的车间可更换单元(SRU)送到后方修理基地进行更严格、更精确的测试后,发现 SRU 的性能合格,即重测合格(RTOK)。在一般情况下RTOK 包括了 BCS。因此,RTOK 一般由下述因素构成:导致拆卸的间歇故障和虚警;由于BIT 故障隔离缺陷(错指处于故障状态的设备)而引起的拆卸;技术手册缺陷;维修策略(通常是外场级设备拆卸)及在特定情况下与 BIT 缺陷(模糊度)的结合以及自动测试设备在故障验证和隔离(ATE 精度比 BIT 低或 ATE 错误等)方面的缺陷。可以看出,虚警及其他因素引起了 CND 及 RTOK。其中一些因素可以通过测试性设计参数加以控制,如 BIT 和 ATE、模糊度、故障检测、故障隔离以及故障验证参数;而有些因素是不能通过测试性设计参数来控制的,如技术手册缺陷、维修策略和间歇故障。

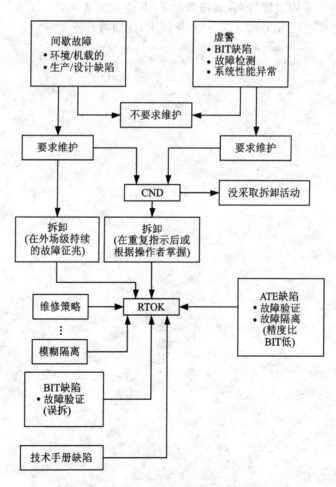

图 2.3 虚警与 CND 及 RTOK 间的关系

习 题

1. 为什么要定义测试性和诊断参数,其作用是什么?
2. 测试性和诊断参数有哪些?分几种类型?
3. 为什么主要测试性参数均有两种计算公式,各有什么用处?
4. 规定产品测试性设计指标时应注意什么?
5. 故障隔离率(FIR_L)中为什么有模糊度问题?
6. 试证明如下关系式的正确性:

$$FDR_s = \sum(\lambda_i FDR_i)/\sum \lambda_i$$

  式中 FDR_s——系统的故障检测率;

     FDR_i——系统各组成单元的故障检测率;

     λ_i——系统各组成单元的故障率。

7. 试推导出单位时间平均虚警数 λ_{FA} 和虚警率 FAR 之间的关系式。
8. 虚警(FA)、不能复现(CND)和重测合格(RTOK)之间有什么关系?

第 3 章 测试性设计与管理工作概述

这一章介绍的内容包括:测试性工作项目及各研制阶段的测试性工作;测试性设计目标、设计内容;设计与分析工作程序;以及测试性的评价和设计报告等。掌握本章内容,可使读者在学习各项具体设计方法之前,对系统设计中的测试性问题有一个全面的了解。以后各章将详细讲述有关测试性设计与分析的各种技术和方法。

3.1 测试性工作项目及说明

3.1.1 测试性工作项目

为了使系统和设备具有良好的测试性,在系统设计过程中应完成多项监督与控制、设计与分析以及试验与评定工作。根据GJB2547—95国家军用标准《装备测试性大纲》的规定,共有如下三类七项工作。

(1) 测试性工作的监督与控制
- 制定测试性工作计划(工作项目101);
- 测试性评审(工作项目102);
- 制定测试性数据收集与分析计划(工作项目103)。

(2) 测试性设计与分析
- 诊断方案和测试性要求(工作项目201);
- 测试性初步设计与分析(工作项目202);
- 测试性详细设计与分析(工作项目203)。

(3) 测试性试验与评定
- 测试性验证(工作项目301)。

表 3.1 给出了测试工作项目适用的系统研制阶段。图 3.1 表示各项工作之间的关系,其中虚线方框的内容不属于七项测试性工作项目,但与测试性密切相关。

表 3.1 测试性工作项目适用阶段

工作项目		战技指标论证阶段	方案论证与确认阶段	工种研制阶段	生产阶段
101	制定测试性工作计划	△	√	√	△
102	测试性评审	△	√	√	△
103	制定测试性数据收集与分析计划	×	△	√	△
201	诊断方案和测试性要求	△	√	△	×
202	测试性初步设计与分析	×	△	√	×
203	测试性详细设计与分析	×	×	√	×
301	测试性验证	×	×	△	△

注:√为适用;△为有选择地应用;×为不适用。

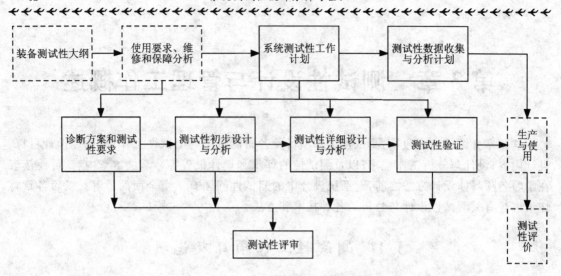

图 3.1 测试性工作项目关系

3.1.2 测试性工作项目说明

1. 制定测试性工作计划

测试性工作计划是实施测试性各项工作的基本文件,是较大的系统和设备承制方应做的一项工作。其目的是明确并合理安排要求的测试性工作,以达到规定的测试性要求。测试性工作计划的主要内容包括:

① 要完成哪些测试性具体工作项目;

② 每个工作项目如何完成,什么时候完成;

③ 如何利用这些工作项目的结果。

在指标论证阶段,该计划应说明确定诊断方案和系统诊断需求所采用的方法;在方案论证阶段,该计划应说明如何将诊断需求转换为测试性要求,然后把测试性要求分配给子系统和设备;在工程研制阶段,该计划应说明保证所有诊断要素兼容与综合、达到测试性要求的手段,以及分析预计、试验和评价诊断能力的方法;在后期和生产使用阶段,该计划应说明用于确定和跟踪有关测试性问题的方法。

测试性工作计划还应说明有关测试性信息的流通途径或方法,以及负责测试性管理的单位和人员,以便保证与有关工程设计人员的密切协作,有效利用各测试性工作项目的结果,按计划完成规定的测试性工作。

测试性工作计划可以是一个独立的文件,也可以作为系统工程计划的一部分。制定测试性工作计划应与维修性工作计划和保障性分析计划紧密协调。较小的系统和设备也可以与维修性工作计划合并制定一个统一的计划。

2. 测试性评审

及时进行测试性评审的目的是保证测试性工作按合同要求和工作计划进行。测试性评审分两种类型:系统评审和测试性设计评审。

(1) 系统评审

系统评审是订购方重要的管理和监督技术手段,应在工作说明中规定,以保证有足够的人员和资金支持。该评审应在系统研制期进行,以评价整个工程项目的进展、一致性和技术充分

性。测试性工作进展情况应作为该评审的一部分,评审内容应包括测试性工作的所有相关方面,例如:
- 技术规范中与测试性相关的要求;
- 测试性工作项目实施状况和结果;
- 工作项目输出文件;
- 测试性设计、费用和进度问题。

(2) 测试性设计评审

测试性设计评审是评估测试性设计进展情况所必需的,与系统评审相比,技术上更详细,评审次数更频繁。应保证承制单位和与测试性设计工作有关的所有机构或部门都有代表参加评审组,并有一定的决策权。由承制方和转承制方进行的设计评审结果应形成文件,在订购方要求时应及时提供。在每次评审前应通知订购方,测试性设计评审一般应与可靠性、维修性和保障性评审一起协调进行。测试性设计评审内容应包括测试性设计的各有关方面。

① 评审所选诊断方案对战备完好性、寿命周期费用、人力和培训的影响。

② 对性能监控、BIT、脱机测试和维修辅助信息的要求及约束条件进行评审,以保证它们是完整和一致的。

③ 对固有测试性设计准则和加权因子的选取原则进行评审。

④ 对设计所选用的测试性技术进行评审,确定所使用的设计指南或程序,说明将采用的所有测试性分析程序或自动化工具。

⑤ 评审测试性设计准则被遵循的程度,确定阻碍全部实施测试性设计准则的技术限制或费用因素。

⑥ 评审作为测试性设计基础的故障模式、故障率数据的充分程度;评估测试性和 FMEA 数据的一致性。

⑦ 评审 BIT 硬件研制、BIT 软件和任务软件开发工作之间的协调情况;评审 BIT 与操作人员和维修人员的接口。

⑧ 对用于度量 BIT 故障检测和故障隔离能力的方法进行评审,确定所使用的模型及其假设,并确定用于自动测试生成和测试性评价的方法。

⑨ 评审 BIT 故障检测和故障隔离的水平以确定是否满足要求,对通过改进测试或重新设计产品以提高 BIT 水平的工作进行评审;评估测试性与维修性数据的符合性。

⑩ 对要在维修性验证中进行验证的测试性参数进行评审,确定把与测试性有关的问题纳入维修性验证计划和试验程序的方法。

⑪ 评审测试点信号特性与所选择的测试设备的兼容性;评估测试性与测试设备特性之间数据接口的一致性。

⑫ 对性能监控、BIT 和脱机测试性能的完整性和一致性进行评审。

⑬ 对用于识别和确定由新的故障模式、测试无效、模糊度和测试容差不协调造成问题的方法进行评审,还应对通过跟踪诊断软件和手动程序的改进来解决这些问题的方法进行评审。

⑭ 对监控生产试验和现场维修活动的方法进行评审,以确定故障检测和故障隔离的有效性。

⑮ 对工程更改建议对诊断能力的影响的评价计划进行评审。

3. 制定测试性数据收集和分析计划

在系统研制阶段以后,还应对测试性进行跟踪和评价。制定测试性数据收集与分析计划的目的是为了确定跟踪生产和使用过程中与测试性有关的问题,并确定所需的纠正措施;收集有关数据,评价实际使用和维修环境下的测试性水平。

尽管许多数据的收集和分析以及纠正措施可能在研制合同结束之后才进行,并且不是由承制方来完成,但是,它是与系统测试性设计密切相关的,而且承制方最熟悉所设计的系统及评价测试性的需求。所以,在工程研制阶段开始以后,就应制定测试性数据收集和分析计划,并且要与可靠性、维修性和保障性数据收集和分析计划相结合,与用户的数据收集系统相兼容。当然,用户应提供生产和使用的测试、试验设备信息,以及现有数据收集系统的信息。

应分别为生产阶段和使用阶段制定测试性数据收集和分析计划,也可以将其分为一个计划的两个部分。该项工作的主要内容如下。

(1) 制定生产阶段数据收集和分析计划

应说明要收集哪些生产试验中的哪些数据,如调整试验、检验试验和工厂验收试验等。收集记录的数据应能满足分析确定 BIT、ATE/ETE 及维修文件的故障检测率与隔离率、虚警率、故障检测时间和隔离时间的要求。

(2) 制定使用阶段数据收集和分析计划

应说明在使用和维修中收集记录哪些数据和数据分析结果的应用。所收集的数据还应包括对有关的工作异常情况和检测维修活动的说明,应使用一个闭环的数据跟踪系统来跟踪系统初始发生的故障、基层级纠正的措施、下一级维修时的维修活动以及修理后重新投入使用的性能状况。收集的数据应能满足分析评价故障检测率、隔离率、虚警率、CND 和 RTOK 情况,以及故障检测时间和隔离时间的需求。

(3) 数据分析与纠正措施

收集的数据应支持如下的分析。

首先应评审所有的维修措施,以确定产品故障是否与 BIT 和脱机测试有关;然后对数据跟踪中已证实的故障和未证实的故障分别进行分析。

① 对每个证实的故障,应分析有关 BIT 和脱机测试数据。
- BIT 是否检测到故障,是否向操作者正确指出了工作状态?
- BIT 是否提供了有效的故障隔离信息,隔离模糊度是多少?
- 基层级维修所需故障隔离时间是多少?
- ATE 的检测结果是否与 BIT 检测结果一致?
- 是否存在机械和电气接口上的缺陷,需要做补充检查?
- UUT 设计是否妨碍了 ATE 提供准确的故障隔离数据?

② 对每个 BIT 报警或指示的但未证实的故障(CND)应分析如下几点。
- 报警的性质是什么,产生报警的频度是多少?
- 忽视报警的潜在后果是什么?(人员不安全、发射不可靠武器等)
- 与虚警相关的使用影响是什么?(任务失败、降级工作、停止工作)
- 与虚警有关的维修费用是多少?
- 在工作软件库中,哪些附加数据可以用来表示不能复现事件的特征?

③ 纠正措施:汇总 BIT、脱机测试兼容性数据,在需要时由承制方或使用方提出纠正措施。涉及任务系统要重新设计的纠正措施要提交评审,并作为系统研制的工程更改过程的一部分来实现。

4. 诊断方案和测试性要求

此项工作的目的是评价各备选诊断测试方案,并选定系统的诊断方案;确定系统测试性要求,并把这些要求分配到低层次产品。其主要工作内容如下。

(1) 确定系统的诊断方案

① 提出备选诊断方案:根据系统的使用要求、性能和特点提出可供评价的候选诊断方案。这些方案能满足系统任务要求,并在每个维修级别提供完整(100 %)的诊断能力。诊断方案包括每个维修级别不同程度的 BIT、自动测试、人工测试、提交的技术信息以及人员技术水平和培训方案的组合。应尽量利用标准的、现有的诊断资源,避免类似系统中存在的诊断问题。

② 评价备选方案,确定系统的诊断方案:评价备选方案主要是分析方案对战备完好性/可用性的影响;对维修工时、维修作业类别和技术水平等的影响;以及对寿命周期费用(LCC)的影响。根据评价结果来确定系统的诊断方案。

(2) 确定系统的测试性要求

① 根据系统任务要求和诊断方案,确定监控关键功能和对安全有影响的联机 BIT 要求;确定系统故障检测要求;确定采用冗余设备和功能、降级工作方式等来提高系统可用性对 BIT 的要求;确定自动、半自动和人工脱机测试要求,以提供 100 %的诊断能力。

② 考虑可靠性、故障影响和维修性等因素,把系统测试性要求分配到低层次产品(技术状态项目 CI),并将这些要求写入其研制规范。

该工作项目的输出是诊断方案及其分析说明、测试性要求及其分配结果。

确定诊断方案和测试性要求的方法详见第 4 章和第 5 章。

5. 测试性初步设计与分析

该项工作的主要目的是,在设计的早期把测试性设计到系统和设备中去,并评价其程度。其主要工作内容如下。

(1) 固有测试性设计和评价

即应进行产品的结构和硬件设计。该设计主要考虑两个方面内容:为提高故障检测和隔离能力,对系统和设备进行合理的划分;为 BIT 和脱机测试提供观测和控制产品内部节点的通路,以提高诊断水平。设计过程是制定并实施测试性设计准则。

根据制定的测试性设计准则,分析产品硬件结构设计结果,按选定的评价方法评价固有测试性水平,必要时改进设计。

(2) 诊断测试初步设计和评价

根据诊断方案和测试性要求,优选测试点,以确定诊断策略、系统级 BIT 方案、数据传输和传感器位置等。

初步评价是否能满足诊断要求,必要时采取适当改进措施。

固有测试性设计与评价方法详见第 7 章。初步诊断设计与评价方法详见第 8 章。

6. 测试性详细设计与分析

这个工作项目的目的是:在详细设计阶段把测试性设计到产品中去,并通过分析来预计可达到的测试性水平,保证测试性与其他诊断要求的有效综合与兼容。

测试性详细设计与分析的主要工作内容包括:

① 实现 BIT 的具体方法及其硬件和软件设计;

② 分析可能造成虚警的原因,采取相应的措施;

③ 确定各个测试序列的故障判据、测试容差;
④ 分析确定脱机外部测试要求和诊断程序;
⑤ 分析预计达到的测试性水平,包括 FDR,FIR,FAR,以及故障检测与隔离时间、BIT 运行时间等。
⑥ 若可能则通过仿真或模拟方法检验 BIT 的有效性;
⑦ 若可能则分析估计测试性设计相关成本。

有关测试性设计与分析的主要技术和方法详见第 9 章～第 12 章。

7. 测试性验证

该项工作的目的是确认研制的产品是否满足规定的测试性要求,并评价测试性预计的有效性。主要工作内容如下。

① 制定测试性验证计划;规定如何利用其他试验数据;规定注入/模拟故障的数量和方法;制定接收/拒收判据以及工作进度安排等。

② 实施故障注入和诊断程序,并综合分析试验数据,写出验证试验报告。

测试性验证应与维修性验证结合进行。基层级维修的故障检测与隔离能力可作为维修性验证的一部分来验证,其他级别的故障检测与隔离可作为评价 TPS 过程的一部分来验证。虚警率在试验过程中是难以测量的,如虚警率相对很高,则可利用可靠性验证过程来验证,把每个 BIT 虚警作为相关故障处理。

测试性验证的有关技术方法,详见第 13 章的介绍。

3.1.3 测试性与其他专业工程的接口

测试性是系统本身的一种设计特性,当然与系统功能和特性组成及结构设计密不可分。此外,测试性工作还与系统的维修性、可靠性、安全性和保障性工作联系密切,它们之间应相互交流信息,做好协调与权衡工作,以便避免偏离规定的设计要求和重复工作。

测试性工作与可靠性、维修性、安全性及人素工程的接口关系如图 3.2 所示。测试性与保障性之间的接口关系如图 3.3 所示。

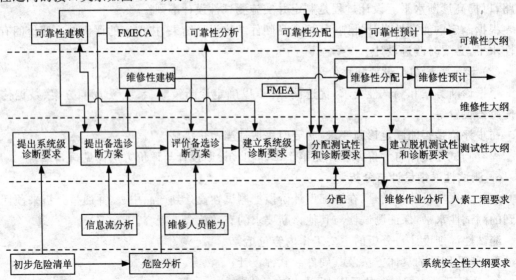

图 3.2 测试性和可靠性、维修性、安全性及人素工程的接口

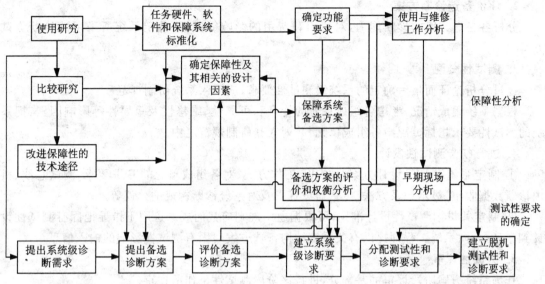

图 3.3 测试性和保障性分析的接口

3.2 系统各研制阶段的测试性工作

3.2.1 要求和指标论证阶段

① 确定系统级诊断需求和测试性要求。在本阶段根据新系统的可用性或战备完好性要求、系统的布置情况、初步维修方案、计划的维修设备及器材、保障条件、安全要求以及人员配备等,初步确定系统诊断需求和测试性要求。

- 根据系统任务、性能和其他使用要求,提出系统的联机和脱机诊断需求;
- 把总的诊断需求转换成系统的 BIT/测试性要求,以及各维修级别的诊断要求。

开始时是定性的测试性要求,经过分析论证后,应提出定量的故障检测(FD)和故障隔离(FI)要求。

② 研究并提出满足系统任务要求的备选诊断方案。这些方案可能是初步的,待方案阶段有了更多的信息后应进一步细化。

③ 准备制定测试性工作计划。论证阶段的工作计划主要是建议确定测试性要求和诊断方案所采用的方法,并考虑本系统应进行的测试性工作项目。

④ 测试性评审。作为系统论证阶段评审的一个组成部分,评审本阶段的测试性工作。

3.2.2 方案论证和确认阶段

1. 制定测试性工作计划

在此阶段,应按要求制定出完整的测试性工作计划,除规定应完成的测试性工作内容和时间安排之外,还应考虑使用的测试性指南、分析模型、应提交的评审资料要求,以及各级测试所用诊断要素之间的兼容和协调的保障措施等。

2. 评价备选诊断方案

分析各备选方案的诊断能力，对使用和费用的影响等因素，确定系统所采用的诊断测试方案。

3. 测试性分配

经过分析论证而最后确定的系统级测试性要求，应列入系统研制规范。

根据系统组成情况，考虑各组成单元的特点和可靠性、维修性及重要性等影响因素，把系统的测试性要求指标分配给各组成单元，并列入其研制规范之中。

4. 进行初步测试性设计

① 制定系统级 BIT 设计方案，如 BIT 工作方式、对各组成单元的 BIT 要求、测试总线、机内诊断数据收集、显示记录方法、传感器设置以及对系统诊断构成的建议等。

② 制定并贯彻测试性设计准则，可根据通用准则剪裁而成。这用于指导把固有测试性设计到产品中，向系统工程师提供有关系统结构备选方案对固有测试性影响的输入信息。

5. 测试性评审

作为系统方案阶段评审的一部分，进行该阶段测试性工作的评审。

3.2.3 工程研制阶段

在该阶段应继续完成测试性初步设计，进行详细测试性设计和分析，预计和验证诊断设计的有效性。主要包括以下几点。

① 补充、修改测试性工作计划。随着系统设计的进展和测试性工作的深入，对已制定的工作计划进行必要的修改和补充，加强该阶段测试性工作的协调和管理。

② 完成各层次产品的固有测试性设计，并进行分析和评价。

③ 分析设计各层次产品的测试方法，如优选测试点、诊断顺序、测试容差和防虚警措施等。

④ 进行 BIT 硬件和软件设计，把测试性/BIT 特性设计到具体产品中去。BIT 硬件应反映到产品设计资料上，BIT 软件要编入系统软件文档中。

⑤ 评价测试性设计的有效性，分析预计 BIT 的故障检测与隔离能力，并估计外部测试的诊断水平，必要时采取改进措施。

⑥ 研制出产品样机以后，进行必要的机内测试演示检查，按计划进行测试性验证，以便检验研制的产品是否满足测试性要求。

⑦ 制定生产和使用维修时的测试性数据收集和分析计划。

⑧ 测试性评审：
- 承制方可根据需要进行测试性设计评审；
- 作为系统工程研制阶段评审的一部分，进行该阶段测试性工作的评审。

3.2.4 生产阶段和使用阶段

生产阶段的测试性工作有两项：
① 按计划收集生产试验中的测试性数据；
② 发现测试性方面存在的问题，采取必要的纠正措施。

在使用阶段的测试性工作，除上述两项外，还应该评价在使用环境下的测试性水平。

3.3 测试性设计的目标和内容

3.3.1 设计目标

根据第1章中讲述的测试性/BIT对系统的影响可知,测试性对系统的维修性、可靠性、可用性和寿命周期费用都有直接或间接的影响。所以测试性设计要达到的最终目标是:
- 设计完善的BIT,提高系统的任务可靠性和安全性;
- 通过快速自动地检测与隔离故障,提高系统的可用性;
- 通过BIT、外部测试及兼容性设计,降低保障系统的复杂性,减少使用保障费用,从而降低寿命周期费用。

要达到上述最终设计目标,归纳起来需要使系统具有以下三种能力,即测试性的具体设计目标。
- 状态监控能力。系统运行中自动监测其"健康"状况,显示和存储状态信息,必要时能告警,给出提示信息。
- 工作检查/故障检测能力。按规定确定系统工作状态,检测是否存在故障,并可完成修后检验等。
- 故障隔离能力。发现系统有故障时,能快速地隔离到规定的可更换单元上。

对于一个具体系统来说,测试性、诊断设计的主要任务就是在尽可能少的附加硬件和软件基础上,以最少的费用使系统具备要求的状态监控、故障检测与故障隔离能力,满足规定的测试性要求,进而达到提高系统任务可靠性和可用性(战备完好性),降低寿命周期费用的最终设计目标。

3.3.2 设计内容

测试性设计是指在系统、分系统、设备、组件和部件的设计过程中,通过综合考虑并实现测试的可控性与可观测性、初始化与可达性、BIT以及和外部测试设备兼容性等,达到测试性要求的设计过程。广义的测试性设计还应包括分析确定测试性要求和测试方案。系统测试性设计的内容也是系统诊断设计的主要内容,如果不是选用已有的外部测试设备,则诊断设计还应包括设计研制专用外部测试设备的工作。

归纳起来测试性设计的内容主要包括如下四个方面。

(1) 分析确定测试性要求和诊断方案

系统级的测试性要求(包括定量与定性要求)是以订购方为主,根据系统使用要求、维修要求和使用保障分析来确定的,当然也需要承制方参与协商。在初步设计时,承制方应通过对系统组成特性分析,把系统测试性要求分配给其各组成单元。

通常,系统和设备是综合利用BIT、脱机自动测试和人工测试来提供满足可用性及寿命周期费用要求的诊断测试能力的。所以,应进行BIT与ATE的比较分析、自动测试与人工测试的比较分析以及性能和费用分析等,即通过权衡分析来确定最佳的系统诊断测试方案。

(2) 固有测试性设计与分析

这项工作主要是系统硬件测试特性设计与分析,要通过合理地划分系统来提高故障隔离能力。从结构上把系统划分为LRU,LRU再分为若干个SRU,SRU又可分为几个可更换的部件。在功能上尽可能使每个功能都单独用一个可更换单元来实现。

硬件设计要考虑测试的可控性与可观测性。如设置内部电路的必要控制方法和信号输入电路,为观测内部节点信号提供通路或电路,以便于检测和隔离故障。

此外,还要考虑测试初始化问题,设计的被测系统或设备应有明确的初始状态,以便于用统一方式重复进行测试。

(3) UUT 与 ATE 兼容性设计

所设计的被测单元(UUT)应与选用的或新设计的自动测试设备或一般外部测试设备(ATE/ETE)在电气上和机械上是兼容的。如根据故障诊断要求选择必要的测试参数、测试点和设置外接检测插头,使 UUT 能快速连接到 ATE/ETE 上;并且,应考虑测量精度要求、高电压和大电流的安全要求以及必要的诊断程序设计等,以便减少和简化专用接口装置设计,提高外部测试的故障诊断能力。

(4) BIT 设计

BIT 设计是测试性设计与分析的重要组成部分,主要设计工作内容有:
- BIT 工作模式和类型的分析选择,监测对象的确定,信息记录/存储和故障指示及报警方式的设计;
- 测量参数、测试点优选和测试程序/诊断策略的设计分析,此项工作可与外部测试同时考虑;
- 确定测试容差(门限值)和故障判据,以及防止虚警措施的设计;
- 必要的测试激励信号电路和测试控制的考虑;
- 具体的 BIT 硬件和软件设计;
- BIT 故障检测与隔离能力的分析预计,必要时采取改进措施。

以上四项设计与分析工作是测试性设计与分析的主要内容,如果要考虑系统和设备的诊断测试设计,则还应包括测试程序接口组合(TPS)和 ATE/ETE 设计。

3.4 测试性设计工作流程

为了便于读者了解和掌握测试性、诊断设计的全过程,本节给出了从不同角度出发的设计工作流程图。

3.4.1 各研制阶段测试性工作流程

图 3.4 给出了不同研制阶段各项系统测试性工作之间的关系和工作流程。其中组成系统的各产品的测试性设计工作流程,在图 3.5 中给出。它是图 3.4 中某一阶段的细化,是工程研制阶段应完成的工作。

编写测试要求文件(TRD)和研制测试程序及接口组合(TPS),虽然不属于测试大纲规定的内容,但它们是外部诊断和研制 ATE/ETE 必不可少的。在系统诊断设计时应予以充分重视。

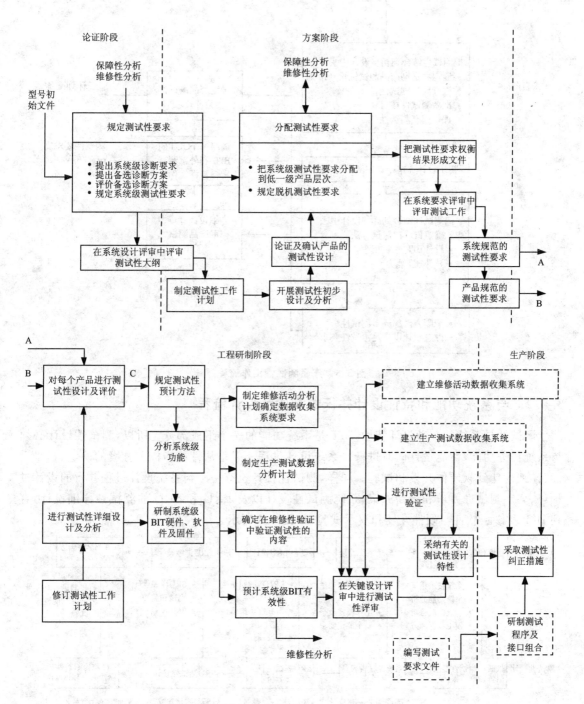

图 3.4 系统测试性工作流程

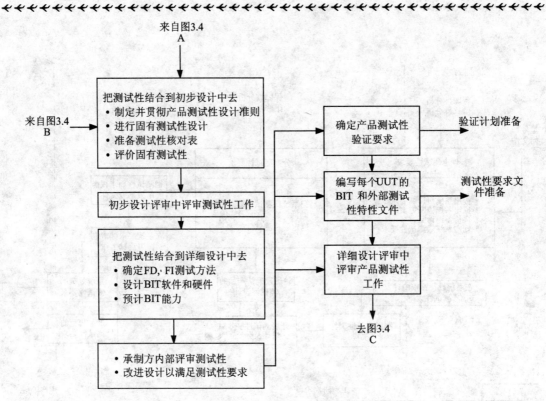

图 3.5　产品测试性工作流程

3.4.2　与系统功能和特性设计并行的测试性设计流程

测试性是系统的一种设计特性,BIT 是系统功能的一个组成部分。所以,测试性设计必须与系统任务功能/性能设计同时进行。系统设计过程一般是从性能指标和方案的确定、初步设计、详细设计到软硬件开发和试验。同样,测试性设计也有一个与系统设计过程并行的设计过程:从确定测试性要求和诊断方案、系统测试性设计以及 LRU 和 SRU 的测试性详细设计,直到 BIT 及诊断软件与硬件开发和演示试验,如图 3.6 所示。

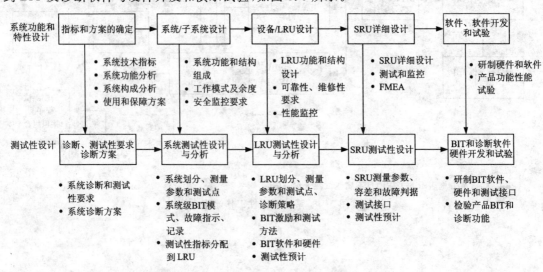

图 3.6　在系统功能特性设计同时进行测试性设计

3.4.3 多级测试性设计流程

一般系统由多个 LRU 组成,每个 LRU 又由多个 SRU 组成,各级产品都要进行测试性设计。系统、LRU 和 SRU 对应于三级维修测试,另外还有工厂生产测试、设计测试等。保证多级测试的协调和兼容是纵向测试性设计问题。

系统、LRU 和 SRU 三级产品的测试性设计工作协调关系与流程如图 3.7 所示。

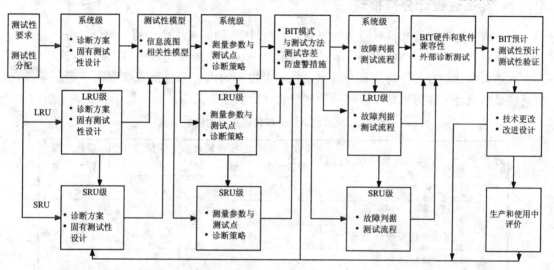

图 3.7 多级测试性设计分析流程图

3.4.4 UUT 测试性与诊断设计流程

作为一个被测试对象(UUT),不管它是系统、LRU 或 SRU,诊断测试时都要检测 UUT 功能是否正常,如不正常则要确定发生故障的组成单元。所以各级别的 UUT 测试性/诊断设计工作流程是一样的,只是具体内容和深度有所不同,设计工作流程如图 3.8 所示。图中最上端和最下端的方框不属于测试性设计内容,"UUT 设计"方框表示的是性能设计过程。

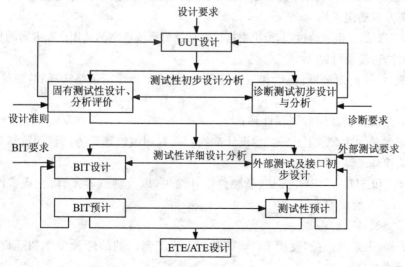

图 3.8 诊断测试设计流程

3.5 测试性设计工作的评价与度量

系统测试性/诊断设计工作的评价与度量包括三个方面,即设计分析报告是否完整、准确、齐全;诊断测试有效性是否达到规定指标;以及生产出的产品是否满足使用要求。

3.5.1 测试性设计分析报告

对于有关的测试性和诊断设计分析资料,应以统一的标准格式编写成为设计分析报告,它是测试性设计与分析工作的成果。有的报告不是一次就能最终完成的,因为有些设计分析工作存在逐渐深化的过程。每次提交的测试性分析报告的内容和详细程度取决于研制阶段,但应反映最新设计工作进展情况。各项测试性设计分析报告适用的研制阶段如表3.2所列。

表 3.2 测试性设计分析报告适用的研制阶段

序号	设计分析报告	论证和方案阶段评审	初步设计评审	详细设计评审	设计定型评审
1	测试性要求论证	√	√		
2	诊断方案权衡选择	√	√		
3	测试性初步设计结果			√	√
4	固有测试性评价			√	√
5	测试性详细设计结果				√
6	产品测试性预计				√
7	系统测试性预计			√	√

注:√为适用。

1. 设计分析报告内容

(1) 测试性要求及论证说明

说明系统测试性定性要求、定量要求和指标分配结果,并给出指标论证过程和分配方法。

(2) 诊断方案确定说明

写明备选方案的分析评价过程,给出根据权衡结果为系统选定的适用诊断方案的具体组成。

(3) 测试性初步设计结果

说明功能、结构的划分;可控性和观测性考虑;测试点和诊断策略选择;故障信息显示与储存方法等。

(4) 测试性核对表及固有测试性评价

给出测试性核对表(对应于测试性设计准则)、固有测试性评价方法及评价结果和结论。

(5) 测试性详细设计结果

说明 LRU 和 SUR 的 BIT 方法、软硬件设计结果,以及测试容差、防止虚警措施、信息传输和指示、与 ATE 的兼容性等。

(6) 产品测试性预计数据

对 LRU 及 SUR 级产品,使用 BIT,ATE 以及人工测试的故障检测率和隔离率的预计资料及结果进行分析。

(7) 系统测试性预计数据

对系统的 BIT 和测试有效性的预计资料及结果进行分析。

对于复杂系统来说,就以上内容要写出多份设计分析报告;对较简单的产品而言,上述内容可以适当合并。

此外,测试性工作计划、测试性数据收集与分析计划、设计规范(包含测试性设计要求等)、测试性评审文件、设计指南、测试性验证计划与试验报告等,也是表明和评价测试性工作的重要文件。

2. 设计分析报告的应用

测试性设计分析报告和有关文件至少可应用于如下几个方面。

① 表明测试性工作的成果。总结编写过程也可起到检查设计工作缺陷的作用。

② 前一阶段的设计分析报告是后续阶段设计工作及产品研制的基础和依据。

③ 作为评审文件。在每次评审之前应提交有关的测试性设计分析报告供评审之用;同时,设计分析报告也用来向有关单位通报测试性设计情况。

④ 作为测试要求文件(TRD)的一部分来使用。TRD 可以做如下应用:

- 为产品设计单位与 TPS 研制单位之间建立起正式的相关界面;
- 作为 UUT 整个性能检验和诊断步骤的源文件使用,也是设计或选用测试设备的依据;
- 为 UUT 设计提供详细的技术状态标识和测试要求数据,以保证它们之间有相兼容的测试程序。

此外,设计规范、计划、评审、准则和指南类文件,也是规范、控制检查和指导设计工作进而实现测试性设计必不可少的。

3.5.2 测试性与诊断有效性评价

根据测试性/BIT 和诊断的设计,研制生产出合格的系统和设备,然后在实际工作环境下使用和维修。在设计和使用阶段都应进行测试有效性评价,具体可分为四种评价。

(1) 固有测试性评价

固有测试性评价是对产品硬件设计的可测试特性进行分析评估。评定产品是否有利测试,并确定存在的问题,以便于承制方尽早发现设计上的缺陷,及时采取纠正措施。

(2) 预计测试有效性

根据测试性设计资料和数据,预计产品的故障检测率、故障隔离率、故障检测时间、隔离时间以及估计测试费用等,以这些参数的估计值来评价、度量测试性设计工作。如达不到要求值,则应改进设计。

(3) 试验的测试有效性

在产品研制出来以后,可以通过注入一定数量故障的方法来评价产品的测试性水平。注入故障后运行规定的故障检测与隔离程序,根据试验结果数据估计有关测试性参数值,即测试性验证。

另外,对不太复杂的电路,还可以用仿真试验的方法来估计故障检测率和隔离率。即用计算机程序把大量的故障注入到硬件产品的软件模型中,并以此来分析评价故障检测与隔离能力。

(4) 使用的测试有效性

通过使用来评价实际使用和维修环境对系统和设备测试性的影响,估计其在使用和维修环境下的测试性水平。为此,应按制定的测试性数据收集计划,来收集和分析使用中的测试性数据,评价有关测试性度量指标,发现存在的问题。

使用中的测试性度量涉及以下几点。

① BIT 故障检测率和隔离率——BIT 能否及时准确地检测或隔离故障而尽量不依赖人工检测,检测率、隔离率是多少?

② BIT 虚警率——BIT 虚警率是否高到严重影响使用可用性和维修工作量,虚警率是多少?

③ 重测合格率——在某一级维修中检测出的故障是否能在更高级维修中也检测出来,重测合格比率是多少?

④ BIT 故障隔离时间——BIT 是否满足平均修复时间(MTTR)要求和系统可用性要求?

⑤ ATE 故障隔离率——ATE 和 BIT 的隔离率是否低到影响备件供应?

⑥ 脱机故障隔离时间——ATE 及相应的 TPS 是否支持测试速度要求?

⑦ 测试设备自动化程度——提供的测试设备与安排的人员培训和技能水平是否一致?

⑧ BIT 可靠性——BIT 的可靠性是否低到影响任务功能?

表 3.3 综合了测试性、诊断测试有效性在不同阶段的评价和度量。

表 3.3 测试性、诊断测试评价和度量

类 别	评价和度量参量	初步设计	详细设计	试验验证	生产使用
硬件设计特性	固有测试性评价	√	√		
设计中的评价与度量	功能/部件检测覆盖率	√	√	√	
	预计的故障检测率		√	√	
	预计的故障隔离率		√	√	
	预计的故障检测时间		√		
	预计的故障隔离时间		√		
	预计的测试费用	√	√		
试验中的评价与度量	验证的故障检测率			√	
	验证的故障隔离率			√	
	验证的故障检测时间			√	
	验证的故障隔离时间			√	
使用中的评价与度量	达到的故障检测率				√
	达到的故障隔离率				√
	达到的故障隔离时间				√
	虚警率、CND 及 RTOK 率				√
	实际的测试费用				√

注:
1 √为适用。
2 验证试验中可评价虚警率,但很不准确。

3.5.3 产品对使用要求的符合性评价

所有的设计分析工作,包括指标预计和试验检查,最终目的是研制生产出满足规定要求的产品。就测试性、诊断设计而言,编写测试性设计分析报告,预计和验证测试性指标以及评价测试有效性等是研制过程中的工作,是手段。最终的评价和度量要看所研制的产品在测试性方面是否满足使用要求。评价的内容至少应包括:

① 在实际使用和维修环境下,产品的实际测试有效性水平、诊断能力是多少;
② 这种测试有效性水平是否达到了规定的设计要求;
③ 这种诊断能力和自动化程度是否满足维修要求;
④ 这种诊断能力和诊断测试方案是否满足使用保障的要求;
⑤ BIT能力是否满足系统工作性能监控要求;
⑥ 使用者和维修人员的评价和建议。

习 题

1. 重要系统设计研制过程中有哪些测试性工作项目?
2. 各个测试性工作项目的目的和要求是什么?
3. 系统各研制阶段有哪些主要测试性工作?
4. 测试性设计的目标和主要内容是什么?
5. 系统的测试性设计为什么要与系统功能设计同时进行?
6. 系统测试性设计的工作流程是怎样的?
7. 如何评价和度量测试性设计工作?

第 4 章 测试性与诊断要求

4.1 概 述

确定合理的测试性和诊断要求,是使系统具有良好测试性和诊断能力,满足使用要求的基础。应根据系统的可用性或战备完好性要求、系统的部署情况、初步维修方案、计划的维修测试设备、保障系统、安全要求、环境条件以及人员配备等,确定系统的测试性、诊断要求和诊断方案。主要工作是:

① 把系统任务、使用维修和保障要求中与测试性和诊断相关的要求转换为对测试性和诊断的设计要求,包括性能监控和多级维修的故障检测和隔离能力;

② 提出满足使用要求的备选诊断方案,并提供每一维修级别的完善的诊断能力,包括各维修级别的 BIT、自动测试、人工测试、技术文件、人员技术水平和培训,以及各级维修相应的诊断能力等。

测试性和诊断要求与诊断方案是密切相关的。确定测试性和诊断要求的过程,应与诊断方案确定过程协调进行。测试性和诊断要求包括定性要求和定量要求。开始时是初步要求,到方案阶段结束时,应确定出可列入设计规范中的详细具体的测试性和诊断要求。

性能监控、故障检测与隔离能力是通过 BIT、ATE、人工测试和维修辅助手段等来实现的。所以在确定各级维修诊断能力的同时,还应考虑用哪些诊断要素来达到要求的诊断能力,即提出可行的初步诊断方案作为进一步优选最佳方案的基础。

可能有几个初步诊断方案都能满足故障检测与隔离指标。综合选用的诊断要素也能够达到诊断所有故障的要求,但各个方案所需费用可能差别较大。所以应利用费用模型和有关经验数据进行权衡分析,必要时还应进行风险分析,以便优选出最佳诊断方案。这样才能达到以最少的费用诊断所有故障的综合诊断目标。

系统和设备是性能监控与基层级维修的测试对象;系统和设备级的测试性和诊断要求是基层级的诊断要求,还应把系统或设备级的诊断要求分配给 LRU,作为中继级维修测试的诊断要求。必要时,还应进一步把 LRU 的诊断要求再分配到 SRU 级,即为基地级维修测试的诊断要求。

确定测试性和诊断要求的工作过程如图 4.1 所示。

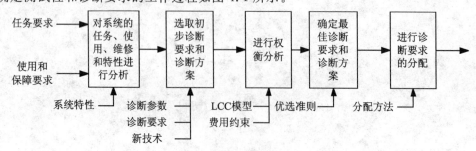

图 4.1 确定系统诊断要求和诊断方案的工作过程

4.2 确定测试性与诊断要求依据分析

确定诊断要求的依据是装备的任务要求、系统特性以及使用和保障要求。应收集与这些依据有关的资料,进行充分的分析,并识别与测试性和诊断相关的因素和可用的诊断新技术,以便提出恰当的测试性和诊断定性与定量要求。

4.2.1 任务要求分析

与系统任务要求有关的系统特征参量有:任务成功概率、可用性、利用率、总数量、检修周转时间、机动性、安全性、警戒状态、部署、质量、修理方案、人员、培训和费用等。

表明系统任务特征的度量参数是确定诊断要求的首要依据。需要收集与分析的有关任务的资料有:

- 任务情景定义(按关键程度排序);
- 任务率/持续时间;
- 任务的执行方式(连续或间断的);
- 任务各阶段;
- 每一任务阶段的时间和使用约束条件;
- 分系统功能在每一任务阶段的使用要求(可靠性或安全性如何);
- 故障对人员安全的影响;
- 故障对每一任务阶段任务成功的影响。

通过任务要求分析,要确定的诊断要求有:每一任务阶段的每种功能故障的潜伏时间、性能监测要求。故障潜伏时间是从故障发生到给出故障指示所经历的时间;最大允许故障潜伏时间是在保证安全和任务条件下故障潜伏时间的最大允许值。例如,若火控系统发生故障,而且已处于影响任务完成的紧急状态,那么允许的故障潜伏时间将是非常短的,或许要用微秒或毫秒来表示。故障检测时间要求要考虑这种故障潜伏时间要求,从而要求 BIT 能够提供并行的或连续的性能监控。当需要容错时,可以通过余度设计来保证。当然,要分析火控系统每一任务阶段各功能的时间特性,是相当复杂的,若再考虑操作异常和间歇故障就更复杂了。但装备任务要求分析是确定机内性能监控、故障检测与隔离要求和 BIT 设计的基础,应努力分析清楚。

4.2.2 系统构成特性分析

主系统的配置和构成代表着系统性能和特性。分析其技术状态项目在限定任务时间内的特性和工作状态,便可使任务要求直接与技术状态项目特性联系起来,从而依据功能或性能确定故障检测与隔离要求。在进行此项分析时,任务可靠性预计报告、任务和任务能力与时间相关性图形是有用的资料。所以应对主系统构成与特性、在各个时间阶段的任务要求和各技术状态项目工作状况进行评估。主系统的功能和结构上的划分、相互连接情况以及技术状态项目备选方案资料等,是诊断和测试性要求分析的输入,应收集和分析主系统的下列有关资料:

- 工作分解结构;
- 订购方供应的设备、现成设备和非研制项目清单;

- 主系统构成备选方案；
- 初始的故障预计和特性；
- 容错或冗余功能；
- 要利用的技术（如已知）；
- 集中或分散（独立）程度。

根据以上资料的分析，识别应用高水平诊断措施的可能性。它包括测试与维修总线的加入、容错设计协调和系统级诊断资源（如数据采集与收集分系统、机内自适应诊断分系统，以及标准的诊断技术方法和接口的使用等）。

4.2.3 使用和保障要求分析

系统的使用要求与要选用的诊断要素密切相关。在确定测试性和诊断要求时，应收集和分析的有关系统使用和保障资料如下：

- 主系统与保障设备所处的环境条件（温度、雨量、污物和盐雾等）；
- 使用的位置（集中、分散，遥控、可达或不可达）；
- 对人员和（或）测试设备的空间限制；
- 连续长时间使用，还是短时间使用（长时间储存）；
- 独立使用或是作为作战群体一部分使用；
- 维修设施是可动的或固定的；
- 人力约束条件（数量和技术水平）；
- 修理级别分析，标准化要求；
- 维修时间要求和规定的测试设备。

分析评价以上这些与使用和保障有关的约束条件，在确定诊断/测试性要求时作出响应。系统设计和保障性分析必须考虑这些约束条件。它也是确定利用机内或是机外测试资源的依据。

4.2.4 可利用新技术分析

确定应用先进诊断技术的机遇或必要性，除考虑主系统构成和性能以外，还要考虑如下几个方面：

- 基线参照系统诊断要求的决定因素、保障性问题和需要改进的目标；
- 在系统中采用的大规模集成电路、超高速集成电路、专家系统或其他先进设计技术的情况；
- 先前设计未赋予的，现在要增加到系统中新的使用能力的需求。

在新系统中可能应用的先进诊断技术包括：

- 基于维修辅助的专家系统；
- 测试与维修总线方案；
- 灵巧的机内测试技术；
- 自适应诊断分系统；
- 预测方案；
- 自动化技术信息编辑；

- 先进的封装技术；
- 先进的检测仪（激励的测量）技术；
- 诊断产生数据的 CAD 自动记录收集等。

确定能否应用这些先进诊断技术时，必须考虑前面所述的约束条件，评价可行性和费用。

4.3 测试性与诊断要求的内容

根据综合诊断的特点分析可知，综合诊断要求应包括嵌入式（机内）诊断要求与外部诊断要求。其内容又可分为定性要求与定量要求。

4.3.1 嵌入式诊断要求

① 关键任务功能和影响人员安全的功能的监测要求，即有关 BIT 和机上系统综合测试（SIT）的性能监控要求；
② 保障使用（约束条件）的 BIT 或 SIT 要求；
③ 处理与控制间歇故障和异常情况的要求；
④ 支持保障系统置信度检查的 BIT 或 SIT 要求；
⑤ 主系统构成和特性对 BIT 提出的要求；
⑥ 订购方提供设备对 BIT 的约束；
⑦ 实现维修方案对 BIT 的要求，基于如下分析确定：
- 修理级别分析；
- 可用的人力和技术水平或要求的技术水平；
- 规定的维修目标；
- 修理时间（推导出故障隔离时间）；
- 有关备件和报废方案（推导出故障隔离的产品层次）；
- 标准化要求和目标（测试设备、人员资格）。

⑧ BIT 与外部诊断资源的结合与兼容要求。

4.3.2 外部诊断要求

1. 基层级（O 级）外部诊断要求

① 诊断要素最佳接口要求和嵌入式诊断要素的利用。
② 确定满足 O 级维修工作的 FD 和 FI 能力。依据下列因素（使用要求/约束和初步维修方案）来确定：
- 错误的（不必要的）拆卸次数限制；
- 机动性要求和可以利用的空间；
- 修理级别分析；
- 工作持续性（备件补充供应）；
- 可用的人力；
- 可用的或要求的人员技术水平；
- 修理时间；

- 备件供应方案；
- 标准化要求和目标。

③ O级维修技术信息(包括维修辅助手段)。
④ O级测试设备：
- 人工测试设备；
- 自动测试设备和测试程序；
- 便携式维修辅助设备。

⑤ 保障所需技术水平的O级培训要求：
- 在职培训；
- 正规学校培训。

⑥ O级数据采集与收集系统、数据管理。
⑦ 提供与中继级和基地级诊断要素结合及兼容性要求(纵向测试性)。

2. 中继级(I级)外部诊断要求

① 确定满足I级维修工作的FD与FI功能，根据下列因素提出，即
- 不必要的拆卸次数限制；
- 机动性要求与可利用的空间；
- 修理级别分析；
- 备件供应的持续能力；
- 可用的人力；
- 可用的或要求的人员技术水平；
- 修理时间；
- 有关报废和备件方案；
- 标准化要求和目标。

② I级技术信息(包括维修辅助手段)。
③ I级测试设备要求：
- 人工测试设备；
- 自动测试设备和测试程序接口组合(TPS)。

④ 保障I级维修人员技术水平的培训要求：
- 在职培训；
- 正规学校培训。

⑤ I级数据采集、收集、管理、分析与处理的要求。
⑥ 提出与D级诊断要素结合和兼容要求(纵向测试性)。

3. 基地级(D级)外部诊断要求

① 确定满足D级维修工作的FD与FI功能，基于下列因素：
- 修理级别分析；
- 备件供应的持续能力；
- 可用的人力；
- 可用的或要求的人员技术水平；
- 修理时间；

- 可更换单元报废和备件方案；
- 标准化要求和目标。

② D级技术信息要求（包括维修辅助手段）。

③ D级测试设备要求：
- 人工测试设备；
- 自动测试设备和测试程序接口组合（TPS）。

④ 保障D级所需人员技术水平的培训要求：
- 在职培训；
- 正规学校培训。

⑤ D级数据采集、收集、分析与处理要求。

⑥ D级获取和利用工厂测试资源、测试结果和数据的要求（纵向测试性、纵向诊断）。

4.3.3 测试性与诊断定性要求

在机内诊断要求和外部（O，I，D级）诊断要求中，有的是不能以定量数值提出的，如对BIT特性和功能的约束（要求）、对测试性和测试设备的约束（要求）、技术信息（资料、手册等）页数的规定，以及维修人员水平等。这些约束条件或要求都属于定性要求。它们也是根据对主系统的任务、特性、使用和保障要求等的分析提出的。典型的有关诊断要素约束和定性要求内容如下。

主系统要求的约束：　　　　　有关的诊断约束、定性要求：

(1) 任务要求
- 机动性；　　　　　　　　● 测试设备的尺寸和质量（使用BIT还是ATE）；
- 连续工作；　　　　　　　● BIT与计划维修工作接口；
- 生存能力；　　　　　　　● 余度；
- 重构能力。　　　　　　　● 容错设计。

(2) 设计特性
- 可用电源容量；　　　　　● BIT电源消耗；
- 系统质量；　　　　　　　● BIT和测试连接器质量限制；
- 系统尺寸；　　　　　　　● BIT电路和测试连接器体积限制；
- 存储器限制；　　　　　　● 可分配给BIT功能的存储器；
- 操作系统特性；　　　　　● 软件BIT功能的约束；
- 设计费用。　　　　　　　● BIT和测试性设计需增加的硬件费及设计费。

(3) 标准化
- 标准测试设备；　　　　　● 标准诊断连接器、可控性与可观测性、与UUT的接口；
- 标准总线；　　　　　　　● 接口设计（协议书）；
- 订购方提供设备。　　　　● BIT的设计和能力。

(4) 使用和保障要求
- 部署位置和数量；　　　　● BIT与ATE权衡；
- 人力和水平；　　　　　　● 测试自动化程度；
- 三级（两级）维修；　　　● 划分要求，诊断要素的选用；

- 已有测试设备；
- 信息系统；
- 使用和保障费。
- 测试设备、兼容性要求；
- 故障显示、记录（存储）；
- 对 BIT 依赖程度。

4.3.4 测试性与诊断定量要求

依据主系统的任务、特性、使用和保障要求分析而提出的，可以定量的测试性和诊断要求（包括嵌入式诊断要求和 O,I,D 级外部诊断要求）应以测试性和诊断参数的具体量值大小提出。可作为定量诊断要求的内容有：
- BIT 故障检测(FD)与故障隔离(FI)能力；
- ATE(或 ETE)的 FD 与 FI 能力；
- 关于虚假报警(虚警)的限制；
- 报告有故障而在后续测试时不能复现(CND)的比例；
- 认为有故障的 LRU 或 SRU 在下一级维修时重测合格(RTOK)的比例；
- 错误的故障隔离比例的限制；
- BIT 故障检测与隔离时间；
- ATE(ETE)故障检测与隔离时间；
- 人工测试故障检测与隔离时间；
- 固有测试性评价指标。

另外，还有一些可以定量的要求和约束条件，但不像上述定量要求那样严格，一般是规定不大于某个量值，或在某个范围以内。这样的要求(约束条件)有：
- BIT/BITE 的故障率、体积、质量和功耗；
- ATE/ETE 的故障率、体积和质量；
- ATE 自检能力；
- ATE/ETE 的平均故障修复时间(MTTR)；
- 技术信息、维修辅助手段的数量；
- 有关诊断要素的开发、研制费用限制等。

这些要求中，如果有的项目对具体主系统来说很重要，指标要求严格，则可纳入定量要求；否则可作为定性要求提出或列入测试性/诊断设计准则。重要的是应在有关测试性和诊断设计文件中列入应有的全部要求内容，在设计规范中并不需区分定性与定量诊断要求。

下面是根据主系统要求导出相关的定量诊断要求的示例。

主系统有关要求：
- 关键任务与安全性功能；
- 允许最大故障潜伏时间；
- 使用操作与 O 级 MTTR；
- I,D 级 MTTR；
- 人力和技术水平；
- 订购方提供设备；
- 可靠性(故障率)；
- 不必要拆卸次数；

相关的定量诊断要求：
- 性能监测要求；
- BIT 故障检测时间要求；
- O 级 FD 与 FI 能力、FI 时间要求；
- FI 水平(可更换单元等级和模糊度)；
- 自动测试(BIT,ATE)要求；
- 系统级 BIT 能力；
- 虚警要求；
- 错误隔离要求；

- 维修工时、无效维修活动；
- 机动性；
- 设计研制费。
- CND，RTOK 限制；
- 外部诊断要素的数量；
- 诊断要素开发研制费。

4.4 系统与产品的测试性要求

在指标论证和方案确认阶段，应确定系统和产品的测试性和诊断要求。开始时是初步要求，经过权衡分析之后，要确定技术合同或设计规范中的测试性要求。定量要求还应说明是规定值还是最低可接受值（或目标值和门限值）。

4.4.1 系统测试性要求

在论证阶段，可参照表 4.1 提供的示例，将定性测试要求写入系统初始规范中。其中所有定量测试性要求待定。另外，也可参照表 4.2 的示例编写系统规范。

表 4.1 系统初始规范中的测试性要求示例

序 号	测试性要求
(1)	划分——系统的划分应部分地以准确隔离故障的能力为基础
(2)	测试点——系统中每个项目都应具备足够的测试点，以便测量或激励内部电路节点，从而使故障检测和隔离达到较高的水平
(3)	维修能力——在每一维修级别上，机内测试、脱机自动测试和人工测试应当综合，以提供一致且完整的维修能力。测试自动化程度应与维修人员的技能以及修复性和预防性维修的要求相一致
(4)	机内测试——机内测试应监控任务关键功能，设置的机内测试容差要使故障检测和虚警具有最佳特性，应为操作人员和维修人员设计利用率最高的机内测试指示器

确定 BIT 要求时应考虑最大允许的故障检测时间、由于虚警造成的最大允许的系统停机时间、外场级允许的最大修复性维修时间和最低的寿命周期费用等因素。

在方案阶段，通过权衡分析得到定量测试性要求，并将其写入系统规范中。所提的要求应该既包括目标值又包括门限值。表 4.2 给出了系统规范中测试性要求的示例。

表 4.2 系统规范中的测试性要求示例

序 号	测试性要求
(1)	对状态监控的要求；
(2)	对故障模式的定义；
(3)	使用全部测试资源时的故障检测率；
(4)	使用机内测试时的故障检测率；
(5)	使用机内测试监控状态信号时的故障检测率；
(6)	机内测试的最大故障检测时间；
(7)	虚警定义、允许的机内测试最大虚警率；
(8)	使用机内测试把故障隔离到可更换项目的要求；

续表 4.2

序　号	测试性要求
（9）	故障隔离时间；
（10）	对机内测试的硬件规模、质量、功率、存储器容量和测试时间的限制；
（11）	机内测试硬件的可靠性；
（12）	对错误自动恢复的要求；
（13）	对各硬件层次故障检测与各维修级别故障检测一致性的要求

下面对表 4.2 中的部分要求进行说明。

① 定义基本系统与外部监控系统的接口。提倡使用机内测试电路监控系统性能和状态。

② 提供测试设计和评价的基础。故障模式的建立应考虑元件制造工艺及不利环境的影响，尽量使用故障模式和影响分析（FMEA）及故障树分析等获得的可靠性数据。这种数据代表对系统故障的概略估计，随着设计工作进展将不断细化和修改。

③ 允许使用全部测试资源，一般总是要求达到 100% 的故障检测率。

④ 指明使用机内测试进行自动检测时应达到的故障检测率。

⑤ 对快速处理严重故障的要求。应根据允许最大故障检测时间选择故障检测方法。规定用并行故障检测技术监控那些关键任务或人身安全的功能，在要求防止错误在系统中传播的地方也采用并行检测技术。

⑥ 规定并行故障检测技术及其他各种自动检测技术的允许最大故障检测时间。此项要求决定周期诊断软件的运行频率。一般来说，周期测试及请求测试的频度取决于被测功能、故障率、耗损因素、允许的最大故障检测时间及使用和维修方案。

⑦ 规定最大的机内测试虚警率。不能复现的故障实际上可能是间歇故障，也可能是机内测试电路的问题，因此有必要在系统规范中规定系统必须配置的测试仪器，以便在使用试验与评价期间找出并改正真正的机内测试问题（如机内测试故障、不适当的测试容差等）。

⑧ 根据维修方案，提出了由机内测试把故障隔离到分系统或更低级部件上的要求。该要求通常表示为："在规定的时间内，将机内测试检测出的故障的 $X\%$ 隔离到一个产品，或隔离到不大于 N 个产品上。"为了准确反映机内测试的有效性，总是采用经过故障率加权所得到的百分数。

⑨ 故障隔离时间。它是由维修性要求的平均修复时间（MTTR）或最大修复时间推出的。

故障隔离时间＝修复时间－（准备时间＋拆卸时间＋更换时间＋
重装时间＋调整时间＋检验时间）

⑩ 机内测试的约束条件。它不应随意规定，应与①～⑨中规定的机内测试性能相匹配。系统需要增加多少硬件来实现机内测试应视具体情况而定。一般而言，机内测试的硬件为系统硬件的 5%～20%。

⑪ 机内测试的可靠性要求。它不应随意规定，应与所需的机内测试性能要求相协调。应保证机内测试故障后不影响系统的关键功能。

4.4.2　产品测试性要求

产品的测试性要求应支持两类测试要求：产品 BIT（机内测试）和外部测试要求（自动测试设备和通用测试设备）。表 4.3 提供了产品研制规范中测试性要求的示例。此外，这里产品表示一个分系统、设备或组件等,还可以表示被测单元。

表 4.3 产品研制规范中的测试性要求示例

技术状态项目的测试性要求	(1) 故障模式的定义; (2) 使用全部测试资源的故障检测率(应为 100 %); (3) 使用产品中全部机内测试资源的故障检测率和故障报告的要求; (4) 使用机内测试监控产品内部状态信号时,对故障检测率和故障报告的要求; (5) 机内测试和对关键信号监控的最大故障检测时间; (6) 机内测试的最大虚警率,包括把间歇故障作为有效的机内测试报警的准则; (7) 使用产品中的机内测试把故障隔离到一个或多个可更换单元的要求; (8) 使用技术状态项目中机内测试的故障隔离时间; (9) 对机内测试资源的限制; (10) 机内测试硬件的可靠性; (11) 对机内测试传感器校准的定期检验要求
被测单元的测试性要求	以下要求适用于产品中作为被测单元的每个部分: (1) 被测单元与选择的自动测试设备之间的兼容性(功能上、机械和电气特性上); (2) 对被测单元的测试点的通路要求; (3) 使用中继或基地级维修的全部测试资源时的故障检测率(应为 100 %); (4) 使用自动测试资源(自动测试设备和测试程序装置加上嵌入式机内测试)时的故障检测率; (5) 使用自动测试资源进行正常/不正常测试时,对平均(或最大)测试时间的要求; (6) 使用自动测试资源时导致不能复现和重测合格的最大虚假的"不正常"指示率; (7) 使用自动测试资源把故障隔离到被测单元内部一个或多个可更换单元的要求; (8) 使用自动测试资源时的故障隔离时间

注:在中继级维修的被测单元可能包含多个在基地级测试的被测单元,每个被测单元均应包含在产品规范中。

将系统测试性要求分配给每个产品,即可得到每个产品的定量测试性要求。分配依据是产品的相对故障率、任务重要性或其他规定的准则。在许多数字系统中,机内测试全部或部分地通过软件来实现。在这种情况下,测试性要求将在计算机程序配置项目研制规范中出现。这个程序可以是专用于机内测试功能的程序(即维修程序),也可以是一个包含测试功能的任务程序。

诊断测试要求是由产品怎样进一步划分成被测单元来决定的。对每个被测单元的测试性要求,都应包含在相应的产品项目研制规范中。

4.5 确定测试性指标的程序和方法

测试性和诊断定量要求中最主要的是故障检测率、故障隔离率和虚警率的要求值,即测试性指标,其确定过程是个综合分析与权衡的过程。这里介绍的确定测试性指标的方法主要包括三项工作,即根据系统可用度和可靠度初定测试性指标;参考相似系统的指标进行必要的修正;通过对系统影响分析对初定指标进行调整。

4.5.1 确定测试性要求的程序

在确定测试性要求时,应考虑多种因素进行全面分析与权衡。要分析考虑的主要内容如下。

① 了解综合使用保障分析对系统测试的要求和约束。使用保障方案中的人员配置、技术水平、培训和管理、测试设备状况及产品备件规划等都与系统故障诊断能力有关,构成对测试

性/BIT 设计的约束条件,应及时获得有关信息。

② 鉴别可用的新技术和已使用系统的测试现状。分析可用于现系统测试性设计的新技术,吸取先前系统的经验教训,对确定合理的故障诊断能力是很重要的。

③ 考虑标准化要求。要尽量使用标准化零件、部件和软件语言,并尽可能与被测对象用的一致,考虑采用测试设备和 ATE 的可能性。

④ 根据系统完成的任务、使用要求与安全性,确定对测试的要求。
● 分析关键性任务功能监控对 BIT 的要求;
● 分析影响安全的部件或故障模式的监控要求;
● 冗余设备管理和降级操作使用对 BIT 的要求;
● 分析操作者在工作中对系统状态监控的要求。

根据以上分析,确定连续和(或)周期 BIT 的故障检测(FD)、故障隔离(FI)和检测与隔离时间(t)要求,以及有关的故障显示、告警和记录要求。

⑤ 考虑现场检查维修对测试的要求。
● 分析系统备用状态(战备完好性)、允许的停机时间和外场的 MTTR 对测试的要求;
● 确定任务前 BIT 和任务后 MBIT 的测试要求(FD,FI 和 t 要求)、与操作者/维修者及测试设备(TE)的接口要求。

⑥ 考虑维修性和维修方案对测试的要求。
● 分析各维修等级的 MTTR 和规划的维修活动,确定自动、半自动和人工测试要求;
● 根据 BIT 能力确定有关外部测试设备的技术要求;
● 确定各维修等级的自动测试的 FD,FI 和 t 要求,利用所有维修测试手段应提供的完全的诊断能力。

⑦ 根据可靠性分析结果(如故障率数据、FMEA 等)和实现 BIT 的复杂程度等因素,把系统的定量测试性要求分配给子系统,LRU 列入其技术规范。

确定测试性/诊断要求的程序如图 4.2 所示。

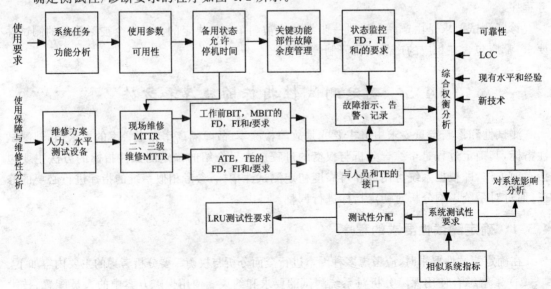

图 4.2　确定测试性/诊断要求的程序

4.5.2 测试性参数的选择

1. 参数选择原则

合理地选择与确定测试性参数是达到费效比最优设计的关键之一。测试性对系统的维修性、可靠性、安全性、综合保障以及寿命周期费用都有直接或间接的影响。因而,在全面权衡分析各种因素的基础上,选择合适的参数确定测试性要求,指导设计工作,将这些要求及特性设计到产品中去,才有可能使系统具有良好的使用可用度和战备完好性。对于某个具体的系统及设备,应根据其使用要求、维修及综合保障方案来选择参数。

使用要求包括产品要完成规定的任务或要达到预期的目的、使用环境及约束条件等。不同的使用环境、不同的维修级别可能导致选用不同的参数。虽然 FAR、CND、BCS 和 RTOK 都是用来描述错误的故障检测及故障隔离,但 FAR 主要用于飞行航线上,针对有 BIT 监控的电路和机载测试系统、有故障显示或报警的系统、分系统或设备;CND 主要用于反映外场原位维修故障诊断;BCS 通常用于反映中继维修故障诊断问题;RTOK 通常用于中继级和基地级维修,反映了后方维修的故障诊断问题。

在执行任务之前,任一故障若没能被 BIT/ETE 或战备完好性测试检测出,则可能会导致任务失败或中断。进一步说,若在该任务之后故障没有检测出,那么将危及到以后的任务。特别是对于那些关键故障,更应当及时、彻底地给予检测。正因为如此,采用了 BIT 的关键系统及设备首先就要考虑采用 FDR 及 CFDR 参数。

综合保障方案中人员配置、技术水平、组织管理、测试设备状况以及零备件的供应能力等约束着测试性设计和参数的选择。

另外,由于产品的不同类型、不同层次和不同的使用特性要求等,可能对测试性参数会有不同的要求。

总之,可根据产品的不同要求及其本身的一些特点,最终确定出最适合的测试性参数。

2. 选用与使用要求直接相关的测试性参数

对于给定的系统及设备,一般都有比较明确的可靠性、维修性要求和与可用性有关的使用要求,如连续工作、准确报告系统状态、停机时间最短、有限的备件和最低保障费用等。为保证达到规定的使用要求,要选用与其相关的测试性参数列入设计要求,详见表 4.4。

表 4.4 要求与测试性参数间的关系

使用要求	参 数							
	FDR	FIR	FAR	MFDT	MFIT	$MTTR_B$	$MTBF_B$	MBRT
(1) 连续工作	✓		✓	✓				
(2) 准确报告状态	✓		✓				✓	
(3) 停机时间最短		✓			✓	✓		✓
(4) 有限的备件		✓						
(5) 最低保障费用		✓						
(6) 维修人员技术等级	✓	✓			✓			
(7) 系统位置			✓					

续表 4.4

使用要求	参数							
	FDR	FIR	FAR	MFDT	MFIT	MTTR$_B$	MTBF$_B$	MBRT
(8) BIT 对可靠性影响			✓				✓	
(9) 联机测试频率及周期								✓
(10) 安全性	✓			✓				
(11) BIT 可操作性			✓			✓	✓	
(12) 对维修性影响	✓	✓	✓	✓	✓			

通过对每项要求进行分析,列出与该要求关系密切的测试性参数。

① 要求系统及设备以高置信度保证能不间断地连续工作,而没有明确的物理约束条件(这意味着可采用余度技术)。与该要求有关的参数有 FDR,FAR 和 MFDT 等。

② 要求以高置信度来指示系统所处的正确状态(如工作状态或不能工作状态),以确定采取"继续运行"或"中断"决策。与该要求有关的参数有 FDR,FAR,MFDT 和 MTBF$_B$ 等。

③ 要求由故障引起的停机时间应尽可能短(对某些系统或设备来说,这一点是至关重要的),而且物理约束条件限制采用余度。与该要求有关的参数有 FIR,MFIT,MTTR 和 MTTR$_B$ 等。

④ 如果可供应的零备件是有限的,那么最好采用高故障隔离率 FIR。

⑤ 要求最少量的维修和保障费用。与该要求有关的参数有 FAR,FIR 等。

⑥ 要求维修系统及设备的人员具有一定的技术水平。与该要求有关的参数有 FDR,FIR 和 MFIT 等。

⑦ 系统及设备的位置限制了可进行维修的次数(即远距装置)。这涉及到 FIR 参数。

⑧ 如果 BIT/ETE 本身故障可能对系统可靠性产生有害影响,那么应考虑采用 FAR,MTBF$_B$。

⑨ 若联机测试的频率及周期对系统的工作来说非常关键(如在余度系统中,要求尽可能快地切换),则与此有关的参数为 MBRT。

⑩ 当没检测到的故障危害到系统的安全性时,应考虑采用 FDR,MFDT。

⑪ 当要求 BIT/ETE 具有良好的可操作性和维修性时,可考虑采用 MTBF$_B$,MTTR$_B$ 和 FAR。

⑫ 当维修性要求较高时,可采用 FDR,FIR,FAR,MFDT 和 MFIT。

对于某个具体的系统及设备进行分析时,可根据其要确保的重要使用要求确定应采用的测试性参数。整个过程可以采用列表的方式进行,如表 4.4 所列。在表的左侧竖栏内列出与测试性有关的系统及设备的各项使用要求,在表的上方横栏内逐个列出所有的测试性参数。在分析左边的每一项要求时,逐个对照每个测试性参数,两者如果密切相关,就在对应的栏内做一选用标记。根据分析结果综合确定系统或设备选用的测试性参数。

3. 测试性参数选用实例

在测试性、诊断的十多个度量参数中,有的适用于使用中评价,在设计中控制比较困难,如 CNDR、误拆率;还有的参数已包含在其他要求中,如故障隔离时间是 MTTR 的一部分。所以,实际上系统和设备选用的测试性参数一般只是对使用特性直接影响大的重要参数。选用最多的设计参数是故障检测率、隔离率和虚警率,使用评价时还另加上 CNDR 和/或 RTOKR。

航空机载系统和设备的测试性参数及 ATE 选用参数如表 4.5 所列。

表 4.5 国内测试性参数选用例子

系统和设备	FDR	FIR	FAR	MFDT	MFIT	MTBF	MTTR	BIT 运行时间
电子火控系统及设备	✓	✓	✓					✓
航空电子系统及设备	✓	✓	✓					
机载电源系统	✓	✓	✓					
飞行控制系统	✓	✓	✓					
ATE/ETE	✓	✓	✓	✓	✓		✓	

4.5.3 测试性与可靠性、维修性之间的权衡分析

系统和设备的测试性对可靠性、维修性和可用性有重要影响。可以根据已确定的系统可用度、可靠度,通过权衡分析来确定故障检测率和隔离率要求。

故障检测率 r_{FD} 与可用度 $A(t_a)$、可靠度 $R(t_m)$ 之间的关系可用式(4.1)表示。作为时间的函数如图 4.3 所示。

$$A(t_a) = R(t_m) + r_{FD}M(t_r)[1 - R(t_m)] \tag{4.1}$$

式中　$A(t_a)$——系统在时间 t_a 时的使用可用度;

$R(t_m)$——系统在任务时间 t_m 内无故障工作的概率(可靠度);

r_{FD}——系统发生故障在任务时间或任务后检查时间内检测出的概率(检测率);

$M(t_r)$——检测出的故障在时间 t_r 内修好恢复到使用状态的概率(维修度)。

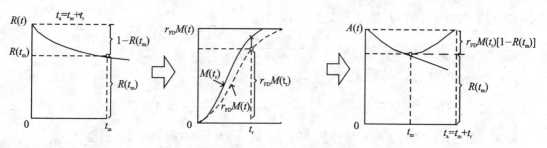

图 4.3 可用性作为时间的函数

初始的检测率、隔离率和虚警率要求值可按下述步骤求出。

(1) 由式(4.1)导出检测率和维修度的乘积

$$r_{FD}M(t_r) = \frac{A(t_a) - R(t_m)}{1 - R(t_m)} \tag{4.2}$$

根据使用要求,当确定了 $A(t_a)$ 和 $R(t_m)$ 之后,就可得到要求的 $r_{FD}M(t_r)$ 值。

(2) 根据求出的 $r_{FD}M(t_r)$ 值，权衡分析确定 r_{FD} 和 $M(t_r)$

$r_{FD}M(t_r)$ 值是系统故障在规定的时间内检测出并修好的（联合）概率。此值确定后，r_{FD} 和 $M(t_r)$ 的值可有不同的组合，要根据系统特点和维修要求进行适当的权衡分析。

假设某个系统的要求是：$t_m=8\ h, t_r=0.5\ h$，可靠度 $R(t_m)=0.80$，可用度 $A(t_a)=0.95$，则

$$r_{FD}M(0.5) = \frac{A(8.5)-R(8)}{1-R(8)} = \frac{0.95-0.80}{1-0.80} = 0.75$$

r_{FD} 和 $M(0.5)$ 的取值范围如图 4.4 所示。如果取检测率 $r_{FD}=0.90$，则维修度应为

$$M(0.5) = \frac{0.75}{0.90} \approx 0.83$$

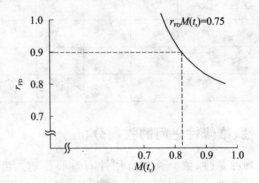

图 4.4 故障检测率与维修度之间的权衡

这就意味着在任务时间或任务后检查时发现的系统故障中，有 0.83 的概率在规定的 30 min 内修复。规定检测率为 90 % 的含义为：系统发生的故障以 0.9 的概率检测出来，并转换为系统状态指示器的"NO GO"指示。

(3) 根据 $M(t_r)$ 值确定 $\overline{M}_{ct}$ 值

维修概率密度分布函数为指数分布时，维修度可表示为

$$M(t_r) = 1 - e^{-\frac{t_r}{\overline{M}_{ct}}} \tag{4.3}$$

所以，平均修复时间 $\overline{M}_{ct}$ 可用下式求出，即

$$\overline{M}_{ct} = \frac{t_r}{-\ln[1-M(t_r)]} \tag{4.4}$$

对于前面的例子，$t_r=30\ min, M(t_r)=0.83$，代入得

$$\overline{M}_{ct} = \frac{30}{-\ln(1-0.83)} = \frac{30}{-(-1.77)} = 17$$

如果在前边规定条件下要求维修度 $M(t_{max})=0.95$，则对应的 t_r 的最大值将为

$$t_{max} = -\overline{M}_{ct}\ln[1-M(t_{max})] = -17 \times \ln(1-0.95) = 51$$

(4) 根据 $\overline{M}_{ct}$ 值求故障隔离要求

平均修复时间 $\overline{M}_{ct}$ 通常由准备时间、故障定位隔离时间、拆卸更换时间、再安装时间、调整和检验时间组成，即

$$\overline{M}_{ct} = t_O + t_{IN}(1-r_{FI}) \tag{4.5}$$

式中　t_{IN}——无 BIT 时故障定位隔离时间；

t_O——除 t_{IN} 以外的其他时间之和；

第 4 章 测试性与诊断要求

r_{FI}——故障隔离率。

时间 t_O 和 t_{IN} 可根据类似产品凭经验估计,或参考美国军用标准 MIL—HDBK—472 预计。则按式(4.5)即可求出要求的故障隔离率 r_{FI}。

例如,某系统的 $\overline{M}_{ct}=17$ min,其各项维修活动时间如表 4.6 所列,求其 $r_{FI}=$?

表 4.6 故障修复时间估计

维修活动时间	平均时间/min	
	$r_{FI}=0$	$r_{FI}=1.0$
准备时间+拆卸更换时间+安装和调整时间+检验时间=t_O	15	15
故障定位与隔离时间	25	0
总修复时间	40	15

全自动检测(如 BIT)时,故障隔离时间很短,与人工检测相比近似认为是 0。据式(4.5)则有

$$r_{FI} = \frac{t_O + t_{IN} - \overline{M}_{ct}}{t_{IN}} = \frac{15+25-17}{25} = 0.92$$

$\overline{M}_{ct}$ 与 r_{FI} 关系如图 4.5 所示。

以上讲的确定 r_{FD} 和 r_{FI} 过程中,未考虑模糊隔离和虚警的影响。所以,在最后规定 r_{FD} 和 r_{FI} 指标时应留有余量。

(5) 虚警率要求的确定

系统的 BIT 虚警率 r_{FA} 不仅与单位时间的虚警数 λ_{FA} 有关,而且还与系统的故障率 λ_s 和故障检测率 r_{FD} 有关。可按式(4.6)初步确定 r_{FA} 要求值。

$$r_{FA} = \frac{\alpha}{r_{FD} + \alpha} \quad (4.6)$$

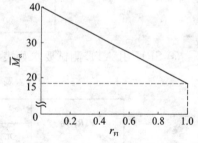

图 4.5 给定条件下 $\overline{M}_{ct}$ 与 r_{FI} 关系

式中,$\alpha = \frac{\lambda_{FA}}{\lambda_s}$,可在 0.01～0.04 范围内选取 α 值,详见 4.6 节分析。

4.5.4 用类比法确定测试性指标

这部分需做的工作是调查了解正在研制及已经投入使用的系统和设备的测试性与诊断技术状况,包括设计要求、使用结果和存在的问题等,找出与要设计研制系统在使用要求、组成特性和技术水平等方面相近似的系统或设备,以其测试性指标为基准,参考当前测试性和诊断的一般要求值,并考虑本系统与类比系统的不同之处,稍作修正后确定出本系统的测试性指标。

使用类比法确定测试性指标,应充分调查研究,做好分析对比工作。下面给出的典型测试性要求和一些系统及设备的测试性要求可作参考。

1. 典型的测试性指标

(1) MIL—STD—2084 规定的测试性指标要求

美国军用标准《电子系统和设备维修性要求》(MIL—STD—2084)中规定了 BIT 和 ATE 诊断要求。其要求指标是比较高的。

① 系统和设备 BIT 指标：FDR≥98%，FIR≥99%，FAR≤1%。
② LRU 的 BIT 要求如表 4.7 所列。

表 4.7 LRU 的 BIT 要求

FIR/%	模糊组中 SRU 数	
	LRU 中 SRU 数≤10 个时	LRU 中 SRU 数>10 个时
100	≤6 SRU	≤7 SRU
95	≤5 SRU	≤6 SRU
90	≤4 SRU	≤5 SRU
85	≤3 SRU	≤4 SRU
80	≤2 SRU	≤2 SRU
75	=1 SRU	=1 SRU

③ LRU 用 ATE 测试要求如表 4.8 所列。

表 4.8 LRU 用 ATE 测试要求

FIR/%	模糊组中 SRU 数
100	≤3 SRU
95	≤2 SRU
90	=1 SRU

④ SRU 用 ATE 测试要求如表 4.9 所列。

表 4.9 SRU 用 ATE 测试要求

FIR/%	模糊组中元部件数	
	元部件总数≤10 个时	元部件总数>10 个时
100	≤4 个	≤7 个
95	≤3 个	≤5 个
80	≤2 个	≤3 个

（2）国内测试性要求

国内测试性要求如表 4.10 所列。

表 4.10 电子系统测试性指标

系统或设备 BIT	故障检测率/(%)	90~98
	故障隔离率/(%)	90~99
	虚警率/(%)	1~5
LRU BIT+ATE	隔离到 1 个 SRU 时的 FIR/(%)	70~90
	隔离到≤2 个 SRU 时的 FIR/(%)	80~95
	隔离到≤3 个 SRU 时的 FIR/(%)	90~100
故障检测和隔离时间、$MTBF_B$		依系统而定

(3) 美国空军测试性要求

美国空军测试性要求如表 4.11 所列。

表 4.11 美国空军的测试性指标

测试性参数		要求值	维修级别
故障检测率/(%) （所有手段）		90～100	基层级（外场级）
		100	中继级（野战级）
		100	基地级（后方级）
故障检测率/(%) （BIT）		90～98	外场级
		95～98	野战级
		95～100	后方级
故障 隔离 率/(%)	小于等于 8 个模块	95～100	所有级别
	小于等于 3 个模块	90～95	所有级别
	1 个模块	80～90	所有级别
虚警		虚警间隔时间 1 000～5 000 h	

对于三个维修级别，测试性指标要求也有所不同。一般来讲，从外场到野战级再到后方级，其指标要求越来越高。这是由于野战级和后方级有很好的测试设备、ATE 和接口装置，维修人员技术等级也高于外场级。在野战级，对电子系统及设备，将故障隔离到故障的 SRU（惟一性隔离）的隔离率一般应达到 90 %～95 %；隔离到≤2 个 SRU 时，则应达到 95 %～98 %；隔离到≤3 个 SRU 时，则要求达到 100 %。

2. 典型的测试性参数及指标示例

(1) 一种歼击机火控系统的测试性参数及指标

该火控系统的 BIT 主要有三种形式：通电 BIT(PU‑BIT)、周期 BIT(P‑BIT)和启动 BIT(I‑BIT)。

PU‑BIT 是在火控系统通电后，全系统自动进行的检测，目的为确认系统处于正常状态。检测需时 3 min 30 s，其中雷达需时最长。

I‑BIT 是为维修人员进行故障隔离或是为增强飞行员起飞前的信心而采用的。I‑BIT 方式只能当飞机在地面上才能进行。通过按下视显示器（HDD）周边按钮开关"BIT"进入 I‑BIT 方式。进入后，除惯导系统（INS）外，所有子系统同时开始检测。如果需要对 INS 进行 I‑BIT，则按过"BIT"以后在 15 s 以内，HDD 应从综合控制面板上启动 INS 的 I‑BIT。INS 的 I‑BIT 需时 14 min，检测后还需一次重新对准。

P‑BIT 是对系统进行连续监视和周期性检测，确认系统是否工作在容限范围之内。这种检测不中断系统正常工作。

◇ 火控雷达

三种 BIT 均有，该火控雷达与 APG—66 雷达的机内检测内容大体相同，只是增设了对与 1553B 总线接口的检测和对增加的新频道的检测。

雷达机内检测的时间分配如下。

测试重复时间间隔——周期最短的约为 20 ms,周期最长的约为 90 s(正常空对空方式)。

机内检测完成的顺序———一个完整的测试需时 210 s(其中非辐射检测时间为 180 s,辐射检测时间为 30 s)。为了隔离故障还需增加 180 s,所以从开始启动检测到明确故障位置,总共需时 390 s。

该雷达维修性规范要求和设计指标如表 4.12 所列。

表 4.12 雷达的测试性和维修性参数和指标

要 求		规范要求	设计目标
FDR/(%)	PU-BIT	94	94
	P-BIT	94	94
	I-BIT	94	94
FIR/(%)(对于 I-BIT 检测到的故障)		—	95
最大 BIT 时间/s		210/390	210/390
平均修复时间/min		60	<30
最长修复时间/min		120	<60
LRU 拆/装时间/min(天线座除外)		—	5

◇ 火控计算机

机内检测率估计可达 97.9%。检测过程中,为降低虚警率,在 3 次检测后,故障连续出现两次才被确认为故障。

◇ 备份控制和接口组件

由于备份控制和接口组件的接口复杂,信号类型多,所以完善的 BIT 设计是十分重要的。它含有 PU-BIT,P-BIT 和 I-BIT 三种检测方式,对离散的输出信号、直流模拟信号以及电源输出等进行全面的检测。备份控制和接口组件的维修性计划按 MIL—STD—470A 执行,MTTR<1 h,故障检测率为 85%,拆装时间少于 30 min。

◇ 平视显示器(HUD)

含 P-BIT 和 I-BIT 两种 BIT 检测方式。P-BIT 能发现和报告 95% 的故障和超出容限的工作情况;I-BIT 能把所发现故障的 95% 隔离到 LRU。

◇ 惯导系统(INS)

通过自动的自检测可以发现 95% 的故障,其中 98% 的故障可以隔离到 LRU。一个维修人员拆卸和安装惯导装置时间不超过 1 min。SRU 设计时保证有足够多的测试点用于自动测试设备(ATE)的测试,至少全部 SRU 故障中的 95%(争取 99%)可以被检测出来。其中 75% 的故障可以隔离到一个部件中,85% 的故障可以隔离到不超过 2 个部件中,而 95% 的故障可以隔离到不超过 3 个部件中。

◇ 大气数据计算机(ADC)

ADC 共有 PU-BIT,P-BIT 和 I-BIT 三种故障检测方式。其中,平均故障隔离时间<3 min,最大故障隔离时间<6 min,平均修理时间 MTTR<12 min。ADC 的 95% 的故障可以通过 P-BIT 检测出来。

第4章 测试性与诊断要求

(2) F—16战斗机的测试性参数及指标

◇ 美国空军对承包商的要求

美国空军对F—16在三个维修等级的测试性要求见表4.13。

◇ 承包商对转包商的要求

通用动力公司(F—16承包商)根据空军的要求,制订了一般要求和指标,见表4.14。

表4.15列出了承包商对几个转包商的要求、转包商的预计及验证结果。

表4.13 F—16测试性要求

外场级	野战级	后方级
FDR≥95 %(94 %) FIR(到 LRU)≥95 %(98 %) FAR≤5 % MTTR≤0.5 h(<15 min 50 s) M_{ctmax}≤1.0 h(15 min 50 s) 不需要地面测试设备 维修技术等级要求不超过3级	LRU 平均维修时间≤1.0 h LRU 最大维修时间≤2.0 h FIR(惟一性隔离)≥96 %(96 %) 技术等级要求不超过5级	FIR(≤1 个部件)≥80 % FIR(≤2 个部件)≥85 % FIR(≤3 个部件)≥90 %

注:表中前两栏括号中的数字为使用后的验证值。

表4.14 F—16BIT的参数和指标

系 统	故障检测率/(%)	故障隔离率/(%)	虚警率/(%)
火控雷达	95	95	<1
平视显示器	70	—	<1
火控计算机	95	—	—
电光显示器	95	—	<1
惯导系统	95	95	<1
飞行控制计算机	没有定量的 ST/BIT 要求		

注:由于飞行控制计算机是四余度配置,并监控所有的故障,所以没有规定定量的 ST/BIT 要求。

表4.15 转包商外场级 BIT 测试性要求和验证结果

分承包商	项 目	要 求		预 计		验证结果		
		FDR/(%)	FIR/(%)	FDR/(%)	FIR/(%)	FDR/(%)	FIR/(%)	CNDR/(%)
韦斯汀豪斯	火控雷达	95	95	>96	>97	94	95	15(34)
马可尼·埃里奥特	平视显示器	95	95	>95	>95	94	95	7(79)
德尔科	火控计算机	95	95	98	98	95	95	3(65)
通用动力	外挂物管理系统	95	95	—	—	95	95	—
凯泽	电光显示器	95	95	95	95	94	95	1~17(67)
辛格·基尔福特	惯导系统	95	95	>95	95	95	95	1~6(22)

注:CNDR 一栏中给出了两个 CNDR 值,括号外的是指由 ST/BIT 造成的 CNDR;括号内的是指由所有因素造成的 CNDR。

(3) F/A—18 战斗机的测试性参数及指标

F/A—18 是由麦克唐纳·道格拉斯公司和诺斯罗普公司共同研制的。F/A—18 航空电子设备机内测试技术要求包括飞机系统规范与电子设备规范两部分。

◇ 飞机系统规范
- 检测并隔离故障；
- 飞行前、后无须用地面辅助设备；
- 机内测试线路故障不引起操作故障；
- 与政府提供设备的机内测试功能综合起来；
- 机内测试性能：能检测出 95％ 的设备故障；能隔离 98％ 的已检测出的故障到故障的 LRU（惟一性隔离）；99％ 的故障指示都是实际的故障，即 FAR<1％。

◇ 电子设备规范
- 识别故障功能或模式；
- 启动机内测试可能干扰操作，但不影响相关设备；
- 以 90％ 的故障检测率执行周期性自检测；
- 设备可以作为检测显示器使用；
- 识别出机内测试的检测时间、频率、门限和时间延迟；
- 机内测试设计/研制数据分析。

表 4.16 是 F/A—18 飞机的 AN/APG—65 雷达 BIT 要求，表 4.17 是 F/A—18 飞机的航空电子设备使用机内测试离位和原位检测结果对照。

表 4.16　AN/APG—65 雷达 BIT 要求

参　数	P - BIT	I - BIT
故障检测率 FDR/(％)	90	98
故障隔离率 FIR/(％)	90	99
虚警率 FAR/(％)	1	1

表 4.17　F/A—18 离位和原位检测结果对照

设　备	装配前（离位）			装配后（原位）		
	故障模拟出现故障数	故障检测出的故障数	故障检测率/(％)	故障模拟出现故障数	故障检测出的故障数	故障检测率/(％)
发动机监控显示器	112	112	100	30	30	100
机内通信装置	58	47	81	115	115	100
干扰抑制器	125	125	100	81	81	100
惯导装置	131	126	96	76	76	100
维修监控板	58	55	95	123	122	99
大气数据计算机	118	117	99	235	217	92

4.5.5 初定指标的分析检验

通过权衡分析和与相似系统类比的方法确定系统测试性指标之后,还应分析、检验其 BIT 指标对系统可靠性、维修性和可用性的影响。如其影响在允许范围之内满足使用要求,则可最后确定系统测试性指标,否则还应进一步做修正工作。

下面的例子给出了简单地分析 BIT 影响,检验 BIT 指标是否合适的方法。

例如,某电子系统的 BIT 指标初定为
- FDR=0.9;
- FIR=0.92;
- FAR=0.02;
- 预计 BIT 的故障率占系统的 2%。

原系统(无 BIT 时)的平均故障间隔时间 MTBF=50 h,平均故障修复时间 MTTR=40 min,有 BIT 时 MTTR=15 min。考虑系统工作时间为 5 000 h,分析 BIT 对系统的影响。

(1) 各类故障分析

5 000 h 内系统发生故障次数 $N_F=5\,000 \div 50=100$;

BIT 检测故障数 $N_{FD}=FDR \times N_F=0.9 \times 100=90$;

BIT 隔离故障数 $N_{FI}=FIR \times N_{FD}=0.92 \times 90 \approx 83$;

BIT 发生故障次数 $N_F \times 2\% = 100 \times 2\% = 2$。

根据虚警率定义,发生虚警数 N_{FA} 为

$$N_{FA}=\frac{N_{FD} \cdot FAR}{1-FAR}=\frac{90 \times 0.02}{1-0.02}=1.836 \approx 2$$

(2) 加入 BIT 后系统 MTTR

BIT 隔离故障修复时间 $83 \times 15\ \text{min} = 1\,245\ \text{min} = 20.75\ \text{h}$;

BIT 未隔离故障修复时间 $(100-83) \times 40\ \text{min} = 680\ \text{min} = 11.33\ \text{h}$;

BIT 故障修复时间 $2 \times 40\ \text{min} = 80\ \text{min} = 1.33\ \text{h}$;

虚警修复时间 $2 \times 40\ \text{min} = 80\ \text{min} = 1.33\ \text{h}$;

$$MTTR=\frac{\text{总修复时间}}{\text{总故障次数}}=\frac{34.75\ \text{h}}{104}=0.334\ \text{h}(20\ \text{min})$$

MTTR 比无 BIT 时减小 50%;

总修复时间比无 BIT 时节省 $(100 \times 40\ \text{min}/60) - 34.75\ \text{h} = 31.9\ \text{h}$。

(3) 加入 BIT 后系统 MTBF

$$MTBF=\frac{\text{总工作时间}}{\text{总故障次数}}=\frac{5\,000\ \text{h}}{104}=48.08\ \text{h}$$

MTBF 比无 BIT 时减小 3.8%。

(4) 加入 BIT 后系统固有可用度 A_I

$$A_I=\frac{MTBF}{MTBF+MTTR}=\frac{48.08}{48.08+0.334}=0.993\,1$$

A_I 比无 BIT 时提高 0.64%。

(5) 结果分析

此 BIT 指标可使系统 MTTR 由 40 min 减小到 20 min。

固有可用度也略有提高，使可靠性指标有所下降(MTBF 值减少 3.8 %)。总的结果还能满足使用要求，可以确认初定的 BIT 指标作为系统测试性要求。

关于测试性和诊断指标问题，需要进一步指出的如下。

① 上述根据使用要求，经过权衡分析、相似系统比较和对系统影响的分析，最后确定的测试性指标是使用要求值(或规定值、目标值)，即实际系统在使用中应达到的指标。

② 在设计过程中，分析预计的测试性指标应高于规定值，否则，系统很难达到使用要求。

③ 在工程应用中测试性还不如可靠性成熟，现在其指标提法还没有像可靠性指标那样，分别给出参数的门限值和目标值(成熟期值)。但测试性和诊断能力同样也有个成熟和增长的过程，在工程研制阶段(包括设计定型)进行测试性验证时，测试性指标还达不到目标值。所以，为了验证试验与评价的方便，测试性要求的指标(FDR 和 FIR)也应规定最低可接受值(或门限值)及相应置信度或使用方和生产方的风险。经过生产和使用阶段的测试性增长，最后要达到规定值(或目标值)。

④ 前面给出的测试性典型要求值是电子系统和设备的。对于非电系统，如环控系统和液压系统等，采用 BIT 检测和隔离故障通常要在管道和容器内增加传感器，这会使质量、体积、费用及布局复杂程度增加，因而其 BIT 的指标要求一般要比电子系统的低些。

4.6 诊断指示正确性和 BIT 影响分析

这一节给出诊断指示正确性分析和 BIT 对 MTBF 及 MTTR 影响的详细分析方法，并绘制出了影响变化趋势曲线，以供分析确定测试性和诊断指标要求时参考。

4.6.1 BIT 对可靠性影响分析

实现 BIT 功能需要一定的硬件和软件，并构成系统或设备的一个组成部分。BIT 本身会发生故障和虚假报警(虚警)，所以 BIT 会降低系统的基本可靠性。从另一方面看，BIT 完成规定的功能，可监控系统状态，预测系统任务能力，参与余度管理和重构，可以减少非任务开机时间和人为差错，从而提高系统任务可靠性。所以，只要限制 BIT 的故障率和虚警发生频率小于某一规定的量值，则 BIT 对可靠性的综合影响是有利的。

1. λ_B 和 λ_{FA} 对 MTBF 的影响

BIT 报警在未检查证实之前，并不知它是虚警还是真实故障报警，只要报警就需采取维修活动。所以在分析具有 BIT 的系统故障时应考虑三种情况：系统本身故障、BIT 故障和虚警。假设系统和 BIT 寿命服从指数分布，原系统故障率用 λ_s 表示，BIT 的故障率用 λ_B 表示，λ_{FA} 为单位时间平均虚警数，则具有 BIT 的系统故障率 λ_{SB} 可表示为

$$\lambda_{SB} = \lambda_s + \lambda_B + \lambda_{FA} \tag{4.7}$$

设

$$\alpha = \lambda_{FA}/\lambda_s \tag{4.8}$$

$$\beta = \lambda_B/\lambda_s \tag{4.9}$$

则有

$$\mathrm{MTBF}_{SB} = \frac{1}{\lambda_{SB}} = \frac{1}{(1+\alpha+\beta)} \mathrm{MTBF}_s \tag{4.10}$$

可见具有 BIT 系统的 $MTBF_{SB}$ 值随 λ_{FA} 和 λ_B 对 λ_s 比值 (α,β) 的增加而下降,如果要使 BIT 对 MTBF 影响小于 10%,则必须限制 ($\alpha+\beta$) 值,即要求 $\alpha+\beta<0.111$。BIT 的 λ_{FA} 和 λ_B 对 MTBF 的影响情况如图 4.6 上①所示。

2. FDR 和 FAR 对 MTBF 的影响

根据故障检测率和虚警率的表达式,有

$$FDR = \lambda_{FD}/\lambda_s \tag{4.11}$$

$$FAR = \lambda_{FA}/(\lambda_{FD}+\lambda_{FA}) \tag{4.12}$$

$$\lambda_{FA} = \lambda_s FDR \cdot FAR/(1-FAR) \tag{4.13}$$

式中,λ_{FD} 是 BIT 检测的故障率。将式(4.13)、式(4.9)代入式(4.7)得

$$\lambda_{SB} = \lambda_s + \lambda_s\beta + \lambda_s FAR \cdot FDR/(1-FDR) = \frac{1-(1-FDR)FAR+\beta(1-FAR)}{1-FAR}\lambda_s$$

即

$$MTBF_{SB} = \frac{1-FAR}{1-(1-FDR)FAR+\beta(1-FAR)}MTBF_s \tag{4.14}$$

当 $\beta=0.1$ 和 $FDR=0.95$ 时,由式(4.14)可得到

$$\frac{MTBF_{SB}}{MTBF_s} = \frac{1-FAR}{1.1-0.05FAR} = K_R$$

虚警率 FAR 对 MTBF 影响曲线 $K_R = f(FAR)$ 如图 4.6 上②所示,随 FAR 增加,MTBF 值将下降,但比 ($\alpha+\beta$) 值影响小得多。

同样可得到故障检测率 FDR 对 MTBF 影响曲线 $K_R = f(FDR)$,如图 4.6 上③所示。虽然 FDR 增加时,MTBF 值将减小,但影响很小,在工程上进行系统设计时可以忽略不计。实际上,本来 FDR 与 MTBF 无直接关系,是 FDR 的改变使 λ_{FA} 变化进而影响 MTBF 的。

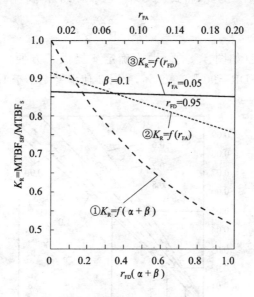

图 4.6 BIT 与 MTBF 关系

3. FAR 与 λ_s 关系

虚警率 FAR 值是 BIT 设计的一个重要控制指标。它除受虚警频率 λ_{FA} 影响外,还受系统

故障率 λ_s 影响。为分析它们之间的关系,将式(4.11)代入式(4.12)得到

$$r_{FA} = \frac{\lambda_{FA}}{\lambda_s \text{FDR} + \lambda_{FA}} \tag{4.15}$$

当 FDR 和 λ_s 不变时,FAR 随 λ_{FA} 增加而增加;当给定 FDR 和 λ_{FA} 时,FAR 值随 λ_s 增加而下降。详见图 4.7。

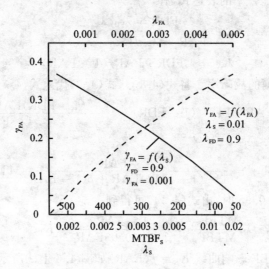

图 4.7 r_{FA} 与 λ_s,λ_{FA} 关系

所以,不管 λ_s 值大小,只控制 λ_{FA} 值并不能保证达到规定的 FAR 要求。虚警率还与系统故障率有关,这一非常重要的问题往往被人们所忽略了。为保证达到规定的 FAR,设计时必须同时考虑 λ_{FA} 和 λ_s 的大小。为此,将式(4.8)代入式(4.15)得到

$$r_{FA} = \frac{\alpha}{\text{FDR} + \alpha} \tag{4.16}$$

此式和相应的曲线族(如图 4.8 所示)为确定 α 提供了方便。当已知 FDR 值后,可按 FAR 要求定 α 值。通常 FDR=90%~98%,此时要使虚警率小于 1%,则要求 $\alpha \leqslant 0.0091$~0.0099。

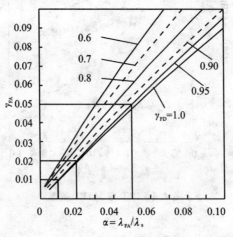

图 4.8 λ_s,λ_{FA} 对 r_{FA} 影响

4.6.2 BIT 对维修性影响分析

1. MTTR 表达式

BIT 自动检测与隔离故障,可大大减小故障修复时间;但是 BIT 故障和发生虚警需要采取维修活动,也应按系统故障对待。所以具有 BIT 的系统故障修理时间有 4 种类型,即 BIT 检测与隔离出故障修复时间 t_D;BIT 未检测出而用其他方法诊断出故障修复时间 t_{NB};BIT 故障修复时间 t_B 和虚警检修时间 t_{FA}。因此,具有 BIT 系统的平均故障修复时间 MTTR_{SB} 可表示如下:

$$\text{MTTR}_{SB} = \frac{\sum_{i=1}^{n}[\lambda_{Di}t_{Di} + (\lambda_i - \lambda_{Di})t_{NBi} + \lambda_{Bi}t_{Bi} + \lambda_{FAi}t_{FAi}]}{\sum_{i=1}^{n}(\lambda_i + \lambda_{Bi} + \lambda_{FAi})}$$

因为 $\lambda_{Di} = \lambda_i r_{Di}, \lambda_i - \lambda_{Di} = \lambda_i(1 - r_{Di})$,其中 $r_{Di} = \text{FDR}_i \cdot \text{FIR}_i$,所以

$$\text{MTTR}_{SB} = \frac{\sum_{i=1}^{n}[\lambda_i r_{Di} t_{Di} + \lambda_i(1 - r_{Di})t_{NBi} + \lambda_{Bi}t_{Bi} + \lambda_{FAi}t_{FAi}]}{\sum_{i=1}^{n}(\lambda_i + \lambda_{Bi} + \lambda_{FAi})} \quad (4.17)$$

式中,$\lambda_i, \lambda_{Di}, r_{Di}, \lambda_{Bi}$ 和 λ_{FAi} 分别是系统中第 i 个可更换单元的故障率、BIT 可诊断故障率、诊断能力、BIT 故障率和虚警频率。n 是系统中可更换单元的个数。而 t_{Di}, t_{NBi}, t_{Bi} 和 t_{FAi} 分别是第 i 个可更换单元的 BIT 诊断出故障、未诊断出故障、BIT 故障和虚警的平均修复时间。

2. 影响分析

故障修复时间包括准备时间 t_{SU}、故障隔离(定位)时间 t_{FI}、更换时间 t_R 和检验时间 t_V。无 BIT 时故障修复时间 t_{NB} 为

$$t_{NB} = t_{SU} + t_{FI} + t_R + t_V \quad (4.18)$$

设 $k_{SU} = t_{SU}/t_{NB}, k_{FI} = t_{FI}/t_{NB}, k_R = t_R/t_{NB}, k_V = t_V/t_{NB}$,则 $k_{SU} + k_{FI} + k_R + k_V = 1$。

有 BIT 时自动隔离故障和检验时间 t_{FI}, t_V 值很小,相对 t_{SU} 和 t_R 来说可以忽略。所以,有 BIT 时的故障修复时间 t_D 可表示为

$$t_D = k_{SU}t_{NB} + k_R t_{NB} = (1 - k_{FI} - k_V)t_{NB}$$

$$t_D = kt_{NB} \quad (4.19)$$

式中,$k = 1 - k_{FI} - k_V$ 表示 BIT 对故障修复时间的影响,系统的故障检测隔离越困难,设计 BIT 进行自动诊断、减小修复时间的效果越明显。

一般情况下,BIT 不能检测隔离它本身的故障和检查验证虚警(BIT 有自检时除外),要借助其他方法进行。所以,可近似认为

$$t_B = t_{FA} = t_{NB} \quad (4.20)$$

将式(4.19)、式(4.20)代入式(4.17)并引入比值 α 和 β,则有

$$\text{MTTR}_{SB} = \frac{\sum_{i=1}^{n}[\lambda_i k r_{Di} + \lambda_i(1 - r_{Di}) + \lambda_i \beta_i + \lambda_i \alpha_i]t_{NBi}}{\lambda_s + \lambda_{SBIT} + \lambda_{SFA}} =$$

$$\frac{\sum_{i=1}^{n}\lambda_i t_{NBi}[1 + \beta_i + \alpha_i - (1 - k)r_{Di}]}{\lambda_s(1 + \beta_s + \alpha_s)} \quad (4.21)$$

式中 $\alpha_i = \dfrac{\lambda_{FAi}}{\lambda_i}$, $\alpha_s = \dfrac{\lambda_{SFA}}{\lambda_s} = \dfrac{\sum \lambda_{FAi}\alpha_i}{\sum \lambda_i}$;

$\beta_i = \dfrac{\lambda_{Bi}}{\lambda_i}$, $\beta_s = \dfrac{\lambda_{SBIT}}{\lambda_s} = \dfrac{\sum \lambda_{Bi}\beta_i}{\sum \lambda_i}$;

λ_{SFA} 和 λ_{SBIT} ——系统的虚警频率和 BIT 故障率。

为分析简便,假设系统的各可更换单元的可靠性和 BIT 设计相同,即

$\lambda_1 = \lambda_2 = \cdots = \lambda_i = \lambda$,则 $\lambda_s = n\lambda$;

$\alpha_1 = \alpha_2 = \cdots = \alpha_i = \alpha$,则 $\alpha_s = \alpha_i = \alpha$;

$\beta_1 = \beta_2 = \cdots = \beta_i = \beta$,则 $\beta_s = \beta_i = \beta$;

$r_{D1} = r_{D2} = \cdots = r_{Di} = r_D$,则 $t_{NB1} = t_{NB2} = \cdots = t_{NB} = MTTR_s$;

代入式(4.21)可得到

$$MTTR_{SB} = \dfrac{n\lambda[1+\beta+\alpha-(1-k)r_D]t_{NB}}{\lambda_s(1+\beta+\alpha)} = \left[1 - \dfrac{(1-k)r_D}{1+\beta+\alpha}\right] MTTR_s \quad (4.22)$$

根据航空机载设备和系统的使用经验,一般情况下,$k_{SU}=0.1$,$k_{FI}=0.5$,$k_R=0.3$,$k_V=0.1$,所以 $k=0.4$。在此特定条件下,根据式(4.22)可绘制出 BIT 对 MTTR 影响曲线 $K_M = f(r_D)$ 和 $K_M = f(\alpha+\beta)$,$K_M = MTTR_{SB}/MTTR_s$,如图 4.9 所示。

很明显,$MTTR_{SB}$ 随 r_D 增加而减小,随 $(\alpha+\beta)$ 值增加而增大。当 $r_D=1$ 和 $(\alpha+\beta)=0$ 时,$MTTR_{SB}$ 值只取决于 k 值。r_D 值越大越好,但随之而来的是可能引起 $(\alpha+\beta)$ 值增加,从而使 MTTR 值增大,所以必须限制 $(\alpha+\beta)$ 值。一般情况下(如 $r_D=0.9$),当 $(\alpha+\beta) \leqslant 0.1$ 时,对 $MTTR_{SB}$ 影响不超过 5%。

从以上分析可知,BIT 参数对 MTBF 和 MTTR 都有较大影响,进行系统和设备设计时必须充分注意可靠性、维修性和测试性之间的关系。在进行定量分析时,对于 MTBF 可用式(4.10)和式(4.14);对于 MTTR 可用式(4.17)和式(4.21)。

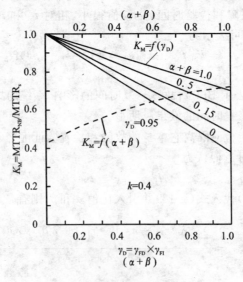

图 4.9 BIT 与 MTTR 关系

故障检测与隔离能力 r_D 代表 BIT 性能,其值越高越好,可减小 MTTR,提高任务可靠性。

但不可避免的 BIT 故障和虚警对可靠性和维修性均有不利影响,必须加以限制。一般情况下,限制比值$(\alpha+\beta)<0.11$时,对 MTBF 的影响将小于 10%,对 MTTR 影响小于 5%。

还必须注意,虚警率 FAR 还与系统故障率有关,要保证 FAR 为某个小值,必须限制比值 $\alpha=\lambda_{FA}/\lambda_s$。一般要求 FAR 不大 1%时,则要使 $\alpha<0.01$。

4.6.3 诊断指示正确性分析

BIT 或由 BIT,ATE 等构成的故障诊断子系统(FDS)的故障检测率和隔离率要求一般为 90%~98%,虚警率不大于 1%~5%。尽管要求指标这样高,但在实际使用中系统的错误状态指示(主要是虚假报警)所占比例仍很高,如某飞机雷达系统在使用初期,虚警率高达 30%以上。所以有必要从使用观点出发,对诊断测试结果给出的系统状态指示的正确性进行分析,从而为合理确定诊断要求及测试性设计提供有益的启示。

1. 诊断测试结果的指示

一个系统或设备本身可有两种状态:一是无故障,二是发生了故障。运行 BIT 或 FDS 对系统进行诊断,给出的测试结果(即诊断指示)也有两种:一是指示有故障,二是指示无故障。把系统和 BIT 或 FDS 作为一个整体考虑,就有如下四种状态。

状态 a:系统无故障,BIT 也指示无故障,是正确指示;
状态 b:系统无故障,BIT 指示有故障(虚警),是非正确指示;
状态 c:系统有故障,BIT 也指示有故障,是正确指示;
状态 d:系统有故障,BIT 指示无故障(漏诊),是非正确指示。

作为对 BIT 或诊断子系统的要求,希望是状态 a 和 c 状态 b 和 d 越少越好。在假设某一很短时间间隔内只有一个故障发生,并且和虚警无关的条件下,有如下的概率关系式:

$$P(T \mid F) + P(\overline{T} \mid F) = 1 \tag{4.23}$$

$$P(T \mid \overline{F}) + P(\overline{T} \mid \overline{F}) = 1 \tag{4.24}$$

$$P(F) + P(\overline{F}) = 1 \tag{4.25}$$

式中,F 表示系统故障,$\overline{F}$ 表示系统无故障;T 表示测试结果指示有故障,$\overline{T}$ 表示测试结果指示无故障。

$P(T|F)$ 表示系统有故障时,测试结果指示系统有故障的条件概率(诊断概率);而 $P(\overline{T}|F)$ 表示系统有故障时,测试结果指示系统无故障的条件概率(漏诊概率)。

$P(T|\overline{F})$ 表示系统无故障时,测试结果指示系统有故障的概率(虚警概率);而 $P(\overline{T}|\overline{F})$ 表示系统无故障时,测试结果指示系统无故障的概率。

$P(F)$ 表示系统故障概率;而 $P(\overline{F})$ 表示系统无故障概率。

系统的诊断测试过程和状态指示如图 4.10 所示。系统状态概率表示如表 4.18 所列。

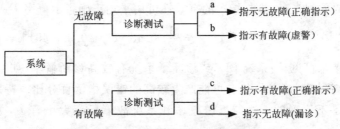

图 4.10 诊断结果的 4 种指示

表 4.18　系统状态概率表示

系　统	指　示	
	指示有故障(T)	指示无故障($\bar{T}$)
有故障 $P(F)$	正确指示 $P(T|F)$	漏诊 $P(\bar{T}|F)$
无故障 $P(\bar{F})$	虚警 $P(T|\bar{F})$	正确指示 $P(\bar{T}|\bar{F})$

2. 给出正确指示的概率

BIT 或诊断子系统应当是：当被测试系统有故障时,正确指示有故障的组成单元,无漏诊；当被测系统正常工作时,指示系统无故障,不假报故障。实际上,由于种种原因不能完全达到 100% 自动地检测与隔离故障,很难完全消除虚警。那么,当 BIT 指示系统有故障时,被测系统真的发生了故障的概率是多少？BIT 指示无故障时,系统真的是无故障的可能性有多大？这是个由试验结果求各原因所起作用的逆概率问题。根据贝叶斯逆概率公式可得到如下正确指示表达式：

$$P(F|T) = \frac{P(T|F) \cdot P(F)}{P(T|F) \cdot P(F) + P(T|\bar{F}) \cdot P(\bar{F})} \quad (4.26)$$

$$P(\bar{F}|\bar{T}) = \frac{P(\bar{T}|\bar{F}) \cdot P(\bar{F})}{P(\bar{T}|\bar{F}) \cdot P(\bar{F}) + P(\bar{T}|F) \cdot P(F)} \quad (4.27)$$

式中　$P(F|T)$ 是测试结果指示有故障时,系统真的发生故障的概率——正确指示故障概率；

　　　$P(\bar{F}|\bar{T})$ 是测试结果指示无故障时,系统确实未发生故障的概率——正确指示良好概率；

　　　$P(\bar{F}|T)$ 是测试结果指示有故障时系统无故障的概率——错误指示故障概率；

　　　$P(F|\bar{T})$ 是测试结果指示无故障时系统是有故障的概率——错误指示良好概率。

$$P(\bar{F}|T) = 1 - P(F|T) \quad (4.28)$$

$$P(F|\bar{T}) = 1 - P(\bar{F}|\bar{T}) \quad (4.29)$$

应用以上公式需要知道 BIT 测试结果的有关概率和被测系统或设备的故障概率。例如,某个具有 BIT 功能的系统故障概率 $P(F)=0.01$,BIT 系统故障诊断概率 $P(T|F)=0.95$,虚警概率 $P(T|\bar{F})=0.01$。则 BIT 给出故障报警时,系统实际发生故障的概率和 BIT 指示无故障时系统也真无故障的概率分别是：

$$P(F|T) = \frac{0.95 \times 0.01}{0.95 \times 0.01 + 0.01 \times 0.99} = 0.489\,69$$

$$P(\bar{F}|\bar{T}) = \frac{(1-0.01) \times 0.99}{(1-0.01) \times 0.99 + (1-0.95) \times 0.01} = 0.999\,49$$

不考虑诊断时间因素时,诊断指示的有效性可用平均正确指示概率 P_A 表示,即

$$P_A = \frac{1}{2}[P(F|T) + P(\bar{F}|\bar{T})] = \frac{1}{2}(0.489\,69 + 0.999\,49)] = 0.744\,59$$

由上述计算结果可见,当系统 BIT 或诊断子系统有较高诊断概率(如 0.95)的情况下,如果虚警概率也较高(如 0.01)时,仍有可能产生较高的错误指示百分比。特别是指示系统有故障的情况很可能是不正确的。这与虚警概率和系统故障概率大小有关,下一节将做进一步分析。

3. 影响正确指示因素分析

由式(4.26)、式(4.27)可见,影响指示正确性的主要参数有被测系统的故障概率 $P(F)$、BIT诊断概率 $P(T|F)$ 和虚警概率 $P(T|\overline{F})$。仍用上节的例子及有关数据,每次只改变一个参数到极限值,看其对正确指示概率的影响,计算结果如下。

- 当故障诊断概率为1时:
  $P(F|T)=0.502\,51$;
  $P(\overline{F}|\overline{T})=1$。
- 完全理想情况(虚警为0,漏诊为0)时:
  $P(F|T)=1$;
  $P(\overline{F}|\overline{T})=1$。
- 虚警概率为0时:
  $P(F|T)=1$;
  $P(\overline{F}|\overline{T})=0.999\,49$。
- 当系统故障概率 $P(F)$ 增加到0.10时:
  $P(F|T)=0.913\,5$;
  $P(\overline{F}|\overline{T})=0.994\,4$。

这几组数据与原例比较可见:诊断概率 $P(T|F)$ 由0.95增加到1.0时,则 $P(\overline{F}|\overline{T})=1$,即漏诊概率为0时,对BIT指示系统无故障情况是完全可信的;而此时的正确指示故障概率 $P(F|T)$ 也只有0.502 5。虚警概率 $P(T|\overline{F})$ 主要影响 $P(F|T)$ 值,而对 $P(\overline{F}|\overline{T})$ 影响很小。当 $P(T|\overline{F})$ 由0.01减小至0时,则 $P(F|T)=1$,即虚警概率为0时,对BIT指示系统有故障的情况是完全可信的。只有当故障诊断概率为1和虚警概率为0时,BIT指示被测系统有故障或无故障才是100%准确的。

故障概率对 $P(F|T)$ 也有较大影响,各因素对指示正确性的影响程度如图4.11、图4.12和图4.13所示。

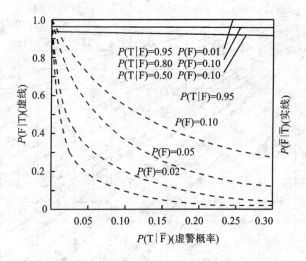

图4.11 虚警概率影响

4. 合理确定诊断要求

确定诊断要求的正确方法应是根据使用要求确定 $P(F|T)$ 值,依据可靠性要求得到故障概率 $P(F)$ 值,权衡选取虚警概率 $P(T|\overline{F})$ 和诊断概率 $P(T|F)$ 的要求值。由式(4.26)可得

$$P(T|\overline{F}) = K \cdot P(T|F) \tag{4.30}$$

$$K = \frac{1-P(F|T)}{P(F|T)} \cdot \frac{P(F)}{1-P(F)} \tag{4.31}$$

根据 $P(F|T)$ 和 $P(F)$ 值求得比例系数 K 后,可用式(4.30)权衡选定 $P(T|\overline{F})$ 和 $P(T|F)$ 要求值。一般选取 $P(T|F)$ 时主要考虑维修性的平均故障修复时间(MTTR)要求,对于影响

安全的系统,为保证安全(一般有余度)应该是 $P(T|F)$ 值尽可能大,而 $P(T|\overline{F})$ 值尽可能小,所以 K 值应很小才行。为工程上使用方便,特绘制了曲线族,如图 4.14 所示。

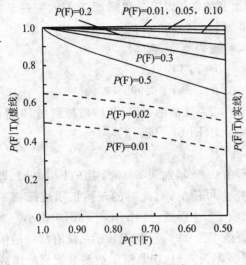

图 4.12 诊断概率影响

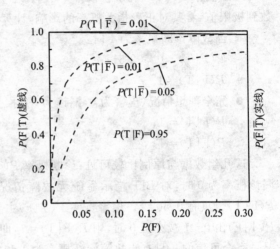

图 4.13 故障概率影响

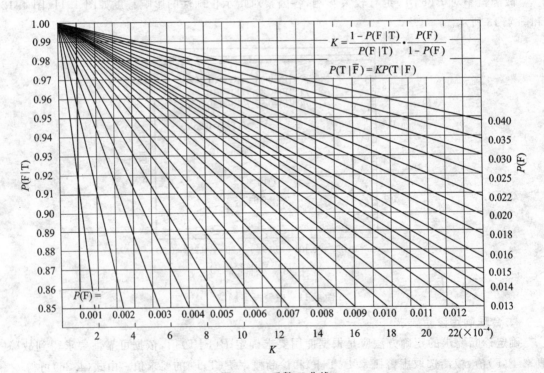

图 4.14 系数 K 曲线

例如,当系统的故障概率 $P(F)=0.04$,要求的正确指示故障概率 $P(F|T)=0.95$ 时,由式(4.31)或查图 4.14 可知 $K=0.00219$,如果诊断概率 $P(T|F)$ 取 0.90,则虚警概率为

$$P(T|\overline{F}) = 0.00219 \times 0.90 = 0.00197$$

通过上述分析可知,一般情况下正确指示良好概率 $P(\overline{F}|\overline{T})$ 都可达到较高的量值(如0.98

以上);而正确指示故障概率 $P(F|T)$ 要达到较高的量值则比较困难,所以关注的重点应是 $P(F|T)$ 是否符合使用要求。正确指示故障概率主要受虚警概率 $P(T|\bar{F})$ 和故障概率 $P(F)$ 影响,当 $P(F)$ 值和 $P(T|\bar{F})$ 值都较小时,它们对正确指示故障概率的影响很大。因此,不管各系统或设备的故障概率大小,都规定同样的虚警概率指标是不合理的。

有高的故障诊断概率,不等于就有高的正确指示故障概率。必须同时考虑故障概率和虚警概率的影响,合理确定测试性指标,特别是虚警概率要求,才能达到提高系统可用性、减少寿命周期费用的目的。

4.7 测试性/诊断规范示例

系统规范中关于测试性/诊断部分的内容取决于研制阶段。在论证阶段形成初步系统规范;在方案阶段形成系统规范;而后再将系统要求分配给子系统和其组成项目。这里给出在规范中测试性部分的书写格式,供大家参考。

4.7.1 初步系统测试性规范

在系统初步规范中,一般没有规定定量测试性指标,但要包括定性的测试性要求,即测试性设计时要考虑影响定量要求的重要内容。示例如下。

×.× 测试性设计

×.×.1 划分　系统应以提供充分的故障隔离能力为原则进行合理划分。

×.×.2 测试点　系统内每个组成项目都应具有足够的测试点,以便测量和激励内部电路节点,从而达到较高的固有故障检测与隔离水平。

×.×.3 BIT　关系到任务和安全的关键功能要由 BIT 监控,BIT 容差设置应使故障检测和虚警特性达到最优化,并为使用及维修人员设置方便的指示器。

4.7.2 系统测试性规范

定量的测试性/诊断要求是在方案阶段通过权衡分析确定的,可以用目标值和门限值表示。示例如下。

×.× 测试性/诊断　×××系统的构成和测试性设计将允许及时可信地确定并报告系统的状态和故障的位置。

×.×.1 划分　系统/子系统应以功能、互相连接数最少和故障隔离到正确单元装置的能力为基础划分为 LRU;LRU 应以功能、互相连接数量最少,以及人员通过保障设备、培训与技术手册等达到的故障隔离能力为基础,再划分为下一级可更换项目(即 SRU)。

×.×.2 测试点　测试点应设在方便的位置,重要的内部连接点有安全通路或入口,为评价或查找故障提供测量或注入有用参数。测试点的选择和数量应满足这里列出的故障检测与隔离要求。

×.×.3 诊断能力　对于每一维修等级,所有诊断资源的综合将提供一致的完全的诊断能力。要区分什么诊断资源可用于充分的故障检测/故障隔离。自动化程度要与建议的人员技术水平和修理时间一致。

×.×.4 BIT BIT 要设计到×××系统中,以便测试系统或子系统,并报告系统完成具体任务的能力。

×.×.4.1 在线 BIT 性能监控 在线 BIT 有性能监控特性,可在工作前和工作过程中提供有效的性能指示。性能监控应是自动的和连续的,并将做到:

① 保证子系统是可工作的,能够满足它们的设计任务功能;

② 检测任何系统故障和评定影响系统任务能力的性能降级和退化。

所有要求实现的 BIT 都包括在系统或子系统之内,并且在任何时候都不降低任务性能。

×.×.4.1.1 NO GO 状态检测 系统在线 BIT 性能监控特性,将至少检测到整个任务时间发生的所有 NO GO 状态的×based×%(当用于系统级或用于独立的子系统级时)。

×.×.4.1.2 虚警 虚警数将不超过全部指示的 NO GO 状态发生数的×%,或者说在任意一个 24 小时系统工作时间周期内,虚警数不超过×次。

×.×.4.1.3 性能监控和自测试数据 性能监控和自测试数据的传输要依照系统的实际状况,即当故障或不正常时,自己校正后应相应地改变故障数据。

×.×.4.2 离线 BIT 为了确定和显示系统/子系统的功能状态,包括故障检测和隔离能力,×××系统 BIT 应提供操作者启动 BIT 测试的方法,要求离线 BIT 应用于两方面:首先作为系统准备状态测试,允许操作人员尽可能采集工作前和工作期间的状态和故障信息;其次是检验工作期间的故障指示和在外场维修级隔离故障。

×.×.4.2.1 NO GO 状况检测 系统离线 BIT 特性至少检测所有发生 NO GO 状况的××%(当用于系统级或者用于独立子系统级时)。

×.×.4.2.2 虚警 虚警数不超过所有指示的 NO GO 状况发生数的×%,或者说在任意一个 24 小时系统工作时间周期内虚警数不多于×次。

×.×.4.2.3 离线 BIT 故障检测 离线 BIT 故障检测能力设计,应能在系统或子系统接口处按系统或子系统可利用的功能来监控、检测和评定故障。当检测到故障或系统退化时,离线 BIT 可以确定退化的量并自动转入适当的故障隔离程序。

×.×.4.2.4 离线 BIT 故障隔离 在每个故障检测判定点提供离线 BIT 故障隔离程序,当检测到 NO GO 时自动进入。离线 BIT 提供故障隔离到 1 个 LRU 的能力为××%,故障隔离到×个或更少的 LRU 的能力为××%,在任何情况下模糊组不大于×个 LRU_s。

×.×.4.2.5 离线 BIT 故障隔离时间 离线 BIT 故障隔离时间与外场级 MTTR 要求一致。

×.×.4.3 BIT 自测试 BIT 自测试措施要结合进×××系统。BIT 自测试时间要少××(和/或 BIT 自测试工作周期是××),BIT 故障率小于原系统故障率的×%。

×.×.4.4 失效安全规定 所设计的实现 BIT 和故障隔离功能的电路和装置失效时,不能导致系统的关键性失效或不安全动作。

×.×.4.5 技术熟练程度 需要××等级的人员技术水平,以便能够在外场级完成与故障隔离和拆卸/更换 LRU 有关的全部活动,要求的 BIT 或外场级测试设备和维修程序将用于在规定的 MTTR 内进行故障隔离。

×.×.4.6 测试设备接口 在组件接口处的信号,应使得机内测试与人工测试设备和/或 ATE 外部测试具有最大相似性。系统设计应与选用的 ATE(插入其名称)具有兼容性。尽可能使用工作插头(引出点)提供测试控制和入口(通路),以满足外部测试的故障检测/故障隔离要求。

×.×.4.7 测试容差 在被测试的系统/设备的每一级诊断程序中建立适当的容差和信号门限,以使虚警和重测合格率最小。

×.×.4.8 技术信息存取时间 维修技术人员存取维修技术信息所需要的平均时间在外场级小于×分。

4.7.3 CI 测试性研制规范

技术状态项目 CI 研制规范中测试性要求是由系统要求分配来的。内容如下。

×.×. 测试性/诊断——×××子系统/项目的构成和测试性设计应允许及时可信地确定并报告子系统/项目的状态和故障位置。

×.×.1 功能和结构——子系统/项目以功能、互相连接数最少或最佳、故障隔离的能力,以及技术人员借助保障设备、培训及技术手册将故障正确地隔离到单元装置的能力为基础,划分为 SRU。

×.×.2 测试点和接点——测试点和连接点应设在方便的位置,有安全通路或入口到 UUT 的信号接点,为评价和查找电路装置故障提供测量或注入有用信号。测试点的选择和数量应足够获得这里列出的故障检测/隔离要求。

×.×.3 诊断能力——对每一个维修等级,所有诊断资源的综合应提供一致的完全的诊断能力。要识别什么诊断资源用于充分的故障检测/隔离。自动化程度要与建议的人员技术水平和修理时间一致。

×.×.4 BIT——BIT 措施应加到子系统/项目中,以便满足系统级性能监控和离线 BIT 要求。

×.×.4.1 在线 BIT 性能监控——在线 BIT 有性能监控特性,可在工作前和工作期间提供有效的性能指示。性能监控应是自动的和连续的,并将监控自己包含的信号产生电路。所有要求实现的 BIT 都包括在子系统或项目之内,任何时候都不降低任务性能。

×.×.4.1.1 NO GO 状况检测——当在子系统级独立使用时,在线 BIT 性能监控特性将至少检测所有发生 NO GO 状况的××%。

×.×.4.1.2 虚警——虚警数不超过所有指示的 NO GO 状况发生次数的×%,或者说在任意一个 24 小时系统工作时间内,虚警数不多于×次。

×.×.4.1.3 性能监控和自测试数据——性能监控和自测试数据的传输要依照系统的实际状况,即当故障或不正常现象自己校正后应相应地改变故障数据。

×.×.4.2 离线 BIT——为了确定和显示系统/子系统的功能状态,包括故障检测和隔离能力,×××子系统 BIT 应提供操作者启动 BIT 测试的方法。

要求离线 BIT 用于以下两方面:

作为系统准备状态测试,允许操作人员尽可能采集工作前和工作期间的状态和故障信息;
用于检验工作期间的故障指示和外场级故障隔离。

×.×.4.2.1 NO GO 状况检测——离线 BIT 至少检测所有发生 NO GO 状况的××%(当独立用于子系统级时)。

×.×.4.2.2 虚警——虚警数不超过所有指示的 NO GO 状况发生次数的×％,或者在任意一个 24 小时系统工作时间周期内虚警次数不大于×次。

×.×.4.2.3 离线 BIT 故障检测——离线 BIT 故障检测能力设计是要在子系统/项目接口处,按所有子系统/项目可利用的功能来监控、检测和评定故障。当检测到故障或功能退化时,离线 BIT 将确定退化程度并自动转入适当的故障隔离程序。

×.×.4.2.4 离线 BIT 故障隔离——在每个故障检测判定点提供离线 BIT 故障隔离程序,并在检测到 NO GO 时自动进入。要求离线 BIT 将故障隔离到 1 个 SRU 的能力为××％,隔离到×个或更少的 SRU_s 的能力为××％。

×.×.4.2.5 离线 BIT 故障隔离时间——离线 BIT 故障隔离时间与 MTTR 要求一致。

×.×.4.3 BIT 自测试——BIT 自测试措施要结合进×××子系统/项目。BIT 自测试的时间要少于××(和/或 BIT 自测试工作周期是××)。BIT 故障率应小于原系统故障率的×％。

×.×.4.4 失效安全规定——所设计的实现 BIT 和故障隔离功能的电路和装置失效时,不能导致子系统/项目的关键性失效或不安全动作。

×.×.4.5 技术熟练水平——要求的技术人员水平是××××,以便完成在中间级维修中有关故障隔离和拆卸/更换 SRU 的全部活动,BIT、测试设备和维修程序将用于在规定的 MTTR 内进行故障隔离。

×.×.4.6 测试设备接口——在组件接口处的信号,应使得机内测试与人工测试设备和/或 ATE 脱机测试之间有最大的相似性。子系统/项目设计应与计划使用的 ATE 兼容,尽可能使用工作插头(引线)提供测试控制和入口(通路),来满足脱机测试的故障检测/隔离要求。

×.×.4.7 LRU 故障检测/隔离要求——以下的要求可用于在中间级维修使用自动测试资源(ATE/TPS 和 BIT)的故障检测/隔离能力。

● 故障隔离所有外场检出故障的××％。
● GO/NO GO 测试的平均(或最大)时间××分(小时)。
● 假的 NO GO 指示导致的 CND 和 RTOK 率不超过所有外场级检出故障的×％。
● 故障隔离能力:隔离到 1 个 SRU 为××％;隔离到×个或更少 SRU_s 为××％。在任何情况下,模糊组不大于×个 SRU_s。
● 平均(最大)故障隔离时间少于×分(时)。

×.×.4.8 SRU 故障检测/隔离要求——以下的要求可用于在基地级维修使用自动测试资源(ATE/TPS 和 BIT)的故障检测/隔离能力。

● 故障隔离所有检出故障的××％。
● GO/NO GO 端到端测试的平均(或最大)测试时间少于×分(时)。
● 假的 NO GO 指示导致的 RTOK 率不超过所有检出故障的×％。
● 故障隔离能力:隔离到 1 个部件为××％;隔离到×个或更少部件为××％。在任何情况下,模糊组不大于×个部件。
● 平均(或最大)故障隔离测试时间少于×分钟。

习 题

1. 确定测试性和诊断要求时应考虑哪些因素?
2. 测试性和诊断要求为什么有定性要求和定量要求之分?为什么又有嵌入(内部)诊断要求和外部诊断要求的说法?
3. 测试性定性要求和定量要求各包括哪些内容?
4. 确定测试性要求的程序是怎样的?
5. 如何选定测试性参数?国内最常用的测试性参数是哪几个?
6. 如何确定 FDR,FIR 和 FAR 的要求值(指标),其主要步骤和方法是什么?
7. 目前 FDR,FIR 和 FAR 的要求值一般是多少?
8. 如何分析检查初定测试性指标的可行性?
9. 确定系统的 FAR 要求时需要考虑系统的可靠性吗?

第 5 章 故障诊断方案

5.1 诊断方案的制定程序

对系统和设备进行故障诊断可以采用各种测试方法,如机内测试(自检测)、外部测试、人工测试和自动测试等。机内测试(BIT)可以用硬件和(或)软件实现;外部测试可以用专用测试设备或自动测试设备(ATE)实现;人工测试则要用测试流程图或手册,以及简单的通用的检测设备实现。所谓诊断方案就是指对系统和设备进行故障诊断的总体设想,包括诊断范围、对象、使用的方法和诊断能力等。在测试性设计中要通过权衡分析,选出满足测试性要求而且费用低的诊断方案。

诊断方案的制定过程和步骤如图 5.1 所示。

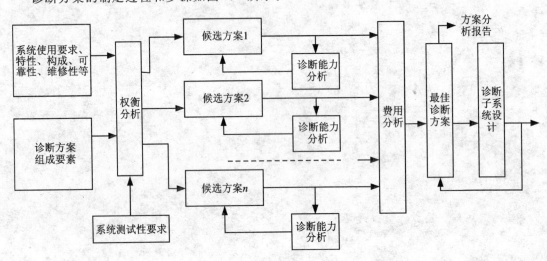

图 5.1 诊断方案制定程序

5.2 候选诊断方案

根据系统的使用要求、系统特性以及维修和诊断要求等,提出可能的候选测试方案,并构成故障诊断子系统(FDS),以便通过费用分析确定最佳测试方案。

5.2.1 确定诊断方案的依据

(1) 系统使用要求

系统和设备的使用要求具体包含在技术合同和设计规范中。依据使用要求可以确定 FDS 的如下特性:

① FDS 的定性、定量要求,如 FDR 和 FIR 是多少,测试的对象和范围等。

② 是否必须包括系统运行过程中执行监测的 BIT,现场维修测试是否允许用外部测试设备(ETE)。

③ 对 FDS 的设计约束条件,如质量、尺寸、功耗等。

④ 依据主系统工作环境而确定的 FDS 工作位置、出入口、温度、安全性、人-机接口和电磁兼容要求等。

(2) 系统特性和构成

① 系统的性能、特点是决定测试方法的主要依据。如电子系统和设备用 BIT 很容易实现自诊断,而非电设备可能要依靠外部计算机完成诊断分析。

② 系统的配置和构成决定着 FDS 如下特性:
- BIT 是分散式还是集中式,是否有可用于 BIT 的计算机和冗余部件;
- 测试点/传感器的配置;
- 故障信息的记录、显示和报警方式等。

(3) 系统的可靠性

① FDS 应优先诊断故障率高、危害性大的部件或故障模式,即依据可靠性要求和分析结果确定检测的重点及使用的检测方法。

② BIT 的虚警及 BITE 的故障会对系统可靠性造成不利影响,是 FDS 中选用 BIT 时应注意的。

(4) 系统的维修性和使用保障

① BIT 和 ATE 可以大大减少故障修复时间(MTTR),所以可依据 MTTR 的要求来确定 FDS 中 BIT 和 ATE 所占的份额。

② BIT 可以降低系统所需外部测试设备的数量,所以可依据使用保障要求来确定 BIT 和 ETE 的数量。

③ BIT 和 ATE 的虚警对维修会产生不利影响,也是权衡分析时要考虑的。

5.2.2 诊断方案组成要素

对系统、设备或被测单元(UUT)进行故障诊断,通常采用机内测试、外部自动测试和人工测试来提供完全的故障检测与隔离能力。所以任何诊断方案的组成都少不了这三种测试方法,只是以哪种测试为主,哪种测试为辅,以及用什么设备和检测方法来实现的问题。

机内测试(BIT)是设计到 UUT 内的一种自动检测与隔离故障的能力。实现这种能力的设备(硬件和软件)是机内测试设备(BITE)。BIT 能在 UUT 工作期间周期地或连续地监测其运行状态,及时发现故障并报警。这是传统的外部测试设备(ETE)不能做到的。精心设计的 BIT 可以大大降低对维修技术人员技术水平的要求,可把发生故障的 UUT 集中送到中继级或基地级维修。BIT 的缺点是可能增加 UUT 的尺寸、质量、复杂性和费用。

外部自动测试通常是借助自动测试设备(ATE)完成的。ATE 是用于自动完成对 UUT 故障诊断、功能参数分析以及评价性能下降的测试设备,通常是在计算机控制下完成分析评价并给出判断结果,使人员的介入减到最少。ATE 与 UUT 是分离的,主要是在中继级和基地级维修使用,把 UUT 送到有 ATE 之处,或者把 ATE 送到 UUT 集中维修的地方。设计良好的 ATE 可以用于故障诊断和性能评价,减少维修时间和维修人员数量,从而增加系统可用性。ATE 价格昂贵,如果 ATE 测试结果不能令人信服,则会造成不必要的拆卸和维修工作,因而降低系统可用性。现在,已有符合标准总线(如 VXI 等)的各种测试仪器插件、计算机及相关软件,可以方便地组装成 ATE 本体。实现 ATE 故障诊断的关键之一是测试程序及接口组合(TPS),包括在 ATE 上启动并对 UUT 进行测试所需要的测试程序;接口装置;操作顺序和指令等软件、硬件以及说明资料。

人工测试是指以维修人员为主进行的故障诊断测试。只靠人的视觉和感觉器官来了解 UUT 状态信息是不够的,需要借用一些简单通用的仪器设备和工具,如测量电参数的电压/电流表、数字万用表;测量温度、压力、应力和振动等物理参数的传感器和测量设备等。对于较复杂的 UUT,仅靠人的经验来决定检测顺序和步骤也是不够的,需要事先设计测试流程图或诊断手册等,按照规定的故障查找路径才能迅速地找出故障部件。当然,人工测试比自动测试费时、费事,维修时间长,影响系统可用性。但是 BIT 和 ATE 往往不能达到具有 100 % 的故障检测与隔离能力,经常有些难于实现自动检测的故障模式或部件,需要人工测试。

无论对哪一级产品进行 BIT、自动测试或人工测试,都需要一定硬件、软件和(或)设备。这些就是组成诊断方案的要素,如图 5.2 和图 5.3 所示。对于一个特定的系统或设备来说,要通过比较分析,按需要选用其中一部分、大部分或全部要素构成自己的诊断方案,在满足故障检测与隔离要求的条件下,诊断方案越简单越好。

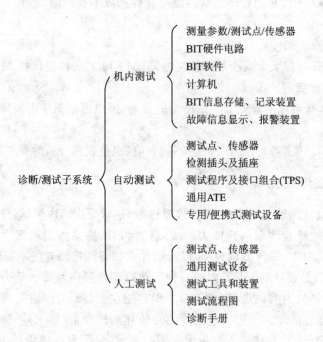

图 5.2 诊断/测试子系统(诊断方案组成要素)

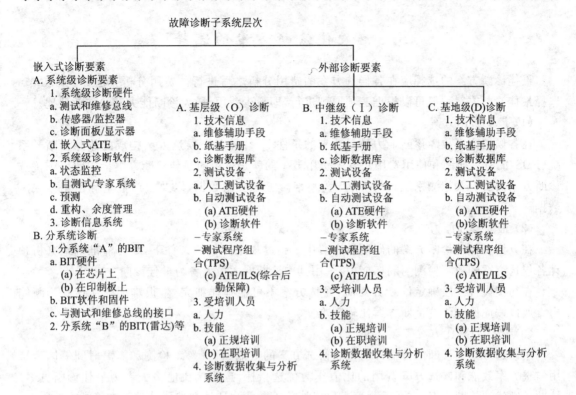

图 5.3 故障诊断子系统层次

5.2.3 候选诊断方案的确定

根据系统和设备的需要,首先通过对各测试方法及其组成要素进行权衡、比较分析,选出本系统备用的初步诊断方案,并估计其故障检测与隔离能力,如果能满足要求,则可作为候选方案之一。

一般应确定出多个候选方案,以便通过费用分析选出最佳诊断方案。

(1) 权衡分析

各种测试方法及组成要素的权衡分析方法详见 5.4 节。通过定量或定性的权衡分析,选出具体系统或设备可用的测试方法及其组成要素,即初步的候选诊断方案。

(2) 诊断能力分析

对初步诊断方案应进行如下几个方面的分析,即

● 应实时监测的 UUT 功能或特性是否都进行了监测;

● UUT 各个组成部件或功能是否全部可以检测;

● UUT 的故障是否能够隔离到规定的可更换单元;

● 估计该初步诊断方案的 FDR 和 FIR 是多少。

如果经过上述分析和预计(此时只能是初步的预计)能够满足测试性要求,则该初步诊断方案就可作为候选方案之一。当不能满足要求时,应对初步方案进行修改。

5.3 最佳诊断方案的选择

最佳诊断方案的选择应在各候选方案的费用分析之后进行。费用分析方法详见5.5节。选择最佳诊断方案一般可以根据三项原则进行，即最少费用、最大诊断能力和最佳效费比。

(1) 最少费用方案

在各候选方案故障诊断能力满足要求的条件下，计算各个候选方案构成的故障诊断子系统(FDS)的有关研制和使用费用。其中费用最少的就是可用的最佳诊断方案。按此原则优选诊断方案需要有关被测系统设计、生产费和维修工时费用数据，以及生产数量和使用年限等数据。

(2) 最大诊断能力方案

在分析各候选诊断方案的研制生产费用不超过规定限额的条件下，尽可能准确地分析预计各候选方案的故障检测与隔离能力，选用其中诊断能力最大者为最佳诊断方案。

在初步设计阶段确定诊断方案时，候选方案不可能很详细完整，很难准确估计其诊断能力。所以按此原则优选诊断方案比较困难。

(3) 最佳效费比方案

用候选方案的诊断能力估计值代表候选方案的效能(暂且忽略检测和隔离时间等因素)。用候选方案效能和候选方案费用的比值作为优选指标，选用该比值最大者为最佳诊断方案。按此原则优选诊断方案，在一定程度上可以淡化诊断能力估计和费用估计不准确带来的影响。

5.1节~5.3节介绍的是确定候选诊断方案及优选的过程和方法。5.4节~5.5节将给出具体的权衡分析方法和费用估计方法。

5.4 权衡分析

可以通过定性的权衡分析和(或)定量的权衡分析，选取所需要的测试方法及相应的要素(实现手段)构成具体系统或设备的候选诊断方案。

5.4.1 定性权衡分析

1. BIT 与 ETE/ATE 的权衡

(1) BIT/BITE 特点

BIT/BITE 主要用于系统或设备的初始故障检测，并可把故障隔离到设备的可更换单元。其最主要的优点是能在执行任务环境中运行，因而可以实时对系统进行监控。BIT 的特点有：

- 在系统工作同时进行性能监控，指示故障和报警，减轻操作者负担；
- 能提供专门机内测试，如参与余度管理和失效预测等；
- 可存储、记录故障信息，迅速隔离故障，减轻维修人员负担；
- 减少在维修车间的测试时间和对测试设备的需求；
- 减少被测试装置(UUT)与 ETE 之间接口装置的需求，减少与 ETE、接口装置有关的条例指令等的需求；
- 降低对维修人员技术水平的要求；

- 减少人工排除故障时的盲目拆换次数；
- 避免人工测试引起的失效；
- 可减少系统总的 LCC；
- BITE 总要有故障和虚警，会降低系统基本可靠性，并造成无效维修活动；
- BIT 会增加系统的质量、体积和功耗。

(2) ETE/ATE 特点

ETE/ATE 比 BIT 可提供更详细、更精确的测试能力，主要用于系统内可更换单元（或配置项目）的故障检测，并提供把故障隔离到 UUT 内组件的能力。其主要特点是：

- 与 BIT 比较，有更强的故障检测与隔离能力，可对 LRU 和 SRU 进行测试；
- 增强了测量参数和输入激励信号的能力，可更准确地判断性能和检测 BIT 不能检测的故障；
- 允许较好地隔离间歇故障；
- 分析可能判断 BIT 虚警的原因；
- 与 BIT 比较减少了系统（BITE）的初期硬件费用；
- 有可能选用已有测试设备，省去研制费；
- 不占用系统的质量、体积和功耗；
- 不降低系统的可靠性；
- ETE 不能在机载系统或设备执行任务时进行测试，因而也就不具备实时监控性能；
- 增加了地面测试设备和有关的后勤保障需求。

(3) BIT，ETE/ATE 的选用

要解决此问题，首先要识别在线测试的要求是什么，离线测试的要求是什么。然后结合 BIT 和 ATE 的特性、费用、进度以及对系统设计的影响等因素，进行综合分析。

◇ 识别在线测试需求

从分析原系统特性和任务要求入手，来决定在线监控要求。一般可从以下几个方面来分析：

- 重要的系统性能监控和显示；
- 冗余装置的功能和系统配置（如各通道和电源装置的状态等）的监控和显示；
- 重要外界环境因素（如损伤控制、电磁干扰和安全要素等）的监控；
- 从维修观点来看，如果可能，则还要求具有飞行中检测和存储记录故障信息的功能。

这些都是需要由 BIT 或机上测试系统来完成的。从使用和维修观点来看，在线监控和检测是最希望有的工作模式，需要考虑的因素是费用、对系统设计的影响和使用要求。

◇ 识别离线测试要求

离线测试要求将极大地依赖于规定的维修等级、地点和条件。在基层级维修中，为保障使用要求，当必需的功能检验、故障检测与隔离要求 BIT 不能完成时，就需要用 ATE 来完成。在中继级和基地修理厂级维修测试将主要依赖 ATE 来进行。

BIT 与 ATE 的区别在于：BIT 装入被测系统或分系统内部，二者成为一个整体。ATE 则不然，它必须运到测试产品处，或把测试产品运到 ATE 处。要在 BIT 和 ATE 之间做出抉择时必须考虑如下因素。

- 维修人员技能水平。一般来说，使用 ATE 的维修人员需要有较高的技能水平，因此，通常检测并不是简单的"通过"或"不通过"型,维修人员必须要会操作 ATE,使用选择的激励,而且可能还要解释读出值。
- 物理因素。要使被测设备质量和尺寸达到最小,必须使用 ATE。此点对机载系统更为重要。如果被测设备的可达性有限,则应考虑选用 BIT。
- 维修性和可靠性。在决策过程必须考虑系统的这些属性,BIT 可能使已经相当复杂的系统再增加零件。这样就降低了整个系统的可靠性。系统中出现了 BIT,一方面可能增加系统的维修负担,也就是说系统需停机接受 BIT 维修,降低了系统的可用性;但另一方面,由于专用的 BIT 比多用途的 ATE 简单,因此,BIT 需要较少的维修,而且更加可靠。
- 后勤。大量使用专用的和通用的 BIT 将增加所需维修零件的数量,同时也增加了对使用和维修手册的需求。把许多功能综合起来的集中式 ATE 将减少这部分的后勤负担。
- 应用次数。如果需要不断进行测试以确定系统的战备完好率和状态,尤其是需要联机进行测试的,则 BIT 可能是最佳选择。ATE 存在着不能立即可用、需要搬动和要求连接装置等缺陷,可能会降低战备完好性。
- 费用。费用在 BIT 与 ATE 的任何权衡研究中总是一个需要考虑的因素。一般来说,专用诊断采用 BIT,通用诊断采用 ATE,经济效益将更好。

2. BIT 模式的权衡

在 BIT 设计中,只有通过各种 BIT 工作模式和实现方法,根据原系统特性和维修测试要求进行比较分析,才能选出较好的 BIT 方案,达到规定的 BIT 能力。需要权衡的问题如下。

(1) 主动激励和被动监控 BIT

被动式的监测适用于飞行中性能监控。这种 BIT 是连续的或周期性的检测,也称为连续或周期 BIT。主动式 BIT 需要加入设定的激励信号后实施检测,有更强的检测能力,适用于启动时或维修时的检测。

(2) 集中式 BIT 和分布式 BIT

集中式 BIT 是指除信号采集以外的 BIT 功能(如信号处理、判别、诊断、显示和记录等)都集中于一处完成的 BIT 布局形式。它适合于大的系统,或多个较小的系统/设备联合测试的场合。分布式 BIT 指的是各系统或设备各自完成自己的 BIT 功能,适合于单个设备或各设备相互间联系比较少的情况。经验表明,集中式与分布式结合使用更为经济。

(3) 软件、微诊断程序和硬件 BIT

这主要取决于系统特性。数字系统本身带有计算机,用软件 BIT 或微诊断程序比较方便;而模拟电路、机电系统在实现 BIT 时往往需要必要的电路和传感器。

(4) 设定的 BIT 和灵活的 BIT

在简单的情况下,BIT 电路、门限值和处理程序设计完后是不好改动的。这会给以后改进(发现设计考虑不周或虚警太多时)造成困难。所以希望设计的 BIT 是灵活的,便于以后改进。

(5) BIT 电路的检测问题

对于比较复杂的 BIT 电路,或者是机上的专用测试设备,都应考虑本身自检测问题。

(6) BIT 工作模式的比较

BIT 工作模式可以有：飞行中监控，即连续或周期 BIT；系统开始工作时通电自检测，即启动 BIT；飞行后维修检测，即维修 BIT。这三种模式可根据使用和维修要求结合使用，分配给各 BIT 不同模式的检测与隔离故障的能力。

3. 人工测试设备和自动测试设备(ATE)的权衡

一般 BIT 不可能完成各维修等级上的全部测试功能，那样很不经济，且总是需要外部测试设备。所以应进行人工测试设备和 ATE 的权衡分析，以便为各级维修确定最佳的人工测试设备与自动测试设备的组合，对用于性能检验和维修测试的设备类型做出判断。

① 进行人工测试和 ATE 权衡分析时，应以修理级别分析和整个维修方案为基础，应考虑的因素有：
- 测试的复杂性；
- 功能验证测试时间；
- 故障隔离时间；
- 使用环境；
- 后勤保障要求；
- 操作者和维修人员的技术水平；
- 研制时间和费用。

② 在分析比较判断测试设备(TE)类型时，应考虑的因素有：
- 购买或研制 TE 的费用及对 LCC 的影响；
- 保障 TE 使用所需人员和水平；
- TE 对系统设计改变时的适应性；
- TE 的编程要求和费用；
- 使用 TE 对 UUT 进行故障隔离和修理所需时间；
- TE 的失效率、维修要求和修理时间；
- TE 满足系统测试要求的能力；
- TE 与 UUT 的接口要求；
- 能否满足原系统的可用性和维修性要求；
- 合同规定的其他有关要求。

③ 人工测试与自动测试比较结果如下。

一般情况下，自动测试可更快地检测与隔离故障、判断系统的状态，可以降低对维修人员技术水平的要求。但自动测试设备的研制费或购买费用较高。

人工测试采用通用的较简单的测试设备，价格相对要低得多。但检测与隔离故障、判断系统状态所需时间也比自动测试要长得多，要求维修人员有较高的技术水平。

所以，在确定是选用自动测试还是人工测试时，要考虑被测系统或设备测试的复杂性、故障检测与隔离时间(MTTR 组成部分)要求、维修人员技术水平、测试设备费用以及被测系统数量和服役年限等。

5.4.2 定量权衡分析

这里在进行定量权衡中引用一个多路传输装置做实例计算，画出了分析用曲线。对于不

同的应用对象可以参照此例计算出相应值,并画出相应曲线图。权衡所用的符号如下:

C_{oa} 为插件费用($)(生产);

C_m 为人力费用($);

C_{sy} 为系统费用 $\sum C_{oa}$($);

C_r 为工时费($/h);

E 为部署的系统数量;

F 为从外场到大修厂的修理周转期间的故障数;

K_1 为外部自动测试设备(或 BITE)研制和保障费用与系统费用之比;

K_2 为一个外部自动测试设备的生产费用与系统费用之比;

K_3 为系统费用与系统故障率之比(C_{sy}/λ_{sy});

K_4 为系统中的总的插件数与插件种类数之比;

K_5 为 BIT 硬件费用与系统费用之比;

$K_{5(1)}$ 为硬件 BIT 费用与系统费用之比;

$K_{5(2)}$ 为软件 BIT 中硬件费用与系统费用之比;

K_6 为分析软件开发费用与系统费用之比;

L 为项目寿命周期;

M_{oa} 为系统中插件类型数量;

N 为常数,与备件在需要时可能得到的概率相关;

t_{MH} 为人工与 BIT 之间的诊断时间差(工时/修理);

t_t 为从外场到大修厂的修理诊断时间;

V 为场地数量;

λ_{oa} 为插件故障率(故障数/h);

λ_{sy} 为系统故障率 $\sum \lambda_{oa}$(故障数/h)。

1. 人工测试与自动测试的权衡

(1) 人工故障定位与外部自动测试权衡

这项权衡就是把自动测试设备的费用与使用自动测试设备所节省的人力费用相比较。假定从 LRU 到插件板,再从插件板到零部件级的测试使用相同的测试设备。t_{MH} 的假定值的确定应考虑到与人工故障隔离有关的下列因素。

① 使用相同的试探法,进行多次更换和再测试。

② 这类维修至少要有两人参加。

自动测试设备的费用:

$$K_1 \cdot C_{sy} + K_6 \cdot C_{sy} + K_2 \cdot C_{sy} \cdot V$$

节省维修人力的费用:

$$C_r \cdot \lambda_{sy} \cdot E \cdot t_{MH} \cdot L$$

当下列等式成立时,两者的费用相同,即

$$K_1 \cdot C_{sy} + K_6 \cdot C_{sy} + K_2 \cdot C_{sy} \cdot V = C_r \cdot \lambda_{sy} \cdot E \cdot t_{MH} \cdot L \tag{5.1}$$

由于

$$\lambda_{sy} = \frac{C_{sy}}{K_3}$$

代入等式并简化可得

$$\frac{E}{V} = \frac{1}{V} \cdot \frac{K_3(K_1+K_6)}{C_r \cdot t_{MH} \cdot L} + \frac{K_2 \cdot K_3}{C_r \cdot t_{MH} \cdot L} \tag{5.2}$$

对于某个多路传输装置,假设:

$C_r=10$;$K_1=7.1$(研制 4.4 加保障 2.7);$K_2=0.47$;$K_3=1.67\times10^8$;$K_6=2$;$t_{MH}=5$(LRU 到插件),10(插件到零部件),15(LRU 到零部件);$L=87\ 660$(10 年)。

代入假设值(取 $t_{MH}=15$),则可得下式:

$$\frac{E}{V} = \frac{1}{V} \cdot 116 + 6 \tag{5.3}$$

图 5.4 是此方程式对应的曲线图,也是等费用曲线图。按此图可根据每个场地配置的系统数量和场地数量的数据,来选定是用人工测试还是用自动测试。

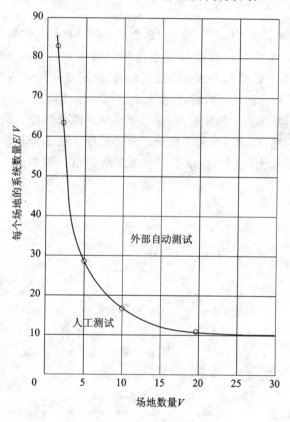

图 5.4 外部自动测试与人工故障定位权衡

可以用相同的方法得出 $t_{MH}=5$ 或 $t_{MH}=10$ 对应的曲线图。

(2) 人工故障定位与 BIT 的权衡

这项权衡就是系统中 BIT 的费用与保证项目正常工作所要执行人工故障定位增加的劳动力费用之间的权衡。

用硬件 BITE 诊断费用为

$$K_5 \cdot C_{sy} \cdot E \quad \text{(忽略 BITE 研制和保障费 } K_1 \text{ 项)}$$

用人工故障定位增加费用为

$$L \cdot \lambda_{sy} \cdot C_r \cdot t_{MH} \cdot E$$

当下列等式成立,即两费用相等时,有

$$K_5 \cdot C_{sy} \cdot E = L \cdot \lambda_{sy} \cdot C_r \cdot t_{MH} \cdot E \tag{5.4}$$

由于

$$K_3 = \frac{C_{sy}}{\lambda_{sy}}$$

所以

$$K_5 = \frac{L \cdot C_r \cdot t_{MH}}{K_3} \tag{5.5}$$

假设:
$L = 87\,660; C_r = 10; t_{MH} = 5; K_3 = 1.67 \times 10^8$。

把假设值代入式(5.5)可得

$$K_5 = 0.026$$

这说明,即使当忽略 K_1 项,如果硬件 BITE 费用不超过系统生产费用的 2.6%,也只把它作为可以考虑选用的对象。由于对插件板维修测试所需硬件 BITE 通常要占系统费用的 30% 以上,因此,人们通常选择手工测试方法。再者,除了维修性学科要求外,其他学科也不要求在插件板选用 BITE 方法检测故障,这更进一步减少了选用硬件 BITE 方案的可能性。

假定任务要求进行更深入的故障检测,如果要求达到维修性需要的隔离率所需附加的硬件 BITE 费用少于 2.6%,则这时必须考虑选用软件诊断。由于分析软件一次性开发的费用可分配到所有部署的系统上,这样,就成了部署的系统数量与附加的 BITE 软件的费用关系曲线。

用软件 BIT 的费用:

$$K_5 \cdot C_{sy} \cdot E + K_6 \cdot C_{sy}$$

用人工检测的费用:

$$L \cdot \lambda_{sy} \cdot C_r \cdot t_{MH} \cdot E$$

当下列等式成立时,两费用相等,即

$$K_5 \cdot C_{sy} \cdot E + K_6 \cdot C_{sy} = L \cdot \lambda_{sy} \cdot C_r \cdot t_{MH} \cdot E \tag{5.6}$$

由于

$$K_3 = \frac{C_{sy}}{\lambda_{sy}}$$

代入可得

$$E = \frac{K_6}{\frac{L \cdot C_r \cdot t_{MH}}{K_3} - K_5} \tag{5.7}$$

假设:
$L = 87\,660; C_r = 10; t_{MH} = 5; K_3 = 1.67 \times 10^8; K_6 = 2$。

当 $K_5 = 0.001$ 时,有

$$E = \frac{2}{\frac{87\,660 \times 10 \times 5}{1.67 \times 10^8} - 0.001} = 80$$

K_5 的取值范围为 $0.001 \sim 0.02$,代入式(5.7),可得出对应的 E 值,画出等费用曲线,如图 5.5 所示。可以根据图中的 E 和 $K_{5(2)}$ 来选择用软件 BIT 诊断还是用人工测试。

第 5 章 故障诊断方案

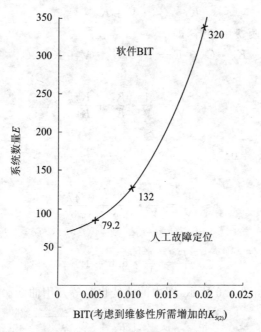

图 5.5　人工故障定位与软件 BIT 诊断权衡

2. BIT 与 ATE 的权衡

这项权衡就是每个场地配置一台自动测试设备的费用与使每个系统内部都具有测试能力 (BIT) 所需的费用之间的权衡。

软件 BIT 的费用：

$$K_5 \cdot C_{sy} \cdot E + K_6 \cdot C_{sy}$$

外部自动测试设备的费用：

$$K_2 \cdot C_{sy} \cdot V + K_6 \cdot C_{sy}$$

当下列等式成立时，两费用相等，即

$$K_5 \cdot C_{sy} \cdot E + K_6 \cdot C_{sy} = K_2 \cdot C_{sy} \cdot V + K_6 \cdot C_{sy} \tag{5.8}$$

简化等式可得

$$\frac{E}{V} = \frac{K_2}{K_5} \tag{5.9}$$

假设：

$K_2 = 0.47$；$K_5 = 0.05$。

代入式 (5.9) 得

$$\frac{E}{V} = \frac{0.47}{0.05} = 9.4$$

这就是说如果每个场地部署 10 个或 10 个以上的系统，最好选用外部自动测试设备。如果是硬件 BITE 与外部自动测试设备之间权衡，那么，要采用下列的关系。

硬件 BITE 诊断费用：

$$K_5 \cdot C_{sy} \cdot E$$

外部自动测试设备的费用：

$$K_2 \cdot C_{sy} \cdot V + K_6 \cdot C_{sy}$$

当下列等式成立时，两费用相等，即

$$K_5 \cdot C_{sy} \cdot E = K_2 \cdot C_{sy} \cdot V + K_6 \cdot C_{sy} \tag{5.10}$$

简化等式可得

$$\frac{E}{V} = \frac{1}{V} \cdot \frac{K_6}{K_5} + \frac{K_2}{K_5} \tag{5.11}$$

假设：

$K_6 = 2; K_2 = 0.47; K_5 = 0.3$。

代入式(5.11)可得

$$\frac{E}{V} = \frac{1}{V} \cdot \frac{2}{0.3} + \frac{0.47}{0.3}$$

或

$$\frac{E}{V} = \frac{1}{V} \cdot 6.6 + 1.6$$

方程对应的曲线图如图 5.6 所示，图中的曲线也是等费用曲线。

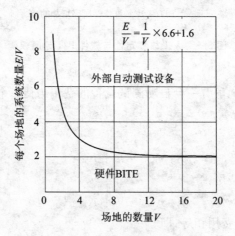

图 5.6 硬件 BITE 与 ATE 权衡

3. 硬件与软件 BITE 的权衡

此项权衡实质上就是系统在低一级硬件上采用 BITE 所需的附加费用与在高一级上采用测试信号特征分析软件而追加的一次性软件开发费用之间的权衡。权衡结果将确定该系统部署的数量，在该数量上硬件诊断所需的硬件费用等于软件诊断所需的硬件和软件费用。

如果测试所需的数据处理硬件已作为作战系统的一部分，则在研究过程中忽略所有这类费用。然而，如果为了实现一个软件方法需要开发和研制数据处理硬件，那么在权衡中必须考虑相应增加的费用。

硬件 BITE 的费用：

$$K_{5(1)} \cdot C_{sy} \cdot E$$

软件 BITE 的费用：

$$K_{5(2)} \cdot C_{sy} \cdot E + K_6 \cdot C_{sy}$$

当下列等式成立时，两费用相等，即

第 5 章 故障诊断方案

$$K_{5(1)} \cdot C_{sy} \cdot E = K_{5(2)} \cdot C_{sy} \cdot E + K_6 \cdot C_{sy}$$

$$E = \frac{K_6}{K_{5(1)} - K_{5(2)}} \tag{5.12}$$

假设：

$K_{5(1)}=0.3; K_{5(2)}=0.05; K_6=2; C_{sy}=50\,000$。

代入上式可得

$$E = \frac{2}{0.3 - 0.05} = 8$$

这就是说，当系统布置的数量少于 8 个时，选用硬件 BIT 诊断方法；当系统布置的数量超过 8 个时，选用软件 BIT 诊断方法。这样会有更好的经济效益。

5.5 费用分析

5.5.1 故障诊断子系统费用模型

在 MIL—STD—001591A 中给出的故障诊断子系统(FDS)费用模型，考虑了研制费用、生产与辅助设备费用以及相关的维修费，可用于优选 FDS 方案时计算所需费用。

(1) 费用模型

$$\begin{aligned}
\text{FDS 总费用} =\ & C_D + NC_P + C_{aux} + ZC_{maux} + \\
& (1-P_F)[N_o \lambda_{PE} t_o Z(\text{MMH}_i + \text{MMH}_s)]C_{MH} + \\
& P_F[N_o \lambda_{PE} t_o Z][(\text{MMH}_{RP})(C_{MH})] + P_o[N_o \lambda_{PE} t_o Z]C_{FD} + \\
& N_F \lambda_1 tZ[C_{IFMA} + C_{IFMP}(C_{MH})] + \frac{N_F}{t_{PM}} tZ(\text{MMH}_{PM})C_{MH}
\end{aligned} \tag{5.13}$$

以上模型中，前四项是 FDS 的研制费、生产费、辅助设备费和辅助设备维修费；第五项是原有系统故障中可用 FDS 隔离部分的维修费；第六项是用 FDS 不可隔离部分的维修费；第七项是有关不可检测故障的费用；第八项是 FDS 故障维修费（修复性维修）；第九项是 FDS 预防性维修费用。

(2) 维修工时模型

有时只考虑直接维修工时，这时总维修工时可用下式计算，即

$$\begin{aligned}
\text{总维修工时} =\ & (1-P_F)[N_o \lambda_{PE} t_o Z(\text{MMH}_i + \text{MMH}_s)] + P_F[N_o \lambda_{PE} t_o Z](\text{MMH}_{RP}) + \\
& N_F \lambda_1 tZ C_{IFMP} + \frac{N_F}{t_{PM}} tZ(\text{MMH}_{PM})
\end{aligned} \tag{5.14}$$

该模型中，第一项是可用 FDS 隔离故障的维修工时；第二项是不能用 FDS 隔离故障的维修工时；第三项是 FDS 本身故障维修工时；第四项是 FDS 预防维修工时。

上述模型中用的符号说明如下。

（在下面的术语中，令 LRU_s^* 代表 LRU_s、印刷电路板、组合件、分组合件或部分元件。）

① C_D——FDS 的研制费。

② N——FDS 的单元装置数或生产的 FDS 所包含的单元装置数。

③ C_P——FDS 的单元装置平均生产费。

④ C_{aux}——支持或完成 FDS 的基本任务所要求的辅助测试或维修设备的总费用。

⑤ C_{maux}——所有辅助测试或维修设备一年的维修费用。

⑥ Z——系统/设备的服役年数(使用寿命)。

⑦ N_o——系统/设备的服役数量。

⑧ t_o——每个系统/设备一年中运行小时数。

⑨ λ_{PE}——系统/设备硬件的总故障率(它等于故障总数与总工作时间之比)。

⑩ P_F——系统/设备(LRU_s^*)的故障不能用 FDS 隔离的比例。

⑪ MMH_i——由 FDS 隔离/检测故障所需平均维修工时(注:如果故障隔离/检测是完全自动的,则 $MMH_i=0$)。

⑫ MMH_s——当 FDS 识别的 LRU_s^* 包含不只一个 LRU 时,还要求进一步完全隔离所需的平均维修工时。MMH_s 值的估算取决于提供的检修/诊断故障的措施。

● 如果是用任意测试或置换 LRU_s^* 的办法来进行隔离,则

$$MMH_s = \frac{A}{2}MMH_{sa}$$

式中 MMH_{sa}——确定任意给定的 LRU_s^* 是否故障所需维修工时;

A——FDS 隔离 LRU_s^* 的平均数,即模糊度(FDS 隔离是对 LRU 组做出的,A 即为各组中 LRU 个数的平均值)。

● 如果提供了检修故障顺序指南,则 MMH_s 值计算将要考虑每一检修步骤的平均工时、每个 LRU_s^* 故障的相对概率和检修顺序。

● 当 FDS 被设计为隔离惟一的 LRU_s^* 时,则 $MMH_s=0$。

⑬ C_{MH}——费用/维修工时。

⑭ MMH_{RP}——FDS 不能完成隔离时,人工检修隔离一个 LRU^* 所需平均工时。

⑮ P_o——系统/设备的不可检测故障的比例。

⑯ C_{FD}——确定故障已发生的平均费用。在某些情况下,有的故障虽然 FDS 不能检测,但故障的发生是明显的,这时 $C_{FD}=0$。另一种极端情况是直到造成任务夭折才查出故障,这时 $C_{FD}=$ 任务夭折所造成的平均费用。

⑰ N_F——FDS 的单元装置平均数。

⑱ λ_1——FDS 的故障率。

⑲ t——每年每个 FDS 单元装置的工作小时数。

⑳ C_{IFMA}——每个 FDS 故障的平均费用(材料、备用零件等),不包括直接人力。

㉑ C_{IFMP}——修理 FDS 故障所需的平均工时。

㉒ t_{PM}——FDS 预防维修间隔时间。

㉓ MMH_{PM}——FDS 每次预防维修平均维修工时。

上述模型未考虑虚警率的影响,FDS 的虚警率也会影响维修工时和费用,它与具体的 FDS 设计方案有关。根据过去的经验或工程判断,估计每个所考虑的 FDS 方案的虚警,并把相关费用计入总费用中。

5.5.2 BIT 寿命周期费用增量模型

BIT 寿命周期费用(LCC)模型用于帮助系统设计者通过 LCC 权衡分析来选取 BIT 方案

和设计特性。该模型由五个主要部分组成,每一部分描述了 LCC 对 BIT 特性敏感的一个组成单元的简化计算方法,不敏感的部分忽略了。它计算的不是 LCC 真实总费用值,而是受 BIT 影响的费用增量。此模型是用 LRU 级性能和设计参数配置的,对整个系统 LCC 影响为各 LRU 对 LCC 影响(增量)的总和。

LCC 增量由如下方程确定,即

$$\Delta LCC = \Delta RDT\&E 费用 + \Delta 采购费用 + \Delta 使用保障费用 + \Delta 可用性费用 + \Delta 飞行负担费用 \tag{5.15}$$

式中 RDT&E——研究、发展、试验与评定;

Δ——增量(变化量)。

根据 BIT LCC 增量模型,判断加入 BIT 特性后系统的 LCC 是增加还是降低了。如果是降低了,则该特性可以接受;如果是增加或者为零,则拒绝此特性。所有各项费用降低的为负号,增加的为正号。各项费用增量计算方法分述如下。

1. 增加的 RDT&E 费用(C_r)

在某些情况下,为实现 BIT 特性,可能要求单独研究发展新型传感器或逻辑电路等。C_r 是这些工作的费用估计值,其中每项费用应单独估算。应以工程经验和历史数据为基础,估算包括具有先进工艺水平的硬件和软件开发费用。但在可交付的系统设计中使用的硬件/软件费用是属于采购费。对于多数系统选用成熟的 BIT 技术,所以 RDT&E 费用是零。

2. 增加的采购费(C_{acq})

C_{acq} 是除 RDT&E 费以外的所有 BIT 费用,主要是生产费用和初始保障费用,包括设计费、制造费、测试设备及软件费和初始备件费。

$$C_{acq} = C_d + C_m + C_t + C_s \tag{5.16}$$

式中 C_d——BIT 设计费用;

C_m——BIT 生产费用;

C_t——BIT 对测试设备和软件影响的费用变化量;

C_s——BIT 对备件量影响有关的费用变化量。

① C_d 是因为要实现要求的 BIT 特性而造成的设计费增量,即 BIT 设计费。它是要补充到 LRU 设计费中的,包括设计工程、图样和样件等各项费用。

② C_m 是实现 BIT 的生产费,为了权衡分析,C_m 值由下式计算,即

$$C_m = N_p(P+L)(10+A) \tag{5.17}$$

式中 P——单个生产的单元装置中具有 BIT 特性的部件和材料费;

L——单个生产的单元装置中制造 BIT 特性所需劳动费;

A——因 BIT 而附加的生产过程中的管理费,表示成生产费的比例系数;

N_p——有 BIT 的 LRU 生产数目,即

$$N_p = 生产的系统数 \times 每个系统中有 BIT 的 LRU$$

③ C_t 是因为有 BIT 所造成的测试设备和测试软件费用的变化量:

$$C_t = SO + NQ(TO_w - TO_{wo}) + SID + NID(TID_w - TID_{wo}) \tag{5.18}$$

式中 SO——因有 BIT,在外场测试软件设计费的变化量;

NQ——每个地区设置的外场用测试设备数乘以地区数;

TO_w——检测有 BIT 的主系统单台外场测试设备费;

TO_{wo}——检测没有 BIT 的主系统单台外场测试设备费;
SID——因为有 BIT,中继级和基地级测试软件设计费变化量;
NID——每个地区配置的中继级和基地级测试设备数乘以地区数;
TID_w——中继级/基地级检测有 BIT 的主系统单台测试设备费;
TID_{wo}——中继级/基地级检测没有 BIT 的主系统单台测试设备费。

④ C_s 是 BIT 引起的初始备件费用变化量。BIT 的有效性和它对可靠性的影响,会引起 LRU 拆卸/更换的频率变化,因此,LRU 备件量及其费用也要改变。C_s 可按下式计算,即

$$C_s = M(N_w C_{sw} - N_{wo} C_{swo}) \tag{5.19}$$

式中　M——基地数;
N_w——每个基地有 BIT 的 LRU 备件数;
N_{wo}——每个基地没有 BIT 的 LRU 备件数;
C_{swo}——一个没有 BIT 的 LRU 备件费用;
C_{sw}——一个有 BIT 的 LRU 备件费用。

需要的某种 LRU 备件数(N_w 或 N_{wo})是其每小时更换率 λ 的指数函数。对电子系统有如下关系式:

$$P(n) = \sum_{N=0}^{N=\infty} \frac{e^{-\lambda}(\lambda t)^N}{N!} \tag{5.20}$$

$P(n)$ 是在工作时间 t 时,具有每小时更换率 λ 的 LRU 更换 $\geqslant N$ 次的概率。所以 $1-P(n)$ 是没有更换 $\geqslant N$ 次的概率,而 $N-1$ 个备件将提供不发生缺少备件的概率。

每个基地中,没有 BIT 的 LRU 的平均需要率用 λ_{wo} 来表示。

对于已有设备(LRU):

$$\lambda_{wo} = \frac{1}{MTBF_o} \tag{5.21}$$

对于新设计或改进设备:

$$\lambda_w \text{ 或 } \lambda_{wo} = \frac{U_T}{MTBF \cdot K \cdot R_{BIT}} \tag{5.22}$$

式中　$MTBF_o = \dfrac{总工作小时数}{由于指示故障进行维修活动总次数}$,分母包括无故障拆卸、原位修理和拆卸与更换。

$MTBF$——由可靠性预计手册得到的估计值。
K——使用的 MTBF 对设计的 MTBF 比值。它与维修操作程序和水平、使用与维修方案、保障与测试设备可用性和有效性等多种因素有关。
$R_{BIT} = \dfrac{\lambda_{LRU}}{\lambda_{LRU} + \lambda_{BIT}}$,式中 λ_{LUR} 和 λ_{BIT} 分别为 LRU 和 BIT 的故障率,一般 $R_{BIT} \geqslant 0.9$。
U_T——测试有效性 E_T 的倒数。

$$E_T = \frac{C + R_r}{C + R_r + R_{nd}}$$

式中　C——原位检测次数;
R_r——有故障更换次数;

R_{nd}——无故障更换次数。

以上模型计算的初始备件费用变化量是近似值,而且还忽略了仓库补给线堵塞、战争储备和随机波动等因素影响需要的保险余量。但考虑的主要因素是对 BIT 敏感的。

3. 增加的使用保障费(C_{os})

这项主要是 BIT 改善维修、减少维修工时所带来的费用改变,即

$$C_{os} = (W_o + W_{id})L_R \tag{5.23}$$

式中 W_o——由于有 BIT 带来的寿命周期内外场维修工时的变化;

W_{id}——由于 BIT 带来的寿命周期内中继级和基地级维修工时的变化;

L_R——一个直接维修工时的费用。

$$W_o = t_o(\lambda_w \overline{M}_{ctw} - \lambda_{wo} \overline{M}_{ctwo}) \tag{5.24}$$

$$W_{id} = t_o(\lambda_w \overline{M}_{idw} - \lambda_{wo} \overline{M}_{idwo}) \tag{5.25}$$

式中 λ_w 和 λ_{wo}——有 BIT 和无 BIT 可更换单元的平均需要率/更换率;

$\overline{M}_{ctw}$ 和 $\overline{M}_{ctwo}$——有 BIT 和无 BIT 可更换单元的外场级平均修复时间;

$\overline{M}_{idw}$ 和 $\overline{M}_{idwo}$——有 BIT 和无 BIT 可更换单元的中继级和基地级平均修复时间;

t_o——系统在寿命周期内总工作时间(等于系统数、使用年数、每年工作小时数的乘积)。

$$L_R = \frac{K_1 K_3}{12 K_2} \tag{5.26}$$

式中 K_1——一个维修技术人员 1 年的直接费用;

K_2——一个维修技术人员 1 个月完成的直接维修工时数;

K_3——考虑保障维修小组工作所需要支援人员而加的系数(美国 1979 年时 $K_3=13$)。

4. 增加的可用性费用(C_{or})

改进系统可用性是应用 BIT 的主要目的之一。而公认军事能力 C 是系统数 N 与每个系统可用度 A 的乘积($C=NA$),所以,可用性提高可以减少采购系统数量,改善可用性费用可以等于产生同样能力增量所需要的系统数(未改善可用性)的费用。因此,BIT,LCC 权衡模型包含有 BIT 改进可用性而引起费用变化这一项,即

$$C_{or} = N_p C_{sw} C_a \tag{5.27}$$

式中 N_p——采购的 LRU 数;

C_{sw}——有 BIT 的每个 LRU 费用;

C_a——因有 BIT 而产生的可用度变化量。

$$C_a = \left(\frac{1}{1+\overline{M}_{ctwo}\lambda_{wo}}\right) - \left(\frac{1}{1+\overline{M}_{ctw}\lambda_w}\right) \tag{5.28}$$

5. 增加的飞行负担费(C_{fp})

当 BIT 硬件附加到航空电子系统时,附加质量、功耗等将影响燃料消耗和飞行性能。为了考虑这些影响,在模型中包含了这一项。在大多数情况下,可以期望 BIT 质量是很小的,其费用是有限的,所以这一项(C_{fp})只在 BIT 质量异常大的情况下(如大于 10 磅(4535.9 g))权衡分析时考虑。

附加每磅(453.59 g)质量的 LCC 增量,取决于飞机种类、型号、有效载荷和能力包线等。所以考虑此项费用时应与有关技术人员协商。

5.5.3　简单费用分析举例

(1) 实例一

(a) 被监控的系统：电源系统。

(b) 被监控的功能：线接触器操作。

(c) BIT 所需的输入信号：线接触器位置、电机状态、电机驱动状态。

(d) BIT 软件需求：对线接触器位置信号与电机及电机驱动信号比较的计算机逻辑程序。

(e) 对飞行员的输出：无。

(f) 对维修人员的输出：线接触器故障。

(g) 飞机机群数据：300 架飞机；3 000 飞行小时/每架飞机；机群共 900 000 飞行小时。

(h) BIT 硬件需求：

硬件名称	部件			硬件总计	
	数量	质量	费用	质量	费用
电线		10 g	$1	10 g	$1

(i) 每架飞机安装 BIT 的费用：1 h × $20/h = $20。

(j) 300 架飞机安装 BIT 的费用：[(h)+(i)]×300 = $6 300。

(k) BIT 的研制费用。

　① 电子和软件设计耗时：50 h；

　② 每小时劳动力费用：$30；

　③ 总计：①×② = $1 500。

(l) BIT 修理费用。

　① BIT 故障率：0.000 02；

　② 机群寿命期 BIT 的故障数：①×(g) = 18；

　③ 外场级每次故障 BIT 的修理费用：2 h × $20/h = $40；

　④ 机群寿命期 BIT 的修理费用：②×③ = $720。

(m) BIT 费用总计：(j)+(k)·③+(l)·④ = $8 520。

(n) BIT 效益。

　① 维修活动频率：0.000 18；

　② 采用 BIT 后节省的维修时间：0.666 6 h；

　③ 机群寿命期内节省的 MMH：①×②×(g) = 108 h；

　④ 节省的费用：③× $20/h = $2 160；

　⑤ 地面保障设备的节省：无。

(o) 结论：BIT 所需费用超过 BIT 效益。

(p) 建议：系统中不须安装 BIT。

(2) 实例二

(a) 被监控的系统：电源系统。

(b) 被监控的功能：GCU（发电机控制装置）操作。

(c) BIT 所需的输入信号：GCU 内部信号。

(d) BIT 软件需求：监控部件状态和决定何时显示故障数据的计算机逻辑程序。

(e) 对飞行员的输出:无。

(f) 对维修人员的输出:GCU 故障。

(g) 飞机机群数据:300 架飞机;3 000 飞行小时/每架飞机;机群共 900 000 飞行小时。

(h) BIT 硬件需求:

硬件名称	部件			硬件总计	
	数量	质量	费用	质量	费用
多路转换器	1	16 g	$20	16 g	$20
电线		6 g	忽略	6 g	忽略
				合计 22 g	$20

(i) 每架飞机安装 BIT 的费用:2 h × $20/h = $40。

(j) 300 架飞机安装 BIT 的费用:[(h)+(i)] × 300 = $18 000。

(k) BIT 的研制费用如下。

① 电子和软件设计耗时:60 h;

② 包装及布线耗时:40 h;

③ 每小时劳动力费用:$30;

④ 总计:[①+②] × ③ = $3 000。

(l) BIT 修理费用如下。

① BIT 故障率:0.000 02;

② 机群寿命期 BIT 的故障数:① × (g) = 18;

③ 每次故障 BIT 的修理费用:外场级为 2 h × $20/h = $40;

　　中间和内场级为(人力及备件) $60;

　　两项合计为 $100;

④ 机群寿命期 BIT 的修理费用:② × ③ = $180。

(m) BIT 费用总计:(j)+(k)·④+(l)·④ = $22 800。

(n) BIT 效益如下。

① 维修活动频率:0.003 3;

② 采用 BIT 后节省的维修时间:1.333 3 h;

③ 机群寿命期内节省的 MMH:① × ② × (g) = 3 960 h;

④ 节省的费用:③ × $20/h = $79 200;

⑤ 地面保障设备的节省:$18 000(300 架飞机所需的 10 个测试器的费用);

⑥ 飞机保障周期内地面保障设备维修:

　　(I) 飞机寿命期为 20;

　　(II) 维修因子为 0.1;

　　(III) 费用为 ⑤ × (I) × (II) = $36 000。

⑦ BIT 节省费用总计:④+⑤+⑥ = $133 200。

(o) 结论:BIT 效益超过 BIT 所需费用。

(p) 建议:系统中应安装 BIT。

习 题

1. 什么是故障诊断方案，它可能包括哪些组成要素？
2. 选择最佳诊断方案的过程和步骤是什么？
3. BIT 和 ATE 各有什么特点（优点和缺点）？
4. 选择诊断方案时如何进行定性权衡分析？
5. 国外在确定诊断方案时是如何进行定量权衡分析的？
6. 你认为在确定诊断方案时有必要进行费用分析吗？这在我国是否可行？
7. 飞机系统和设备一般采用什么样的诊断方案？

第6章 测试性与诊断要求分配

6.1 概述

测试性分配是将要求的系统测试性和诊断指标逐级分配给子系统、设备、部件或组件,作为它们各自的测试性指标提供给设计人员,产品的设计必须满足这些要求。分配是从整体到局部、由大到小的分解过程,使整体和部分协调一致。

6.1.1 测试性分配的指标

需要进行分配的指标主要是如下两个参数的量值。

故障检测率(或叫故障检测百分数):可定义为产品在规定的全部工作时间内发生的所有故障,在规定的条件下用规定的测试方法正确检测出的百分数。

故障隔离率(或叫故障隔离百分数):可定义为产品在规定的全部工作时间内检测出的故障,在规定的条件下用规定的测试方法正确隔离到$\leqslant L$个可更换单元的百分数。

其他测试性参数一般不用分配,如系统级的虚警率要求的范围大多数在1‰~3‰,分配给各组成部分的分配值也相差不多,所以可用系统级要求作为各组成部分的要求,即采用等值分配法。故障检测与隔离时间是与使用和准备状态(战备完好性)密切相关的,一般对使用安全性是最关键的故障检测时间规定应不超过1 s,其他不超过1 min等,不需要进行分配。故障隔离时间是故障平均修复时间(MTTR)的组成部分,维修性分配中已考虑了,不需要再另行分配。

6.1.2 进行测试性分配工作的时间

测试性分配工作主要在方案论证和初步设计阶段进行。确定了系统级的测试性指标之后,就应把它们分配到各组成部分,以便后面设计工作的开展。测试性分配应是一个逐步深入和不断修正的过程,开始把系统的指标分配给子系统或设备,以后还要把子系统或设备的指标再分配给其组成部分。分配到系统的哪一功能层次,取决于设计研制工作的进程。在初步设计阶段,由于能得到的信息有限,只能是在系统的较高层次上进行初步的分配。在详细设计阶段,系统的设计特点已逐步确定,可获得更多、更详细的信息。此时可对分配的指标做必要调整和修正,必要时可重新进行一次分配,使之更符合实际情况。以后,当系统有较大设计更改时,也应对分配的指标进行复核和调整。

6.1.3 测试性分配工作的输入和输出

为使测试性分配结果尽可能合理,要求分配时尽量考虑各个有关因素。例如故障发生频率、故障影响、维修等级的划分、MTTR要求、测试设备的规划以及以前类似产品测试经验等,都作为测试性分配的输入,只要能获得有关信息,就予以考虑。另外,系统构成、特性描述、功能划分情况、故障检测和隔离率要求也是分配工作的输入。这是解决分配的指标是什么和分配给谁的问题。

要求分配工作的输出有：系统功能划分及构成层次图（其详细程度取决于分配到哪一级）、分配数据表（工作单）、分配结果和分配工作说明，最后应写出测试性分配报告（见图6.1）。

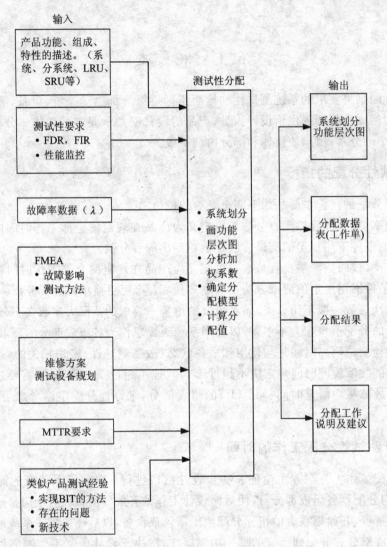

图 6.1　测试性(T)分配

6.1.4　测试性分配的模型和要求

测试性模型包括系统测试性框图和数学模型两部分。测试性框图应表明系统的功能原理、信号流程（可画出不同级别的功能框图）和功能划分与构成层次关系（可画出功能层次图）。数学模型是表明测试性参数的数学方程，表明系统的局部与整体的数学关系。测试性分配和预计工作要根据测试性模型来进行。

根据系统的功能划分、构成层次以及维修方案的要求，画出系统功能层次框图，如图6.2所示。顶层是系统或分系统；第二级是现场维修可更换单元(LRU)，可能是设备、机组或单机;第三级是维修车间可更换单元(SRU),可以是部件、组合件插件板等。每一级的每个方框都应有名称和编号,还可标明必要的特性数据,如故障率和平均修复时间要求或分配的测试性指标等。依照功能层次图把测试性指标从上至下逐级往下分配。当知道低级的测试性指标后,也可以按照功能层次图由下往上综合,预计出系统级的指标。

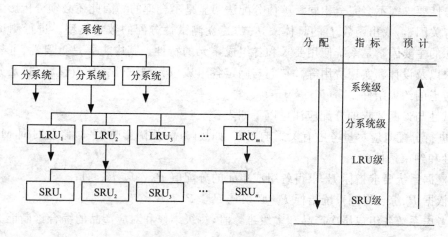

图6.2 系统功能层次图

数学模型是指系统测试性指标与其组成单元指标之间是函数关系。测试性分配的基本要求是:在使用要求和系统特性等约束条件下,由系统要求指标求得各组成单元的指标,并保证由各组成单元分配指标综合得到的系统指标等于或大于原要求指标,在数学上可表示为

$$P_{ia} = f_1(P_{sr}, K_i) \quad i = 1, 2, \cdots, n \tag{6.1}$$

$$P_s = f_2(P_{1a}, P_{2a}, \cdots, P_{ia}, \cdots, P_{na}) \tag{6.2}$$

$$P_s \geqslant P_{sr} \tag{6.3}$$

式中 P_{sr}——系统测试性要求指标;

P_{ia}——系统第 i 个组成单元的分配额;

K_i——第 i 组成单元特性影响系数或约束条件;

n——系统组成单元个数;

P_s——根据各单元指标计算得出的系统指标。

当各组成单元指标已知,计算系统指标时,主要考虑诊断能力问题,即发生和诊断的故障次数或相关故障率。对于电子系统很容易找出 P_s 与 P_{ia} 函数关系的具体表达式。以故障检测率为例,根据其定义有

$$P_s = \sum_{i=1}^n \lambda_{Di} \Big/ \sum_{i=1}^n \lambda_i \quad P_{ia} = \lambda_{Di}/\lambda_i$$

所以

$$P_s = \sum_{i=1}^n \lambda_i P_{ia} \Big/ \sum_{i=1}^n \lambda_i \tag{6.4}$$

式中 λ_i——第 i 个组成单元的故障率;

λ_{Di}——第 i 个组成单元检测的故障率。

综合式(6.3)和式(6.4)可知,测试性指标分配结果必须满足以下关系,即

$$\sum_{i=1}^{n}\lambda_i P_{ia} \Big/ \sum_{i=1}^{n}\lambda_i \geqslant P_{sr} \qquad (6.5)$$

如不考虑任何约束条件,则式(6.5)有无数个解。其中之一是取 $P_{ia}=P_{sr}(i=1,2,\cdots,n)$,即等值分配法,而其他解没有简便的方法可以求出,因为系统的各组成单元的重要性、可靠性和维修性要求等不会完全相同。等值分配法明显是不合理的。因此还必须分析影响测试性分配的有关因素,找出函数 f_1 的具体表达式,建立测试性分配的数学模型。进行测试性分配时要考虑的主要因素是系统使用要求和各组成单元的特性。其中主要是重要性、可靠性和维修性要求以及设计和实现费用等。它们与确定各组成单元测试性指标直接相关,是分配时应尽可能考虑的约束条件。

测试性与诊断要求的分配应注意以下四点:

① 进行分配时应尽量考虑有关影响因素,如故障率、故障影响、平时修复时间 MTTR、费用等特性和约束条件;

② 根据系统要求指标 P_{sr} 求得各组成单元的分配值 P_{ia},$0 \leqslant P_{ia} \leqslant 1$;

③ 依据 P_{ia} 综合得到系统指标 P_s,必须是 $P_s \geqslant P_{sr}$;

④ 考虑系统各组成层次产品和多级维修时,每级维修和对应产品的综合诊断能力应达到 100%,如表 6.1 所列。

表 6.1 测试性与诊断分配

维修级别 产品	诊断要素	故障检测率 FDR/(%)	故障隔离率 FIR/(%)	平均诊断 或运行 时间	技术信息 存取时间	其他要求
基层级(O级) 系统和分系统	状态监测 BIT					关键功能监测 的 FDR=?
	BIT					不能超出 BIT 的 存储容量___%
	人工诊断					
	视觉诊断					
	总计	100	100			
中继级(I级) LRU	ATE 专家系统			—	—	ATE: 小于___kg 小于___m³ MTBF=? MTTR=?
	人工测试					
	总计	100	100			
基地级(D级) SRU	ATE			—	—	ATE: 小于___kg 小于___m³ MTBF=? MTTR=?
	人工测试					
	总计	100	100			

6.2 等值分配法和经验分配法

从本节开始专门介绍故障检测率和隔离率要求指标的分配方法,要求指标(FDR 或 FIR 要求值)用 P_{sr} 表示;分配给各组成单元的指标用 P_{ia} 表示($i=1,2,3\cdots,n$);由 P_{ia} 综合求得的系统指标用 P_s 表示。分配方法的关键是找出式(6.1)中 $P_{ia}=f_1(P_{sr},K_i)$ 的具体表达形式。因其表达形式不同,就有了不同的分配方法。

6.2.1 等值分配法

测试性与诊断指标的等值分配法,实际上是把式(6.1)简化为

$$P_{ia}=P_{sr} \qquad i=1,2,\cdots,n \tag{6.6}$$

该方法不考虑影响分配的各种因素和约束条件,直接令系统各组成单元的指标等于系统要求指标。这实际上未做什么分配工作,显然是不合理的。

表 6.2 中故障检测率的分配方案 I 就是等值分配的例子。

等值分配法不需要用式(6.5)验算,因为 P_{ia} 为常值且等于 P_{sr},所以保证 $P_s=P_{sr}$。

6.2.2 经验分配法

测试性指标的经验分配法,根本不用式(6.1),只需分配者依据对系统各组成单元特性的了解和工程经验给出各组成单元的测试性指标 P_{ia}。当然,要经过验算满足式(6.5)的要求才能构成一种分配方案。可提几种分配方案,然后根据使用要求和系统构成特点,选用一种分配方案。

ADA230067 中给出的分配示例如表 6.2 所列。

表 6.2 BIT 的 FDR=0.95 的分配方案

技术状态项目 (CI)	故障率 ($\times 10^{-6}$)	故障检测率 分配方案 I	故障检测率 分配方案 II	故障检测率 分配方案 III
A	100	0.95	0.98	0.99
B	10	0.95	0.80	1.00
C	50	0.95	0.70	0.98
D	200	0.95	0.99	0.90
E	100	0.95	0.98	0.99
系统	460	0.95	0.95	0.95

假设系统有订购方规定的设备(或选用已有产品),该设备已有固定的 BIT 故障检测能力,这就构成分配的约束条件。上例中假设项目 C 是订购方提供的设备,只有 70% 的 BIT 故障检测能力,则分配方案 II 才是可选用的方案,而分配方案 I 和 III 则不能选用。

6.3 按系统组成单元的故障率分配法

系统的组成部件越多越复杂,就越容易出故障,其故障率就高;反之,产品构成简单,其故

障率就低。故障率高的组成部分(分系统或 LRU),应有较高的自动故障检测与隔离能力,以便减少维修时间,提高系统可用性。所以,设计早期阶段可按故障率高低来分配测试性指标。

完成系统的功能、结构划分,画出功能层次图以后,取得有关各部分的故障率数据(从可靠性分析资料得到),就可按以下三个步骤进行分配工作。

① 计算各组成部分(LRU_i)分配值 P_{ia}:

$$P_{ia} = \frac{P_{sr}\lambda_i \sum \lambda_i}{\sum \lambda_i^2} \tag{6.7}$$

式中　P_{sr}——系统的指标(要求值);

　　　P_{ia}——第 i 个 LRU 分配指标;

　　　λ_i——第 i 个 LRU 的故障率。

② 根据需要与可能修正(调整)计算的 P_{ia} 值。

故障检测率和隔离率都不能大于1,如果计算值中有大于1的,则取其最大可能实现值;同时,应提高另外的 LRU(如故障影响大的或容易实现 BIT 的)分配值。

③ 用下式验算是否满足要求,即

$$P_s = \frac{\sum \lambda_i P_{ia}}{\sum \lambda_i} \geqslant P_{sr}$$

P_s 为计算的系统测试性指标,如 $P_s \geqslant P_{sr}$(要求值),则分配工作完成;否则,应重复第②步的工作。

例1　某系统由 5 个 LRU 组成。其功能层次图如图 6.3 所示,故障率数据列于表 6.3 中。要求的系统故障检测率 $P_{sr} = 0.95$。

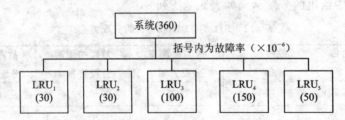

图 6.3　系统功能层次图

表 6.3　测试性分配工作表

名称、代号	数 量	$\lambda(\times 10^{-6})$	$\sum \lambda_i^2$	P_{ia}(计算值)	P_{ia}(调整后)
LRU_1	1	30		0.278 8	0.90
LRU_2	1	30		0.278 8	0.90
LRU_3	1	100	36 800	0.993 4	0.98
LRU_4	1	150		1.394 0	0.99
LRU_5	1	50		0.464 6	0.90
合计	5	360		0.967 7	0.959 7

指标分配如下：

$$P_{1a} = \frac{P_{sr}\lambda_i \sum \lambda_i}{\sum \lambda_i^2} = \frac{0.95 \times 30 \times (30+30+100+150+50)}{20^2+30^2+100^2+150^2+50^2} = 0.2788$$

$$P_{2a} = P_{1a} = 0.2788$$

$$P_{3a} = \frac{0.95 \times 100 \times 360}{36\,800} = 0.9935$$

$$P_{4a} = \frac{0.95 \times 150 \times 360}{3\,680} = 1.3940$$

$$P_{5a} = \frac{0.95 \times 50 \times 360}{3\,680} = 0.4647$$

调整、修正后 $P_{1a}=0.90$，$P_{2a}=0.90$，$P_{3a}=0.98$，$P_{4a}=0.99$，$P_{5a}=0.90$。

验算：

$$P_s = \frac{30 \times 0.9 + 30 \times 0.9 + 100 \times 0.98 + 150 \times 0.99 + 50 \times 0.90}{30+30+100+150+50} = 0.9597$$

可见 P_s 大于要求值，分配结果可用。

因为按故障率分配法只考虑故障率一种影响因素，故当各组成单元故障率相差比较大时，计算的各 P_{ia} 值相差较大。它是加权分配法的特例，方法简单，在早期初步分配时还是可以使用的。

6.4 加权分配法

加权分配方法是较适用的方法。它要求分析系统各组成项目特性，根据工程分析结果和专家的经验，确定各个影响因素对各项目的影响系数和加权系数。然后按照有关数学公式计算出各项目的分配值。其主要步骤如下。

① 把系统划分为定义清楚的子系统、设备、LRU 和 SRU，画出系统功能层次图和功能框图。系统划分的详细程度取决于指标分配到哪一级。

② 进行 FMECA，取得故障模式、影响和失效率数据，或从可靠性分析结果中获得有关数据资料。

③ 按照系统的构成情况和维修要求等，通过工程分析、专家经验和以前类似产品的经验，确定第 i 个项目的影响系数。

K_{i1}——故障率系数。故障率高的项目应取较大的 K_1 值。考虑的方法之一是，按该项目（如 LRU）的故障率占系统总故障率的比例大小来确定 K_1 值。

K_{i2}——故障影响系数。故障影响大的项目应取较大的 K_2 值。考虑的方法之一是，按FMECA 结果计算各项目 I 类~II 类故障占系统总故障模式数的比例大小。按此比例确定 K_2 值。

K_{i3}——MTTR（平均故障修理时间）影响系数。一般来说，对于要求的 MTTR 值小的项目，其 K_3 应取较大的值，否则有可能达不到维修性要求。另外，对于人工检测和隔离故障需用较长时间的项目，应尽量采用 BIT，即分配较大的 K_3 值，以便有效降低系统 MTTR。

K_{i4}——实现故障检测与隔离难易系数。容易实现的，K_4 应取较大的值。

K_{i5}——成本系数。实现故障检测与隔离成本低的，K_5 应取较大的值。

以上 $K_{i1} \sim K_{i5}$ 的取值范围为 $1 \sim 5$，不能考虑某项因素（如费用或难易程度）时，对应 K 值可取零。

④ 确定第 i 个项目的加权系数 K_i。

$$K_i = K_{i1} + K_{i2} + K_{i3} + K_{i4} + K_{i5} \tag{6.8}$$

⑤ 计算第 i 个组成项目的指标分配值 P_{ia}

$$P_{ia} = \frac{P_{sr} K_i \sum \lambda_i}{\sum (\lambda_i K_i)} \tag{6.9}$$

式中　λ_i——第 i 个项目的故障率；

　　　P_{sr}——要求的系统指标（检测率或隔离率）；

　　　P_{ia}——分配给第 i 个项目的指标。

⑥ 把以上各步所得数据及时填写到测试性分配表格中。

⑦ 调整和修正计算所得 P_{ia} 值，使其满足 $0 \leqslant P_{ia} \leqslant 1$ 要求。

因为各加权系数是通过分析和专家经验确定的，取值不一定很合理。计算所得各 P_{ia} 值都是多位小数，有时 P_{ia} 值会过大或过小，这时就需要调整和修正。对于过大的 P_{ia} 可取其最大可能实现；对于过小的 P_{ia} 值可适当提高，一般取两位小数即可。如有高故障率的项目的分配值减小了，则必须有另外的项目提高分配值，否则不能满足系统总的指标要求。调整时可参考 6.6 节的方法。

⑧ 验算。调整和修正 P_{ia} 值后，要用下式验算分配的指标是否满足系统要求。

$$P_s = \frac{\sum \lambda_i P_{ia}}{\sum \lambda_i} \geqslant P_{sr}$$

式中　P_s——系统的指标（检测率或隔离率）；

　　　P_{ia}——分配给第 i 个项目（如 LRU）的指标；

　　　λ_i——第 i 个项目的故障率。

如计算的 P_s 值大于要求的指标 P_{sr}，则分配工作完成，P_{ia} 可作为第 i 个项目的要求列入其设计规范（技术要求）中。

应注意，确定加权系数时是各组成项目之间相互比较，可参考表 6.4 的示例。

表 6.4　确定加权系数示例

系　数	权　值				
	5	4	3	2	1
K_1	故障率最高	较高	中等	较低	最低
K_2	故障影响安全	可能影响安全	影响任务	可能影响任务	影响维修
K_3	MTTR 最短	较短	中等	较长	最长
K_4	诊断最容易	较容易	中等	较困难	最困难
K_5	费用最少	较少	中等	较多	最多

例 2　仍用例 1 中的系统数据，用加权分配法进行分配，确定的加权系数、计算的分配值和调整后的值都列入表 6.5 中。

表 6.5 测试性分配工作表

名称代号	数量	$\lambda_i(\times 10^{-6})$	加权系数						P_{ia}(计算值)	P_{ia}(调整值)
			K_{i1}	K_{i2}	K_{i3}	K_{i4}	K_{i5}	K_i		
LRU_1	1	30	1	2	2	2	1	8	0.821 6	0.90
LRU_2	1	30	1	3	2	1	1	8	0.821 6	0.90
LRU_3	1	100	3	2	2	2	1	9	0.924 3	0.95
LRU_4	1	150	5	2	1	1	1	10	1.027 0	0.98
LRU_5	1	50	2	1	2	3	1	9	0.924 3	0.95
合计	5	360	$K = \dfrac{\sum \lambda_i K_i}{\sum \lambda_i} = 9.25$						0.949 9	0.954 2

从分配结果看,验算值 P_s 大于要求值 P_{sr},分配值可作为各 LRU 的要求值列入其技术规范。另外,考虑多种因素,利用加权分配方法计算所得各分配值(p_{ia})之间相差比较小,调整和修正也比较容易。

6.5 综合加权分配法

这一节给出综合考虑影响分配的各种因素(复杂度或故障率、重要度或故障影响、MTTR 和费用)的影响及其权值的测试性指标的分配方法。

6.5.1 测试性分配模型和工作程序

为了能简单方便地考虑影响测试性分配的主要因素,定义一个影响系数 K 作为分配的基础参数,每个系统组成单元有其对应的基础参数,其值大小由考虑的影响因素确定,函数关系如下:

$$K_i = f_3(\lambda, F, M, C) \tag{6.10}$$

式中 K_i——第 i 个组成单元的基础参数;
λ——代表复杂度或可靠性要求影响的参数;
F——代表重要度或故障影响的参数;
M 和 C——分别表示维修性要求和设计实现费用的影响参数。

确定 K_i 值时,应保证它与测试性指标分配值成正比关系。K_i 值的具体确定方法见后面各节。

与各组成单元类似,系统也有对应的作为其指标基础的参数 K_s。它与各组成单元基础参数 K_i 的关系为

$$K_s = \sum_{i=1}^{n} \lambda_i K_i \Big/ \sum_{i=1}^{n} \lambda_i \tag{6.11}$$

式(6.11)与式(6.4)具有相同的函数形式,这样可以保证以 K_i 为基础参数求得的各组成单元的分配值 P_{ia} 满足式(6.5)的要求。

一般系统的要求指标均小于 1,而很少等于 1。各组成单元的指标小于或大于系统指标,

当然也可能等于系统指标,其量值范围是 0~1。根据前面的分析,各组成单元测试性指标分配值与其基础参数为正比关系,如果把对应最大基础参数 K_{max} 的组成单元指标分配值用 P_{max} 表示(取其最大可能实现值),则可得出如下关系式:

$$\frac{P_{max} - P_{sr}}{K_{max} - K_s} = \frac{P_{ia} - P_{sr}}{K_i - K_s}$$

$$P_{ia} = \frac{P_{max} - P_{sr}}{K_{max} - K_s}(K_i - K_s) + P_{sr} \tag{6.12}$$

当知道有关基础参数 K_i 并选取 P_{max} 为大于 P_{sr} 的最大可能实现值后,就可以按式(6.11)和式(6.12)求得各组成单元的分配值。由于分配时的具体情况不同,确定 K_i 时考虑的影响因素和方法不同,因而就产生了不同的具体分配方法。

不管是把系统指标分配给各组成单元,还是把组成单元指标分配给其下一级的组件,分配工作过程都是一样的。以系统级为例,测试性指标分配工作程序如图 6.4 所示。

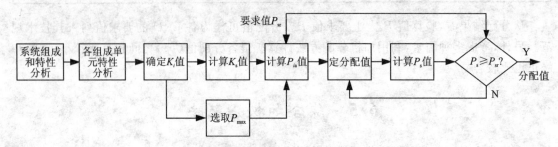

图 6.4 测试性分配工作程序

系统的测试性指标要求值 P_{sr} 是订购方规定的,或者是从上一级大系统分配而来的。根据系统组成分析确定要把指标分配给哪几个组成单元。通过对系统特性和组成单元特性进行分析,了解各组成单元的相对复杂度、重要度、故障修复时间要求和有关费用情况,依据当时掌握的有关数据确定分配基础参数 K_i 值。在此基础上,可用式(6.11)计算出 K_s 值,选取 P_{max} 值,进而可用式(6.12)计算出各组成单元的 P_{ia} 值。根据 P_{ia} 值初定各单元的分配值时,一般取 2 位小数即可。再用式(6.4)由初定分配值计算 P_s 值,应保证 $P_s \geq P_{sr}$,否则应稍增加初定分配值。如果确定分配值时,对于 P_{ia} 的第 3 位小数不用四舍五入的办法而是非零就进位,则得到的分配值可保证 $P_s \geq P_{sr}$,可省去验算 P_s 值的麻烦。

下面给出具体的分配方法。

6.5.2 综合主要影响因素的加权分配方法

使用综合考虑各主要影响因素的综合分配方法,需要对系统的每一个组成单元的各项影响因素进行归一化处理,从而得出相应的影响参数,经综合最后得到作为分配依据的基础参数 K_i。

(1) 复杂度影响参数 K_λ

该参数代表组成单元的复杂度或可靠性特性对分配的影响。用故障率(或构成部件数)来表示,分配值应正比于故障率 λ_i(或部件数),即

$$K_\lambda = \beta_1 \lambda_i, \qquad \beta_1 = \frac{1}{\sum \lambda_i} \tag{6.13}$$

(2) 重要度影响参数 K_F

该参数代表组成单元的重要度或故障影响对测试性分配的影响。用影响安全和任务的故障模式数 F_i 来表示，它与分配值成正比。

$$K_F = \beta_2 F_i, \quad \beta_2 = \frac{1}{\sum F_i} \tag{6.14}$$

(3) 平均故障修复时间影响参数 K_M

该参数代表基本维修性要求对测试性分配的影响。用平均故障修复时间 M_i 来表示，它与分配值成反比。

$$K_M = \beta_3/M_i, \quad \beta_3 = \left(\sum \frac{1}{M_i}\right)^{-1} \tag{6.15}$$

(4) 费用影响参数 K_C

该项参数代表研究开发与设计实现费用对测试性分配的影响。此费用用 C_i 表示，与分配值成反比。

$$K_C = \beta_4/C_i, \quad \beta_4 = \left(\sum \frac{1}{C_i}\right)^{-1} \tag{6.16}$$

以上各式中的 $\beta_1, \beta_2, \beta_3$ 和 β_4 分别是对应影响参数的归一化系数。另外，还可以给各影响因素赋予不同的权值，综合为第 i 个系统组成单元的基础参数 K_i。

$$K_i = \alpha_\lambda K_\lambda + \alpha_F K_F + \alpha_M K_M + \alpha_C K_C \tag{6.17}$$

式中，$\alpha_\lambda, \alpha_F, \alpha_M$ 和 α_C 分别是复杂度、重要度、平均故障修复时间和费用的加权值，其量值由测试性分配者确定。若同等看待这 4 种影响因素时，可都取值为 1。

各组成单元的 K_i 值确定以后，即可利用式(6.11)和式(6.12)的模型进行分配。

例 3 仍以前面用过的由 5 个单元组成的系统为例，各加权值暂定为 1，取 $P_{max}=0.98$，有关数据和分配结果如表 6.6 所列。

如果分配时没有 λ_i, F_i, M_i 和 C_i 数据，又想用加权分配法，则可以用评分方法确定各影响参数，待有数据时再修正分配结果。

表 6.6 综合加权分配法示例($P_{sr}=0.95$)

组成	λ_i	F_i	M_i	C_i	K_i	K_s	P_{ia}	取两位 $P_{ia}/(\%)$
U_1	30	3	15	200	0.691 7		0.914 7	92
U_2	30	2	15	200	0.641 4		0.904 7	91
U_3	100	5	25	250	0.802 3	0.871 9	0.936 4	94
U_4	150	6	30	220	1.025 2		0.980 0	98
U_5	50	4	20	150	0.898 0		0.935 5	94
总计	360	20					0.950 0	95.25

6.5.3 只考虑复杂度时的分配方法

一般情况下，系统各组成单元的基本构成部件越多就越复杂，其故障率也越高，发生了故障也较难诊断。所以进行测试性分配时，复杂程度或可靠性是首先要考虑的影响因素。应保证复杂度高的组成单元分配较高的测试性指标，以便能够用尽可能少的测试资源达到较高的故障诊断能力。系统组成单元的复杂度可用其基本构成部件数与系统构成部件总数之比来表

示,仅考虑复杂度时,有

$$K_i = m_i \Big/ \sum_{i=1}^n m_i \tag{6.18}$$

式中 m_i——第 i 个组成单元的基本构成部件数。

当只考虑复杂度这一影响因素(即按复杂度分配方法)时,为简化计算,可以直接按构成部件数确定 K_i 值,即取 $K_i = m_i$。

因为测试性设计的目的主要用于故障检测和隔离,而构成部件数并不能完全代表发生故障数,发生故障多少与可靠性水平有关,所以用故障率 λ_i 代替构成部件数更合理,这时有

$$K_i = \lambda_i \tag{6.19}$$

$$K_s = \sum_{i=1}^n \lambda_i^2 \Big/ \sum_{i=1}^n \lambda_i \tag{6.20}$$

如果进行测试性分配时得不到 m_i 或 λ_i 数据,也可用评分方法确定 K_i 值。最简单的系统组成单元评 1 分,最复杂的组成单元评 5 分,其余评分为 1~5 之间。确定 K_i 之后,就可用前述模型求出各组成单元的分配值。

例 4 某系统由 $U_1 \sim U_5$ 共 5 个单元组成,其故障率数据为已知,要求的系统故障检测率 $P_{sr} = 0.95$,求各组成单元的分配值。

解:取 $K_i = \lambda_i$,$P_{max} = 0.98$,根据式(6.20)和式(6.12),分配结果如表 6.7 所列。

表 6.7 按复杂度分配示例($P_{sr} = 0.95$)

组 成	$\lambda_i = K_i$	K_s	P_{ia}	P_s
U_1	30		0.904 7	
U_2	30		0.904 7	
U_3	100	102.22	0.948 6	0.950 0
U_4	150		0.980 0	
U_5	50		0.917 2	

6.5.4 只考虑重要度时的分配方法

按重要度分配方法是指仅考虑系统组成单元的重要程度这一个影响因素的测试性分配方法。有几种不同的表示重要度的方法,如概率重要度、结构重要度和相对比重要度等。因为对保证安全和完成系统规定任务越重要的组成单元,其故障影响越大;故障越多,影响越严重。所以这里用故障影响来表示重要度,故障影响严重的组成单元应分配高的测试性指标,以便能实时监测其工作状态,提高任务可靠性。

用系统组成单元的相对重要度表示 K_i。

$$K_i = F_i \Big/ \sum_{i=1}^n F_i \tag{6.21}$$

式中 F_i——第 i 个组成单元的影响安全和任务的故障模式数或故障率。无此数据时,可用相应的元部件数代替。

在只考虑重要度这一单一因素时,可令 $K_i = F_i$;如无有关 F_i 的具体数据,也可用评分方法确定 K_i 值。这里需要说明的是当组成单元有余度时,还是应对各个单元进行重要度分析,不考虑余度的容错作用。

除确定 K_i 方法不同之外,按重要度分配方法的分配过程与按复杂度分配方法相同。对于例4,按重要度进行分配时其结果如表6.8所列。

表 6.8 按重要度分配示例($P_{sr}=0.95$)

组成	λ_i	$F_i=K_i$	K_s	P_{ia}	P_s
U_1	30	3		0.901 1	
U_2	30	2		0.874 7	
U_3	100	5	4.86	0.953 7	0.950 0
U_4	150	6		0.980 0	
U_5	50	4		0.927 4	

这里给出的测试性分配方法特别注重工程实用性。按复杂度分配法的目标是用尽可能少的 BIT 等测试资源达到系统的要求指标;按重要度分配法的目标是在规定指标下,保证把有限的测试资源优先用于重要单元的性能监控和故障诊断。综合分配法除考虑上面两种因素外,还要支持维修性要求和降低设计与实现费用。这些方法主要是用于故障检测率和隔离率的分配。如果需要分配虚警率,则应首先将其变为正确报警率,再参考此法分配。

6.6 有部分老产品时的分配方法

新设计研制一个系统时,往往选用部分已有的老产品,其测试性指标为已知数据,只有新设计的部分新产品需要分配指标。这时,应首先根据系统要求指标,求出新品部分总的指标,并把它视为新品组成的子系统的重要指标,然后选用前述测试性分配方法进行分配。

假设系统由 n 个单元组成,其中有 r 个是新品,则老品数量为 $n-r$ 个。新品部分总指标用 P_N 表示,依据式(6.4)可得到如下关系式:

$$P_{sr}\sum_{i=1}^{n}\lambda_i = \sum_{i=1}^{r}\lambda_i P_i + \sum_{j=1}^{n-r}\lambda_j P_j \tag{6.22}$$

$$P_N\sum_{i=1}^{r}\lambda_i = \sum_{i=1}^{r}\lambda_i P_i \tag{6.23}$$

所以

$$P_N = \left(P_{sr}\sum_{i=1}^{n}\lambda_i - \sum_{j=1}^{n-r}\lambda_j P_j\right)\bigg/\sum_{i=1}^{r}\lambda_i \tag{6.24}$$

式中 λ_j, P_j ——分别是各老产品的故障率和测试性指标;

P_N ——新品部分总的要求指标。

根据 P_N 值用前述分配方法求得新品各单元分配值,可保证满足整个系统(包括老产品)的指标要求。

仍用例1,并假设其中 U_2 和 U_3 为老产品,指标分别为 $P_2=0.85$,$P_3=0.95$,其他数据不变,选用按复杂度分配方法,取 $P_{max}=0.98$,新品部分要求指标和分配结果列于表6.9中。

表 6.9　系统中有老品时的分配示例($P_{sr}=0.95$)

组　成	$\lambda_i=K_i$	K_s	P_N	P_{ia}	P_s
老品 U_2	30			0.85	
U_3	100			0.95	
新品 U_1	30			0.925 4	
U_4	150	112.61	0.963 0	0.980 0	0.950 0
U_5	50			0.934 5	

6.7　优化分配方法

测试性优化分配问题可以简单描述为如下两种形式：
- 在给定的系统费用及"费用函数"的情况下，使测试性最高；
- 在给定系统测试性及设计要求的情况下，使全部费用最小。

6.7.1　优化分配的数学模型

令 x_{kl} 为分配到一武器系统的某个单元的测试性指标值(T_M)。其中，下标 k 表示约定层次(如 $k=1$ 为系统；$k=2$ 为分系统；$k=3$ 为 LRU 等)；l 代表在某个具体层次上的不同单元(如 LRU_1，LRU_2，LRU_3)。

令 f_{kl} 为待优化的目标函数(费用及"费用函数")，它服从于一组关于 T_M 值的约束函数 g_{kl}^r (r 代表约束数)。

优化问题的数学表达式为

$$\min \sum_{k=1}^{q} \sum_{l=1}^{n_k} f_{kl}(x_{kl}) \quad (6.25a)$$

约束为

$$\sum_{k=1}^{q} \sum_{l=1}^{n_k} g_{kl}^r(x_{kl}^r) \leqslant C_r \quad (6.25b)$$

式中　$r=1, 2, \cdots, m$；

f_{kl}, g_{kl}^r——可加的及可分的目标函数和约束函数(不含有 T_M 叉积)；

x_{kl}——受约束的待分配的测试性指标值($0 \leqslant x_{kl} \leqslant 1$)；

q——约定层次数；

m——最大约束数；

n_k——每个层次的单元数(分系统、LRU 等)；

C_r——与测试性有关的第 r 个资源或"费用"的最大允许值。

6.7.2　解法介绍

这里采用扩展的拉格朗日乘子法(简称乘子法)解决测试性优化分配问题。乘子法是采用拉格朗日乘子和罚函数项，将不等式约束纳入拉格朗日函数中，形成不带约束条件的目标函数，然后使其取最小值。

为简单起见,在此只考虑一个约定层次,可以从式(6.25a)、式(6.25b)中取消一个和号。值得注意的是,这时,下标 i 代表所属约定层次上的单元,j 代表特指的"费用"或其他约束的个数。于是,式(6.25a)、式(6.25b)的优化问题变成:

$$\min \sum_{i=1}^{n} f_i(x_i) \tag{6.26a}$$

式中　$i=1, 2, \cdots, n$。

约束为

$$\sum_{i=1}^{n} g_{ij}(x_i) - C_j \leqslant 0 \tag{6.26b}$$

式中　$j=1, 2, \cdots, m$ ($0 \leqslant x_i \leqslant 1$);

　　　n——单元数;

　　　m——最大约束数。

乘子法是以罚函数法为基础的。罚函数法的基本概念是消去一些或所有的约束,代之以目标函数增加的罚函数项,该项对不可行点规定一个很高的费用。与其有关的罚参数 ρ 决定了罚函数的严重性。于是构成了一个非约束优化问题。在乘子法中,罚函数项不是加在目标函数 f 上,而是加在问题式(6.26a)、式(6.26b)的拉格朗日函数 L 上,形成了扩展的拉格朗日函数 $L_\rho(x,\theta)$。

$$L_\rho(x,\theta) = \sum_{i=1}^{n} \left\{ f_i(x_i) + \sum_{j=1}^{m} \theta_{ij} h_j(x_i) + (\rho/2) \sum_{j=1}^{m} [h_j(x_i)]^2 \right\} \tag{6.27}$$

式中　θ_{ij}——拉格朗日乘子;

　　　ρ——罚参数;

　　　$h_j(x_i) = g_{ij}(x_i) - u_{ij}$。

简化的优化的问题式(6.26a)、式(6.26b)可分解成 n 个标量形式的最小值问题,每个问题的最优解可在 $[0,1]$ 区间上找到。求 $L_\rho(x,\theta)$ 的最小值可以分两个阶段:首先,在 $h_j(x_i)=0$ 或 $g_{ij}(x_i)=u_{ij}$ 的约束下,使 $L_\rho(x,\theta)$ 对于所有 x 达到最小;然后,使由式(6.26b)引起的子问题对于所有的 u 最小,即

$$\min_u F(u)$$

其中:

$$F(u) = \sum_{i=1}^{n} (-u_{ij}\theta_{ij}) + (\rho/2) \sum_{i=1}^{n} [g_{ij}(x_i) - u_{ij}]^2 \tag{6.28a}$$

约束为

$$\sum_{i=1}^{n} u_{ij} - C_j \leqslant 0 \tag{6.28b}$$

式中　$j=1, 2, \cdots, m$ 为约束数。

式(6.28a)、式(6.28b)中的这些子问题通过再次应用拉格朗日乘子 v_j,并考虑其对偶性转化成一维问题。将约束式(6.28b)加到目标函数 $F(u)$ 上(式(6.28a)),得到子问题的拉格朗日形式为

$$\min_u F(u) + v_j \left(\sum_{i=1}^{n} u_{ij} - C_j \right) \tag{6.29}$$

式中　$v_j \geqslant 0$。v_j 可被视为目标函数 $F(u)$ 相对于测试性约束要求 C_j 的变化率。

这样就可以解出 v 和 u。

6.7.3 算法及步骤

以上优化过程可以编制成计算机软件,其算法及步骤如下。

① 输入:目标函数 $f_i(x_i)$、约束 $g_{ij}(x_i)$、约束要求 C_j、单元数 n 及约束数 m。

② 输出:问题(式(6.26a)、式(6.26b))的优化结果 X。X 代表所分配的 T_M 值组成的向量。

③ 计算步骤如下。

第一步:初始化拉格朗日乘子 θ_{ij},即令 $\theta_{ij}=0,u_{ij}=g_{ij}(1)$。设定将 T_M 值在 [0,1] 范围内归一化。换算所有系数,特别是罚参数 ρ。

第二步:使关于 $X(T_M)$ 的函数最小化。

对全部 i,计算优化值 x_i^*,由下式给出,即

$$x_i^* = \min f_i(x_i) + \sum_{j=1}^{m} \theta_{ij} g_{ij}(x_i) + (\rho/2) \sum_{j=1}^{m} [g_{ij}(x_i) - u_{ij}]^2$$

第三步:使 $F(u)$ 对 u 最小化,其中

$$F(u) = \sum_{i=1}^{n} (-u_{ij}\theta_{ij}) + (\rho/2) \sum_{i=1}^{n} [g_{ij}(x_i) - u_{ij}]^2$$

第四步:修改对偶变量 v_j,对所有 j 计算

$$v_j = (\rho/n)\left[\sum_{i=1}^{n} g_{ij}(x_i) + \sum_{i=1}^{n}(\theta_{ij}/\rho) - C_j\right]$$

式中 $\theta_{ij}=v_j$。

第五步:如果结论合理(即优化的 T_M 值满足约束条件)并收敛,则停机;否则,返回第二步。

总之,这里介绍的测试性分配方法是以扩展的拉格朗日算法为基础的通用算法。目标函数和约束可以是线性或非线性的。文中目标和约束都是单个 T_M 函数,不允许含有 T_M 叉积。这种算法一般可以考虑任意多个约束数。本方法的关键是恰当选取目标函数和约束函数。

6.7.4 目标函数和约束函数的选择

一般地说,尽管分配函数可以解析地提出,然而,无论是目标函数、约束函数都将需要输入经验数据和来自经验的估计数据,使问题以一种可解的方式建立起来。

目标函数和约束函数的选取依赖于多种不同的分配准则,如故障率、任务或系统性能要求和 LCC 等。另外,约定层次(系统、分系统和 LRU 等)和维修级别(O 级和 D 级)影响着选择过程。在系统层次上,测试性设计通过使外场维修级的错误拆卸、重测合格(RTOK)或不能复现(CND)事件最小获得;在分系统层次上,系统级定义的准则以及可接受额外负担(质量、体积等)准则主宰着选择过程;在 LRU 层次上提供测试性,使从 O 级到 D 级的测试可重复进行。该方案的实施使 D 级的 RTOK 最小。下面介绍在几种主要的分配准则下,目标函数和约束函数的选取。

1. 故障率

故障率可作为目标函数和(或)约束函数中的权函数(如 $f(i)$ 和 $g(ij)$)。分系统(或单元)的故障率越高,预计需要的重构和维修也越多。因此,对这些分系统需要更高的 FDR,FIR。

问题以数学形式表示为

$$\max(\text{或 min}) \sum_{i=1}^{n} (\lambda_{oi}/\lambda_s) T_{Mi} \tag{6.30}$$

式中 λ_{oi}——第 i 个分系统的故障率；

λ_s——系统的总故障率，即 $\sum_{i=1}^{n} \lambda_{oi}$；

T_{Mi}——待分配的第 i 个分系统的指标，如 FDR，FIR 等。

2. 任务成功或任务失败概率

任务失败百分数可作为目标函数中的权函数。单个分系统的任务失败概率越小，分系统要求的测试性越低。因此，问题的表达式为

$$\min(\text{或 max}) \sum_{i=1}^{n} P_i T_{Mi} \tag{6.31}$$

式中 $P_i = 1 - \exp(-\lambda_{oi} t)$；

t——工作或任务时间。

3. 任务危险的风险指数

任务危险的风险指数提供了一个以危险发生频率和危险严重性等级为基础的加权目标函数（见表 6.10）。风险指标数值越高，表示风险越低。此时，问题的表达式为

$$\min(\text{或 max}) \sum_{i=1}^{n} (20 - h_i) T_{Mi} \tag{6.32}$$

式中 h_i——频率及严重性，对每个分系统为常数，大小通常为 1~20。

如果风险率大小不在此范围内，则式(6.32)必须进行调整。

表 6.10 危险的风险指数

危险可能性等级	危险严重性等级			
	I(灾难性的)	II(严重的)	III(轻度的)	IV(轻微的)
A(频繁)	1	3	7	13
B(很可能)	2	5	9	16
C(有时)	4	6	11	18
D(极少)	8	10	14	19
E(不可能)	12	15	17	20

式(6.30)、式(6.31)和式(6.32)对推荐的每个 T_M（即 FDR，FAR，MFIT 和 MFDT 等）都适用，而且最大化或最小化将根据 T_M 进行选择。

4. 战备完好率

战备完好率也能作为取最大值的目标函数，表达式为

$$P_{or} = R(t_m) + P_r(\text{FD}) \cdot P_r(t_r \leqslant t_c) \cdot Q(t_m) \tag{6.33}$$

式中 $R(t_m)$——原来的任务可靠性，$Q(t_m) = 1 - R(t_m)$；

$P_r(\text{FD})$——在执行任务期间或在飞行后检查过程中，通过人观察、BIT、ETE 或其他方法检测出的已经发生的任何致命故障的概率；

$P_r(t_r \leqslant t_c)$——如果故障发生,系统的维修时间 t_r 短于要求投入下一次任务所提出的时间 t_c 的概率;

t_r——进行修理需要的时间,或估计维修性中的修理时间;

t_c——检查时间或任务之间的安装时间;

t_m——完成任务的时间。

约束在所有的约定层次上可以相同或类似,可能包括来自故障率、额外负担(质量、体积、功率和冷却等)、风险和危害性系数、任务失败概率或费用限制的数据。另外,每个 T_M 的上、下限(ub 和 lb)应作为约束包括在计算中。大多数情况下,约束的形式为

$$lb_i \leqslant T_{Mi} \leqslant ub_i \qquad (6.34a)$$

$$\sum_{i=1}^{n} \text{constr}(i,j) \cdot T_{Mi} \geqslant C, \text{或} \sum_{i=1}^{n} \text{constr}(i,j) \cdot T_{Mi} \leqslant C \qquad (6.34b)$$

式中 C——系统约束要求;

$\text{constr}(i,j)$——约束的各种加权系数;

$j(j=1,2,\cdots,m)$ 代表第 j 个约束。

例如故障率加权约束表示为

$$\sum_{i=1}^{n} (\lambda_{oi}/\lambda_s) T_{Mi} \geqslant C \qquad (6.34c)$$

式中 C——系统级测试性要求。

还应注意,假设已知战备完好率、任务可靠性、两次任务之间的规定时间和维修性,则式(6.33)可写为

$$P_r(\text{FD}) = (P_{or} - R(t_m))/(P_r(t_r \leqslant t_c) \cdot Q(t_m)) \qquad (6.35)$$

式 6.35 实际是不等的,因为战备完好性是希望达到的一种水平,故式 6.35 重写为

$$P_r(\text{FD}) \leqslant (P_{or} - R(t_m))/(P_r(t_r \leqslant t_c) \cdot Q(t_m)) \qquad (6.36)$$

因此,式(6.35)、式(6.36)也提供了对故障检测能力的一个约束。类似的约束可从式(6.25a)、式(6.25b)导出。

与系统考虑的相同,在分系统层次上,各单元的分配可以以维修为基础(外场故障隔离到 LRU)。因此,除了在"费用"函数的选择中使用的权函数,下列各点从维修观点看也是很重要的。

① 在整个可靠性框图中 LRU 的可靠性的重要性;

② 执行 LRU 诊断或检测及隔离的费用;

③ 技术水平。

5. 测试系统测试有效性的度量

为估计诊断系统在任何修理等级尤其是在外场级(O 级)的能力,从系统要求中导出下列测试有效性度量指标:

① 误拆卸(F_1);

② 诊断错误(F_2);

③ 虚警纠正(F_3);

④ 每次故障预期的拆卸数(E_R)。

以上测试有效性度量指标可作为分配的指标。它们是 T_M 的函数。因此,这些指标是不可分的。

(1) 误拆卸(F_1)

F_1 是在规定的时间区间内,在主系统中没有故障时,却在 O 级错误地检测及隔离 LRU 的概率。它是虚警和错误隔离的函数,问题的表达式为

$$\min F_1 = [1 - P_r(F)] \cdot P_r(FA) \cdot P_r(I \mid FA) \tag{6.37}$$

式中　$P_r(F)$——在规定的时间区间内,在 O 级主系统的故障概率;

　　　$P_r(FA)$——假定主系统功能正常,在规定的时间区间内,在 O 级诊断系统检测出一个故障的概率;

　　　$P_r(I|FA)$——假定一个虚警发生,在 O 级隔离任何好的 LRU 的概率。使误拆卸最少,将可以保持低的虚警率。

(2) 诊断错误(F_2)

它表示非正确诊断的能力,是系统的故障检测与隔离的函数。它作为目标函数并取最小值,表示为

$$\min(F_{2i}) = P_r(F) \cdot [1 - P_r(FD) \cdot P_r(FI_i)] \tag{6.38}$$

式中　$P_r(F)$——在规定的时间区间内,在 O 级主系统的故障概率;

　　　$P_r(FD)$——假定主系统发生故障,在 O 级测试系统检测出一个故障的概率;

　　　$P_r(FI_i)$——假定主系统发生故障后,在主系统中检测出一个故障,在 O 级将此故障隔离到 i 个或更少 LRU 的概率。

这些尺度代表测试系统的精度和完成度量要求的能力。F_1 和 F_2 都在 0~1 之间,此范围内的任何值都将指示测试系统是有效的。

(3) 虚警纠正(F_3)

F_3 定义为测试系统在错误地检测或隔离了一个故障后,纠正其行为的能力。该度量指标是不同级别的 CND 和 RTOK 的函数,其表达式为

$$F_3 = 1 - P_r(I \mid FA) \tag{6.39a}$$
$$F_3 = 1 - P_r(CND) \tag{6.39b}$$

CND(由虚警造成)可能为取最小值优化分配时的目标函数。F_3 也在 0~1 之间,值越小,指示测试系统能力越差。

(4) 每次故障预期的拆卸数(E_R)

该指标为错误拆卸率的一部分。当假设虚警率为 0 时,每次故障将只导致一次拆卸的意义上讲,将一个故障隔离到一个单元或 LRU 是理想的。因此,希望使 $E_R = 1$,即每次故障有一次维修活动,或至少是最少次数。E_R 的这种选择作为一个目标函数将会冲突,因为这样隔离时间可能会太长。所以,从测试系统要求(如 FDR,FIR)和错误故障指示导出的 E_R 指标,是取最小值优化分配时的目标函数,约束是对隔离时间的最小极限。问题的表达式为

$$\min E_R = \min \sum_{i=1}^{n} \mu_{FAi} E_{Ri} \tag{6.40}$$

这里:

$$E_R = P_r(FD)_0 \cdot R_D + [1 - P_r(FD)_0] \cdot R_{VD} + \mu_{FA} \cdot R_{FA}$$

式中　μ_{FA}——系统每次故障发生的虚警数;

　　　R_D——检测引起的平均拆卸数;

　　　R_{FA}——虚警引起的平均拆卸数;

R_{VD}——没有用标准工具检测故障引起的平均拆卸数。

E_R 的值在 0~1 之间将指示测试系统有效。

6. LCC

不同时期对目标函数和约束的选取是不同的。战争时期,原则上是保持一个高的任务成功概率;而和平时期,原则上则是 LCC,它主要由维修费用决定。与 LCC 有关的"费用"函数形式有以下几种。

(1) 采购费用

它可作为目标函数和约束函数中的权函数。优化表达式为

$$\min \sum_{i=1}^{n} C_i \cdot T_{Mi} \quad (6.41)$$

式中 C_i——根据每个分系统的采购费用,由测试性带来的额外负担。

适用于此情况的约束包括对测试性指标 T_M 的最大限制,以及以故障率加权的约束,由式(6.34a)、式(4.34b)和式(4.34c)给出。

(2) 设计费用(C_D)

设计费用与故障检测率 FDR 成指数关系,即

$$C_D = \exp(a \cdot \text{FDR}) \cdot C_u \quad (6.42)$$

式中 a——设计工程的技术发展水平的函数,预计取值在 0~1 之间;

C_u——单元(指分系统或 LRU 等)费用。

目标函数取最小值,表示为

$$\min \sum_{i=1}^{n} C_{Di} = \sum_{i=1}^{n} \exp(a \cdot \text{FDR}_i) \cdot C_{ui} \quad (6.43)$$

式(6.43)表示作为 FDR 的非线性目标函数的设计费用。

(3) 与测试有效性度量有关的费用

在这种情况下的目标函数要么是与每个测试有效性指标有关的费用,要么是诊断系统及其故障的平均费用。平均费用用以评价和比较各种诊断系统的能力。根据不同测试系统的费用或故障检测与隔离能力及在其寿命期内的缺陷负担平均费用,来区别不同的测试系统。该指标也考虑了虚警和错误拆卸及其费用。取最小值的目标函数表达式为

$$\min \text{LCC} = \min [C_{ps} + \mu(C_{F1} + C_{F2} + C_{F3})] \quad (6.44)$$

式中 C_{F1}——误拆卸费用;

C_{F2}——诊断错误费用;

C_{F3}——虚警纠正费用;

C_{ps}——主系统费用;

μ——诊断系统的寿命周期中任务的平均数。

式(6.44)包括的费用有备件费用、与任务有关的费用以及有关的维修费用:

● 单元拆卸和更换的费用;

● 单元隔离的费用;

● 将单元运到下一级(D 级)的费用;

● 在下一级(D 级)有一个好的单元的费用。

另一指标是与每次故障预计的拆卸数有关的费用。

测试系统越有效,系统保障需要的人力和备件越少。因此,维修人力费用(C_{MMP})、备件费用(C_{SP})可作为目标或约束函数。使这些费用最小,将获得一个优化的测试需求和有效费用的分配。

6.7.5 应用举例

这里考虑的航空电子系统由六个分系统组成,其中有一个是雷达分系统。对于两级维修,测试性硬件负担(如质量、体积、功率等)可用参考文献64的附录A中描述的方法计算出来。目标函数根据故障率、任务失败概率以及风险指数衡量。利用MATE曲线导出额外负担要求和测试性指标T_M之间的关系。通过对要求的每条曲线的逐段线性估计拟合使问题得以分析。

1. 系统级(分配到分系统)

(1) 故障率作为目标函数

利用分系统故障率表(表6.11)以及质量负担相对故障检测及隔离的图形(图6.5),可以计算代表测试性特性(如故障检测能力和隔离能力)的最大的一组T_M指标。问题表示如下:

$$\max(0.000\,4x_1 + 0.000\,8x_2 + 0.001\,701x_3 + 0.007\,519x_4 + 0.003\,597x_5 + 0.000\,267x_6)$$

当取最小值时,问题表示为

$$\min(0.000\,4x_1 + 0.000\,8x_2 + 0.001\,701x_3 + 0.007\,519x_4 + 0.003\,597x_5 + 0.000\,267x_6)$$

表6.11 分系统参数分配

	MTBF	故障率	任务失败概率	风险指数
分系统1	2 500	0.000 400	0.001 0	8
分系统2	1 250	0.000 800	0.002 0	11
分系统3	588	0.001 701	0.003 0	6
分系统4	133	0.007 519	0.015 0	7
分系统5	278	0.003 597	0.008 0	9
分系统6	3 750	0.000 267	0.001 0	20

本例采用的约束包括FDR和FIR的最大界限值以及质量对隔离概率直线的斜率。质量负担曲线被分成清晰的三段,以最小平方拟合(线性回归)描述其斜率和y截距。

约束表达式为

$$0 \leqslant x_i \leqslant 0.99 \quad 对 i = 1, 2, \cdots, 6$$

且

$$428.18x_1 + 124.09x_2 + 6.7x_3 + 14.67x_4 + 75.82x_5 + 24.55x_6 - 500.77 \leqslant 140$$

上式表示每个分系统质量负担的线性回归直线方程的总和。例如,在分系统1中(图6.6),线性回归方程为$428.18x_1 - 316.3$,所有分系统方程的总和不超过140。计算结果列于表6.12中。

(2) 任务失败概率作为目标函数

利用表6.11的任务失败概率数据,最小值问题为

$$\min(0.001x_1 + 0.002x_2 + 0.003x_3 + 0.015x_4 + 0.008x_5 + 0.001x_6)$$

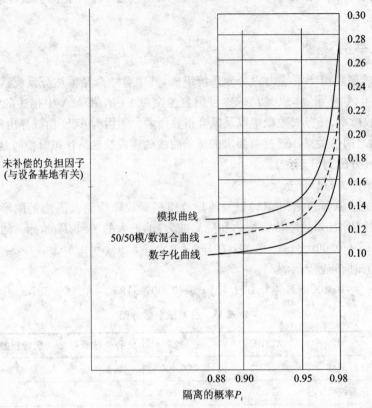

注:在一个系统中,上述曲线还能提供 4 个或更多 LRU(可达 10 个)故障检测和隔离负担。

图 6.5　在航线上隔离故障到 1 个 LRU 的 BIT/BITE 测试性硬件负担

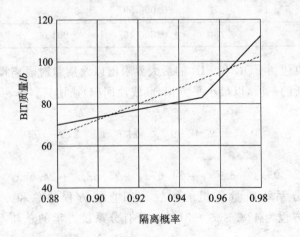

注:$lb = 0.454$ kg。
- - - - 真实曲线;
——— 最好的拟合曲线。

图 6.6　分系统 1 的质量负担

约束为
$$0 \leqslant x_i \leqslant 0.99 \quad 对 i = 1, 2, \cdots, 6$$

且
$$428.18x_1 + 124.09x_2 + 6.7x_3 + 14.67x_4 + 75.82x_5 + 24.55x_6 - 500.77 \leqslant 140 -$$
$$(0.0004x_1 + 0.0008x_2 + 0.001701x_3 + 0.007519x_4 + 0.003597x_5 + 0.000267x_6) \leqslant$$
$$-0.97 \times 0.01428 \approx -0.01385$$

上面最后两式分别是质量负担约束及故障率加权的约束,系统级的测试性指标(FD/FI) $C=0.97$。结果(表 6.12)显示出:分系统 1,3,4 和 5 要求最大数量的测试性指标;分系统 2 要求略小的指标;而分系统 6 要求最小数量的指标,即指标为 0。

表 6.12 抽样循环结果

目标函数	分系统					
	1	2	3	4	5	6
最大化故障率分配	0.928	0.990	0.990	0.990	0.990	0.990
最小化任务失败概率	0.990	0.958	0.990	0.990	0.990	0.000
风险指数最小	0.927	0.990	0.990	0.990	0.990	0.000

(3) 危险的风险指数作为目标函数

每个分系统的风险作为目标函数的系数,则目标函数为最小值的表达式为
$$\min(8x_1 + 11x_2 + 6x_3 + 7x_4 + 9x_5 + 20x_6)$$

约束为
$$0 \leqslant x_i \leqslant 0.99 \quad 对 i = 1, 2, \cdots, 6$$

且
$$428.18x_1 + 124.09x_2 + 6.7x_3 + 14.67x_4 + 75.82x_5 + 24.55x_6 - 500.77 \leqslant 140 -$$
$$(0.0004x_1 + 0.0008x_2 + 0.001701x_3 + 0.007519x_4 + 0.003597x_5 + 0.000267x_6) \leqslant$$
$$-0.97 \times 0.01428 \approx -0.01385$$

结果(表 6.12)表明:分系统 6 要求最小数量的测试性指标;分系统 2,3,4 和 5 要求最大的指标;而分系统 1 要求的指标介于二者之间。

2. 分系统级(分配到 LRU 级)

分系统测试性要求向 LRU 级的分配在此讨论。表 6.13 给出 LRU 参数分配的数据,有 11 个模块,其技术是 VHSIC、数字式、介于模拟和数字式之间的混合式电路及模拟电路的组合。

表 6.13 LRU 参数分配数据

模 块	技 术	故障率/10^{-6} h
1. MAS1(x_1)	VHSIC	1.000000
2. MAMB1(x_2)	VHSIC	1.000000
3. CSP1(x_3)	VHSIC	6.097560

续表 6.13

模 块	技 术	故障率/10^{-6} h
4. VIDEO SWITCH(x_4)	数字式	20.000 000
5. SIU1(x_5)	混合式(A&D)	16.129 032
6. ESIU1(x_6)	VHSIC	19.193 858
7. PIBUS1(x_7)	模拟式	1.060 445
8. DN1(x_8)	数字式	2.500 000
9. DM1(x_9)	数字式	45.454 545
10. CRT(HUD)(x_{10})	模拟式	45.454 545
11. H - VOLT POWER(x_{11})	模拟式	28.571 429

取最小值的目标函数为

$$\min \sum_{i=1}^{11} x_i$$

这里,所有的加权函数值设定为 1。在这种情况下,FDR 或 FIR 对于模拟技术的重要性是一个约束。它包括三个部分,分别定义如下:
- VHSIC 模块的平均测试性≥数字式模块的平均测试性;
- 数字式模块的平均测试性≥混合式模块的平均测试性;
- 混合式模块的平均测试性≥模拟式模块的平均测试性。

因此,利用表 6.13 中的数据得到:

$$0.25(x_1 + x_2 + x_3 + x_6) - (1/3)(x_4 + x_8 + x_9) \geqslant 0$$
$$(1/3)(x_4 + x_8 + x_9) - x_5 \geqslant 0$$
$$x_5 - (1/3)(x_7 + x_{10} + x_{11}) \geqslant 0$$

对 FDR 或 FIR 的最大限制以及故障率加权的约束随每个抽样试验的变化而变化,如表 6.14 所列。表中省略了第 7 轮之后的数据,因为此后的所有 x_i 都等于 0.97。表 6.15 列出了结果。

表 6.14 抽样循环要求

RUNS	系统要求	下 限	上 限
1	0.97	0.00	1.00
2	0.94	0.00	1.00
3	0.90	0.00	1.00
4	0.97	0.00	0.99
5	0.97	0.00	0.99
6	0.99	0.00	1.00
7	0.97	0.00	1.00

表 6.15　LRU 抽样分配结果

模块	运算次数					
	1	2	3	4	5	6
1	0.237 648	0.000 000	0.000 000	0.539 805	0.500 000	0.865 558
2	1.000 000	0.621 864	0.442 937	0.990 000	0.947 279	1.000 000
3	1.000 000	1.000 000	1.000 000	0.990 000	0.990 000	1.000 000
4	1.000 000	0.966 398	0.832 202	0.990 000	0.990 000	1.000 000
5	0.809 412	0.655 466	0.610 734	0.877 451	0.856 820	0.966 390
6	1.000 000	1.000 000	1.000 000	0.990 000	0.990 000	1.000 000
7	0.000 000	0.000 000	0.000 000	0.000 000	0.500 000	0.000 000
8	0.428 236	0.000 000	0.000 000	0.652 353	0.590 459	0.899 168
9	1.000 000	1.000 000	1.000 000	0.990 000	0.990 000	1.000 000
10	1.000 000	1.000 000	1.000 000	0.990 000	0.990 000	1.000 000
11	1.000 000	0.966 398	0.832 202	0.990 000	0.990 000	1.000 000

习　题

1. 测试性分配的目的和作用是什么？
2. 进行测试性分配时应该考虑哪些影响因素，其中最主要的是哪一个？
3. 故障率分配方法有何优缺点，所用计算公式是怎样得来的？
4. 加权分配法是如何考虑各种影响因素的？此分配方法还有哪些不足？
5. 综合加权分配法是如何综合考虑各种影响因素和加权的？它有哪些优点？
6. 系统中有部分老品时，如何进行测试性分配？
7. 测试性优化分配方法的优缺点是什么？
8. 结合本单位设计研制系统的具体情况，你选用哪种测试性分配方法，为什么？

第7章 固有测试性设计与评价

固有测试性是指仅取决于产品硬件设计,不依赖于测试激励和响应数据的测试性。它包括功能和结构的合理划分、测试可控性和可观测性、初始化、元器件选用以及与测试设备兼容性等,即在系统和设备硬件设计上要保证其有方便测试的特性。它既支持 BIT,也支持外部测试,是达到测试性和诊断定量要求的基础。所以,在设计过程中应尽早进行固有测试性设计与评价。

7.1 固有测试性设计

固有测试性设计是产品测试性初步设计分析阶段的主要工作,涉及硬件设计的诸多方面。这里给出与测试性关系密切的几个硬件设计问题。

7.1.1 划 分

设备越复杂查找故障也越困难。把复杂设备合理地划分为较简单的、可单独测试的单元装置(UUT),可使得功能测试和故障隔离都容易进行,也可以减少相关的费用。

划分的基本原则是:以功能的组成为基础,简化故障诊断和修理。

与划分有关的参数是划分为 UUT 的数量、复杂性、质量、体积和接口等。其影响如下。

- UUT 的数量:影响故障查找和修理简化;
- UUT 的复杂性:影响故障查找和修理简化;
- UUT 的质量:影响搬运工具和设备;
- UUT 的体积:影响搬运是否方便;
- I/O 引脚数量和插头:影响测试接口要求。

① 产品层次划分。根据确定的维修方案和设备特性,可以把复杂设备和系统分为多个层次,采用分层测试和更换的方法进行维修。通常是将一个复杂系统划分为若干个子系统或设备;子系统再分为若干个 LRU_s;LRU 再划分为若干个 SRU_s。

② 功能划分。功能划分是设计过程中的一个步骤,是结构划分和封装的基础,应明确区分实现各个功能的电路和其他有关硬件。作为 UUT 的可更换单元,最好一个单元只实现一种功能。如果一个可更换单元包含两种以上功能,则应保证能对每种功能进行单独测试。

③ 结构划分。依据功能划分的情况,在结构安排和封装时,把实现适当功能的硬件划分为一个可更换单元。划分时应考虑各单元的质量与体积不过大、复杂度适当、相互间连线尽可能少,以便于故障隔离、更换和搬运。

功能划分与封装示例如图 7.1 和图 7.2 所示。其中,图 7.1(a)为不合理功能划分,图 7.1(b)为合理功能划分;图 7.2(a)为不正确的封装,图 7.2(b)为正确的封装。

④ 电气划分。对于较复杂的可更换单元,应尽量利用阻塞门、三态器件或继电器把要测试的电路与暂不测试的电路隔离开来,以简化故障隔离,并缩短测试时间。

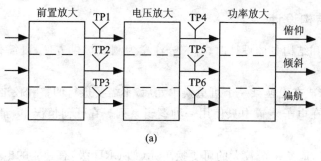

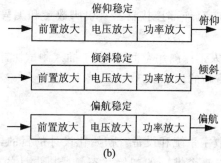

图 7.1 功能划分示例

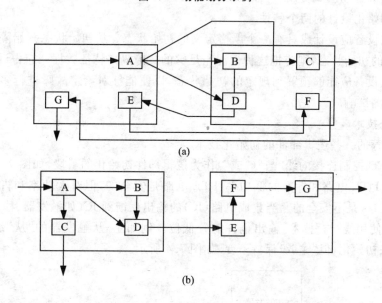

图 7.2 结构封装示例

⑤ 尽量将功能不能明确区分的电路和元器件划分在一个可更换单元中。

⑥ 当由于反馈不能断开、信号扇出关系等不能做到惟一性隔离时,应尽量将属于同一个隔离模糊组的电路和部件封在同一个可更换单元中。

⑦ 如有可能,应尽量把数字电路、模拟电路、射频(RF)电路和高压电路分别划分为单独的可更换单元。

⑧ 如有可能,还应按可靠性和费用进行划分,即把高故障率或高费用的电路和部件划分为一个可更换单元。

7.1.2 功能和结构设计

在产品的功能和结构具体设计时,应充分注意为测试提供方便,以简化故障隔离和维修,例如以下各项。

① 产品应设计成在更换某一个可更换单元后,不需要进行调整和校准。

② 如有可能,在电子装置中只使用一种逻辑系列。在任何情况下,都保持所用逻辑系列数最少。

③ 只要有可能,应使每个较大的可更换单元(如 LRU 级)有独立的电源。

④ 产品及其可更换单元应有外部连接器。其引脚数量和编号应与推荐或选用的 ATE/ETE 接口能力一致。

⑤ 各元器件之间应留有人工探测用空间,以便于插入测试探针和测试夹子。

⑥ UUT 和元器件应有清晰的标志。

7.1.3 初始化

初始化要求主要适用于数字系统和设备。初始化设计的目的,是保证提供在功能测试和故障隔离过程的起始点,建立一个惟一的初始状态。严格设计的初始化能力可降低 BIT 和 ATE 软件费用和外场测试费用。

1. 表示初始化设计的两个特性

① 系统或设备应设计成具有一个严格定义的初始状态。从初始状态开始隔离故障,如果没有达到正确的初始状态,则应把这种情况与足够的故障隔离特征数据一起告诉操作人员。

② 系统或设备应能够预置到规定的初始状态,以便能够对给定故障进行多次重复测试,并可得到多次测试响应。

2. 初始化技术

以下是推荐的一些逻辑部件的初始化技术。

① 使用外部控制连接的线"与"("或")作为逻辑部件初始化的手段,如图 7.3 所示。这种技术方法对于 DTL 电路和标准的低功率 TTL 电路是安全的,但对大功率和肖特基 TTL 电路置低位超过 1 s 是不安全的。当集成电路(IC)的输出反馈到 IC(如触发器、移位寄存器或计数器)的地方,使用线"与"技术,输出也许能置低位。例如主-从触发器的"从"级可通过把 Q 或 $\overline{Q}$ 置低位来初始化,但"主"级保持不变,如图 7.4 所示。

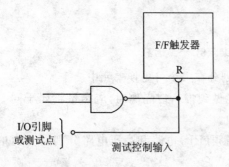

图 7.3 用于测试控制输入的线"与"初始化

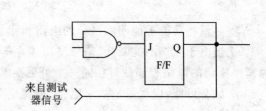

图 7.4 反馈电路中的线"或"电路

② 把所有时序电路初始化到一个已知的初始状态,应使用尽可能短的序列,最好是一个转换,最多不能超过 20 个转换。

③ 利用 I/O 引脚或测试点提供所有时序逻辑部件初始化的方法,可用于触发器、计数器、寄存器和存储器等,如图 7.5 所示。如果没有可用的引脚和测试点,则可以通过"加电"实现初始化,如图 7.6 所示。但此种初始化方法加电后就不能控制了。

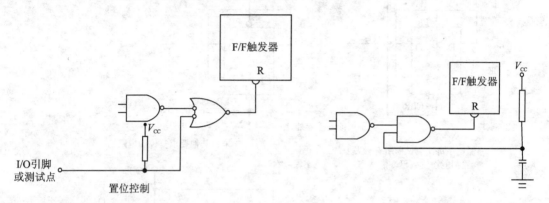

图 7.5 外部置位使触发器初始化图   图 7.6 加电初始化

④ 相同的负载电阻可用于几个不同的存储元件置位或复位,如图 7.7 所示。可从外部控制置位或复位。

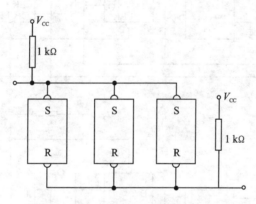

图 7.7 电路用于多个置位

⑤ 如果置位/复位线直接连到电源 V_{cc} 或接地,那么它就不能由测试者驱动了。如所需逻辑高信号源从负载电阻得到,则逻辑低信号源来自输入端为高电压的反相器,就会方便测试者控制了。

⑥ 对包含时序逻辑的 UUT,只有当 ATE 可将所有存储元件(触发器、反馈环和 RAM 等)预置到已知状态时,才能预计其输出状态。现在通常是在测试程序的最前面加上一段初始化程序(测试序列)来做到这一点。为使测试序列尽可能短,置位线应尽可能地接到空余的连接器插针上。图 7.8 示出了以最少的测试序列和最少的附加元器件实现电路初始化的设计技术。

3. 初始化设计检查

因为直到测试性演示验证时初始化才能被充分确认,所以承制方内部应事前进行必要的初始化设计检查。在测试性验证时应验证所有的存储器、触发器和寄存器等都能被初始化到一个已知状态。

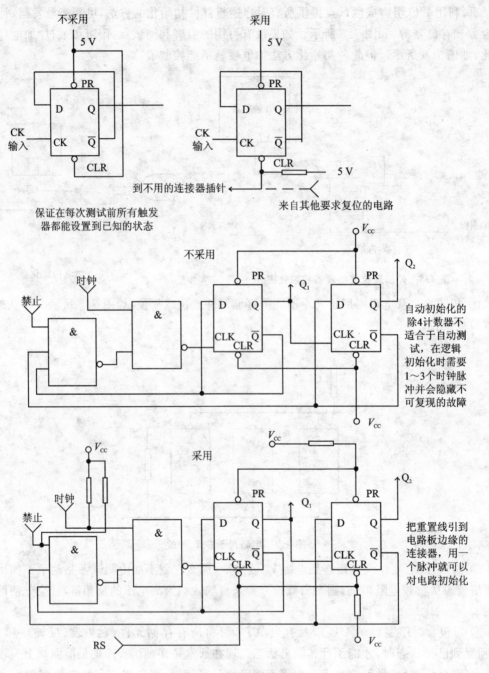

图 7.8 初始化技术示例

7.1.4 测试控制

测试可控性是确定或描述系统和设备内部有关节点和信号可被控制程度的一种设计特性。可控性设计主要是在内部节点实现,附加必要的电路和数据通路,用于测试输入,使测试设备(BIT 或 ATE)能够控制 UUT 内部的元器件工作,从而简化故障检测与隔离工作,减少测试设备和测试程序的复杂性。

1. 可控性设计准则

① 应提供专用测试输入信号、数据通路和电路,使 BIT 和 ATE 能够控制内部元器件的工作,来检测和隔离内部故障。应特别注意对时钟线、清零线、反馈环路的断开以及三态器件的独立控制。

② 要求周期刷新的动态装置,如动态存储器和某些微处理器,因需要专用测试电路,所以应避免。为这些装置提供独立时钟可提高测试性。

③ 复杂的大规模集成电路(LSI)应安装在插座上,因为现有的逻辑测试器不能满足对带有这种装置的电路板的测试。如果不能用插座,则应在电路板上提供自测试能力或提供接到 LSI 输入/输出线的电气通道。

④ 大的反馈环回路、长的逻辑通道和长的计数器(超过 8 位)应在测试时能够断开,最好在 I/O 连接器处或通过外部控制的逻辑信号断开。测试点应能提供控制输入/输出或信号输出,以断开反馈环回路、计数器和逻辑通道。没有插入部件的集成电路(IC)插座可作为内部测试点,通过拆掉跨接线断开逻辑通道。

⑤ 不要使用依赖于规定的时钟频率、受控制的上升和下降时间或规定的门传播延迟的逻辑。

⑥ 应为 PROM 和 ROM 的控制和输出线提供电气通道。如果这不可能,那么 PROM 和 ROM 应能从插座上拆下来。

2. 可控性设计技术

(1) 打开反馈回路

反馈环应尽量避免与可更换单元交叉。反馈环越少,系统的测试性越好。在闭环状态下,环内任一单元的故障都可在环上所有的测试点(TP)观察到,故不可能将故障隔离到一个可更换单元上。所以,应尽量避免闭环,参见图 7.9。

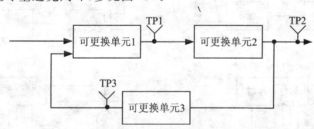

图 7.9 闭环造成的不能单独由测试点解决的模糊隔离问题示例

① 在反馈环必须与可更换单元交叉的地方,应为测试提供开环方法,如图 7.10 所示。如果可更换单元是 LRU,故障隔离应在基层级维修时进行,则图 7.10 中附加的控制信号和测试点应连到 BITE 而不是 ATE 上。但开环造成不稳定的情况除外。

② 在反馈通道上插入一个门电路以中断反馈。这个门由从测试设备来的信号控制,如图 7.11 所示。

③ 从结构上断开反馈回路并把两头都接到外部引脚上,正常工作时由跨接线短路此两引脚。测试时取下跨接线便可打开反馈环,并可得到一个驱动点和一个测试点,如图 7.12 所示。图 7.13 是控制反馈的示例。

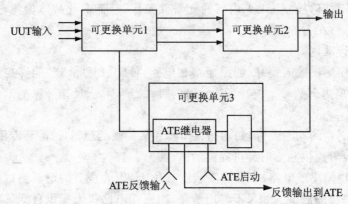

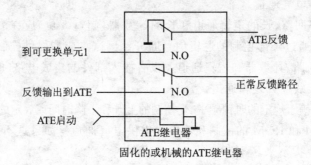

图 7.10 打开反馈环示例

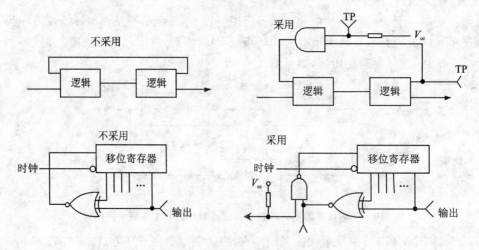

图 7.11 附加逻辑元件控制反馈

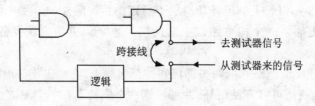

图 7.12 用跨接线控制反馈

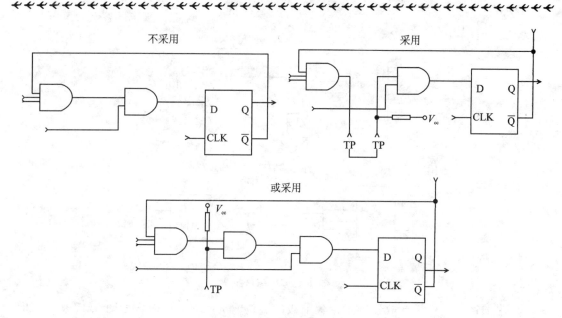

图 7.13 控制反馈环设计示例

(2) 复杂时序电路的简化测试控制

为控制时序电路并对部分电路的工作进行测试,附加的元器件可用于强制某一状态,使测试易于进行。如锁存电路的附加输入允许由外部控制锁存器,如图 7.14 所示。

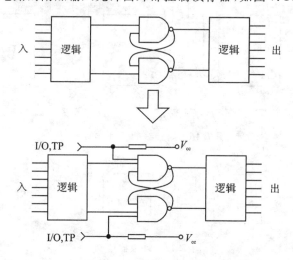

图 7.14 外部控制锁存器

电路中只要某一个点允许多状态,那么一个附加的输入就能从外部启用该点,如图 7.15 所示。

(3) 计数器链测试控制

① 在计数器可直接加载的情况下,给长计数器链的直接加载线增加控制信号。

② 断开计数器级间的连接,使每一级用最少的时钟脉冲记数。如下技术可供使用。

● 附加一个驱动器使级间连线断开,但要小心,以免计数器内部损坏。

● 插入一对测试点,从结构上断开级间连线。在正常工作时,这对测试点用跨接线短路,如图7.16所示。

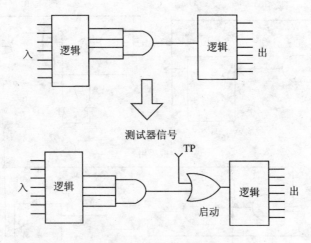

图 7.15 外部启动

- 附加逻辑元件使计数器能不依赖前级的进位输出而独立计时。如图7.17所示,如后段计数器在低位时是可工作的,则附加的"与"门将允许后段计数器独立工作。

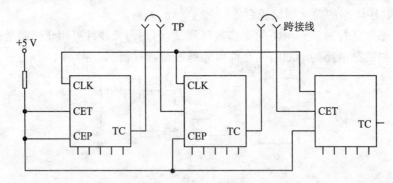

图 7.16 跨接线断开计数器链

图 7.17 计数器控制

7.1.5 测试观测

可观测性是指确定或描述UUT有关信号可被观测程度的一种设计特性。要求提供测试点、数据通路和电路,使BIT或ATE能观测UUT内故障特征数据,便于故障检测与隔离。观测点/测试点的选择应足以准确地确定有关内部节点的数据。

下述指南和准则可用于观测性设计。

① 使用空的I/O引脚提供到内部节点(即不可达的)的通道。

② 使用奇偶发生器取得数字印制电路板的高可观测性,而不用过分依赖于把电路板边缘

③ 选择测试点使之最易接近内部节点,以准确地确定重要的内部节点的数据,如图 7.18 所示。

④ 利用印制电路板上的发光二极管显示来指示重要电路的正常工作。例如,供电电压正常,有时钟或锁相回路锁闭等。

⑤ 所使用的故障指示和显示器应使测试通过时总是指示无故障,而有故障的指示或显示总是指示一个故障状态,不管这故障是由输入还是显示器本身有故障引起的。

⑥ 对关键的故障指示和显示器,应提供可选择的测试方法,如"按钮测试",以有效验证其工作。

⑦ 使用多路转换器来减少故障隔离的边缘连接器输出端数、调整点和测试点。

⑧ 应尽量避免用线"与"或线"或"连接(会产生模糊隔离),把线与连接分为较小的隔离模糊组,如图 7.19 所示。

⑨ 应尽量避免采用余度电路,因为从输出端不能区分是哪一个余度故障。如果当接头断开时电路的输出没有发生变化,那么电路中的这个接头就是有余度的。

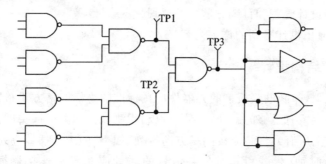

图 7.18　测试点(TP)设在内部(大的扇入和扇出点)

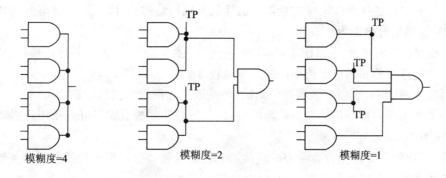

图 7.19　减少隔离模糊度设计

7.1.6　元器件选择

① 在满足性能要求的前提下,优先选用具有好的测试性的元器件和装配好的模块;优先选用内部结构和故障模式已充分描述的集成电路。

② 如果性能要求允许,应采用使用标准件的结构化简单设计,而不采用使用非标准件的随机设计。在生成测试序列时,优先考虑常规的、系统化的测试,而不采用技术难度大的测试。

尽管后者的测试序列短。

7.1.7 其 他

模拟电路和数字电路的设计、测试点、传感器、指示器、连接器和兼容性等,详见7.2节。

7.2 测试性设计准则

7.1节介绍了提高硬件设计可测试特性的几个主要问题和设计方法,这一节给出测试性和BIT通用设计准则。承制方可以此通用设计准则为基础,根据所研制型号和系统的特点,经过剪裁制定出具体型号和系统的测试性设计准则。具体型号的系统和设备的测试性设计准则是测试性设计的重要文件之一,其主要作用如下。

① 规定了系统和设备测试性设计中应遵循的原则和要求,使设计者方便地把可测试特性结合到产品设计中去,不会忽略或遗忘应该考虑的某种特性设计。

② 通过贯彻测试性设计准则情况的检查与评审,可以尽早发现设计缺陷,采取改进措施。同时,这也是测试性设计管理和订购方监控的手段之一。

以下是测试性通用设计准则的详细内容。

7.2.1 电子功能结构设计

① 为了便于识别,印制电路板上的元器件应按标准的坐标网格方式布置。

② 元器件之间应留有足够的空间,以便可以利用测试夹和测试探头进行测试。

③ 印制电路板上所有元件均应按同一方向排列(如IC的1号插针应处于相同位置)。

④ 电源、接地、时钟、测试和其他公共信号的插针应布置在连接器插针的标准(固定)位置。

⑤ 印制电路板连接器或电缆连接器上的输入和输出信号插针的数目,应与所选择测试设备的输入和输出信号的能力相兼容。

⑥ 连接器插针的布置,应保证若结构相邻的插针短路,也不会引起其损坏或损坏程度最小。

⑦ 印制电路板的布局应支持导向探头测试技术。

⑧ 为改善ATE对表面安装器件的测试,应采取措施保证将测试用连接器纳入设计。

⑨ 为了减少所需的专用接口适配器的数目,在每块印制板上应尽可能使用可拆除的短接端子或键式开关。

⑩ 无论何时,只要可能就要在I/O连接器和测试连接器上尽可能包括电源和接地线。

⑪ 应考虑测试和修理要求对敷形涂覆的影响。

⑫ 设计时应避免采用会降低测试速度的、需有特殊准备(如特殊冷却)要求的元器件。

⑬ 项目的预热时间应尽可能短,以便使测试时间最短。

⑭ 每个硬件部件均应有清晰的标志。

⑮ 插头的机械编码应可由测试连接器重写,以减少所需的测试连接器的数量。

7.2.2 电子功能划分

① 需要测试功能的全部元器件应安装在一块印制电路板上。

② 如果在一块印制电路板上设有一个以上的功能,那么它们应保证能够分别测试或独立测试。
③ 在混合功能中,数字和模拟电路应能分别进行测试。
④ 在一个功能中,每块被测电路的规模应尽可能小,以便经济地进行故障检测和隔离。
⑤ 如果需要,上拉电阻应与驱动电路安装在同一印制电路板上。
⑥ 为了易于与测试设备兼容,模拟电路应按频带划分。
⑦ 测试所需的电源数目应与测试设备相一致。
⑧ 测试要求的激励源的类型和数目应与测试设备相一致。
⑨ 故障不能准确隔离的一组元器件应放在相近的地方或同一封装内。

7.2.3 测试控制

① 应使用连接器的空余插针将测试激励和控制信号从测试设备引到电路内部的节点。
② 电路初始化应尽可能容易和简单(总清,初始化序列小于 N 个时钟周期)。
③ 设计应保证余度元件能进行独立测试。
④ 应能利用测试设备的时钟信号,断开印制电路板上的振荡器和所有的逻辑驱动电路。
⑤ 在测试模式下,应能将长的计数器链分成几段,每一段都能在测试设备控制下进行独立测试。
⑥ 测试设备应能将被测单元从电气方面把项目划分成较小的、易于独立测试的部分(将三态器件置于高阻抗状态)。
⑦ 应避免使用单稳触发电路;不可避免时,应具有旁路措施。
⑧ 应采取措施保证可以将系统总线作为一个独立整体进行测试。
⑨ 反馈回路应能在测试设备控制下断开。
⑩ 在有微处理器的系统中,测试设备应能访问数据总线、地址总线和重要的控制线。
⑪ 在高扇入的节点(测试瓶颈)上应设置测试控制点。
⑫ 应为具有高驱动能力要求的控制信号设置输入缓冲器。
⑬ 应采用多路转换器和移位寄存器之类的有源器件,使测试设备能利用现有的输入插针控制所需的内部节点。
⑭ 需要大驱动电流的有源测试点应装有自己的驱动器级。

7.2.4 测试通路

① 应使用连接器的备用插针,为测试仪器提供附加的内部节点数据。
② 信号线和测试点应设计成能驱动测试设备的容性负载。
③ 应提供使测试设备能监控印制电路板上的时钟并与之同步的测试点。
④ 电路的测试通路点应位于高扇出点上。
⑤ 应采用缓冲器和多路分配器保护那些因偶然短路而可能损坏的测试点。
⑥ 当测试点是锁存器且易受反射信号影响时,应采用缓冲器。
⑦ 应采用有源器件(如多路分配器和移位寄存器),以便利用现有的输入插针将需要的内部节点数据传输到测试设备上。
⑧ 为了与测试设备相兼容,被测单元中的所有高电压在提供给测试通路前,应按比例

降低。

⑨ 测试设备的测量精度应满足被测单元的容差要求。

7.2.5 元器件选择

① 使用元器件的品种和类型应尽可能地少。

② 元器件如有独立刷新要求,测试时,应有足够的时钟周期保障动态器件的刷新。

③ 被测单元使用的元器件应属于同一逻辑系列;如果不是,则相互连接时应使用通用的信号电平。

④ 应避免使用继电器,因为消除触点抖动需要附加部件。

⑤ 在满足性能要求的条件下,优先选择具有好的测试性的元器件和装配好的模块;优先选择内部结构和故障模式已充分了解的集成电路。

⑥ 如果性能要求允许,应提供使用标准件的结构化简单设计,而不采用使用非标准件的随机设计。在生成测试序列时,优先考虑常规的、系统化的测试,而不采用技术难度大的测试,尽管后者的测试序列短。

7.2.6 模拟电路设计

① 每一级的有源电路应至少引出一个测试点到连接器上。

② 每个测试点应经过适当的缓冲或与主信号隔离,以避免干扰。

③ 应避免对产品进行多次且有互相影响的调整。

④ 应保证不用借助其他被测单元上的偏置电路或负载电路,而电路的功能仍是完整的。

⑤ 与多相位有关的或与时间相关的激励源的数量应最少。

⑥ 要求对相位和时间测量的次数应最少。

⑦ 要求的复杂调制测试或专用定时测试的数量应最少。

⑧ 激励信号的频率应与测试设备能力相一致。

⑨ 激励信号的上升时间或脉冲宽度应与测试设备能力相一致。

⑩ 测量的响应信号频率应与测试设备能力相一致。

⑪ 测量时,响应信号的上升时间或脉冲宽度应与测试设备能力相兼容。

⑫ 激励信号的幅值应在测试设备的能力范围之内。

⑬ 测量时,响应信号的幅值应在测试设备的能力范围之内。

⑭ 设计上应避免外部反馈回路。

⑮ 设计上应避免使用温度敏感元件或保证可对这些元件进行补偿。

⑯ 设计上应尽可能允许在无须散热的条件下进行测试。

⑰ 应尽量使用标准连接器。

⑱ 放大器和反馈电路结构应尽可能简单。

⑲ 在一个功能完整的电路中,不应要求任何附加的缓冲器。

⑳ 输入和输出插针应从结构上分开。

㉑ 如果电压电平是关键,那么所有超出 1 A 的输出就应设有多个输出插件,以便允许对模拟输出采用开尔文(Kelvin)型连接,并可将电压读出且反馈到被测单元(UUT)中的电流控制电路。因而,开尔文型连接允许在 UUT 输出端维持一规定的电压。

㉒ 电路的中间各级应可通过利用 I/O 连接器切断信号的方法进行独立测试。

㉓ 模拟电路所有级的输出(通过隔离电阻)应适用于模块插针。

㉔ 带有复杂反馈电路的模块应具有断开反馈的能力,以便对反馈电路和(或)器件进行独立测试。

㉕ 所有内部产生的参考电压应引到模块插针。

㉖ 所有数字控制功能应能独立测试。

7.2.7 大规模集成电路、超大规模集成电路和微处理器

① 应最大限度地保证大规模集成电路(LSI)、超大规模集成电路(VLSI)和微处理器可直接并行存取。驱动 LSI、VLSI 和微处理器输入的保证电路应是三稳态的,以便测试人员可以直接驱动输入。

② 采取措施保证测试人员可以控制三态启动线和三态器件的输出。

③ 如果在微处理器模块设计中使用双向总线驱动器,那么这些驱动器应布置在微处理器/控制器及其任一支撑芯片之间。微处理器 I/O 插针中双向缓冲器控制器应易于控制,最好是在无须辨认每一模式中插针是输入还是输出的情况下,由微处理器自动控制。

④ 应使用信号中断器存取各种数据总线和控制线内的信号。当由于 I/O 插针限制不能采用信号中断器时,应考虑采用扫描输入和扫描输出以及多路转换电路。

⑤ 选择特性(内部结构、器件功能、故障模式、可控性和可观测性等)已知的部件。

⑥ 为测试设备留出总线,数据总线具有最高优先级。尽管监控能力将有助于分辨故障,但测试设备的总线控制仍是最希望的特性。

⑦ 含有其他复杂逻辑器件的模块中的微处理器也应作为一种测试资源。对于有这种情况的模块,有必要在设计中引入利用这一资源所需的特性。

⑧ 通过禁止/超越技术,或借助于直接独立的插针输出,控制 ATE 时钟。

⑨ 如果可能,提供"单步"动态微处理器或器件。

⑩ 利用三态总线改进电路划分,从而将模块测试降低为一系列器件功能块的测试。

⑪ 三态器件应利用上拉电阻控制浮动水平,以避免模拟器在生成自动测试向量期间,将未知状态引入电路。

⑫ 自激时钟和加电复位功能在其不能禁止和独立测试时,不应直接连接到 LSI/VLSI/微处理器中。

⑬ 设计到 LSI、VLSI 或两者混合、或微处理器中的所有 BITE,应通过模块 I/O 连接器提供可控性和可观察性。

7.2.8 射频(RF)电路设计

① 发射机(变送器)输出端应有定向耦合器或类似的信号敏感/衰减技术,以用于 BIT 或脱机测试监控(或者两种兼用)。

② 如果 RF 发射机使用脱机 ATE 测试,则应进行适当的测试安装(微波暗室、屏蔽室)设计,以便在规定的频率和功率范围内安全地测试所有项目。

③ 为准确模拟要测试的所有 RF 信号负载要求,在脱机 ATE 或者 BIT 电路中,应使用适当的终端负载装置。

④ 在脱机 ATE 内应提供转换测试射频被测单元(RF UUT)所需的全部 RF 激励和响应信号。

⑤ 为补偿测量数据中的开关和电缆导致的误差,脱机 ATE 或 BIT 的诊断软件应提供调整 UUT 输入功率(激励)和补偿 UUT 输出功率(响应)的能力。

⑥ RF UUT 使用的信号频率和功率应不超出 ATE 激励/测量能力;如果超过,则 ATE 内应使用信号变换器,以使 ATE 与 UUT 兼容。

⑦ UUT 的 RF 测试输入/输出(I/O)接口部分,在机械上应与脱机 ATE 的 I/O 部分兼容。

⑧ UUT 与 ATE 的 RF 接口设计,应保证系统操作者不用专门工具就可迅速且容易地连接和断开 UUT。

⑨ RF UUT 设计应保证无须分解就能完成任何组件或分组件的修理或更换。

⑩ 应提供充分的校准 UUT 的测试性措施(可控性和可观测性)。

⑪ 应建立 RF 补偿程序和数据库,以便用于校准使用的所有激励信号和通过 BIT 或脱机 ATE 到 RF UUT 接口测量的所有响应信号。

⑫ 在 RF UUT 接口处,每个要测试的 RF 激励/响应信号均应明确规定。

7.2.9　光电(EO)设备设计

① 应设有光分离器和光耦合器,以便无须进行较大分解就可访问信号。

② 光学系统应进行功能分配,以便对它们及其相关的驱动电子设备进行独立测试。

③ 预定用于脱机测试的测试装置应达到所要求的机械稳定性。

④ 应将温度稳定性纳入测试装置及 UUT 设计,以保证在整个正常工作环境中有一致的性能。

⑤ ATE 系统、光源和监控系统应有足够的波长范围,以便适用于各种 UUT。

⑥ 为获得准确的光学读数(对准),应有足够的机械稳定性和可控性。

⑦ 应能自动进行轴线校准或使之无须校准。

⑧ 应有适当的滤波措施,以达到光线衰减要求。

⑨ 光源在整个工作范围内应提供足够的动态特性。

⑩ 监控器应具有足够的灵敏度,以适应广泛的光强度范围。

⑪ 所有调制模型均应被仿真、激励和监控。

⑫ 测试程序和内部存储器应能测试灰色阴影的像素。

⑬ 应能不用较大的分解或重新排列即可保证光学部件的可达性。

⑭ 为聚焦和小孔成像,目标应能自动控制。

⑮ 平行光管(准直仪)应能在整个运动范围内自动可调。

⑯ 平行光管应有足够的运动范围,以满足多种测试应用。

7.2.10　数字电路设计

① 数字电路应设计成主要以同步逻辑电路为基础的电路。

② 所有不同相位和频率的时钟都应来自单一主时钟。

③ 所有存储器都应该用主时钟导出的时钟信号来定时(避免使用其他部件信号定时)。

④ 设计应避免使用阻容单稳触发电路和避免依靠逻辑延时电路产生定时脉冲。
⑤ 数字电路应设计成便于"位片"测试。
⑥ 在重要接口设计中,应提供数据环绕电路。
⑦ 所有总线在没有选中时,应设置缺省值。
⑧ 对于多层印制电路板,每个主要总线的布局应便于用电流探头或其他技术,在节点外进行故障隔离。
⑨ 只读存储器(ROM)中每个字应确切规定一个已知输出。
⑩ 选择了不用的地址时,应产生一个明确规定的错误状态。
⑪ 每个内部电路的扇出数应低于一个预定值。
⑫ 每块电路板输出的扇出数应低于一个预定值。
⑬ 在测试设备输入端时滞可能成为问题的情况下,电路板的输入端应设有锁存器。
⑭ 设计上应避免"线或"逻辑。
⑮ 设计上应采用限流器,以防止发生"多米诺"效应。
⑯ 如果采用了结构化测试性设计技术(如扫描通路、信号特征分析等),那么应满足所有的设计规则要求。
⑰ 应为微处理器和其他复杂部件提供插座。
⑱ 电路应初始化到一明确的状态,以便确定测试的方式。
⑲ 时钟和数据应是独立的。
⑳ 所有存储单元必须能变换两种逻辑状态(即状态 0/1),而且对于给定的一组规定条件的输出状态必须是可预计的。必须为存储电路提供直接数据输入(即预置输入),以便对带有初始测试数据的存储单元加载。
㉑ 计数器中测试复盖率损失与所加约束的程度成正比。应保证计数器高位字节输入是可观察的,这样至少可部分地提高测试性。
㉒ 不应从计数器或移位寄存器中消除模式控制。
㉓ 计数器的负载或时钟线不应被同一计数器的存储输出激励。
㉔ 所有只读存储器(ROM)和随机存取存储器(RAM)输入必须可在模块 I/O 连接器上观察。所有 ROM_s 和 RAM_s 的芯片选择线,在允许主动操作的逻辑极性上不要固定,RAM_s 应允许测试人员进行控制以执行存储测试。
㉕ 利用单脉冲可在不损失测试性的情况下激励存储块的时钟线。如果单脉冲激励组合电路,则测试性会大大损失。
㉖ 长串的顺序逻辑应借助门电路断开和再连接。
㉗ 大的反馈回路应借助门电路断开和再连接。
㉘ 对于大量的存储块,应利用多条复位线代替一条共用的复位线。
㉙ 所有奇偶发生和校验器必须能变换成两种输出逻辑状态。
㉚ 所有模拟信号和地线必须与数字逻辑分开。
㉛ 不可预计输出的所有器件必须与所有数字线分开。
㉜ 来源于 5 个或更多个不同位置的"线或"信号必须分成几个小组。
㉝ 模块设计和 IC 类型应最少。
㉞ 模块特性(功能、插针数和时钟频率等)应与所计划的 ATE 资源相兼容。

㉟ 改错功能必须具有禁止能力，以便主电路可以对故障进行独立测试。

7.2.11 机内测试(BIT)

① 每个项目内的 BIT 应能在测试设备的控制下执行。
② 测试程序组合(TPS)应设计成能利用 BIT 能力的方式。
③ UUT 上的重要功能应采用 BIT 指示器。BIT 指示器的设计应保证在 BIT 故障时给出故障指示。
④ BIT 应采用积木式方式(即在 BIT 测试之前应对该功能的所有输入进行检查)。
⑤ 积木式 BIT 应充分利用功能电路。
⑥ 组成 BIT 的硬件、软件和固件的配置应保证最佳。
⑦ UUT 上的只读存储器(ROM)应有自测试子程序。
⑧ 自测试电路应设计成可测试的。
⑨ 应有办法确定是硬件还是软件导致故障指示。
⑩ BIT 应具有保存联机测试数据的能力，以便分析维修环境中不能复现的间歇故障和运行故障。
⑪ 预计的 BIT 电路的故障率应在指定的约束范围内。
⑫ 由于设置 BIT 引起质量的增加应在指定的约束范围内。
⑬ 由于设置 BIT 引起体积的增加应在指定的约束范围内。
⑭ 由于设置 BIT 引起的附加功耗增加应在指定的约束范围内。
⑮ 由于设置 BIT 所需增加的元器件数量应在指定的约束范围内。
⑯ 存储在软件或固件中的 BIT 门限值应便于根据使用经验进行必要的修改。
⑰ 为了尽量减少虚警，BIT 传感器数据应进行滤波和处理。
⑱ BIT 提供的数据应满足系统使用和维修人员的不同需要。
⑲ 应为置信度测试和诊断软件留有足够的存储空间。
⑳ 任务软件应具有足够的检测硬件错误的能力。
㉑ BIT 的故障检测时间应与被监控功能的关键性相对应。
㉒ 在确定每个参数的 BIT 门限值时，应考虑每个参数的统计分布特性、BIT 测量误差、最佳的故障检测和虚警特性。
㉓ BIT 的设计应保证其不会干扰主系统功能。

7.2.12 性能监控

① 应根据 FMEA 确定系统工作和用户要求监控的关键功能。
② 监控系统的输出显示应符合人机工程要求，以确保用最适用的形式为用户提供要求的信息。
③ 为保证来自被监控系统的数据传输与中央监控器相兼容，应建立接口标准。

7.2.13 机械系统状态监控

① 机械系统状态监控及战斗损伤监控功能应与其他性能监控功能结合起来。
② 应设置预防维修监控功能(燃油分析、减速器破裂)。

③ 应制定计划维修程序。

7.2.14 诊断能力综合

① 应制定和采用垂直测试性方案并写入文件。

② 在每一维修级别上,应确定保证测试资源与其他诊断资源相兼容的方法(技术信息、人员和培训)。

③ 诊断策略(相关性图表、逻辑图)应写入文件。

7.2.15 测试要求

① 应进行修理等级分析。

② 在各维修级别上,对每个被测单元应确定如何使用 BIT,ATE 和通用电子测试设备来进行故障检测和故障隔离。

③ 计划的测试自动化程度应与维修技术人员的能力相一致。

④ 对每个被测单元,测试性设计的水平应支持修理级别、测试手段组合及测试自动化的程度。

7.2.16 测试数据

① 时序电路的状态图应能识别无效序列和不确定的输出。

② 如果使用计算机辅助设计,则计算机辅助设计的数据库应能有效地支持测试生成过程和测试评价过程。

③ 对设计中使用的大规模集成电路,应有足够的数据准确地模拟大规模集成电路并产生高置信度的测试。

④ 对计算机辅助测试生成,软件应满足程序容量、故障模拟、部件库和测试响应数据处理的要求。

⑤ 在由设计工程师编写的测试性要求文件中,应包括对测试性设计师建议的测试性特性。

⑥ 每个主要的测试均应包含有测试流程图。测试流程图应仅限于少数几张图表,图表之间的连接标志应清楚。

⑦ 被测单元每个信号的容差范围应是已知的。

⑧ 布局的更改应尽快通知测试人员。

7.2.17 测试点

① 应提供性能监控、检测被测系统/设备功能、估价静态参数和隔离故障的外部和内部测试点。在满足故障检测与隔离要求的条件下,测试点的数量应尽可能地少。

② 测试点的设计应作为系统/设备设计的一个组成部分。所提供的测试点应能进行定量测试、性能监控、故障隔离、校准或调整。测试点与新设计的或计划选用的自动测试设备兼容。应优先测试对任务而言是最重要的功能和可作为故障诊断依据的特性;优先测试最不可靠或最易受影响的功能或部件。

③ 外部测试点:除另有规定外,在 LRU 外壳上应提供外部检测点,以便对系统进行功能核对或监控,以及对 LRU 与 SRU 进行故障隔离。外部测试点应尽可能组合在一个检测插座

中，并应备有与外壳相连的盖帽。

- 原位级测试点：外部测试点应能使用外部激励源，以便对系统进行定量检查和测量。当LRU处于武器安装位置时，无须断开工作连接器就可进行检测。所提供的测试点应能做到：对LRU进行明确的故障检测与隔离、校准或调整；对机内测试进行核对或校准。
- 中间级测试点：每个LRU应该提供修理厂级的外部测试点，以便当LRU从武器系统中取出送到修理厂维修时使用。提供的测试点应能对LRU进行定量检查、校准或调整以及其他功能试验。有故障时，自动测试设备利用外部测试点可把故障隔离到SRU，隔离率及模糊组大小（模糊度）应能满足合同规定的要求。

④ 内部测试点：每个SRU也应提供测试点，以便当SRU从LRU拆下时能使用外部测试设备和激励源，对其性能进行测量、校准或调整。内部测试点应能把非失真的信号提供给测试设备，并提供测量输入和输出参数的手段。有故障时，也能把故障隔离到SRU中的部件或零件（即SUB-SRU），隔离率与模糊组大小应符合技术要求。

⑤ 测试点的选择：被测装置（UUT）测试点的数目和位置根据下列原则来确定，即
- 根据故障检测和隔离要求来选择测试点；
- 选择的测试点应能迅速地通过系统/设备的插头或专用测试插头连到ATE上；
- 选择测试点时，应使得高电压值和大电流值符合安全要求；
- 测试点的测量值都以某公共的设备地为基准；
- 测试点与ATE间采取电气隔离措施，保证不致因设备连到ATE上而降低设备的性能；
- 高电压和大电流的测量点，在结构上要与低电平信号的测试点隔离；
- 选择测试点时，应适当考虑便于ATE测试使用，而且要符合合理的频率要求；
- 选择的测试点应把模拟电路和数字电路分开，以便独立测试；
- 测试点的选择应适当考虑合理的ATE测量精度要求。

⑥ 测试点应有与维修手册规定一致的明显标记，如编号、字母或颜色。

7.2.18 传感器

① 传感器是指设计到系统中的一种装置，它把特定参数转换为便于测试分析的形式。传感器有以下两种类型。
- 无源传感器：除被测信号外，不要求施加电源的传感器；
- 有源传感器：除被测信号外，要求施加电源的传感器。

② 只要有可能，应优先使用无源传感器而不使用有源传感器。如必须使用有源传感器时（为提供从无源传感器不能得到的必要信息），则应使其对电路与传感器组合的可靠性影响最小。

③ 应避免使用需要校准（初始校准或其他校准）的传感器。

④ 所有传感器均要通过采用良好的设计准则进行设计，必要时采用滤波器或屏蔽，以使电磁辐射造成的干扰最少。

⑤ 传感器的灵敏度对系统分辨率必须是适当的，信号输出形式应适应测试系统要求，并且有足够的频率响应。

⑥ 负载影响和失真最小，物理特性应能满足使用要求。

⑦ 传感器的测量范围应满足测试系统要求。

第 7 章　固有测试性设计与评价

⑧ 传感器的可靠性、维修性方面应满足规定要求，不应影响系统的可靠性及维修性。
⑨ 为获得宽频带动态数据，压力传感器的放置应靠近压力敏感点。
⑩ 传感器的选择应考虑传感器的工作环境条件。
⑪ 应考虑测试介质和敏感元件之间的热惯性(滞后)。
⑫ 应制定校准敏感装置的程序。

7.2.19　指示器

① 所选指示器应便于使用和维修人员监视和理解。
② 在电子系统准备状态显示面板上，可以把各分系统和设备的指示器集中在一起，以便综合显示多种系统信息。
③ 空勤人员指示器。系统状态和警告或警戒指示器的设计应符合空勤人员使用要求，系统状态指示器应提供系统准备或功能良好和不好的指示。
④ 故障指示器。故障指示器应能连续显示故障信号，BIT 信息应能激发位于 LRU 中的 GO/NO GO 指示。LRU 等级的故障指示器当电源中断或移去时，应能保持最近的测试结果。当产品处于其正常安装位置时，维修人员应能看到所有故障指示器。

7.2.20　连接器

(1) 器件连接器
- 器件连接器的触点布局应采用标准形式，电源电压、数字与模拟信号的触点的安排应与集成电路中的类似，如针 8 为接地、针 16 为电源电压。
- 当必须使用一个以上的测试连接器时，信号应合理地收集和分配。当模拟和数字信号均需要激励和测量时，数字和模拟信号应各自仅送到一个连接器中。
- 高压或高频信号应优先安排在中间，以便使电磁干扰最小。
- 相同类型的连接器应进行编号，以避免错误连接或损坏。
- 对敏感或高频信号应采用同轴线连接，以便最大程度地避免外部电磁干扰。
- 连接器的机械结构应允许快速更换插针，因为常见的故障是由于不适当地处理或拆卸电缆，使触点断开造成的。
- 连接器应安装在可达的地方，以便进行更换和修理。如果仅需要更换一个连接器，最好不要拆下整个单元，因为经验证明，组装可能会引起新的故障和降低该单元的可靠性。
- 如果可能，应使用零插拔力连接器，即在插拔连接器时所需的力最小。
- 为了保证测试目标与测试设备的适配更简单和有效，器件连接器数量应尽可能地少。
- 应避免使用专用的插拔工具。

(2) 模块连接器
- 只要有可能，在同一类设备中，组件块和模块应尽量采用相同类型的连接器。采用相同类型的连接器可以减少备件的类型和数量，从而降低费用。
- 模块连接器中所有功能触点，包括电源电压、接地连接和所有测试触点，均应以与器件连接器相同的方式进行布局。
- 连接器应用机械的方法进行编码，以防止无意中将一个模块连接到其他接受同一类型连接器的功能中去。

- 连接器的选择应保证仅用微小的力就可装或拆,以防止连接器承受高机械应力。这同样适用于器件连接器。
- 在适当的情况下,应考虑使用标准插件板。这主要适用于修理费用比插件板还贵的情况。
- 当功能连接器不能提供足够的内部测试点时,在组件块内应考虑使用测试连接器,如 IC 插座。
- 在与自动测试设备一起使用时,应避免通过中断机械连接或利用 IC 接线柱存取测试点的数据。因为这两种方法均要求在测试过程中进行人工干预,从而可能会引入错误。类似的问题也会出现在使用人工导向探针时。通常,用于引出印制电路板或模块内测试点数据的方法的优先顺序如下。
  - 功能连接器。
  - 在插件板的边缘增加测试连接器。
  - 在模块中加入附加测试连接器(如 IC 插座)。
  - 钉床,仅适用于 PCB 没有密封的情况。
  - IC 插件板。
  - 拆卸机械连接。
  - 使用探头、测试插件板。

7.2.21 兼容性

① 功能模块化。检查在所有装配和拆卸层次的 LRU 功能是否都模块化了。

② 功能独立性。检查 LRU 和 SRU 是否能被测试而不用其他 LRU 和 SRU 激励,以及对其他的 LRU 和 SRU 模拟。

③ 调整。检查在外部测试设备(ETE)或 ATE 上测试时,是否要进行调整(如平衡调节、调谐和对准等)。一次调整包括改变可调元件(如电位计、可变电容器、可变电感器和变压器等)而影响设备工作的所有活动。

④ 外部测试设备(ETE)。检查外部设备是否需要产生激励或监控响应信号。

⑤ 环境。检查 LRU 或 SRU 在 ETE 或 ATE 上测试时是否需要特殊的环境,如真空室、油槽、振动台、恒温箱、冷气和屏蔽室等。

⑥ 激励和测量精度。高置信度的测试所需的激励和测量精度。

⑦ 测试点的充分性。检查是否为进行无模糊的故障隔离和监控余度电路、BIT 电路提供了足够的测试点。

⑧ 测试点特性。确定测试点的阻抗和电压值。

⑨ 测试点隔离。确定驱动 LRU 所需的电流和电压,以及为消耗 LRU 输出功率所需的负载。

⑩ 预热。检查 LRU 或 SRU 是否需要在 ETE 或 ATE 上预热,以保证精确测试。

7.3　固有测试性评价

在系统和设备研制过程中应对其固有测试性进行分析与评价,以便确定硬件设计是否有利于测试并确定存在的问题,尽早采取改进措施。

7.3.1 通用设计准则剪裁原则

制定具体系统和设备的测试性设计准则,可以以通用设计准则为基础,结合具体系统特点经过剪裁而形成。7.2 节给出的通用设计准则内容和条目很多,几乎包括了测试性设计要考虑的全部范围,许多条目可能对特定的 UUT 不适用,而且通用准则也可能未包括特定 UUT 的特殊设计要求。所以,通用准则要经过剪裁才能得出适合于具体系统或设备的测试性设计准则。

通用准则的剪裁原则如下。

① 选用适用于具体系统设计的准则条目。例如测试控制、测试观测以及功能与结构划分等部分中许多条目,适用于系统、分系统和 LRU 及电路板级。

② 去掉不适用于具体系统设计的准则条目。例如模拟电路设计及数字电路设计准则就不适用于系统和分系统级产品;故障信息存储和指示器一般也不适用于电路设计。

③ 选用经适当修改后适用于具体系统设计的准则条目。例如 BIT 部分中有些条目也适用于机械类产品测试,但需要将"BIT"一词改用其他适当的词。

④ 增加通用准则中没有而具体系统设计又需要的准则条目。

⑤ 如可能,还可以在具体系统测试性设计准则中指出订购方规定为必须遵守的准则条目,这些条目设计者必须 100 %地执行,并应单独评价。它不属于设计权衡的内容。

7.3.2 简单分析评价方法

该评价方法仅是对照具体系统测试性设计准则逐条分析检查,判定是否贯彻到产品设计中去了。在统计未贯彻的条数 K 和准则总条数 N 之后,固有测试性评分 T_I 为

$$T_I = \frac{N-K}{N} \times 100\ \% \tag{7.1}$$

这种简单评价方法未考虑各条设计准则的重要程度和贯彻执行程度的不同,仅是判定"是"或"否"贯彻执行了设计准则。

未贯彻条数 K 中若包含有订购方规定必须遵守的条目,则应改进设计。如评分未达到 100 %,则应分析原因和分析是否能达到定量测试性要求值,根据具体情况确定是否通过固有测试性评定。

7.3.3 加权评分法

国家军用标准 GJB 2547 和美国军用标准 MIL—STD—2165 中给出的固有测试性评价方法是加权评分方法。对于每一条准则,依据其贯彻执行情况确定基本得分,再乘以它的加权系数,可得到各条准则的得分。系统或设备的固有测试性总评分等于各条设计准则得分的加权均值,如果是 100 分,则表示各条准则都很好地贯彻执行了。

1. 加权原则

各条设计准则对系统或设备测试性的贡献或重要度是不一样的,通过赋予不同的权值来考虑这种影响。

根据各条准则对测试的相对重要程度,分别确定 1~10 的权值,一般原则是:

① 对满足测试性要求是关键性的设计准则,分配加权系数为 10;

② 对满足测试性要求是重要的但不是关键性的设计准则,规定加权系数为 5;
③ 对测试性有益,但对满足测试性要求不是重要的设计准则,规定加权系数为 1。

此外,也可参考表 7.1 来确定各条准则的权值。

表 7.1 加权系数参考表

对测试性的重要性	加权系数	说明	例子
关键性的	8~10	获得费用有效的测试所需要的项目	结构与功能划分,测试文件
很重要的	5~7	获得可接受的综合测试水平所需要的项目	控制和观测点的选择
重要的	3~4	对适应自动测试所需要的项目	与 ATE 接口的考虑
有关测试时间的	2	影响测试时间要求的项目	UUT 预热时间
有关便于测试的	1	为测试提供方便的项目	提供外部设备测点

2. 固有测试性要求分值

订购方应确定用于固有测试性分析评价的最低要求值。由于评价对象的广泛性,所以无法推荐单一的"最合理的"最低要求值。具体系统测试性设计准则的加权系数确定之后,最后评分为 100 分时,表示双方一致同意的测试性设计准则已经全部结合到设计中去了。虽然目标应该是保证设计能 100% 地符合规定的测试性设计准则,但对于具体系统或设备应根据实际情况和可能性对这个目标进行调整,不能都要求达到 100 分。

在进行固有测试性评价时,最低要求值一般为 85~95 分。通常要经过一个协商过程才能最后确定固有测试性最低要求值。这往往不是由于设计技术上的限制,还要考虑费用、进度和对其他专业工程的影响等。

3. 加权评分步骤

① 建立具体系统或设备的固有测试性核对表(由通用准则剪裁而成),格式如表 7.2 所列。其中第 1 栏的各条准则最好改成问句形式。

② 确定每条准则的加权系数 W_i,并填入核对表中,$1 \leqslant W_i \leqslant 10$。

③ 确定采用的记分办法为 0~100 分,其中 100 分表示测试性准则全部贯彻执行了;0 分表示没有考虑测试性设计。

④ 确定固有测试性最低要求分值。

⑤ 以上①,②,③,④内容应经订购方同意。

⑥ 分析统计每条设计准则适用的设计属性(分析对象)数 N,并填入核对表中(例如电路板中的节点总数 N)。

⑦ 根据设计资料确定符合每条设计准则的设计属性(分析对象)数目 N_T,并填入表中(例如测试器可达的电路板的节点数 N_T)。

⑧ 根据记分方法计算每条设计准则的得分 S_i,这里用的方法如下。

- 对于可统计适用属性(分析对象)数的准则: $S_i = \dfrac{N_T}{N} \times 100$
- 对于只回答"是(符合准则)"或"否(不符合准则)"的准则:
  回答"是"时,$S_i = 100$;回答"否"时,$S_i = 0$。

第7章 固有测试性设计与评价

⑨ 计算总的固有测试性评分 T_I。

$$T_I = \sum_{i=1}^{n} W_i S_i \Big/ \sum_{i=1}^{n} W_i \tag{7.2}$$

把上述计算结果填入核对表中。

表 7.2 固有测试性核对表

测试性设计准则	加权系数 W_i	适用属性或对象数 N	符合准则属性或对象数 N_T	得分 $S_i = \dfrac{N_T}{N} \times 100$	加权得分 $S_{wi} = W_i S_i$
准则 1 内容					
准则 2 内容					
…					
…					
…					
准则 n 内容					
总评分		$T_I = \sum W_i S_i / \sum W_i =$			

⑩ 结果分析如下。

- 固有测试性评分 T_I 值 $\geqslant$ 最低要求值,并且订购方规定必须遵守的准则条目为 100 分时,通过评审;
- 如果固有测试性评分 T_I 值 $<$ 最低要求值,则承制方应说明原因。当理由充分合理,测试性定量指标又可达到时,亦可通过评审;否则,应改进设计。

4. 举 例

仅用 7 条设计准则作为例子来说明具体评分方法,有关加权系数和符合准则设计属性数及设计属性总数是随意指定的。评分结果列于表 7.3 中。

表 7.3 固有测试性评定表示例

测试性设计准则	加权系数 W_i	属性数 N	符合属性数 N_T	得分 S_i	加权得分
1. 元器件间是否留有放置测试探头的空间?	6	5	4	80.0	480.0
2. 所有元器件是否按相同方向排列?	6	5	4	80.0	480.0
3. 连接器插脚的排列是否能使相邻引脚短路造成的损坏程度最小?	8	6	5	83.3	666.7
4. 每个元件是否都有清晰的标记?	8	5	4	80.0	640.0
5. 一个待测功能的组成部件是否全都放在一块板上?	9	8	6	75.0	675.0
6. 如果一块板上实现一个以上的功能,各功能能否单独测试?	9	8	7	87.5	787.5
7. 需要时,作为驱动部件的上拉电阻是否与被驱动的电路装在同一块板上?	7	6	4	66.7	466.7
固有测试性评分		$T_I = 79.17$			

7.4 印制电路板测试性评价方法

7.3 节给出的是通用的固有测试性评价方法。它以设计准则为基础，不论 UUT 是系统、设备或 LRU，只要规定了测试性设计准则，就可用此方法评价。但其加权系数的确定有随意性。

本节编译了专用于印制电路板（PCB）的固有测试性评价方法，对于系统和设备中大量的 PCB 来说，是个简单适用的评价方法。

7.4.1 方法概述

该 PCB 测评性评价方法规定了共计 34 个评价因素，其中 4 个基本测试性评价因素得正分，评分范围是 0～100%，代表接近最佳测试性设计的程度。另外 30 个负的测试性评价因素，是测试性设计不良的表现，其评分为负值，是设计不良应付的代价。所有基本因素评分之和，减去负的测试性因素评分之和，其差值即为 PCB 的测试性总评分，是 PCB 测试性设计优劣的度量。

具体评价过程是：第一，依据设计资料逐条分析评价基本因素，将分析结果和实际评分值填入 PCB 测试性评分表中，并求出正的总评分；第二，分析评价各条负的因素，把结果和评分填入表中，并计算负的总评分；第三，求得两个总分之差即为 PCB 的测试性评分。PCB 测试性评分表如表 7.4 所列。PCB 评分与其测试难易程度关系如下：

PCB 评分	测试难易程度
81%～100%	很容易
66%～80%	容易
46%～65%	比较容易
31%～45%	较难
11%～30%	困难
1%～10%	很困难
－100%～0	没有很大代价不可能测试

表 7.4 PCB 测试性评分表

代号	评价因素	可能得分/(%)	分析结果	实际评分	注释
B1	可达节点百分数	30			
B2	适当的设计资料	25			
B3	时序电路百分比	25			
B4	PCB 复杂性计数	20			
	总计	100			
N1	单稳态电路	每例			
N2	记数器级	每例			
⋮	⋮	⋮			
N30	图上符号	－5			
总计					
PCB 总评分					

7.4.2 测试性评价因素及其评分

1. 基本因素(正的)

(1) B1——可达节点百分数

可达的导线节点是连接到外部连接器插针上的点,未连接到外部连接器上的内部导线接合点是不可达节点。分析计算可达节点占节点总数的比值。

可达节点百分数/(%)	实际评分/(%)
91~100	30
81~90	27
71~80	24
61~70	21
51~60	18
41~50	15
31~40	12
21~30	8
11~20	4
0~10	0

(2) B2——适当的设计资料

必须具备并遵循下列有关设计资料和文件:
- 提供的原理图/逻辑图;
- 提供的元器件表;
- 所有集成电路(IC)器件的等效逻辑图;
- 全部文件资料必须是清楚易读的;
- 原理图/部件组的配置必须叙述清楚。

评定项目	实际评分/(%)
提供的逻辑图或原理图(所有部件的)是整个电路板的或者是各个部件的	4
提供了带有I/O信号容差的详细性能说明	8
每类数字IC的真值表按原理图或详细部件图提供	3
在原理图上,功能的规定应显示出邻接的所有逻辑封装件的每个引脚号	5
在原理图上有单独位置显示电源电路并标明电压	3
原理图显示出了相关联的组件板和高一级组件的编号	2

(3) B3——时序电路百分比

在原理图上的每个IC封装,不管其复杂性如何,都作为单个时序电路或组合电路计数。计算时序电路所占的百分比。

时序电路的百分比/(%)	实际评分/(%)
<15	25
≥15 但 <25	20
≥25 但 <40	10
≥40 但 <50	5
≥50	0

(4) B4——复杂性计数

PCB复杂性计数只对时序电路进行,忽略组合IC_s。按下面规定的各类电路基本计数计算PCB的复杂性计数:

器件	计数
触发器	7
锁存器	7
4 bit 移位寄存器	35
存储器芯片	2^n(n为输入数)
微处理器	1 000
VISI 芯片	1 000
其他时序 IC_s	(1),(2)

PCB复杂性计数	实际评分/(%)
<300	20
301~500	16
501~800	12
801~1 200	8
1 201~1 800	4
≥1 801	0

(1) 对于有时序部分的复杂IC,把内部组合门电路和反相器的计数加到总数中去。
- 门电路=输入引线数+1;
- 反相器=3。

(2) 其他时序IC_s的总计数由每个内部门电路的计数与上述的逻辑类型的计数之和来决定。

2. 负的评价因素(N1~N30)

评分因素	实际评分/%

(1) N1——单稳态电路

每个单稳态电路按如下特点分为三类,确定适当的评分。

第7章 固有测试性设计与评价

用模拟技术测试而不要求数字 ATG(自动测试生成)处理	每例(−1)
可达的单稳态电路输出驱动时序电路	每例(−2)
不可达的单稳态电路输出驱动时序电路	每例(−5)

(2) N2——2^n 序贯记数器

如果信号直接输入记数器,则认为它是可达到的。从直接输入点开始计算级数,直到可达到的最后一级,或者直到注入另外的输入可达点为止(如果记数内部有检测点代价将减少)。IC 封装数乘以内部级数,评分因素等于这个乘积。

5~10 级仅有监测引线	每例(−2)
5~10 级是不可达的	每例(−3)
≥10 级仅有监测引线	每例 −4+(−0.05(N−10))
≥10 级是不可达的	每例 −5+(−0.1(N−10))

(3) N3——每个不可达节点的最大功能块数

计算连接到不可达节点的不同功能块(电路封装)数目,它表明故障隔离困难的内部高扇出电路存在。

不可达节点的功能块数 4 个	每例(−0.1)
不可达节点的功能块数 5 个	每例(−0.2)
不可达节点的功能块数 6 个	每例(−0.5)
不可达节点的功能块数 7 个	每例(−1.0)
不可达节点的功能块数 8 个	每例(−1.3)
不可达节点的功能块数 9 个	每例(−1.7)
不可达节点的功能块数≥10 个	每例(−2.0)

(4) N4——每个可达节点的最大功能块数

此过程同 N3,但代价要小些。

可达节点的功能块数 5 个	每例(−0.1)
可达节点的功能块数 6 个	每例(−0.2)
可达节点的功能块数 7 个	每例(−0.5)
可达节点的功能块数 8 个	每例(−0.6)
可达节点的功能块数 9 个	每例(−0.8)
可达节点的功能块数≥10 个	每例(−1.0)

(5) N5——供电顺序要求

PCB 供电压≥2 种,并且有加电和(或)断电顺序要求	每例(−10)

(6) N6——不可拆卸存储器(I/O 引线可达的)

任何类型的存储器永久地连接到 PCB 上,用所有 I/O 引线可达

存储器规模 ≥100 Kbit	每例(−10)
存储器规模 32~99 Kbit	每例(−6)
存储器规模 8~31 Kbit	每例(−4)
存储器规模 1~7 Kbit	每例(−2)

(7) N7——不可拆卸埋入存储器(有 1 个或更多引脚没有连到 I/O 引线上)

存储器永久地接到 PCB 上,有 1 个或更多的引脚未连接到 I/O 引线上。

| 存储器规模 <1 Kbit | 每例(−5) |
| 存储器规模 ≥1 Kbit | 每例(−10) |

(8) N8——可拆卸复杂部件

如果部件安装在插座或类似装置上,那么在测试时可以拔出。

测试之前必须拔出的	每例(−1)
所有引脚都连到 I/O 插针	每例(−3)
有 1 个或更多引脚未连到 I/O 插件	每例(−10)

(9) N9——不可拆卸微处理器、VLSI 芯片或其他复杂部件

| 所有引脚到 I/O 插针是可达的 | 每例(−3) |
| 1 个或更多引脚未接到 I/O 插针 | 每例(−10) |

(10) N10——时序电路的初始化

时序电路应能够以两种途径初始化,即用直接的置位/复位输入实现初始化和用数字激励输入信号实现初始化。其模式应少于 16 个,否则应评定其代价。

直接置位并且复位模式<16	无代价
直接置位但无复位模式	每例(−0.05)
无直接置位但复位模式<16	每例(−0.1)
无直接置位并且复位模式≥16	每例(−2.0)

(11) N11——外加负载要求

为了进行测试必须附加部件到接口装置(ID)上,如上拉电阻等。

10 个负载电阻	(−2)
≥50 个负载电阻	(−3)
≥5 个感性负载	(−5)

(12) N12——不同的 IC 类型数目

7 类	无代价
10 类	(−1)
≥10 类	每增 3 类加(−1)

(13) N13——埋入时序逻辑(有≥1 个引脚未连到 I/O)

计算相互直接连接的埋入时序逻辑个数,但不计埋入的 2^n 记数器。

| 3 或 4 个时序电路在一起 | (−0.1) |
| ≥5 个连在一起 | 每例−0.2[1+(N−5)] |

(14) N14——输入/输出插针的区分

图上的输入与输出插针区分开,可使得跟踪信号通路较容易。

| 输入与输出指示箭头无区别 | (−3) |

(15) N15——过分的预热时间

插件板稳定工作所需时间不应超过 3 min。

| 超过 3 min | (−3) |

(16) N16——容差(需要知道测试设备有关信息)

测量精度至少 10 倍于 PCB 精度要求	无代价
测量精度 3 倍于 PCB 精度要求	每例(−2)
测量精度高于 PCB 但少于 3 倍	每例(−5)

(17) N17——高功率

　　要求的电流≥5 A　　　　　　　　　　　　　　　　　　　　　每例(−5)

　　电压>300 V_{PP}　　　　　　　　　　　　　　　　　　　　每例(−2)

　　因电流大,需要多路插针并联　　　　　　　　　　　　　　　每例(−1)

(18) N18——临界(转折)频率

　　在接口装置内要求同轴电缆　　　　　　　　　　　　　　　　(−5)

　　超过 10 MHz　　　　　　　　　　　　　　　　　　　　　　(−3)

　　超过 4 MHz　　　　　　　　　　　　　　　　　　　　　　　(−2)

　　超过 1 MHz　　　　　　　　　　　　　　　　　　　　　　　(−1)

(19) N19——时钟线

　　一个,外部可控制　　　　　　　　　　　　　　　　　　　　(−1)

　　多相位的,外部可控制　　　　　　　　　　　　　　　　　　(−2)

　　单一时钟,仅可监测　　　　　　　　　　　　　　　　　　　(−3)

　　多时钟,仅可监测　　　　　　　　　　　　　　　　　　　　(−5)

　　不可达的自由运行时钟　　　　　　　　　　　　　　　　　　(−20)

(20) N20——外部测试设备(不是包含在 ATE 内的测试设备)

　　两个电源或更多　　　　　　　　　　　　　　　　　　　　　(−2)

　　示波器　　　　　　　　　　　　　　　　　　　　　　　　　(−2)

　　函数发生器　　　　　　　　　　　　　　　　　　　　　　　(−4)

(21) N21——环境(测试要求专门的容器、房间或场地)

　　环绕的或冷却的加压空气　　　　　　　　　　　　　　　　　(−2)

　　加热、高度、EMI(房间)　　　　　　　　　　　　　　　　　(−10)

(22) N22——调整校准(调整电位计、易变的盖和帽等)

　　无互相影响的　　　　　　　　　　　　　　　　　　　　　　每例(−2)

　　互相影响的　　　　　　　　　　　　　　　　　　　　　　　每例(−4)

(23) N23——复杂的信号输入/输出(应用了复杂的或非周期波形的信号,需要测试操作
　　　　　　者解释判断)

　　两个重叠的异常波形　　　　　　　　　　　　　　　　　　　每例(−5)

　　1 个异常波形　　　　　　　　　　　　　　　　　　　　　　每例(−2)

(24) N24——冗余逻辑(并联逻辑不便隔离和检测,如 BIT 可隔离冗余元件故障,则无
　　　　　　代价)

　　2 个并联逻辑功能是不可分离的　　　　　　　　　　　　　　每例(−2)

　　≥3 个并联逻辑功能是不可分离的　　　　　　　　　　　　　每例(−3)

(25) N25——逻辑电平数目

　　4 种电平　　　　　　　　　　　　　　　　　　　　　　　　无代价不扣分

　　>4 种电平　　　　　　　　　　　　　　　　　　　　　　　每增加 1 个电平(−1)

(26) N26——电源数目(由测试台/站提供的分别供电数)

　　3 种电源　　　　　　　　　　　　　　　　　　　　　　　　无代价

　　>3 种电源　　　　　　　　　　　　　　　　　　　　　　　每增加 1 种(−1)

(27) N27——图的连接关系

原理图/逻辑图应便于测试工程师工作,不增加负担。

  完整的图放在一页上   无代价

  如图在多页上,应用数字清楚注明各页之间的连线关系   无代价

  如以上两条都不满足   (—20)

(28) N28——图上的 I/O 引脚

I/O 引脚位于电路板中心位置会给测试设计者增加负担。

  所有 I/O 引脚没有引到原理图边缘或公共点/线   (—5)

(29) N29——对偶 I/O 引脚名称

  如果 I/O 引脚的对偶名称在电路板的不同区域且没有相互关照   每例(—3)

(30) N30——图上的逻辑符号

描述具体的硬件部件应该只用一种逻辑符号,同类部件用多种符号将会使检查 ATG bit 传播和设计辅助测试的关键手工模式很困难。

  使用了不同的 IC 逻辑符号   (—5)

习　题

1. 为什么要进行固有测试性设计?
2. 固有测试性设计的主要内容包括哪几个方面?
3. 如何制定具体产品的测试性设计准则?
4. 你认为怎样才能把测试性设计准则的规定内容贯彻到产品设计中去?
5. 如何进行固有测试性评价?
6. 你认为哪种固有测试性评价方法最实用,为什么?

第 8 章 测试点与诊断策略

在确定了被测试对象(UUT)的功能和组成结构,并进行了初步固有测试性设计之后,就要考虑设置哪些测试点、进行哪些测试以及采用何种诊断策略(即故障检测与隔离的测试顺序是什么)等问题。本章将介绍优选测试点和确定诊断策略的具体方法。

8.1 简单 UUT 的测试点和诊断策略

简单 UUT 是指组成部件或可更换单元数量不多,没有反馈回路的 UUT。在假设单故障条件下,一般通过简单分析判断方法,就可以确定简单 UUT 的故障检测与隔离顺序。

8.1.1 依据已知数据确定诊断策略

1. 按测试时间确定测试顺序

一般说来,UUT 各组成单元的复杂程度和测试时间是不相同的,如已知各组成单元的测试时间 $t_i(i=1,2,3,\cdots)$,故障诊断可以按测试时间递增的顺序进行($t_1<t_2<t_3<\cdots$),以便尽量减少故障隔离时间。各组成单元的输出端口都需要设置测试点。

2. 按故障概率确定测试顺序

当已知 UUT 各组成单元的故障发生概率为 $P_i(i=1,2,3,\cdots)$ 时,故障诊断可以按故障概率递减的顺序进行($P_1>P_2>P_3>\cdots$),即测试从最可能发生故障的单元开始,以便用尽可能少的测试步骤就能找出故障单元。

3. 按故障概率和测试时间比值确定测试顺序

当 UUT 各组成单元的故障概率和测试时间都已知时,故障诊断可以按概率与时间比值递减的顺序进行($P_1/t_1>P_2/t_2>P_3/t_3>\cdots$)。

第三种方法优于前两种方法,因为它综合考虑了两种影响因素。但上述三种方法都没有考虑 UUT 的构型和各组成单元之间的相互关系,所以故障诊断的平均测试步骤和时间不是最少的。

8.1.2 依据 UUT 构型确定诊断策略

1. 发散型结构

发散型结构的 UUT 如图 8.1 所示。在四个组成单元输出端设置测试点 A,B,C 和 D。在 B,C,D 三点测试,如果只有 C 点不正常,则故障发生在 F_3;如果 B,C,D 三点检测结果都不正常,则 F_1 发生了故障;如果 B,C,D 三点检测结果都正常,则 UUT 无故障。所以对于此 UUT 只设 B,C,D 三个测试点即可,不必设置测试点 A。诊断测试顺序为 B→C→D。

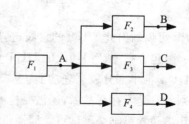

图 8.1 发散型结构

这是在单故障假设下,未考虑各组成单元测试时间和故障概率的情况下得出的。

根据图 8.1 所示 UUT 结构、信号传输关系和所选用测试点,可以制定出具体故障检测与隔离顺序。

第一步检测 B 点,如结果正常,则表明 F_1 和 F_2 都正常,F_3 和 F_4 尚未检测到。因而第二步检测 C 点,如结果不正常,则表明 F_3 故障;如结果正常,则表明 F_3 也正常,但 F_4 尚未检测到。因而第三步还要检测 D 点,如结果正常,则表明 UUT 无故障;如结果不正常,则表明 F_4 故障。此外,当 B 点检测结果不正常时,表明故障在 F_1,F_2 上。这时再检测 C 点,如结果为正常,则表明 F_2 故障;否则,表明 F_1 故障。

把上述测试过程以图形方式表示出来,即画出诊断树,则更为简单清晰,如图 8.2 所示。图中"0"表示测试结果正常,"1"表示测试结果不正常。由此诊断树很容易得知:检查 UUT 是否正常时需要测试三步;如有故障进行隔离时,则一般只需测试二步;F_4 故障时需要测试三步。故障可以隔离到单一组成单元。

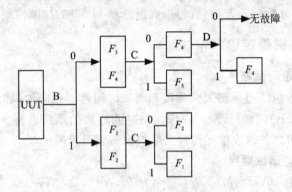

图 8.2 发散型结构的诊断树示例

2. 收敛型结构

收敛型结构 UUT 有两种形式:一种是包含有"或"功能块,另一种是包含有"与"功能块。图 8.3 所示为带有"与"功能块的 UUT。其特点是 F_1,F_2,F_3 中如有一个发生故障,则整个 UUT 的功能就不正常了。对于这个 UUT 进行测试时,只要检测第⑤个测试点就可以判断 UUT 是否发生故障。

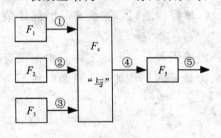

图 8.3 收敛型结构 I

当第⑤点测试结果不正常需隔离故障时,则要接着测试其他测试点,直到找出故障单元为止。需要设置五个测试点,测试顺序可以是⑤→④→③→②→①,当然也可以是⑤→①→②→③→④。为清楚地表明诊断顺序,可以画出此 UUT 的诊断树,如图 8.4 所示。

包含有"或"门功能的 UUT 如图 8.5 所示,其特点是 F_1,F_2,F_3 中只要有一个是正常的,UUT 前半部分就表现功能正常。只要检测第⑤个测试点就可判断 UUT 功能是否正常;而要判断它是否存在故障,还需要检测①,②,③三个点。故障隔离时,若要区分 F_4 和 F_5 故障,则还需检测第④个测试点。同样也可以画出对应的诊断树。

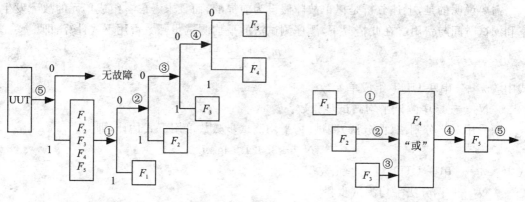

图 8.4　图 8.3 中 UUT 的诊断树　　　　　图 8.5　收敛型结构 II

3. 串联型结构

图 8.6 给出的是串联型结构的例子。对于这种单一串联型 UUT,故障检测很简单,检查最后输出点(第⑥点)即可判断有无故障。如有故障进行故障隔离时,有两种测试方法,即顺序测试法和对半分割法。

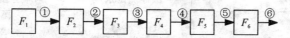

图 8.6　串联型结构

（1）顺序测试法

测试从 UUT 某一端开始,依顺序逐个单元进行检测,直到查出故障单元为止,也叫直接搜索法。对应的诊断树如图 8.7 所示。

（2）对半分割法

进行故障隔离时首先取 UUT 中点(第③点)检测。如检测结果正常,则表明故障在后半部;如检测结果不正常,则故障在前半部。然后再对有故障部分的中点进行测试,再次把其分成有故障和无故障的两部分,再次选取有故障部分的中点测试,直到查到故障部件为止。相应的诊断树如图 8.8 所示。

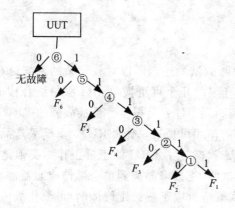　　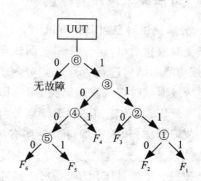

图 8.7　顺序测试法　　　　　　　　图 8.8　对半分割测试法

需要说明的是,上述分析是以单故障假设为前提的,而且未考虑各组成单元的故障发生概率和测试时间与费用。在此情况下,顺序测试法的平均测试步骤数可用下式计算,即

$$N_1 = \frac{(m-1)(m+2)}{2m} \tag{8.1}$$

式中　m——串联 UUT 组成单元数;
　　　N_1——顺序测试平均测试步骤数。

而采用对半分割法(两分法)测试时,平均测试步骤数可用下式估计,即

$$N_2 = 3.3219 \lg m \tag{8.2}$$

式中　m——串联 UUT 组成单元数;
　　　N_2——两分法平均测试步骤数。

对半分割法明显优于顺序测试法,所需平均测试步骤数少,可以更快地隔离出故障单元。UUT 组成单元数越多,此优点就越明显,比较数据如表 8.1 所列。

表 8.1　两种测试方法比较

串联 UUT 组成单元数	平均测试步骤数	
	顺序测试法	对半分割法
8	4.38	3
25	12.96	4.64
32	16.47	5
50	25.48	5.64
128	64.49	7

8.2　复杂系统的诊断策略

8.1 节所述用于简单 UUT 的诊断分析方法,对于包含有众多组成单元并具有分支和反馈回路的复杂系统是不适用的。但是通过分析可以从中得到一些重要启示,据此给出复杂系统故障诊断的基本原则和方法。

8.2.1　分层测试策略

1. 分解测试对象以简化测试

被测对象越简单,越容易选定测试点和确定诊断测试顺序。所以对较复杂的系统(或设备)应按功能和结构进行合理地划分,使其由数量有限的几个可更换单元(LRU)组合构成。这样系统级测试时把故障隔离到 LRU 即可,比隔离到元器件容易得多。更换故障的 LRU 就可恢复系统正常工作。再将 LRU 划分为若干个小的车间可更换单元(SRU),LRU 级产品测试时把故障隔离到 SRU 即可。更换有故障的 SRU 就恢复了 LRU 的正常工作。类似地把 SRU 划分为若干个部件或元器件。SRU 级产品测试时,把故障隔离到单个部件或元器件,以便于修理。以上就是军用装备的分层测试策略。该策略对应于三级维修体制,可简化故障诊断,方便产品维修,大大提高系统的可用性。

2. 先检测后隔离

无论是系统级还是 LRU 或 SRU 级产品,都可视为被测对象(UUT)。其测试任务有两

个:一是故障检测,判断 UUT 是否有故障;二是故障隔离,把故障隔离到 UUT 的可更换单元上。故障检测是检查 UUT 功能特性和相关输出量,并判断其是否符合要求,一般仅需 UUT 的外部测试。如 UUT 功能符合要求,则测试工作结束。只有当 UUT 功能不正常(检测到故障)时才进行故障隔离程序。故障隔离需要测试 UUT 的组成单元功能是否正常,一般需要 UUT 的内部测试。

因此,诊断测试的过程应是先检测,进行外部测试;后隔离,进行内部测试。对于测试性设计及测试设备设计,只考虑故障检测而不考虑故障定位与隔离是不够的。

3. 分层测试的兼容性

系统测试在系统工作现场或外场进行;LRU 测试在维修车间进行;而 SRU 测试一般在工厂或基地进行。三级测试的环境条件不同,测试设备也有区别。从工厂/基地到中继级的维修车间,再到使用现场,测试对象越来越复杂,各组单元间互相影响和环境条件影响也越来越大。因此,对应的测试容差/门限值也应逐级放宽些,不能三级测试都取一样的容差值。这样将会产生过多的 RTOK。

在测试性设计时,除注意协调三级测试的容差之外,还应注意三级维修测试参数之间的关系。系统级故障隔离时测量的参数,一般就是 LRU 故障检测时应测量的参数;同样,LRU 级隔离用测量参数,一般就是 SRU 级检测用测量参数。所以在复杂系统采用分层测试策略时,把系统分成三级进行测试,应特别注意测试性设计的纵向兼容性问题。

8.2.2 UUT 测试点和优化测试顺序

1. 选择 UUT 的测量参数和测试点

要想知道 UUT 的工作是否正常,只要检测其功能和输出特性即可。而当 UUT 存在故障时,要检测其各组成单元的输出特性和功能才能隔离/定位故障。所以,初选测量参数和对应测试点时,应将代表 UUT 功能和特性的输出选为故障检测用测试参数和测试点;而将 UUT 内各组成单元的功能和特性输出选为故障隔离用测试参数和测试点。

当复杂系统和设备分为三级(或两级)测试时,中继级测试对象为 LRU,其检测用测试点一般是系统级隔离用测试点的一部分,而其隔离用测试点往往又是所属 SRU_s 的检测用测试点。所以三级 UUT 之间的测试点应注意统筹考虑,不要重叠设置过多的测试点。

对于某一级 UUT 而言,按上述思路初选的测试点中可能会包括不必要的测试点,如前面发散型结构示例中的 A 点。这主要取决于 UUT 的结构和诊断测试顺序,后面将会对此给出进一步分析。因此,初选测试点之后还有个测试点优选问题。

2. 优化测试顺序

选出 UUT 的测试点之后,需要进一步确定诊断测试顺序。采用的测试顺序不同,所需要的测试步骤数也就不同。前面串联型结构 UUT 的例子就充分说明了这一点。所以,制定合理的诊断策略是很重要的。确定和优化诊断测试策略时应考虑故障概率、测试时间和费用等影响因素,以便制定出最佳的诊断策略。在优化诊断策略过程中,同时也就识别出了不必要的测试点,去掉多余的测试点,也就完成了测试点的优选工作。

8.2.3 复杂系统诊断的基本原理

这里所说的复杂系统(或复杂 UUT)指的是包含组成单元数量多、分支多,并包含有回路的被测试对象。它可以是系统或复杂的 LRU,也可以是复杂的 SRU。复杂 UUT 测试点的优选和诊断策略的确定不能再用简单直观的分析方法进行,需要寻求新的适用方法。

1. 串联 UUT 测试信息分析

对于单一通路的串联型结构的 UUT(如图 8.9 所示),它的各组成单元输出都要设置测试点,现在分析一下该 UUT 中各测试点对诊断故障提供有用信息的情况。

在测试点 T_0 测试结果指示正常时,只表明输入是正常的,对 UUT 故障情况未提供有用信息;在测试点 T_1 测试结果指示正常时,则表明 F_1 是正常的;而在测试点 T_6 测试结果指示正常时,则表明 $F_1 \sim F_6$ 都是正常的,有用信息量最多。

在测试点 T_0 测试结果为不正常时,表明输入不正常;在测试点 T_1 测试结果指示不正常时,则表明输入或 F_1 不正常,有用信息量有所下降;而在测试点 T_6 测试结果指示不正常时,则表明 $F_1 \sim F_6$ 中任一个都可能有故障,没有提供有用的故障隔离信息(仅提供了故障检测信息)。

一般情况下,在功能信息流的开始端,测试结果指示正常时提供的有用信息量小,而在终端测试结果正常时,提供的有用信息量大;在信息流开始端测试不正常时提供的有用信息量大,而在信息流终端测试结果不正常时所提供的有用信息量小。如果假设信息量变化是线性的,则可画出有用信息量随测试点分布的变化趋势图,如图 8.10 所示。

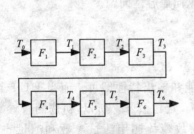

图 8.9　串联型结构的 UUT

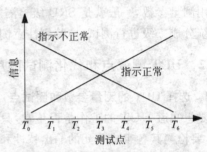

图 8.10　测试点的有用信息量

每个测试点的测试结果都存在正常或不正常两种可能,测试前是不能确定的。为了能在每次测试时都能得到尽可能多的有用信息,应首先选择信息流的中间测试点进行测试。故障隔离的过程是区别 UUT 组成单元有故障或无故障的过程,串联型 UUT 的对半分割诊断方法,正是每次测试都采用提供有用信息多的中间测试点,每次测试都可以判定一半的组成单元是无故障的或是存在故障的。所以,此法可以用最少的测试步骤,很快找出有故障的组成单元,完成故障隔离过程。可惜的是,此简单分割方法对于复杂系统不能直接使用,需要找出克服"单一串联结构"这一约束的方法。

2. 复杂 UUT 诊断的基本方法

根据 8.1 节的分析,可以归纳出复杂 UUT 的故障检测(FD)、故障隔离(FI)和选择测试点的基本思路和方法,总结如下。

故障检测(FD)仅是判断 UUT 是否存在故障,所以要选择信息流终端(即 UUT 输出端)测试,它可提供各组成单元是全好或有故障存在的信息。当复杂系统有多个输出时,各输出端都要设置测试点进行检测。这与简单 UUT 的故障检测没有多大区别,而故障隔离就不同了。

故障隔离(FI)是找出 UUT 的哪个组成单元存在故障的过程,是区分正常的和有故障的组成单元的过程。根据串联型 UUT 给出的启示,每次测试都应选用提供有用信息量大的测试点。第一次测试可以把 UUT 分割为正常的和含有故障的两部分,下一次只对有故障的部分进行测试,直到有故障部分为单个组成单元或模糊组为止。这一故障隔离过程的数学描述为

令
$$F = [F_1, F_2, F_3 \cdots F_m]$$
$$T = [T_1, T_2, T_3 \cdots T_n]$$

式中　F——UUT 组成单元(或部件)集合;

　　　T——UUT 中初选测试点集合。

从 T 中选用信息量大的测试点进行测试,并把 F 分为两部分。第 j 次测试后,故障隔离策略将有故障部分再分割为两部分:

$$F^j = [F_1^j, F_2^j, F_3^j, \cdots, F_k^j]$$
$$G^j = F - F^j$$

式中　F^j——含有故障的组成单元的集合;

　　　G^j——确定为正常组成单元的集合。

通过连续地测试和分割过程,当 F^j 由单个组成单元或模糊组构成时,故障隔离策略就找到了有故障的组成单元(或部件)。

对于复杂 UUT 来说,要实现上述故障诊断过程,首先需要画出 UUT 的功能流程图,并初步选出可以设置的测试点;同时,还要用数学形式把各组成单元与各测试点之间的关系表示出来。这种相关性关系是组成单元和测试点的函数,即

$$D = f_1(F, T)$$

式中　D——组成单元与测试点之间的相关性;

　　　F——含有故障的组成单元集合;

　　　T——候选测试点集合。

其次,要导出计算各测试点对故障诊断提供有用信息量(或权值)的公式,以便于优选测试点。它也应该是组成单元和测试点相关性的函数,即

$$I = f_2(D, T)$$

或
$$W = f_3(D, T)$$

式中　I——测试点为诊断提供的有用信息量;

　　　W——测试点为诊断提供的有用信息加权值。

最后,还应该找出以相关性描述(D)、测试点的有用信息量(I)或权值(W)为基础的逐步分割 UUT 的具体方法。

8.3　基于相关性模型的诊断方法

被测对象(UUT)的各组成单元和初选测试点之间的相关性有两种表示方法:图形法和矩阵法。为便于理解和叙述,先给出有关的假设条件和定义,然后再详细介绍具体方法。

8.3.1　有关假设和定义

1. 假　设

① 被测对象仅有两种状态:正常状态,UUT 无故障,可以正常工作;故障状态,UUT 不能正常工作。

② 在任何时刻当 UUT 处于故障状态时，认为只有一个组成单元（或部件）发生了故障，即称为单故障假设。即使 UUT 同时存在两个以上的故障（概率很小），实际诊断时也是一个一个地隔离较为简便。

③ 被测对象的状态完全取决于其各组成单元的状态。某一组成单元发生了故障，在信息流可达的各个测试点上，测量有效性都是一样的。

2. 定　义

① 测试和测试点　为确定被测对象的状态并隔离故障所进行的测量与观测的过程称为测试。测试过程中可能需要有激励和控制，观测其响应，如果其响应是所期望的，则认为正常，否则认为故障。进行测试时，可以获得所需状态信息的任何物理位置称为测试点。一个测试可以利用一个和数个测试点；一个测试点也可以被一个或多个测试利用。为便于理解，开始时可以认为一个测试就使用一个测试点，则测试点就代表了测试，用 T_i（或 t_i）表示测试或测试点。

② 被测对象组成单元和故障类　被测对象的组成部件，不论其大小和复杂程度，只要是故障隔离的对象，修复时要更换的，就称为组成单元。实际上诊断分析真正关心的是组成单元发生的故障，所以组成单元可以用它的所有故障来代表。它们具有相同或相近的表现特征，称为故障类。为便于理解，在以后测试点选择和诊断顺序分析中，用 F_i 表示组成单元、组成部件或故障类。

③ 相关性　相关性是被测对象的组成单元和测试点之间、两个组成单元之间或两个测试点之间存在的逻辑关系。例如，测试点 T_j 依赖于组成单元 F_i，则 F_i 发生故障，就意味着 T_j 测试结果应是不正常的。反过来，如果 T_j 测试通过了，则证明 F_i 是正常的，这就表明 T_j 与 F_i 是相关的。仅仅表明某一个测试点与其输入组成单元（1 个或 n 个）以及直接输入该组成单元的任何测试点（1 个或几个）的逻辑关系，称为一阶相关性。如果表明了被测对象的各个测试点与各个组成单元之间的逻辑关系，则称为高阶相关性模型。

8.3.2　相关性建模

1. 相关性图示模型

相关性的图形表示方法是在 UUT 功能和结构合理划分之后，在功能框图的基础上，清楚地表明功能流方向和各组成部件相互连接关系，并标注清楚初选测试点的位置和编号，以此表明各组成部件与各测试点的相关性关系的，如图 8.11 所示。因为它主要用于故障诊断和测试性分析，所以也可以称为测试性框图或相关性图形模型。这种模型可以直接用于简单 UUT 的测试性分析，对于复杂 UUT 的测试性分析（优选测试点和确定诊断策略）不能直接应用，但它是建立相关性数学模型的基础。

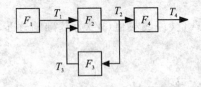

图 8.11　相关性图形

2. 相关性数学模型

UUT 的相关性数学模型可以用下述矩阵来表示，即

$$\boldsymbol{D}_{m\times n} = \begin{bmatrix} d_{11} & d_{12} & \cdots & d_{1n} \\ d_{21} & d_{22} & \cdots & d_{2n} \\ \vdots & \vdots & & \vdots \\ d_{m1} & d_{m2} & \cdots & d_{mn} \end{bmatrix} \tag{8.3}$$

其中第 i 行矩阵为

$$F_i = [d_{i1} \quad d_{i2} \quad \cdots \quad d_{in}] \tag{8.4}$$

表示第 i 个组成单元(或部件)故障在各测试点上的反应信息。它表明了 F_i 与各个测试点 T_j ($j=1,2,\cdots,n$)的相关性。而第 j 列矩阵

$$T_j = [d_{1j} \quad d_{2j} \quad \cdots \quad d_{mj}]^T \tag{8.5}$$

表示第 j 个测试点可测得各组成部件的故障信息。它表明了 T_j 与各组部件 F_i($i=1,2,\cdots,m$)的相关性。其中：

$$d_{ij} = \begin{cases} 1 & \text{当 } T_j \text{ 可测得 } F_i \text{ 故障信息时}(T_j \text{ 与 } F_i \text{ 相关}) \\ 0 & \text{当 } T_j \text{ 不能测得 } F_i \text{ 故障信息时}(T_j \text{ 与 } F_i \text{ 不相关}) \end{cases}$$

建立相关性模型 D 的途径有测试性框图直接分析法和一阶相关性求解的方法。

(1) 直接分析法

此方法适用于 UUT 组成部件和初选测试点数量不多(即 m 和 n 值较小)的情况。如图 8.12(a)所示的 UUT，根据功能信息流方向，逐个分析各组成部件 F_i 的故障信息在各测试点 T_j 上的反映，即可得到对应的相关性模型 $D_{4\times4}$，如图 8.12(b)所示。

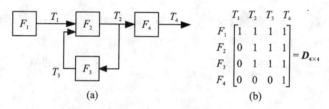

图 8.12 相关性模型

(2) 列矢量法

此方法是首先分析各测试点的一阶相关性，列出一阶相关性表格；然后分别求各测试点所对应的列；最后组合成高阶相关性矩阵。例如：对某一测试点 T_j 的一阶相关性中如还有另外的测试点，则该点用与其相关的组成部件代替。这样就可找出与 T_j 相关的各个部件。在列矩阵 T_j 中，与 T_j 相关的部件位置用"1"表示，不相关部件位置用"0"表示，即可得到列矩阵 T_j。所有的测试点($j=1,2,\cdots,n$)都这样分析一遍，即得到各个列矩阵，从而可组成 UUT 的高阶相关性矩阵 $D_{m\times n}$。

如图 8.12(a)所示的 UUT，通过各测试点的一阶相关性分析，可列出表 8.2(a)所列的一阶相关性表。其中 T_1 只与 F_1 相关，所以其列矩阵为

$$T_1 = [1 \quad 0 \quad 0 \quad 0]^T$$

T_2 与 F_2，T_1 和 T_3 相关。其中 T_1 用其相关的 F_1 代替，T_3 用其相关的 F_3 代替；则可知 T_2 与 F_2，F_1 和 F_3 相关，与 F_4 不相关。所以对应列矩阵为

$$T_2 = [1 \quad 1 \quad 1 \quad 0]^T$$

一阶相关性表中，T_3 与 F_3，T_2 相关。其中 T_2 用其相关的 F_2 和 T_1 代替，T_1 再用 F_1 代替；可得到列矩阵：

$$T_3 = [1 \quad 1 \quad 1 \quad 0]^T$$

同样 T_4 与 F_4，T_2 相关。T_2 用 F_2，T_1 和 T_3 代替，其中 T_1 用 F_1 代替，T_3 用 F_3 代替；可得列矩阵：

$$T_4 = [1 \quad 1 \quad 1 \quad 1]^T$$

综合列矩阵 T_1, T_2, T_3 和 T_4 即可得出高阶相关性矩阵如表 8.2(b) 所列。其结果与直接分析得出的相关性矩阵一样。

表 8.2(a) 一阶相关性

测试点	一阶相关性
T_1	F_1
T_2	F_2, T_1, T_3
T_3	F_3, T_2
T_4	F_4, T_2

表 8.2(b) 高阶相关性矩阵

	T_1	T_2	T_3	T_4
F_1	1	1	1	1
F_2	0	1	1	1
F_3	0	1	1	1
F_4	0	0	0	1

(3) 行矢量法

此方法同样是先根据测试性框图分析一阶相关性,列出各测试点一阶相关性逻辑方程式(8.6);然后求解一阶相关性方程组,得到相关性矩阵。一阶相关性逻辑方程的形式如下:

$$T_j = F_x + T_k + F_y + T_l + \cdots \quad (8.6)$$
$$j = 1, 2, \cdots, n$$

式(8.6)等号的右边是与测试点相关的组成部件和测试点,"+"表示逻辑"或"。下标 x 或 y 取值为小于等于 m 的正整数,k 和 l 取值为小于等于 n 的正整数,且不等于 j。

令 $F_i = 1$,其余 $F_x = 0$ $(x \neq i)$,求解方程组 8.6 可得到各个 d_{ij} 的取值(1 或 0),从而求得相关矩阵的第 i 行,即

$$\boldsymbol{F}_i = [d_{i1}, d_{i2}, \cdots, d_{in}]$$

取 $i = 1, 2, \cdots, m$,重复上述计算过程,即可求得 m 个行矢量,综合起来得到矩阵 $\boldsymbol{D}_{m \times n}$。

还用图 8.12(a)给出的 UUT 为例,可列出一阶相关性方程组如下:

$$\begin{cases} T_1 = F_1 \\ T_2 = F_2 + T_1 + T_3 \\ T_3 = F_3 + T_2 \\ T_4 = F_4 + T_2 \end{cases}$$

令 $F_1 = 1, F_2 = F_3 = F_4 = 0$,代入上述方程组可求得 $T_1 = 1, T_2 = 1, T_3 = 1$ 和 $T_4 = 1$,从而得到矩阵的第 1 行,即

$$\boldsymbol{F}_1 = [1 \ 1 \ 1 \ 1]$$

再令 $F_2 = 1, F_1 = F_3 = F_4 = 0$,代入方程组,求得 $T_1 = 0, T_2 = 1, T_3 = 1$ 和 $T_4 = 1$,从而得到

$$\boldsymbol{F}_2 = [0 \ 1 \ 1 \ 1]$$

同样方法可求得

$$\boldsymbol{F}_3 = [0 \ 1 \ 1 \ 1]$$
$$\boldsymbol{F}_4 = [0 \ 0 \ 0 \ 1]$$

综合行矢量 $\boldsymbol{F}_1, \boldsymbol{F}_2, \boldsymbol{F}_3$ 和 $\boldsymbol{F}_4$ 即可得 UUT 相关性模型 $\boldsymbol{D}_{4 \times 4}$,结果与前两种方法得到的模型相同。

8.3.3 优选测试点制定诊断策略

1. 简化矩阵优选测试点

在建立了 UUT 的相关性数学模型之后,就可以优选故障检测(FD)用测试点、故障隔离

(FI)用测试点了。

(1) 简化相关性矩阵识别模糊组

为了简化以后的计算工作量,并识别冗余测试点和故障隔离的模糊组,在建立了 UUT 的相关性矩阵之后,应首先进行简化。

① 比较相关性矩阵 D 的各列,如果有 $T_k = T_l$,且 $k \neq l$,则对应的测试点 T_k 和 T_l 是互为冗余的,只选用其中容易实现的和测试费用少的一个即可,并在 D 中去掉未选测试点对应的列。

② 比较 D 中各行,如果有 $F_x = F_y$,且 $x \neq y$,则对应的故障类(或可更换的组成部件)是不可区分的,可作为一个故障隔离模糊组处理,并在 D 中合并这些相等的行为一行。如表 8.2(b)所列的矩阵,T_2 和 T_3 是冗余的,F_2 和 F_3 是一个模糊组。

这样就得到简化后的相关性矩阵,也得到了故障隔离的模糊组。出现冗余测试点和模糊组的原因是,UUT 的测试性框图中存在着多于一个输出的组成单元,和(或)存在着反馈回路。

(2) 选择检测用测试点

假设 UUT 简化后的相关性矩阵为 $D = [d_{ij}]_{m \times n}$,则第 j 个测试点的故障检测权值(表示提供检测有用信息多少的相对度量)W_{FD} 可用下式计算,即

$$W_{FDj} = \sum_{i=1}^{m} d_{ij} \tag{8.7}$$

计算出各测试点的 W_{FD} 之后,选用其中 W_{FD} 值最大者为第一个检测用测试点。其对应的列矩阵为

$$T_j = \begin{bmatrix} d_{1j} & d_{2j} & \cdots & d_{mj} \end{bmatrix}^T$$

用 T_j 把矩阵 D 一分为二,得到两个子矩阵

$$D_p^0 = [d]_{a \times j} \tag{8.8}$$

$$D_p^1 = [d]_{(m-a) \times j} \tag{8.9}$$

式中　D_p^0——T_j 中等于"0"的元素所对应的行构成的子矩阵;

　　　D_p^1——T_j 中等于"1"的元素所对应的行构成的子矩阵;

　　　a——T_j 中等于"0"的元素的个数;

　　　p——下标,为选用测试点的序号。

选出第一个检测试点后,$p=1$。如果 D_1^0 的行数不等于零($a \neq 0$),则对 D_1^0 再计算 W_{FD} 值,选其中 W_{FD} 最大者为第二个检测用测试点,并再次用其对应的列矩阵分割 D_1^0。重复上述过程,直到选用检测用测试点对应的列矩阵中不再有为"0"的元素为止。有为"0"的元素,就表明其对应的 UUT 组成单元(或故障类)还未检测到;没有为"0"的元素,就表明所有组成单元都可检测到,故障检测用测试点的选择过程完成。

如果在选择检测用测试点的过程中,出现的 W_{FD} 最大值对应多个测试点,那么可从中选一个容易实现的测试点。

例如图 8.13(a)所示 UUT,初选的测试点为①、②、③和④,其相关性矩阵很容易建立,如图 8.13(b)所示。计算各测试点的 W_{FD} 值,列于矩阵的下部。很明显,测试点③的 W_{FD} 值最大,首先选用③。用 $T_3 = \begin{bmatrix} 1 & 1 & 1 & 0 \end{bmatrix}^T$ 分割相关性矩阵后得

$$D_1^0 = \begin{bmatrix} 0 & 0 & 0 & 1 \end{bmatrix}$$

只有一行了。再选④为第二个检测用测试点,就可检测到所有的 UUT 组成单元了。

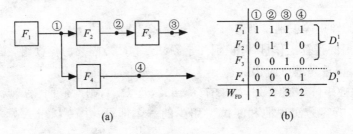

图 8.13 检测用测试点的确定示例

(3) 选择故障隔离用测试点

仍假设 UUT 简化后的相关性矩阵为 $\boldsymbol{D}=[d_{ij}]_{m\times n}$,则第 j 个测试点的故障隔离权值(提供故障隔离用信息的相对度量)W_{FI} 可用下式计算,即

$$W_{FI}=\sum_{k=1}^{Z}(N_j^1 N_j^0)_k \tag{8.10}$$

式中 N_j^1——列矩阵 $\boldsymbol{T}_j$ 中元素为 1 的个数;

N_j^0——列矩阵 $\boldsymbol{T}_j$ 中元素为 0 的个数;

Z——矩阵数,$Z\leq 2^p$,p 是已选为故障隔离用测试点数。

计算出各测试点的 W_{FI} 之后,选用 W_{FI} 值最大者对应的测试点 T_j 为故障隔离用测试点。其对应的列矩阵为

$$\boldsymbol{T}_j=\begin{bmatrix} d_{1j} & d_{2j} & \cdots & d_{mj} \end{bmatrix}^T$$

用 $\boldsymbol{T}_j$ 把矩阵 $\boldsymbol{D}$ 一分为二,即

$$\boldsymbol{D}_p^0=[d]_{a\times j}$$
$$\boldsymbol{D}_p^1=[d]_{(m-a)\times j}$$

式中 $\boldsymbol{D}_p^0$——$\boldsymbol{T}_j$ 中为 0 元素对应行所构成的子矩阵,p 为所选测试点序号;

$\boldsymbol{D}_p^1$——$\boldsymbol{T}_j$ 中为 1 元素对应行所构成的子矩阵;

a——$\boldsymbol{T}_j$ 中等于"0"的元素个数。

开始时只有一个矩阵,当选出第一个故障隔离用测试点后,$p=1$;分割矩阵后 $Z=2$。对矩阵 $\boldsymbol{D}_1^0$ 和 $\boldsymbol{D}_1^1$ 计算 W_{FI} 值,选用 W_{FI} 大者为第二个故障隔离用测试点,再分割子矩阵。这时 $p=2$,子矩阵数 $Z=2^2=4$。重复上述过程,直到各子矩阵变为只有一行为止,就完成了故障隔离用测试点的选择过程。

当出现最大 W_{FI} 值不只一个时,应优先选用故障检测已选用、测试时间短或费用低的测试点。

可以证明,已知正数 A 与 B 之和为 C,只有当 $A=B=C/2$ 时,A 与 B 之积最大。所以用 W_{FI} 值最大的测试点分割相关性矩阵,符合串联系统中对半分割思路,可以尽快地隔离出故障部件。也就是说,把原来只适用单一串联系统中对半分割的诊断方法,引深扩展用于复杂系统的故障诊断了。

另外,根据信息理论可知,在 UUT 中各组成单元故障概率相等的条件下,可用下式近似计算各测试点提供故障隔离的信息量 $I(t_j)$,即

$$I(t_j)=-\sum_{k=1}^{Z}\left(\frac{N_j^1}{m}\text{lb}\frac{N_j^1}{m}+\frac{N_j^0}{m}\text{lb}\frac{N_j^0}{m}\right)_k \tag{8.11}$$

式中 m——UUT 相关性矩阵的行数;

N_j^1 和 N_j^0——测试点 T_j 对应列中"1"的个数和"0"的个数。

用 $I(t_j)$ 值代替 W_{FIj} 值选用 FI 用 TP，其结果应该一样。

仍以图 8.13 所示 UUT 为例，已经选出检测用测试点为③和④两点。检测时，如 F_4 有故障，则通过两步测试就可隔离出 F_4，即用测试点③已经把相关矩阵分割一次了，D_1^0 已成为单行了。在此基础上可继续选择隔离用测试点。计算 W_{FIj} 或 $I(t_j)$ 值列于图 8.14(a)所示矩阵下部，因为④已选为检测用测试点，为尽量减少测试数量，所以选用④为隔离测试点。用它对应的 $T_4=[1\ 0\ 0]^T$ 分割子矩阵得到 D_2^0 和 D_2^1，如图 8.14(a)所示。其中 D_2^1 已为单行了，D_2^0 也仅有两行，很明显用②就分割为单行了。所以隔离用测试点选用③、④和②就可以了。

2. 制定诊断策略

所谓诊断策略是指故障检测和隔离时的测试顺序。它是 UUT 测试性/BIT 详细设计分析的基础，同时也为 UUT 外部诊断测试提供技术支持。这种诊断策略既可用于产品设计阶段，也可用于使用阶段维修时的故障诊断。

制定诊断策略以测试点的优选结果为基础，先检测后隔离，以测试点选出的先后顺序制定诊断测试策略。具体方法是根据测试点优选结果，用选出的测试点进行测试，按测试结果的正常与否确定下一步测试。过程如下。

(1) 故障检测顺序

① 用第 1 个检测用测试点(FD 用 TP)测试 UUT：
- 如测试结果为正常，且"0"元素对应子矩阵 D_1^0 不存在了，则无故障。
- 如测试结果为正常，且"0"元素对应子矩阵 D_1^0 存在，则要用第 2 个 FD 用 TP 测试 D_1^0。

② 用第 2 个 FD 用 TP 测试 D_1^0：
- 如测试结果为正常，且 D_2^0 不存在了，则无故障。
- 如测试结果为正常，且 D_2^0 存在，则需用下一个测试点测试。

③ 选用下一个 FD 用 TP 测试，直到 D_p^0 不存在为止(所选出的 FD 用 TP 用完)。

④ 如任一步检测结果为不正常，则应转至故障隔离程序。

(2) 故障隔离顺序

① 用第 1 个隔离用测试点(FI 用 TP)测试 UUT，按其结果(正常或不正常)把 UUT 相关性矩阵划分成两部分 D_1^0 和 D_1^1。
- 如测试结果为正常，可判定 D_1^1 无故障，故障在 D_1^0 中，需用第 2 个 FI 用 TD 测试 D_1^0。
- 如测试结果为不正常，则可判定 D_1^0 无故障，而 D_1^1 存在故障，需用第 2 个 FI 用 TP 测试 D_1^1。

② 用第 2 个 FI 用 TP 测试剩余有故障部分(有故障的子矩阵)，再次划分为两部分 D_2^0 和 D_2^1。
- 如测试结果为正常，则故障在 D_2^0 中，需用下一个 FI 用 TP 继续测试 D_2^0。
- 如测试结果为不正常，则故障在 D_2^1 中，需用下一个 FI 用 TP 继续对 D_2^1 进行测试。

③ 用下一个 FI 用 TP 测试有故障的子矩阵 D_p^0(或 D_p^1)，并把它一分为二，重复上述过程直到划分后的子矩阵成为单行(对应 UUT 的一个组成单元或一个模糊组)为止。

④ 在测试过程中，任何一步隔离测试，把原矩阵分割成两个子矩阵后，如某个子矩阵已成为单一行了，则对该子矩阵就不用测试了；对另一个不是单行的子矩阵应继续测试。

(3) 故障诊断树

上述故障检测与隔离顺序的分析结果，可以用简单形象的图形表示出来。从第一个 FD

用测试点开始,按其测试结果"正常"和"不正常"画出两个分支:

① 正常(以"0"表示)分支,继续用第 2 个 FD 用 TP 测试,再画出两个分支,其中不正常分支用 FI 用 TP 测试,转入隔离分支;而其中正常分支继续用 FD 用 TP 测试,直到用完 FD 用 TP,判定 UUT 有无故障,就画出了检测顺序图。

② 不正常(以"1"表示)分支,用第 1 个 FI 用 TP 测试,按其结果为"0"和为"1"画出两个分支;再分别用第 2 个 FI 用 TP 测试,画出两个分支。这样连续地画分支,直到用完所选出的 FI 用 TP,各分支末端为 UUT 单个组成单元或模糊组为止,就画出了隔离顺序图。

检测与隔离顺序图画在一起,以第 1 个测试点为根,引出的两个分支为树杈;接着每个分支再用第 2 个测试点,各自再引出两个分支……直到树杈末端为无故障、单一组成单元或模糊组(即树叶)为止。这样就构成了 UUT 的故障诊断树。

例如,图 8.13 所示的 UUT,根据其 FD 用 TP 和 FI 用 TP 选择结果(见图 8.14(a)),很容易画出其诊断树,如图 8.14(b)所示。

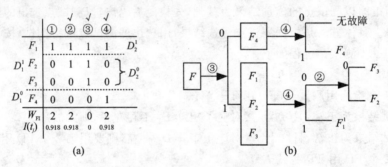

图 8.14 故障隔离用测试点选择示例

当已知此 UUT 有故障,可直接进行故障隔离时,也可按上述方法直接优选 FI 用 TP,制定出隔离顺序,画出故障隔离树。对图 8.13 给出的 UUT,其 FI 用 TP 优选和单独隔离树如图 8.15 所示。

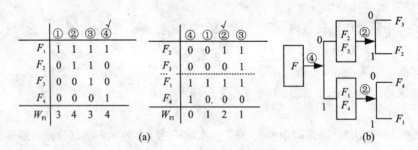

图 8.15 故障隔离顺序

3. 结果分析

根据测试点优选结果和画出的诊断树,可统计分析得出的测试性参数有:选用测试点数、故障检测率、隔离率和诊断测试平均步骤数等。这也属于初步的测试性预计。

(1) 选用测试点数和模糊组

根据测试点优选过程和相关性矩阵,很容易统计出故障检测和隔离用测试点数目,并且可比初选结果节省几个测试点。如图 8.13 所示的 UUT,共选用了三个测试点,比初选结果节省了一个。若没有模糊组,则可隔离到单个组成单元。

(2) 故障检测率 FDR、故障隔离率 FIR(未考虑可靠性因素,实为组成单元覆盖率)

$$\mathrm{FDR} = \frac{U_{\mathrm{FD}}}{U_{\mathrm{T}}} \times 100\%$$

$$\mathrm{FIR} = \frac{U_{\mathrm{FI}}}{U_{\mathrm{FD}}} \times 100\%$$

式中 U_{FD}——选用测试点能检测的 UUT 组成单元数;

U_{FI}——选用测试点能隔离的 UUT 组成单元数;

U_{T}——UUT 组成单元总数。

如图 8.13 和图 8.14 所示,可知其故障检测与隔离能力为

$$\mathrm{FDR} = (4/4) \times 100\% = 100\%$$

$$\mathrm{FIR} = (4/4) \times 100\% = 100\%$$

(3) 诊断测试步骤数

故障诊断(包括检测与隔离)测试步骤的计算,以诊断树为基础。树中的测试点为节点,从树根到树叶为分支。各个分支上的节点数就代表找到对应树叶(无故障、部件或模糊组故障)时所需测试步骤数。所以,UUT 的平均故障诊断测试步骤数可用下式计算,即

$$N_{\mathrm{D}} = \frac{1}{m_0} \sum_{i=1}^{m_0} K_i \tag{8.12}$$

式中 N_{D}——故障诊断平均测试步骤数;

K_i——第 i 个分支上的节点数;

m_0——诊断树的分支数目。

根据诊断树也可以分别计算故障检测的平均测试步骤数和故障隔离的平均测试步骤数。例如对于图 8.14(b)所示的诊断树,可计算出其诊断平均测试步骤数 N_{D}、故障检测测试步骤数 N_{FD} 和隔离平均测试步骤数 N_{FI}(未考虑故障概率):

$$N_{\mathrm{D}} = \frac{1}{5}(3 \times 2 + 2 \times 3) = 2.4$$

$$N_{\mathrm{FD}} = \frac{1}{3}(2 + 2 + 1) = 1.67$$

$$N_{\mathrm{FI}} = \frac{1}{4}(2 \times 2 + 3 \times 2) = 2.5$$

对于图 8.15(b)所示的隔离树,计算故障隔离平均测试步骤数为

$$N_{\mathrm{FI}} = \frac{1}{4}(2 \times 4) = 2$$

4. 故障字典

在优选出测试点之后,UUT 无故障时在各测试点的测试结果与有故障时不一样,不同的故障其测试结果也不同。把 UUT 的各种故障与其在各测试点上的测试结果列成表格就是故障字典。使用前面介绍的测试点优选方法很容易建立故障字典,即在 UUT 相关性(简化后的)矩阵中,去掉未选用测试点所对应的列就成为该 UUT 的故障字典了。为了便于故障检测,有时加上"无故障"时所对应的测试结果。

例如,在图 8.13 和图 8.14 中,优选出的测试点为②、③和④三点,构成的故障字典如

图 8.16(a)所示。另外,依据诊断树也可以很方便地构成故障字典,只要按照各树叶分析,把其对应分支节点上的"1"或"0"列成表格即可。缺位时,表示不需此值就可以区别故障,也可以用"0"补齐空缺位,如图 8.16(b)所示。

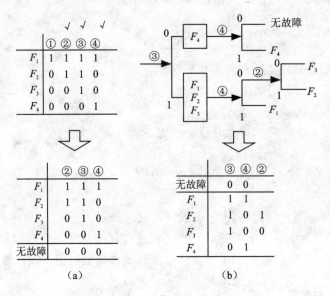

图 8.16 故障字典

诊断树用于分步测试方式检测和隔离故障;而故障字典用于在采集各测试点信息后,综合判断 UUT 是否有故障或哪个组成单元发生故障。

8.3.4 考虑可靠性和费用的影响

8.3.3 节介绍的优选测试点、制定诊断策略和计算平均诊断测试步骤时,都没有考虑 UUT 各组成单元的可靠性影响和设置测试点进行测试的费用影响;或者说认为各组成单元的可靠性是一样的,测试点及其相关费用是相等的,可暂不考虑可靠性和费用影响。但实际上这是不真实的,只要有可能就应尽量考虑有关影响。

1. 可靠性影响

一般情况下,UUT 各组成单元的可靠性是不会完全相同的,可靠性低的组成单元发生故障的可能性较大,应优先检测,赋予较大的检测与隔离权值。UUT 及其各组成单元的可靠性数据(故障率或故障概率)可从可靠性设计分析资料中获得。优选测试点和制定诊断策略时,计算故障检测与隔离权值(W_{FD} 和 W_{FI})除基于相关性之外,还要考虑相对故障率高低或故障概率大小。

(1) 检测与隔离权值的计算

各测试点的故障检测权值 W_{FD} 可用下式计算,即

$$W_{FDj} = \sum_{i=1}^{m} \alpha_i d_{ij} \quad j = 1, 2, \cdots, n \tag{8.13}$$

$$\alpha_i = \lambda_i \Big/ \sum_{i=1}^{m} \lambda_i$$

式中　W_{FDj}——第 j 个测试点检测权值;

α_i——第 i 个组成单元的故障发生频数比；

d_{ij}——UUT 相关性矩阵中第 i 行第 j 列元素；

λ_i——第 i 个组成单元的故障率；

m——待分析的相关矩阵行数。

各测试点的故障隔离权值可用下式计算，即

$$W_{\text{FI}j} = \sum_{k=1}^{Z} \left\{ \left(\sum_{i=1}^{m} \alpha_i d_{ij} \right)_k \left[\sum_{i=1}^{m} \alpha_i (1-d_{ij}) \right]_k \right\} \tag{8.14}$$

式中 $W_{\text{FI}j}$——第 j 个测试点的隔离权值；

Z——分析的矩阵数。

(2) 诊断信息量的计算

在相关性矩阵中，加入代表 UUT 无故障的一行，这时矩阵的行数就是故障诊断要区分的 UUT 状态数，包括无故障状态和各故障状态。检测与隔离用测试点的选择可以一起考虑，优先选用提供诊断信息量大的测试点分割相关性矩阵，制定诊断策略。测试点的诊断信息量用下式计算，即

$$I(t_j) = -\sum_{k=1}^{Z} P_k (A \text{ lb } A + B \text{ lb } B)_k \tag{8.15}$$

$$P_k = \sum_{i=1}^{m} P_i$$

$$A = \sum_{i=1}^{m} P_i d_{ij} / P_k$$

$$B = \sum_{i=1}^{m} P_i (1-d_{ij}) / P_k$$

式中 $I(t_j)$——第 j 个测试点的信息量；

P_i——矩阵中各状态发生的概率；

d_{ij}——矩阵中第 i 行第 j 列的元素；

m——分析矩阵的行数；

Z——分析的矩阵数。

在实际工程应用中计算 $W_{\text{FI}j}$ 和 $I(t_j)$ 时，为简化分析可以省去公式中的第一个求和符号。这样选用的测试点可能会有所不同，但影响不是太大。

(3) 平均测试步骤数与检测能力

平均诊断测试步骤数 N_D 为

$$N_D = \sum_{i=1}^{m_0} P_i K_i \tag{8.16}$$

式中 K_i——诊断树第 i 个分支节点数；

m_0——诊断树分支数；

P_i——UUT 第 i 个状态（树叶）发生概率。

故障检测率 FDR 和隔离率 FIR 用下式计算，即

$$\text{FDR} = \sum \lambda_{\text{FD}i} / \sum \lambda_i$$

$$\text{FIR} = \sum \lambda_{\text{FI}i} / \sum \lambda_{\text{FD}i}$$

式中 λ_{FDi}——第 i 个检测的组成单元的故障率;

λ_{FIi}——第 i 个隔离的组成单元的故障率。

2. 费用影响

与测试相关的费用应考虑测试点设计费、研制费和实施测试费等。对测试点的选用顺序而言,在其他条件相同的情况下,应优先选用综合费用少的测试点。所以,在计算测试点的权值 W_{FD} 和 W_{FI} 时,应考虑与综合费用成反比的影响因素。

如果用 C_j 表示第 j 个测试点的各项相关费用之和,则第 j 个测试点的权值可用下式计算,即

$$W_{FDj} = \frac{1}{\alpha_{cj}} \sum_{i=1}^{m} \alpha_i d_{ij} \tag{8.17}$$

$$W_{FIj} = \frac{1}{\alpha_{cj}} \Big(\sum_{i=1}^{m} \alpha_i d_{ij} \Big) \Big(\sum_{i=1}^{m} \alpha_i (1 - d_{ij}) \Big) \tag{8.18}$$

$$I(t_j) = \frac{1}{\alpha_{cj}} P_k (A \text{ lb } A + B \text{ lb } B) \tag{8.19}$$

$$\alpha_{cj} = C_j \Big/ \sum_{j=1}^{n} C_j$$

式中 C_j——第 j 个测试点的相关费用之和;

α_{cj}——第 j 个测试点的相对费用比;

n——候选测试点个数。

故障诊断平均测试步骤数 N_D 是评价诊断树的参数之一,N_D 越小越好。同样,诊断树的平均测试费用也是其评价参数。诊断树的平均测试费用可用下式计算,即

$$C_D = \sum_{i=1}^{m_0} P_i \Big(\sum_{j=1}^{K_i} C_j \Big)_i \tag{8.20}$$

式中 C_D——UUT 诊断树的平均测试费用;

P_i——诊断树各树叶的发生概率,对应"无故障"分支,为 UUT 无故障概率,其他为故障概率;

m_0——诊断树分支数;

C_j——第 i 个分支上第 j 个节点测试费用;

K_i——第 i 个分支的节点数。

式(8.20)表明诊断树的平均测试费用等于各分支费用之和,而分支费用等于其各节点测试费用之和乘以对应"树叶"发生的概率。

另外的平均测试费用计算公式为

$$C_D = \sum_{j=1}^{K} C_j \Big(\sum_{i=1}^{m_j} P_i \Big)_j \tag{8.21}$$

式中 K——诊断树节点总数(包括根节点);

m_j——第 j 个节点所包含的树叶(待分割的)数目。

式(8.21)表明诊断树的平均测试费用等于各节点测试费用乘以该节点要分割的树叶发生概率之和的总和。这两个诊断树平均测试费用计算公式是等效的。例如,图 8.17 所示诊断树的平均测试费用,用上述两个公式计算结果是一样的。

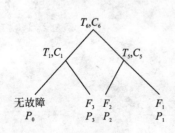

图 8.17 诊断树费用示例

$$C_D = \sum_{i=1}^{4} P_i (\sum C_j)_i = P_0(C_1+C_6) + P_3(C_1+C_6) + P_2(C_5+C_6) + P_1(C_5+C_6) =$$

$$C_6(P_0+P_3+P_2+P_1) + C_1(P_0+P_3) + C_5(P_2+P_1) = \sum_{j=1}^{3} C_j(\sum P_i)_j$$

8.3.5 应用举例

1. 例 一

某系统经过功能、结构划分等初步设计之后,已知其由 7 个单元部件组成,如图 8.18 所示。现在以此系统为例说明优选测试点和制定诊断策略的过程。

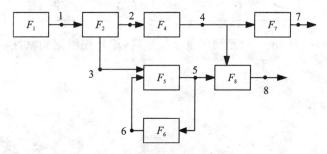

图 8.18 系统测试性框图

◆ **不考虑可靠性和费用影响**

(1) 初选测试点画出测试性框图

图 8.18 所示系统框图上已画出了各组成单元之间的连接关系和信号传输方向。根据初选测试点方法,在系统两个输出端上设置故障检测用测试点;在系统各组成单元的输出端设置隔离用测试点。将各测试点标注在框图上,即得到了系统的测试性框图(相关性图形模型)。

(2) 建立相关性矩阵并简化

此系统组成单元不多,可以通过对测试性框图的直接分析建立相关性矩阵,如表 8.3 所列。

表 8.3 相关性矩阵(一)

F_i	TP_j							
	1	2	3	4	5	6	7	8
F_1	1	1	1	1	1	1	1	1
F_2	0	1	1	1	1	1	1	1
F_4	0	0	0	1	0	0	1	1
F_5	0	0	0	0	1	1	0	1
F_6	0	0	0	0	1	1	0	1
F_7	0	0	0	0	0	0	1	0
F_8	0	0	0	0	0	0	0	1

合并矩阵中相同的行 F_5 和 F_6,合并相同的列 T_2 和 T_3 及 T_5 和 T_6,就得到了简化后的相关性矩阵,如表 8.4 所列。测试点 3 和 6 是多余的,可以去掉;F_5 和 F_6 在一个反馈回路内是一个模糊组,在此条件下不能区分 F_5 和 F_6 的故障。

表 8.4 简化矩阵

F_i	TP$_j$					
	1	2(3)	4	5(6)	7	8
F_1	1	1	1	1	1	1
F_2	0	1	1	1	1	1
F_4	0	0	1	0	1	1
$F_5 F_6$	0	0	0	1	0	1
F_7	0	0	0	0	1	0
F_8	0	0	0	0	0	1
W_{FD}	1	2	3	3	4	5

当然,建立相关性矩阵也可以用列矢量法。这时,应首先根据测试性框图,列出各测试点的一阶相关性表:

$T_1 = F_1$
$T_2 = F_2, T_1$
$T_3 = F_2, T_1$
$T_4 = F_3, T_2$
$T_5 = F_5, T_3, T_6$
$T_6 = F_6, T_5$
$T_7 = F_7, T_4$
$T_8 = F_8, T_5, T_4$

可见测试点 T_1 只与组成单元 F_1 相关,所以对应列矢量为

$$T_1 = \begin{bmatrix} 1 & 0 & 0 & 0 & 0 & 0 & 0 \end{bmatrix}^T$$

而 T_2 和 T_3 相同,除与 F_2 相关外,还与 T_1 相关,用 T_1 相关的 F_1 代替可得 T_2 和 T_3 列:

$$T_2 = T_3 = \begin{bmatrix} 1 & 1 & 0 & 0 & 0 & 0 & 0 \end{bmatrix}^T$$

用类似方法可求得 $T_4, T_5, \cdots, T_8$ 各列。综合后可得 UUT 相关性矩阵,与表 8.3 相同。

(3) 选择检测用测试点

暂不考虑可靠性和费用影响,用下式计算各测试点的权值 W_{FD},结果列于表 8.4 的下部。

$$W_{FDj} = \sum_{j=1}^{m} d_{ij} \quad (\text{此时} \quad m = 6, j = 1, 2, \cdots, 6)$$

首先选用 W_{FD} 值最大的测试点 T_8 为第一个检测点,分割矩阵后,$D_1^0 = F_7$ 只有一行了。很明显,再选用 T_7 就检测到所有组成单元了。进行故障检测时,首先测 T_8,可判断除 F_7 以外的部分有无故障;再测 T_7,可判定 F_7 是否故障。如两点测试结果都正常,就表明系统无故障。

(4) 选择隔离用测试点

同样在单故障假设下,不考虑可靠性和费用影响。需注意,检测后 F_7 已成单行,不用考虑了。用下式计算故障隔离权值 W_{FI},结果列于表 8.5 的下部。

$$W_{FIj} = \sum_{k=1}^{Z} (N_j^1 N_j^0)_k \quad (\text{此时} \quad Z = 1, j = 1, 2, \cdots, 6)$$

表 8.5 相关性矩阵(二)

F_i		1	2	4	5✓	7✓	8
D_1^1	F_1	1	1	1	1	1	1
	F_2	0	1	1	1	1	1
	F_4	0	0	1	0	1	1
D_1^0	$F_5 F_6$	0	0	0	1	0	1
	F_8	0	0	0	0	0	1
	F_7	0	0	0	0	1	0
	W_{FI}	4	6	6	6	6	0
	W_{FI}	2	2	0	3	0	0

其中有四个最大的 W_{FI} 值,首先用检测已选用的 T_7 作为第一个隔离用测试点。用它分割表 8.5 所列矩阵为 D_1^1 和 D_1^0,再针对表 8.5 计算各 W_{FI} 值,结果列在该表的最下面。选用最大值对应的测试点 T_5 为第二个隔离用测试点。用 T_5 分割 D_1^1 和 D_1^0 后,F_4,F_5 和 F_8 已单行了,另一子矩阵也只有两行了。很明显,T_1 就可把 F_1,F_2 分割为单行子矩阵了。所以 T_7,T_5 和 T_1 为选用的故障隔离用测试点。

(5) 诊断树和故障字典

根据表 8.4 所列矩阵和测试点选择结果分析,进行故障检测与隔离时,首先测 T_8。如 T_8 正常(用"0"表示),再测 T_7,如结果还正常,则系统无故障;如结果不正常(用"1"表示),即 F_7 故障。如 T_8 测试结果不正常,则故障出在除 F_7 外的剩余部分。用图形表示出来就是诊断树的"无故障"分支。

根据表 8.5 所列矩阵和隔离用测试点优选结果分析,当 T_8 测试结果为"1"时,故障发生在 F_1,F_2,$F_{5,6}$,F_4 和 F_8 之中。再用 T_7 测试,如结果为"1",则故障在 F_1,F_2 和 F_4 之中。再用 T_5 测试,如结果为"0",则 F_4 故障;如结果为"1",则故障在 F_1,F_2 之中。再用 T_1 测试,如结果为"1",则 F_1 故障;如结果为"0",则 F_2 故障。

如 T_7 测试结果为"0",则故障在 $F_{5,6}$,F_8 之中。再用 T_5 测试,如结果为"1",则 $F_{5,6}$ 故障;如结果为"0",则 F_8 故障。

把上述分析结果用图形表示出来,就是如图 8.19 所示的该系统的诊断树。

在表 8.4 所列矩阵上,去掉未选用测试(T_2,T_4)所对应的列,就成为该系统的故障字典。系统无故障时对应的字典各位全是"0",如表 8.6 所列。如果检测时,按 T_1,T_5,T_7,T_8 顺序测试,采集信息并判断结果为"0"或"1",则可根据故障字典查出哪个组成单元发生了故障。

(6) 结果分析

◇ 选用测试点数和模糊组

该系统最后选用 4 个测试点,比初选测试点少了 4 个。存在一个模糊组,为 F_5,F_6。如要解决此模糊隔离问题,需要增加控制点打开反馈回路(如果允许打开反馈回路)。

◇ 诊断能力(未考虑故障率)

FDR=100 %　　　　　　　　可检测出所有组成单元的功能故障;
$FIR_1 = (5/7) \times 100\% = 71.4\%$　　　隔离到单个组成单元;
$FIR_2 = (2/7) \times 100\% = 28.6\%$　　　隔离到两个组成单元。

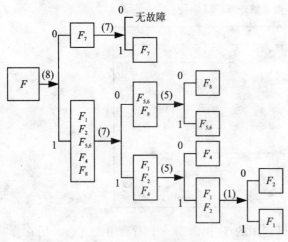

F	TP			
	1	5	7	8
F_1	1	1	1	1
F_2	0	1	1	1
F_4	0	0	1	1
$F_{5,6}$	0	1	0	1
F_7	0	0	1	0
F_8	0	0	0	1
无故障	0	0	0	0

表 8.6 故障字典

图 8.19 基本诊断树

◇ 诊断测试步骤数

$$N_D = \frac{1}{m}\sum_{i=1}^{m} K_i = \frac{1}{7}(2+2+3+3+3+4+4) = 3$$

$$N_{FI} = \frac{1}{6}(2+3+3+3+4+4) = 3.17$$

◆ 考虑可靠性影响

可靠性和费用不影响相关性矩阵,所以仍用表 8.5 所列的简化矩阵进行分析。

假设已知系统各组成单元的故障率 λ_i,各 α_i 计算结果列于表 8.7 的右边。重复优选测试点和确定诊断策略的过程,要用式(8.13)和式(8.14)分别计算 W_{FD} 和 W_{FI} 的值。W_{FD} 值和 W_{FI} 值计算结果列于表 8.7 的下部。

表 8.7 相关性矩阵(三)

F	TP						$\lambda_i \times 10^{-2}/h$	α_i
	1	2	4	5	7	8		
F_1	1	1	1	1	1	1	2.0	0.1
F_2	0	1	1	1	1	1	1.0	0.05
F_4	0	0	1	0	1	1	3.0	0.15
$F_{5,6}$	0	0	0	1	0	1	5.0	0.25
F_8	0	0	0	0	0	1	4.0	0.20
F_7	0	0	0	0	1	0	5.0	0.25
W_{FD}	0.1	0.15	0.3	0.4	0.55	0.75	20.0	1.0
W_{FI}	0.065	0.09	0.135	0.14	0.135			

根据 W_{FD} 可知检测用测试点仍选 T_8,T_7,并且可隔离出 F_7。根据 W_{FI} 值首先选 T_5 分割矩阵。由表 8.8 可知再选 T_7 和 T_1 即分割成单行矩阵了。根据测试点优选过程可画出诊断树,如图 8.20 所示。

表 8.8　相关性矩阵(四)

F	TP					
	5	1	2	4	7	8
F_1	1	1	1	1	1	1
F_2	1	0	1	1	1	1
$F_{5,6}$	1	0	0	0	0	1
F_4	0	0	0	1	1	1
F_8	0	0	0	0	0	1
W_{FI}	0	0.03	0.0375	0.0675	0.0675	

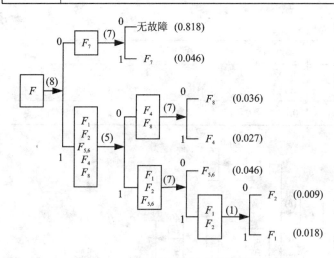

图 8.20　考虑可靠性影响的诊断树

有关测试性的数据计算结果如下：

$$\mathrm{FDR} = \lambda_{\mathrm{FD}}/\lambda_{\mathrm{T}} = (20/20) \times 100\% = 100\%$$

$$\mathrm{FIR}_1 = \lambda_{\mathrm{FI}_1}/\lambda_{\mathrm{FD}} = (15/20) \times 100\% = 75\%$$

$$\mathrm{FIR}_2 = \lambda_{\mathrm{FI}_2}/\lambda_{\mathrm{FD}} = (5/20) \times 100\% = 25\%$$

$$N_{\mathrm{FI}} = \sum \alpha_i K_i = 0.25 \times 2 + (0.2 + 0.15 + 0.25) \times 3 + (0.1 + 0.05) \times 4 = 2.9$$

如果已知诊断树各树叶的发生概率，如图 8.20 上括号内所注明的，则诊断平均测试步骤数为

$$N_{\mathrm{D}} = \sum P_i K_i = (0.818 + 0.046) \times 2 + (0.036 + 0.027 + 0.046) \times 3 + (0.018 + 0.009) \times 4 = 2.17$$

◆ 同时考虑可靠性和费用影响

除已知系统各组成单元的故障率数据之外，还知道各测试点的相关费用 C_j 数据，如表 8.9 上部所注明的(单位为元)。用式(8.17)和式(8.18)计算 W_{FD} 和 W_{FI} 值列于表 8.9 的下部。

由 W_{FD} 值可知，检测用 T_8，T_7，并可隔离出 F_7。依据 W_{FI} 值选 T_4 为第一个隔离用测试点，分割矩阵后，再选用 T_5 和 T_1 就分割子矩阵为单行了。同样可画出诊断树如图 8.21 所示。该诊断树与图 8.20 诊断树比较，多用了一个测试点，其他数据相同，但诊断费用会下降。

表 8.9　相关性矩阵(五)

F_i	TP$_j$						C_j
	30	60	20	40	30	20	
	0.15	0.3	0.1	0.2	0.15	0.1	α_c
	1	2	4√	5	7	8	
F_1	1	1	1	1	1	1	
F_2	0	1	1	1	1	1	D^1
F_4	0	0	1	0	1	1	
$F_{5,6}$	0	0	0	0	0	1	
F_8	0	0	0	0	0	1	D^0
F_7	0	0	0	0	1	0	
W_{FD}	0.67	0.5	3	2	3.67	7.5	
W_{FI}	0.43	0.3	1.35	0.7	0.9	0	
W_{FI}	0.133	0.075	0	0.36	0		

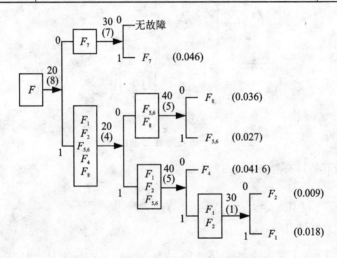

图 8.21　考虑可靠性(R)和费用(C)影响

◆ 只考虑费用影响

对于此例,当考虑费用而不考虑可靠性影响时,选用的测试点及诊断树与图 8.21 相同,这里不再重述。

◆ 比较分析

针对上述四种情况:①不考虑可靠性(R)和费用(C)影响;②只考虑 R 影响;③考虑 R 和 C 影响;④只考虑 C 影响;分别计算平均诊断测试费用如下(单位为元):

$$C_{D1} = \frac{1}{m}\sum_{j=1}^{m}\left(\sum_{j=1}^{k}C_j\right)_i = \frac{1}{7}[(20+30)\times 2 + (20+30+40)\times 3 + (20+30+40+30)\times 2] = 87.14$$

$$C_{D2} = \sum_{i=1}^{m}P_i\left(\sum_{j=1}^{k_i}C_j\right)_i = 0.818(20+30) + 0.046(20+30) + (0.036+0.027+0.046)\times$$

$$0.90+(0.018+0.009)\times 120=56.25$$
$$C_{D3}=0.818\times 50+0.046\times 50+(0.036+0.027+0.046)\times$$
$$80+(0.018+0.009)\times 110=54.89$$
$$C_{D4}=\frac{1}{7}(50\times 2+80\times 3+110\times 2)=80$$

为了便于比较,把本例的有关测试性初步分析结果列于表8.10中。比较四种情况下的数据可知以下几点。

- 诊断树的结构相同,但选用的测试点顺序和数量不同。
- 一般情况下,考虑可靠性时 FIR 和 FDR 值会变大。此例中 FDR 已达 100%,所以四种情况相同。
- 考虑可靠性时,N_{FI} 和 N_D 值变小。
- 考虑可靠性和费用时,C_D 值变小。

因此,在优选测试点制定诊断策略时,应考虑可靠性和费用的影响;可以只考虑可靠性影响,但不能只考虑费用影响。

表8.10 测试性初步分析结果

参 数	①不考虑 R 和 C	②只考虑 R	③考虑 R 和 C	④只考虑 C
测试点数	4	4	5	5
模糊组数	1	1	1	1
诊断树的分支数/节点数	2/2, 3/3, 2/4	同① TP 顺序不同	同① TP 个数不同	同① TP 个数不同
FDR/%	100	100	100	100
FIR_1/%	71.4	75	75	71.4
FIR_2/%	28.6	25	25	28.6
N_{FI}	3.17	2.9	2.9	3.17
N_D	3	2.17	2.17	3
C_D	87.14	56.25	54.89	80

2. 例 二

一般机械系统不像电子系统那样容易画出清楚的测试性框图并标明信号流向,但也可以应用前述方法优选测试和确定诊断策略。

燃气轮发电机组是一种典型的旋转机械,这里以英国 R.R 公司的 SK15HE 型燃气轮发电机组为例说明优选测试和诊断策略的制定过程。

(1) 故障分类

根据多年的监测数据和实际发生故障的分析,结合国内已有研究成果和成功经验,按特征频谱带将 SK15HE 燃气轮发电机组一次性故障分类为六种:转子故障、轴系故障、支承系统故障、共振及临界转速故障、部件故障和其他故障,如图8.22所示。

(2) 初选测试

旋转机械的特点是振动及振幅中包含着其运行状态信息,将 SK15HE 燃气轮发电机组的振动频谱信息划分为 11 个特征频谱带,即相对于初选的 11 个测试 t_i, $i=1,2,\cdots,11$。这些

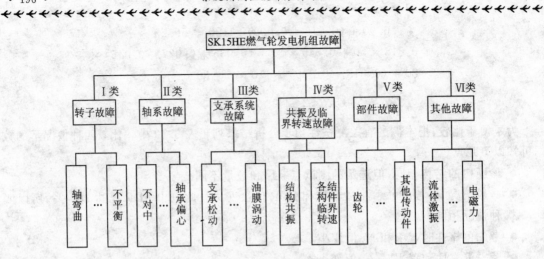

图 8.22 SK15HE 燃气轮发电机组常见故障分类

特征频谱带（测试）分别是：

① $t_1(0.4\sim0.75)f/$发电机；

② $t_2(0.9\sim1.1)f/$发电机；

③ $t_3(1.8\sim2.2)f/$发电机；

④ $t_4(2.8\sim3.2)f/$发电机；

⑤ $t_5(3.8\sim4.2)f/$发电机；

⑥ $t_6(0.9\sim1.1)f/P.T.$ ；

⑦ $t_7(1.9\sim2.1)f/P.T.$ ；

⑧ $t_8(0.8\sim1.2)f/$齿轮啮合；

⑨ $t_9(0.8\sim1.2)f/$叶片；

⑩ $t_{10}(0.8\sim1.2)f/$临界；

⑪ $t_{11}(0.8\sim1.2)f/$结构共振。

其中，"f"为转子工频。

(3) 建立故障信息表（相关性矩阵）并化简

每个特征频谱带振动能量均值由下式计算，即

$$E_v = \frac{\sqrt{\sum_{j=1}^{n} A_j^2}}{\sqrt{N_{BF}}}$$

式中 E_v——振动能量均值；

n——FFT 分辨线数；

A_j——FFT 各线的幅值；

N_{BF}——加窗的噪声带宽（选 Hamming 窗，其值为 1.5）。

利用各特征频谱带振动能量均值 E_{vi} 及判别阈值 δ_i，可计算相应的条件属性 C_i。

若 $E_{vi} \geqslant \delta_i$ 则 $t_i =$ "1"

否则 $t_i =$ "0" $i = 1, 2, \cdots, 11$

式中 $t_i=$"1"表示出现异常频谱；

$t_i =$ "0" 表示无异常频谱。

考虑单一故障情况,依据六种可能发生的一次故障及其与各测试点(监测的特征频谱带)的关系,可以建立 SK15HE 燃气轮发电机组的故障信息表(相关性矩阵),如表 8.11 所列。

表 8.11 燃机故障信息表

F_i	t_1	t_2	t_3	t_4	t_5	t_6	t_7	t_8	t_9	t_{10}	t_{11}	故障分类
F_1	1	1	1	1	1	1	1	0	1	0	0	I
F_2	0	1	1	1	1	0	1	0	0	0	0	II
F_3	1	0	0	0	0	0	0	0	0	0	0	III
F_4	0	0	0	0	0	0	0	1	0	1	1	IV
F_5	0	0	0	1	1	1	1	1	1	0	0	V
F_6	0	1	1	0	0	1	0	0	0	1	1	VI

故障信息表中无相同的行,即用现有的测试可以隔离出各类故障。比较表中各列可知,有冗余的测试。t_2 与 t_3 相同,去掉 t_3;t_4,t_5,t_9 相同,去掉 t_4 和 t_5;t_{10} 与 t_{11} 相同,去掉 t_{11}。得到简化故障信息表,如表 8.12 所列。

(4) 选用检测用测试

计算 $W_{FDj} = \sum_{j=1}^{m} d_{ij}$ 值,列在表 8.12 下部。W_{FD7} 值最大,选用 t_7 后还有 F_3 和 F_6 未测到。再选用 t_1 可测到 F_3,选用 t_2 可测到 F_6。所以平时只要监测 t_7,t_1 和 t_2,就可判断发电机组是否正常。如 F_3 或 F_6 有故障还可以隔离出来。

(5) 选用隔离用测试

此时 F_3 和 F_6 可从表中去掉,因为检测对已可以隔离了。再次简化后的故障信息表如表 8.13 所列。

表 8.12 简化故障信息表

F_i	t_1	t_2	t_6	t_7	t_8	t_9	t_{10}
F_1	1	1	1	1	0	1	0
F_2	0	1	0	1	0	1	0
F_3	1	0	0	0	0	0	0
F_4	0	0	0	0	1	0	1
F_5	0	0	1	1	1	1	0
F_6	0	1	1	0	0	0	1
W_{FD}	2	3	3	4	1	3	2

表 8.13 再次简化后的故障信息表

	t_1	t_2	t_6	t_7	t_8	t_9	t_{10}
F_1	1	1	1	1	0	1	0
F_2	0	1	0	1	0	1	0
F_4	0	0	0	0	1	0	1
F_5	0	0	1	1	1	1	0
W_{FI}	3	4	4	0	4	3	4

计算 $W_{FIj} = \sum N^0 \cdot N^1$ 值,最大的 W_{FI} 有多个,因 t_2 已选为检测用,所以隔离仍选用 t_2。用 t_2 分割此表后,两个子矩阵都只有两行了。很明显,再选用 t_6 可区分 F_1 和 F_2,也可区分 F_4 和 F_5。

(6) 画出诊断树

优选出的测试为 t_7,t_1,t_2 和 t_6。依选用检测和隔离测试的顺序可以画出诊断树,如图 8.23 所示。

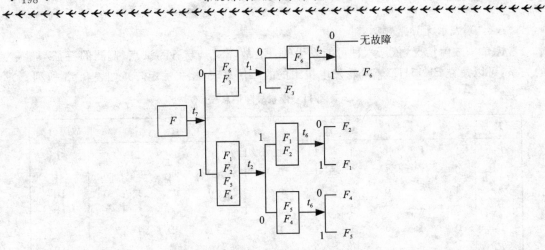

图 8.23 SK15HE 燃气轮发电机组的诊断树

8.3.6 基于相关性的诊断方法小结

1. 工作流程

总结前述优选测试点和制定诊断策略的整个过程,可归纳出其工作流程和步骤,如图 8.24 所示。

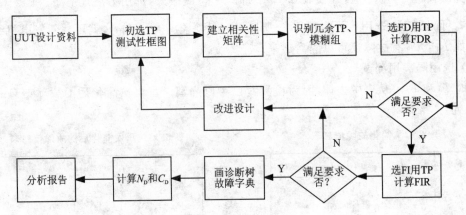

图 8.24 工作流程

在优选测试点和确定诊断策略过程中应注意以下几点。

① 测试框图中,当有的组成单元不只一个输出时,会出现冗余测试点。如图 8.25 所示的情况下,没有特别说明时认为(a)和(b)是等效的,TP2 和 TP3 视为一个测试点。如果这样做不符合真实情况,则应详细画出其内部结构,按实际情况标明其初选测试点编号,如图中(c)和(d)所示。

② 测试性框图中如存在反馈回路,则会出现冗余测试点和模糊组。如要去掉模糊组,则需要增加打开反馈回路(允许时)的控制用测试点和相应措施。

③ 优选故障隔离用测试点时,应考虑可靠性影响,如有可能则再进一步考虑费用影响。而选择检测用测试点时,考虑可靠性和费用影响的作用比较小。为简化计算,可在出现相等 W_{FD} 值时,优先选用检测部件故障率高和(或)测试费用低的测试点。

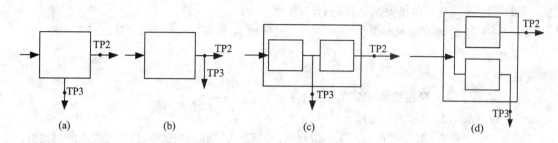

图 8.25 冗余测试点的情况

2. 结果的应用

优选测试点和制定诊断策略工作属于测试性初步分析与设计的内容,其结果可作为下一步进行详细测试性分析与设计的基础。

① 根据选出的测试点,可以进一步分析要测试的参数特性、测试方法和容差等。这些测试点可以供 BIT 使用,也可以用于外部测试。当用于外部测试时,应把选出的测试点集中引到 UUT 的外部检测插座上,以便于连接外部测试设备。

② 按此方法制定的诊断策略具有自适应特性。它是根据前一步测试结果来确定下一步测试的,每次测试顺序不是固定不变的。诊断树既可用于 UUT 测试性/BIT 设计,也可以用于使用过程中维修时的故障诊断。诊断树实际上就是 UUT 的初始诊断流程,根据此流程就可进一步编制详细的 BIT 故障检测和隔离软件,或编制外部测试时详细的故障诊断程序。

在产品的实际使用过程中,还可以根据故障率和测试费用的统计数据,定期重复优选测试点确定诊断策略的过程,进一步优化诊断程序,因而可以不断改进产品维修检测工作。

③ 根据选出的测试点和诊断树,可以初步预计有关测试性参数值如 FDR,FIR,N_D 和 C_D 等,以便评价初步测试性设计与分析工作成果,发现不足,改进设计。

④ 这里介绍的优选测试点、制定诊断策略的方法,适用于各类不同的系统和设备。

8.4 最少测试费用诊断策略设计

应用优选测试点和制定诊断策略的方法,可以得出测试点和测试步骤尽可能少,且测试费用低的诊断策略,因此这是一种实用有效的方法。但该方法并不保证一定得到最优(如费用最少)的诊断策略,如何能得到最优诊断策略是本节要解决的问题。

8.4.1 诊断树费用分析方法

诊断树所表示的是 UUT 的故障检测与隔离的测试顺序,即诊断策略或诊断程序。它由根节点、分支节点及终端节点(即树叶)组成,每个节点对应一个测试点(或测试)和相应的测试费用。选用的测试点不同,所需费用不同,形成的分支及诊断树也就不同。对应一个 UUT 可能构成多种诊断树,这与 UUT 的相关性矩阵具体组成情况有关。各种诊断树都对应有其所需的测试费用,如果能够构成 UUT 各种可能的诊断树,计算出每个诊断树的测试费用,则其中费用最少的就是要寻求的最少费用诊断策略。

对上述问题可以归结如下。

① 已知 UUT 有 m 个待识别状态(无故障和各组成单元故障)的发生概率 $P_i(i=1,2,\cdots,$

m),n 个可用测试点 t_j 和相关测试费用 C_j,($j=1,2,\cdots,n$);

② UUT 所有可能诊断树集合为 K,各个诊断树的平均测试费用为 $C(K),K=1,2,\cdots,Z$;

③ 如果诊断树 S 的费用 $C(S)>C(K),K\neq S$,则 $C(S)$ 所对应的诊断树就是最少费用诊断策略。

下面是寻求最少费用诊断策略的步骤。

(1) 建立 UUT 的相关性矩阵

建立的 UUT 相关性矩阵应包括无故障状态,并简化去掉冗余测试点,识别出隔离的模糊组。

(2) 列出所有可能的诊断树

列出所有诊断树的方法是逐步分割 UUT 的相关性矩阵。首先用一个测试点将 UUT 矩阵分割为两个子矩阵,再选用第二个可用测试点分割子矩阵,直到分割后的各子矩阵成为单行为止。然后选用另一个测试点分割 UUT 矩阵,重复上述分割过程,直到使用各可用测试点对 UUT 矩阵分割一遍为止,这样就可列出 UUT 所有可能的诊断树。

(3) 计算各个诊断树的平均测试费用

利用下面公式计算各个诊断树的平均测试费用 C_D,即

$$C_D = \sum_{i=1}^{m} P_i \left(\sum_{j=1}^{K_i} C_j \right)_i$$

式中 m——诊断树的分支数;

K_i——第 i 个分支的节点数。

(4) 找出最少费用的诊断树

举例:对于表 8.14 所列的 UUT 的相关性矩阵,使用各个测试点分割的结果综合在图 8.26 中。共有 18 个诊断分支,可构成 19 种不同的诊断树。

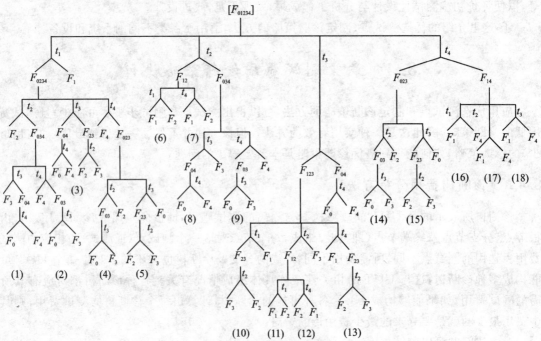

图 8.26 所有可能的诊断树分析

表 8.14 相关性矩阵(六)

P_i	F	C_i	10	15	20	5
		T	t_1	t_2	t_3	t_4
0.80	F_0		0	0	0	0
0.02	F_1		1	1	1	1
0.03	F_2		0	1	1	0
0.05	F_3		0	0	1	0
0.10	F_4		0	0	0	1

各诊断树的测试费用计算结果列于表 8.15 中,比较可知,其中第 17 号诊断树费 $C_{17}=25$ 为最少,是此 UUT 的最少费用诊断策略。

表 8.15 测试费用计算结果

序 号	诊断分支	$C_D \sum_i P_i (\sum_j C_j)_i$	首用 TP
1	(1)	$0.02 \times 10 + 0.03 \times 25 + 0.05 \times 45 + 0.9 \times 50 = 48.2$	
2	(2)	$0.02 \times 10 + 0.03 \times 25 + 0.10 \times 30 + 0.85 \times 50 = 46.45$	
3	(3)	$0.02 \times 10 + 0.9 \times 35 + 0.08 \times 45 = 35.3$	t_1
4	(4)	$0.02 \times 10 + 0.1 \times 15 + 0.03 \times 30 + 0.85 \times 50 = 42.5$	
5	(5)	$0.02 \times 10 + 0.8 \times 35 + 0.08 \times 50 = 33.7$	
6	(6)+(8)	$0.05 \times 25 + 0.05 \times 35 + 0.9 \times 40 = 39$	
7	(6)+(9)	$0.05 \times 25 + 0.1 \times 20 + 0.85 \times 40 = 37.25$	t_2
8	(7)+(8)	$0.05 \times 20 + 0.05 \times 35 + 0.9 \times 40 = 38.75$	
9	(7)+(9)	$0.05 \times 20 + 0.1 \times 20 + 0.85 \times 40 = 37$	
10	(10)	$0.9 \times 25 + 0.02 \times 30 + 0.08 \times 45 = 26.7$	
11	(11)	$0.9 \times 25 + 0.05 \times 35 + 0.05 \times 45 = 26.5$	t_3
12	(12)	$0.9 \times 25 + 0.05 \times 30 + 0.05 \times 40 = 26.25$	
13	(13)	$0.9 \times 25 + 0.02 \times 25 + 0.08 \times 40 = 26.2$	
14	(14)+(16)	$0.85 \times 40 + 0.03 \times 20 + 0.12 \times 15 = 36.4$	
15	(14)+(17)	$0.85 \times 40 + 0.03 \times 20 + 0.12 \times 20 = 37$	
16	(14)+(18)	$0.85 \times 40 + 0.03 \times 20 + 0.12 \times 25 = 37.6$	t_4
17	(15)+(16)	$0.08 \times 40 + 0.5 \times 25 + 0.12 \times 15 = 25$	
18	(15)+(17)	$0.08 \times 40 + 0.5 \times 25 + 0.12 \times 20 = 25.6$	
19	(15)+(18)	$0.08 \times 40 + 0.5 \times 25 + 0.12 \times 25 = 26.2$	

8.4.2 诊断子集费用优选方法

诊断树的根节点包含着 UUT 的各种故障状态和无故障状态,是一个待诊断的模糊集。根节点上的测试把 UUT 模糊集一分为二成为两个子集,一个含有故障,另一个无故障。引出两个分支后,分支节点上的测试再次把对应的待诊断模糊子集一分为二,成为更小的子集。每次分解都会进一步降低其模糊度(待识别的 UUT 状态数),沿着各分支节点依次分解对应的子集,直到各子集只含一种 UUT 状态为止。所以,按故障树进行诊断的过程,实际上就是把

UUT 逐步分解成由大到小的子集，逐级诊断各模糊子集的过程。如果选用的测试点能够使各级节点对应模糊子集的诊断费用最少，则由这些节点所构成的诊断树的测试费用也一定是最少的，即可得到预期诊断费用最少的诊断策略。

因为在未选定测试点之前，不能确定最优诊断树分支情况和各级模糊子集的划分情况，也就无法评价各子集诊断费用的多少，所以需要做以下工作，即

- 找出 UUT 的各级待诊断的模糊子集，建立起 UUT 子集点阵；
- 评价各子集诊断费用，找出最少费用值和首用测试点；
- 评价 UUT 诊断费用，找出最少费用值和首用测试点；
- 根据 UUT 首用测试点及其对应子集首用测试点，画出诊断树。

1. 建立模糊子集点阵

一个待诊断的 UUT，建立其相关性矩阵，简化后再加上对应无故障的一行，就构成 UUT 的扩展全阶相关性矩阵，以此全阶相关性矩阵为基础建立模糊子集点阵。UUT 可能构成的模糊子集数量用下式估计，即

$$Y = \sum_{k=2}^{m} \binom{m}{k} = \sum_{k=2}^{m} \frac{m!}{(m-k)!k!} \tag{8.22}$$

式中　Y——UUT 可能组成的模糊子集数目；

　　　k——模糊子集中待区分的 UUT 状态数；

　　　m——UUT 待区分状态总数，即全阶相关性矩阵行数。

按模糊子集的模糊度（所含待区分状态数）大小，分行排列各个模糊子集，就构成便于分析计算的模糊子集点阵。

例如，对于表 8.14 所示的 UUT 全阶相关性矩阵，模糊集及各模糊子集共计 26 个。其中模糊度等于 4 的子集有 5 个，模糊度等于 3 和 2 的子集各有 10 个。其排列成点阵后的形式如图 8.27 所示，括号代表模糊子集，括号内数字为 UUT 状态编号，括号下面说明首用测试点和最少费用值。

```
                        [01234]
                         t₄:25

        [0123]    [0124]    [0134]    [0234]    [1234]
        t₃:19.7   t₄:18.4   t₄:23.05  t₄:23.7   t₄:3.4

  [012]  [013]  [014]  [023]  [024]  [034]   [123]  [124]  [134]  [234]
  t₂:13  t₃:17.5 t₄:5.8 t₄:18.8 t₄:17.1 t₄:21.75 t₄:1.7 t₄:1.95 t₄:1.95 t₄:2.1

  [01]   [02]    [03]   [04]   [12]   [13]    [14]   [23]   [24]   [34]
  t₂:4.1 t₂:12.45 t₃:17 t₄:4.5 t₄:0.25 t₄:0.35 t₁:1.2 t₂:1.2 t₄:0.65 t₄:0.75
```

图 8.27　模糊集点阵

2. 模糊子集费用评价

点阵中各模糊子集可以选用相关性矩阵中各测试点，依一定顺序进行诊断。所用测试点不同，测试顺序也不同，所需费用就不一样。找出费用最少的诊断测试顺序，并把其首用测试点及所需费用标注在点阵中对应的模糊子集下面。

如果一个待诊断模糊集 D 用测试点 t_j 分割为 A 和 B 两个子集，则其诊断测试费用可用下式计算，即

第 8 章 测试点与诊断策略

$$E_{Dj} = C_j \sum_{i=1}^{d} P_i + E_A + E_B \tag{8.23}$$

式中 E_{Dj}——模糊集 D 以第 j 个测试为首用测试时的诊断费用；

C_j——分割 D 为 A 和 B 两个子集的测试 t_j 的费用；

d——D 中待区分的状态总数；

P_i——D 中第 i 个状态的发生概率；

E_A——子集 A 的诊断费用；

E_B——子集 B 的诊断费用。

每个模糊子集有多个可用测试点，对应各测试点都可计算出相应的 E_D 值，其中最小 E_D 值及其对应首用测试点就是所要寻求的目标。

对于表 8.14 所给出的例子，求解出各个模糊子集的最小 E_D 值和首用测试点，列于表 8.16 中，同时也标注在其模糊集点阵的各子集的下面，以便于绘制诊断树。

表 8.16 首用测试点和最小 E_D 值计算列表

D	A	B	t_i	$E_{Dj} = C_j \sum P_i + E_A + E_B$	备注
01	F_0	F_1	t_4	$(0.8+0.02)\times 5+0+0=4.1$	
02	F_0	F_2	t_2	$(0.8+0.03)\times 15+0+0=12.45$	
03	F_0	F_3	t_3	$(0.8+0.05)\times 20+0+0=17$	
04	F_0	F_4	t_4	$(0.8+0.1)\times 5+0+0=4.5$	
12	F_1	F_2	t_4	$(0.02+0.03)\times 5+0+0=0.25$	取最小的 E_D 值
13	F_1	F_3	t_4	$(0.02+0.05)\times 5+0+0=0.35$	
14	F_1	F_4	t_1	$(0.02+0.1)\times 10+0+0=1.2$	
23	F_2	F_3	t_2	$(0.03+0.05)\times 15+0+0=1.2$	
24	F_2	F_4	t_4	$(0.03+0.1)\times 5+0+0=0.65$	
34	F_3	F_4	t_4	$(0.03+0.1)\times 5+0+0=0.75$	
012	F_0	$F_1 F_2$	t_2	$(0.8+0.02+0.03)\times 15=13$	
013	F_0	$F_1 F_3$	t_3	$(0.8+0.02+0.05)\times 20+E_{13}=17.75$	
014	F_0	$F_1 F_4$	t_4	$(0.8+0.02+0.1)\times 5+E_{14}=5.8$	
023	F_0	$F_2 F_3$	t_3	$(0.8+0.03+0.05)\times 20+E_{23}=18.8$	
024	$F_0 F_2$	F_4	t_4	$(0.8+0.03+0.1)\times 5+E_{02}=17.1$	取最小的 E_D 值
034	$F_0 F_3$	F_4	t_4	$(0.8+0.05+0.1)\times 5+E_{03}=21.75$	
123	F_1	$F_2 F_3$	t_4	$(0.02+0.03+0.05)\times 5+E_{23}=1.7$	
124	F_2	$F_1 F_4$	t_4	$0.15\times 5+E_{14}=1.95$	
134	F_3	$F_1 F_4$	t_4	$0.17\times 5+E_{14}=2.05$	
234	$F_2 F_3$	F_4	t_4	$0.18\times 5+E_{23}=2.1$	
0123	F_0	$F_1 F_2 F_3$	t_3	$0.19\times 20+E_0+E_{123}=19.7$	t_2,t_4,t_1 对应的 $E_D>19.7$
0124	$F_0 F_2$	$F_1 F_4$	t_4	$0.95\times 5+E_{02}+E_{14}=18.4$	t_3,t_2,t_1 对应的 $E_D>18.4$
0234	$F_0 F_2 F_3$	F_4	t_4	$0.98\times 5+E_{023}+0=23.7$	t_2,t_3 对应的 $E_D>23.7$
0134	$F_0 F_3$	$F_1 F_4$	t_4	$0.97\times 5+E_{03}+E_{14}=23.05$	t_3,t_2,t_1 对应的 $E_D>23.05$
1234	$F_1 F_4$	$F_2 F_3$	t_4	$0.2\times 5+E_{14}+E_{23}=3.4$	t_3,t_2,t_1 对应的 $E_D>3.4$
01234	$F_0 F_2 F_3$	$F_1 F_4$	t_4	$1\times 5+E_{023}+E_{14}=25$	t_3,t_2,t_1 对应的 $E_D>25$

3. 最少费用诊断策略的确定

求出 UUT 各模糊子集的最小 E_D 值和首用测试点之后，很容易计算出 UUT 的各个 E_D 值及其首用测试点，其中最小的 E_D 值就是 UUT 的最少的诊断测试费用。根据最小 E_D 的计算过程，可依次确定选用的测试点及相应模糊子集的划分情况，从而可以画出 UUT 的最少费用诊断树。

例如，对于表 8.14 所给出的例子，可根据表 8.16 计算 UUT 模糊集[0 1 2 3 4]的各个 E_D 值，如表 8.17 所列。

表 8.17 模糊集[0 1 2 3 4]的各个 E_D 值计算

D	t_i	A	B	E_D
[0 1 2 3 4]	t_1	F_{0234}	F_1	$1 \times 10 + E_{0234} + E_1 = 10 + 23.7 + 0 = 33.7$
	t_2	F_{034}	F_{12}	$1 \times 15 + E_{034} + E_{12} = 15 + 21.75 + 0.25 = 37$
	t_3	F_{04}	F_{123}	$1 \times 20 + E_{04} + E_{123} = 20 + 4.5 + 1.7 = 26.2$
	t_4	F_{023}	F_{14}	$1 \times 5 + E_{023} + E_{14} = 5 + 18.8 + 1.2 = 25$

其中最小 E_D 划分 D 的过程是：t_4 把[0 1 2 3 4]划分为[0 2 3]和[1 4]，t_1 把[1 4]划分为[1]和[4]，而 t_3 把[0 2 3]划分为[0]和[2 3]，t_2 再把[2 3]划分为[2]和[3]。按此可画出诊断树如图 8.28 所示，其最少预期诊断费用 $C_D = 25 \times 0.8 + 40 \times 0.08 + 15 \times 0.12 = 25$。

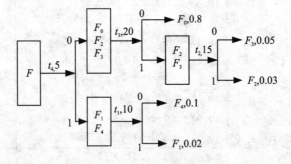

图 8.28 最少费用诊断树

8.4.3 有用诊断子集分析方法

列出 UUT 的所有可能的诊断树是件很繁琐的工作，诊断树数量大，很容易出错，如前面举例中由 4 个部件、4 个测试点构成的 UUT 就有 19 种不同的诊断树。另外要找出 UUT 的全部各等级的模糊子集，对每个子集用其可用测试点（不只 1 个）进行费用评价也是件工作量很大的工作。对于前例中 4 个部件、4 个测试点的 UUT，其模糊子集共有 25 个，需要计算 51～60 次才能求出各子集的最少费用和首用测试点。对于组成部件和测试点多的 UUT 来说计算量更大，分析所有可能诊断树和评价全部模糊子集的方法是不适用的。但可从这两种方法中得到启发，找出减少工作量的方法。其主要步骤如下。

① 用诊断树分析方法确定有用诊断子集。
② 有用诊断子集费用评价。
③ 候选诊断树费用评价。
④ 根据各子集首用测试点画诊断树。

1. 确定有用诊断子集

由 8.4.2 节中的例子可知,在 UUT 诊断树费用评价时,只用到了 25 个子集中的 9 个,多数未用上。所以可以用 UUT 诊断树的分析方法找出有用的待诊断模糊子集。UUT 的简化相关性矩阵上每个测试点对应一个根节点,由此出发可能构成多个诊断树。用各测试点分解相关性矩阵,就可找出各个有用模糊子集(对应各子矩阵),具体方法如下。

① 选某一测试点为根节点分割 UUT 矩阵,列出对应的模糊子集;再选其他测试点进行分割,直到子集中只有两个待区分状态为止。

② 以下一个测试点为根节点逐步分割 UUT 矩阵,每当遇到前面出现过的子集时就停止。

③ 重复上述分割 UUT 矩阵的过程,直到以各个测试点作为根节点都分析一遍为止。

④ 综合上述分析所得到的所有不相同的模糊子集,就是要求的有用模糊子集。

仍用表 8.14 给出的 UUT 为例。此例中共有 4 个测试点,用构成诊断树的分析方法,可得出 4 个模糊集分解树,如图 8.29 所示。综合各个不同的模糊子集,共 9 个有用子集(如图 8.30 所示),只是原来模糊子集的 36%,即减少了 64%,因而可大大减少计算工作量。

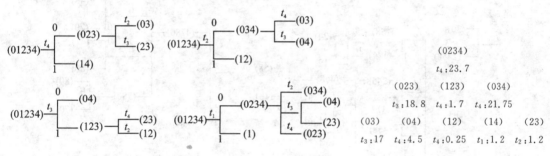

图 8.29 模糊子集分解树　　　　图 8.30 有用子集

2. 有用模糊子集费用评价

用公式 $E_D = C\sum P_i + E_A + E_B$ 计算各子集可用测试点对应的费用,选出最小费用及其首用测试点。这与前面介绍的相同。此例中,9 个有用子集已有评价结果(见表 8.16),这里已直接标注在图 8.30 上。

3. 候选诊断树费用评价

用相同公式计算 UUT 各首用测试点的 E_D 值,选出最小值及其首用测试点。表 8.17 已给出计算结果,与其完全相同,最小 E_D 值是 25,首用测试点是 t_4。

4. 画诊断树

可以根据各个首用测试点,参照相关性矩阵或子集分割情况逐级画出 UUT 诊断树;也可以根据模糊集分解树(如图 8.29 所示)画出 UUT 的诊断树。其结果与图 8.28 所示诊断树相同,这里不重复。

这里需要指出的是,如果把前述"对半分割"的思想用于有用模糊子集和候选诊断树的确定,则可进一步减少设计工作量。

8.4.4 有用诊断子集分析示例

为了便于比较,仍以 8.3.5 节的例一为例。其相关性矩阵、UUT 各状态发生概率 P_i 和各点测试费用 C_i 列于表 8.18 中。

表 8.18 相关性矩阵(七)

P_i	F_i	TP	1	2	4	5	7	8
		C_j	30	60	20	40	30	20
0.018	F_1		1	1	1	1	1	1
0.009	F_2		0	1	1	1	1	1
0.027	F_4		0	0	1	0	1	1
0.046	$F_{5,6}$		0	0	0	1	0	1
0.046	F_7		0	0	0	0	1	0
0.036	F_8		0	0	0	0	0	1
0.818	F_0		0	0	0	0	0	0

1. 有用模糊子集确定

用故障树构成分析方法,取 6 个测试点的分析结果如图 8.31 所示;确定的有用子集共 21 个,如图 8.32 所示,括号内数字为各子集的待区分状态编号。

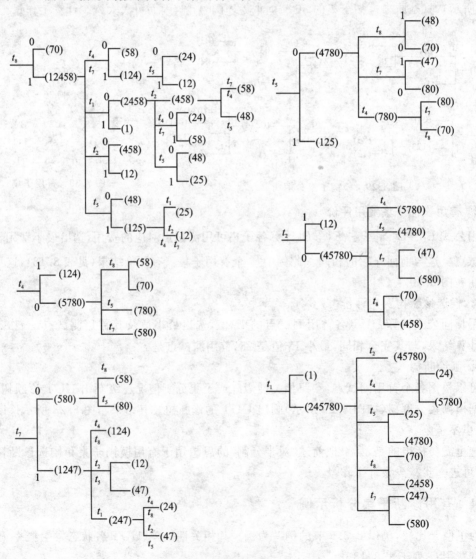

图 8.31 有用子集分解

$$[1245780]$$
$$t_8:54.89$$
$$[245780]$$
$$t_8:52.64$$

[12458]　　　　　　　[45780]
$t_4:8.97$　　　　　　$t_8:50.84$

[1247]　　[2458]　　[4780]　　[5780]
$t_{4,8}:4.97$　$t_4:7.08$　$t_8:45.72$　$t_8:48.12$

[124]　　[125]　　[458]　　[580]　　[247]　　[780]
$t_5:2.97$　$t_4:2.27$　$t_4:5.46$　$t_8:21.28$　$t_5:3.08$　$t_8:43.92$

[12]　　[24]　　[25]　　[47]　　[48]　　[58]　　[70]　　[80]
$t_1:0.81$　$t_5:1.44$　$t_4:1.10$　$t_4:1.46$　$t_4:1.26$　$t_5:3.28$　$t_7:25.92$　$t_8:17.08$

图 8.32　有用模糊子集点阵

2. 有用子集费用评价

各有用子集的费用计算结果列于表 8.19。

表 8.19　模糊集诊断费用

D	t	$A_{(1)}$	$B_{(0)}$	$E_D = C\sum P_i + E_A + E_B$
12	t_1	1	2	$(0.018+0.009)\times 30 = 0.81$
24	t_5	2	4	$(0.009+0.027)\times 40 = 1.44$
25	t_4	2	5	$(0.009+0.046)\times 20 = 1.1$
48	t_4	4	8	$(0.027+0.036)\times 20 = 1.26$
47	t_4	4	7	$(0.027+0.046)\times 20 = 1.46$
58	t_5	5	8	$(0.046+0.036)\times 40 = 3.28$
70	t_7	7	0	$(0.046+0.818)\times 30 = 25.92$
80	t_8	8	0	$(0.036+0.818)\times 20 = 17.08$
124	t_5	12	4	$(0.018+0.009+0.027)\times 40 + E_{12} = 2.97$
	t_1	1	24	$(0.018+0.009+0.027)\times 30 + E_{24} = 3.06$
125	t_4	12	5	$(0.018+0.009+0.046)\times 20 + E_{12} = 2.27$
	t_1	1	25	$(0.018+0.009+0.046)\times 30 + E_{25} = 3.29$
247	$t_{4,8}$	24	7	$(0.009+0.027+0.046)\times 20 + E_{24} = 3.08$
	t_5	2	47	$(0.009+0.027+0.046)\times 40 + E_{47} = 4.74$
458	t_4	4	58	$(0.027+0.046+0.036)\times 20 + E_{58} = 5.46$
	t_5	5	48	$(0.027+0.046+0.036)\times 40 + E_{48} = 5.62$
580	t_8	58	0	$(0.046+0.036+0.818)\times 20 + E_{58} = 21.28$
	t_5	5	80	$(0.046+0.036+0.818)\times 40 + E_{80} = 53.08$
780	t_8	8	70	$(0.046+0.036+0.818)\times 20 + E_{70} = 43.92$
	t_7	7	80	$(0.046+0.036+0.818)\times 30 + E_{80} = 44.08$

续表 8.19

D	t	$A_{(1)}$	$B_{(0)}$	$E_D = C \sum P_i + E_A + E_B$
1 247	$t_{4,8}$	124	7	$(0.018+0.009+0.027+0.046) \times 20 + E_{124} = 4.97$
	t_5	12	47	$(0.018+0.009+0.027+0.046) \times 40 + E_{12} + E_{47} = 6.27$
	t_1	1	247	$(0.018+0.009+0.027+0.046) \times 30 + E_{247} = 6.08$
2 458	t_4	24	58	$(0.009+0.027+0.046+0.036) \times 20 + E_{24} + E_{58} = 7.08$
	t_5	25	48	$(0.009+0.027+0.046+0.036) \times 40 + E_{25} + E_{48} = 7.08$
	t_2	2	458	$(0.009+0.027+0.046+0.036) \times 60 + E_{458} = 12.54$
4 780	t_8	48	70	$(0.027+0.046+0.036+0.818) \times 20 + E_{48} + E_{70} = 45.72$
	t_7	47	80	$(0.027+0.046+0.036+0.818) \times 30 + E_{47} + E_{80} = 46.35$
	t_4	4	780	$(0.027+0.046+0.036+0.818) \times 20 + E_{780} = 62.46$
5 780	t_8	58	70	$(0.046+0.046+0.036+0.818) \times 20 + E_{58} + 7_{70} = 48.12$
	t_7	7	580	$(0.046+0.046+0.036+0.818) \times 30 + E_{580} = 49.66$
	t_5	5	780	$(0.046+0.046+0.036+0.818) \times 40 + E_{780} = 81.76$
45 780	t_8	458	70	$(0.027+2\times 0.046+0.036+0.818) \times 20 + E_{458} + E_{70} = 50.84$
	t_7	47	580	$0.973 \times 30 + E_{47} + E_{580} = 51.93$
	t_5	5	4 780	$0.973 \times 40 + E_{4780} = 84.64$
	t_4	1	5 780	$0.973 \times 20 + E_{5780} = 67.58$
12 458	t_4	124	58	$0.136 \times 20 + E_{124} + E_{58} = 8.97$
	t_5	125	48	$0.136 \times 40 + E_{125} + E_{48} = 9.42$
	t_1	1	2 458	$(0.018+0.009+0.027+0.046+0.036) \times 30 + E_{2458} = 11.16$
	t_7	124	58	$0.136 \times 30 + E_{124} + E_{58} = 10.87$
	t_2	12	458	$0.136 \times 60 + E_{12} + E_{458} = 14.43$
245 780	t_8	2 458	70	$0.982 \times 20 + E_{2458} + E_{70} = 52.64$
	t_7	247	580	$0.982 \times 30 + E_{247} + E_{580} = 53.82$
	t_5	25	4 780	$0.982 \times 40 + E_{25} + E_{4780} = 86.1$
	t_4	24	5 780	$0.982 \times 20 + E_{24} + E_{5780} = 69.2$
	t_2	2	45 780	$0.982 \times 60 + E_{45780} = 109.76$
1 245 780	t_8	12 458	70	$1 \times 20 + E_{12458} + E_{70} = 54.89$
	t_7	1 247	580	$1 \times 30 + E_{1247} + E_{580} = 56.25$
	t_5	125	4 780	$1 \times 40 + E_{125} + E_{4780} = 87.99$
	t_4	124	5 780	$1 \times 20 + E_{124} + E_{5780} = 71.09$
	t_2	12	45 780	$1 \times 60 + E_{45780} + E_{12} = 111.65$
	t_1	1	245 780	$1 \times 30 + E_{245780} = 82.64$

3. 候选 UUT 诊断树费用评价

6 棵候选诊断树费用计算结果见续表 8.19 下部,其中以 t_8 为根节点的费用最少,为 $C_D = 54.89$。

4. 根据结果画出诊断树

根据上述结果画出的诊断树如图 8.33 所示。此结果与 8.3.5 节中例一考虑可靠性和费用影响时的分析结果完全相同,这也间接说明那里的分析方法是接近最优的。

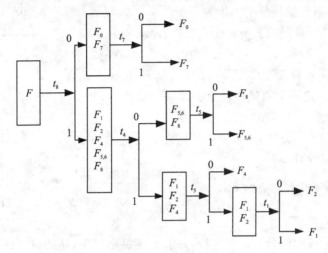

图 8.33 最少费用诊断树

8.5 基于故障树分析的故障诊断方法

8.5.1 故障树分析

故障树分析法,简称 FTA 法,就是在系统设计过程中,通过对可能造成系统故障的各种因素(包括硬件、软件、环境和人为因素)进行分析,画出逻辑图(即故障树),从而确定系统故障原因的各种可能组合方式或其发生概率,以计算系统故障概率,并据此采取相应的纠正措施,提高系统可靠性的一种设计分析方法。FTA 被认为是对复杂系统可靠性、安全性进行分析的一种好方法。

建造故障树是 FTA 法的关键,FMEA 是建树的必要准备,FTA 是 FMEA 的进一步发展。故障树是由顶事件(即系统不希望发生的故障事件)、中间事件(即引起顶事件发生的原因)和底事件(即导致中间事件发生且其故障机理和概率分布都已知,因而不需继续分析的全部原因)构成的。

建树时,先写出顶事件,用矩形符号表示作为第一行;在其下面并列地写出导致顶事件发生的直接原因,包括硬件故障、软件故障和环境因素等,作为第二行。把它们用相应的符号表示出来,并用适合于它们之间逻辑关系的逻辑门与顶事件相连接。如果还要分析导致这些故障事件发生的原因,则把导致第二行那些故障事件(称为中间事件)发生的直接原因作为第三行,用适当的逻辑门与第二行故障事件相连接。按照这个方法步步深入,一直追溯到引起系统发生故障的且不需再继续分析的全部原因为止。最后的原因为底事件,用圆形符号表示。这样就建成一棵以顶事件为"根",中间事件为"节",底事件为"树叶"的具有 n 级的倒置的故障树。

在故障树分析中，引入了割集与最小割集的概念。所谓割集指的是故障树中一些底事件的集合，当这些底事件都发生时，顶事件必然发生。若将割集中所含的底事件任意去掉一个就不再成为割集，则这个割集就是最小割集。

如图 8.34 所示的故障树，其有三个底事件：e_1，e_2 和 e_3；其三个割集是：$\{e_1\}$，$\{e_2, e_3\}$ 和 $\{e_1, e_2, e_3\}$。由图可见，当各割集中底事件都发生时，顶事件必然发生。它的两个最小割集是：$\{e_1\}$，$\{e_2, e_3\}$，因为在这两个割集中任意去掉一个底事件，就不再成为割集了。

有多种求最小割集的方法，一般需用计算机来完成，简单的故障树也可以用手工计算。

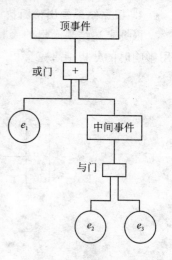

图 8.34 故障树示例

8.5.2 利用 FTA 确定测试顺序

1. 费用函数

这里假设系统的故障树分析已经进行，并求出了最小割集；还假设在任意指定时刻，只有一个最小割集失效。问题是当系统发生故障（出现不希望发生的顶事件）时，求出用尽可能少的费用的测试序列，以便按此顺序对各最小割集及其底事件进行测试，找出失效的最小割集，完成故障诊断任务。

令 M 表示最小割集，e 表示底事件。如故障树中共有 m 个最小割集，而最小割集中的底事件数用 n 表示，则顶事件与最小割集以及底事件之间的关系可用图 8.35 来简化表示。

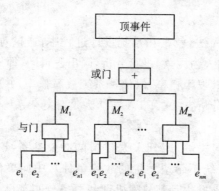

图 8.35 故障树的简化表示

对于第 K 个最小割集 M_k 来说，其发生概率 P_k 为

$$P_k = \prod_{i=1}^{n_k} P_i \tag{8.24}$$

式中　P_i——该割集中底事件 e_i 的发生概率；

　　　n_k——该割集中的底事件数目。

如果最小割集 M_k 中所有的底事件都加以考查测试，则 M_k 的全部测试费用 C_k 为

$$C_k = \sum_{i=1}^{n_k} C_{ei} \tag{8.25}$$

式中　C_{ei}——M_k 中第 i 个底事件的测试费用。

因为只要测试出一个底事件未发生,就不需要再测 M_k 中其余底事件了,所以会常出现费用比用式(8.25)计算值低的情况。

只要有一个最小割集发生,顶事件就发生。所以一旦测试到某个最小割集发生了,测试过程就可停止了。实际进行测试时,有可能第一个测到的最小割集就是发生失效的最小割集。当然,也可能是测到第二个、第三个或测到第 $m-1$ 个,才找出发生失效的最小割集。对应的测试序列记为

$$S_1 = \{ 1 \}$$
$$S_2 = \{ 1, 2 \}$$
$$S_3 = \{ 1, 2, 3 \}$$
$$\vdots$$
$$S_{m-1} = \{ 1, 2, 3, \cdots, m-1 \}$$

括号内的数字表示测试最小割集的序号。因为测试第一个最小割集未发生失效时,需要测试另一个最割集的概率为 $1-P_1$;如果还未发生失效,则需要测第三个最小割集的概率为 $1-P_1-P_2$,以此类推。所以,对应上面测试序列的预期测试费用函数如下:

$$C(S_1) = C_1$$
$$C(S_2) = C_1 + C_2(1-P_1)$$
$$C(S_3) = C_1 + C_2(1-P_1) + C_3(1-P_1-P_2)$$
$$\vdots$$
$$C(S_{m-1}) = C_1 + C_2(1-P_1) + C_3(1-P_1-P_2) + \cdots + C_{m-1}\left(1-\sum_{j=1}^{m-2} P_j\right) \quad (8.26)$$

共有 m 个最小割集,如果前 $(m-1)$ 个最小割集都测过且未发现失效,则最后一个最小割集就不用测试了,其必定是导致系统故障(顶事件发生)的那个割集。

2. 优选测试序列的必要条件

如果测试序列 $S=[1,2,3,\cdots,i,i+1,\cdots m-1]$ 是最佳的序列,则将序列 S 的第 i 项和第 $i+1$ 项调换而得出的序列 S' 就不是最佳的。利用序列 S 和 S' 进行测试时,测试费用之差为

$$C(S) - C(S') = C_i\left(1-\sum_{j=1}^{i-1} P_j\right) + C_{i+1}\left(1-\sum_{j=1}^{(i+1)-1} P_j\right) - C_{i+1}\left(1-\sum_{j=1}^{i-1} P_j\right) -$$

$$C_i\left(1-\sum_{j=1}^{i-1} P_j - P_{i+1}\right) = C_i P_{i+1} - C_{i+1} P_i$$

由于序列 S 为最佳序列,测试费用最少,$C(S)-C(S') \leqslant 0$,因此 $C_{i+1}P_i \geqslant C_i P_{i+1}$,即

$$P_i/C_i \geqslant P_{i+1}/C_{i+1} \quad (8.27)$$

另外,如果测试进行到最后两个最小割集时,则只需再测试一个就可以确定导致顶事件发生的割集了。当然选择测试费用少的割集进行测试,不需考虑其故障发生概率。所以最佳测试序列应当是

$$C_{m-1} < C_m \quad (8.28)$$

综上所述,为了使预期的总测试费用尽可能地少,具有比值 P_i/C_i 最高的最小割集应首先予以测试。当测试进行到最后两个最小割集时,应选择其中费用低的一个测试。这意味着测试序列 S 成为最佳序列的必要条件为

$$P_i/C_i \geqslant P_{i+1}/C_{i+1} \quad i=1,2,\cdots,m-2$$
$$C_{m-1} < C_m \quad (8.29)$$

3. 割集中底事件的测试顺序

一旦选出具有最高比值 P_i/C_i 的最小割集之后,就要进一步解决评定该最小割集是否发生的问题。为此,可能需要对其中的全部底事件加以检查。如果最小割集中只包括一个底事件,那么可以直接进行测试。但常见的情况是一个割集内可能包括许多底事件,只要检测到第一个未发生的底事件,即判定对应最小割集未发生,则该最小割集的测试工作即可停止。

在这样的情况下,进行测试的次数和费用就要取决于对底事件的测试顺序了。

对于选定的最小割集 j,按如下测试序列对其底事件进行测试,即

$$S_j = [1, 2, \cdots, i, i+1, \cdots, k]$$

其测试费用是测试事件1、事件2等费用的总和,前提条件是前一个事件是发生了的。测试费用可用下式表示,即

$$C(S_j) = C_1 + C_2 P_1 + C_3 P_1 P_2 + \cdots + C_k \prod_{n=1}^{k-1} P_n$$

式中 k——该最小割集中应测试的底事件数。

如果测试序列 S_j 是最佳序列,而 $S'_j = [1, 2, \cdots, i+1, i, \cdots, k]$ 为序列中第 i 项和 $i+1$ 项互换后得出的序列,则利用上式可以证明这两个序列测试费用之差为

$$C(S_j) - C(S'_j) = \prod_{n=1}^{i-1} P_n [C_i(1-P_{i+1}) - C_{i+1}(1-P_i)] \tag{8.30}$$

因为序列 S 是最佳的,所以 $C(S_j) - C(S'_j) \leqslant 0$,即 $C_i(1-P_{i+1}) - C_{i+1}(1-P_i) \leqslant 0$

或者

$$C_i/(1-P_i) \leqslant C_{i+1}/(1-P_{i+1}) \tag{8.31}$$

这个结果表明:对于选定的最小割集,应当按 $C_i/(1-P_i)$ 比值递增的顺序对其底事件进行测试,即 $C_i/(1-P_i)$ 比值最低应首先测试,然后是次低的,以此类推。一旦发现了未发生底事件,则对该最小割集的测试即停止。而在选择下一个要测试的最小割集时,就将包含有未发生底事件的那个割集排除在外。因为已知这样的最小割集未发生,没必要再测试了。

8.5.3 举 例

考虑一个具有10个底事件、包含有5个最小割集的已发生故障的系统,表8.20中列出了其最小割集和对应的底事件。假设所有底事件都具有同样的故障概率($P=0.1$),各底事件的测试费用为 $C_1=C_2=C_3=2.5, C_4=C_5=C_8=3.5, C_6=C_7=4$,以及 $C_9=C_{10}=2$。

表 8.20 最小割集及底事件

最小割集 M_j	M_j 中的底事件	M_j 故障概率 P_j	测试费用	比值 P_j/C_j
M_1	e_1, e_2, e_5	0.001	8.5	1.18×10^{-4}
M_2	e_3, e_4, e_5	0.001	9.5	1.05×10^{-4}
M_3	e_3, e_4, e_6	0.001	10	1×10^{-4}
M_4	e_4, e_7, e_9, e_{10}	0.000 1	11.5	$0.086\,9 \times 10^{-4}$
M_5	e_6, e_7, e_8	0.001	11.5	0.869×10^{-4}

从表8.20中的数据可知,割集 M_1 的 P_1/C_1 比值最高,因此首先选择 M_1 测试。在割集 M_1 内有

e_1: $C_1/(1-P_1) = 2.5/(1-0.1) = 2.778$

e_2: $C_2/(1-P_2) = 2.5/(1-0.1) = 2.778$

e_5: $C_5/(1-P_5) = 3.5/(1-0.1) = 3.889$

所以 M_1 内底事件的测试顺序为 e_1，e_2 和 e_5。

如果 M_1 测试结果是 e_1 和 e_2 发生，而 e_5 未发生，则可将最小割集 M_1 和 M_2 予以排除（因为包含有未发生底事件 e_5）。余下的最小割集为 M_3，M_4 和 M_5。由表 8.20 可见，其中 P_3/C_3 比值最高，所以下一个测试的最小割集为 M_3。

e_3: $C_3/(1-P_3) = 2.5/(1-0.1) = 2.778$

e_4: $C_4/(1-P_4) = 3.5/(1-0.1) = 3.889$

e_6: $C_6/(1-P_6) = 4/(1-0.1) = 4.444$

所以 M_3 中底事件的测试顺序为 e_3，e_4 和 e_6。

如此测试下去，直到找出导致系统故障的最小割集为止。

习 题

1. 设计诊断策略时，对半分割方法有什么优点和缺点？
2. 在复杂系统中使用对半分割方法设计诊断策略时，需要解决的主要问题是什么？
3. 何谓一阶相关性和高阶相关性？
4. 如何分析系统的相关性，怎样建立系统的相关性模型？
5. 分析相关性时，机电系统和电子系统有何区别？
6. 如何利用相关性模型优选测试点（测试）？
7. 如何利用相关性模型确定诊断策略并画出诊断树？
8. 在优选测试点和确定诊断策略时，如何考虑可靠性和费用影响因素？
9. 你认为可以去掉下面两个公式中的求和符号吗？去掉求和符号后影响如何？

   ① $W_{\mathrm{FI}j} = \sum_{k=1}^{Z} (N_j^1 N_j^0)_k$ ② $I(t_j) = -\sum_{k=1}^{Z} P_k(A \operatorname{lb} A + B \operatorname{lb} B)_k$

10. 评价诊断树的参数是什么，如何进行评价？
11. 如何设计系统的最佳诊断策略，其主要过程和步骤是什么？

第 9 章 测试性/BIT 设计技术

9.1 系统测试性设计

9.1.1 系统测试性顶层设计

系统、分系统以及较复杂的 LRU 级产品应进行测试性顶层设计(或者称为概要设计),也就是说在进行 SRU 级产品(或模块)的测试性/BIT 详细设计之前,首先要完成系统测试性的总体设计和有关工作的规划,具体应完成的主要工作包括如下七个方面。

1. 制定系统测试性工作计划

测试性工作计划是测试性设计与管理的重要辅助工具,计划中包括应完成的测试性工作项目、要求和进度,以及有关费用和评审要求等,详见 3.2.2 节。

2. 确定测试性要求

测试性要求是系统测试性设计、检查评审和验证的依据,应按第 4 章提供的方法确定系统测试性定性要求和定量要求,并用第 6 章提供的方法,把系统测试性要求分配给分系统或 LRU 级产品。系统级测试性要求是根据使用和维修要求确定的,而分系统、LRU 和 SRU 级测试性指标则是由上一级产品分配来的。

3. 通过权衡分析确定诊断方案

系统的诊断测试方案是系统的机内测试和外部测试的总体设计,应根据使用与维修要求和测试性要求,通过 BIT,ATE 和人工测试的权衡分析来设计并确定系统诊断方案,详见第 5 章。航空机载系统采用三级维修体制时的修理过程如图 9.1 所示。对应的分层次故障检测

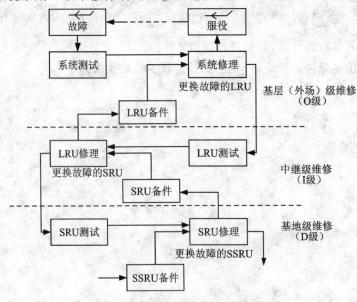

图 9.1 三级维修的故障修复

(FD)与隔离(FI)方法如图 9.2 所示,可供确定系统诊断测试方案时参考。

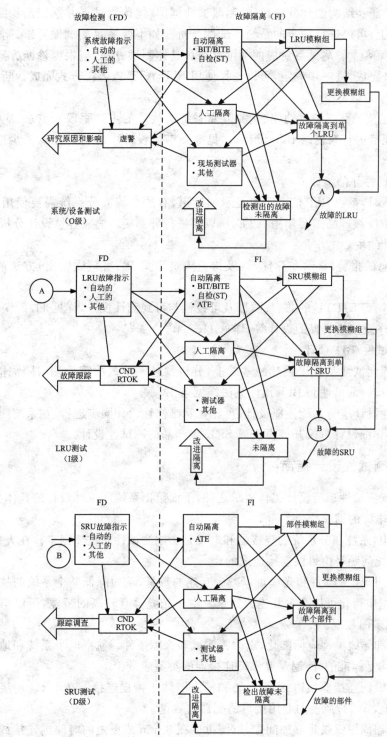

图 9.2 三级维修的 FD 和 FI

4. 优选测试点与制定诊断策略

根据系统功能和结构的划分结果,绘制测试性框图,优选测试点并制定出诊断策略(诊断树)。在此基础上,可以进行初步的系统测试性分析。如不能满足测试性要求,则应改进系统顶层设计,详见第 8 章。测试点对应的测量参数和具体测试方法,应根据诊断方案(即这些测试用什么方式来完成)进一步确定,可以选择使用 BIT、ATE 或人工方式完成诊断。

5. 系统 BIT 设计

系统 BIT 是监控系统关键功能、检测隔离系统级故障的主要手段和方法,应按系统测试性要求和技术规范进行系统级 BIT 设计,详见 9.2 节。设计中应特别注意减少虚警问题,详见第 10 章。

6. 系统测试性外部接口

在故障诊断时,系统 BIT 信息需要显示和输出,有的系统或分系统需要使用便携式外部测试设备,而 LRU 级产品需要使用 ATE,所以要进行外部接口的兼容性设计分析。系统测试性外部接口设计的主要工作是:

① BIT 信息的报警、显示和存储,以及维修人员采集 BIT 信息(输出)方法的设计,详见 11.1 节;

② UUT 与 ATE/ETE 的兼容性,以及可控性与可观测性设计,详见 11.2 节及第 7 章;

③ 测试程序及接口装置的设计等,详见 11.3 节。

7. 系统测试性/BIT 预计

在上述系统测试性及 BIT 设计的基础上,分析预计系统的故障检测与隔离能力,发现问题,采取改进措施。测试性和 BIT 预计方法详见第 12 章。

系统测试性设计应与系统性能设计、可靠性和维修性设计同步进行,在系统测试性顶层设计的基础上,在详细设计阶段开展模块或 SRU 级产品的测试性设计。

9.1.2 系统测试性设计指南

除上述系统测试性顶层设计工作要求之外,下面给出系统测试性设计的具体指南。

1. 连接和电缆的铺设

电子系统中,系统和分系统的连接器和电缆是影响测试性的重要因素。在大多数情况下,90% 以上的系统问题是由错误连接造成的。

① 通过使用 VLSI 器件和光缆可以减少互连的数量,从而降低整个系统的故障概率。通过将传送的数据串行化可以减少互连的数量。由于光缆具有较高的带宽,所以与传统的电缆相比,可串行更多的数据。

② 连接器和导线类型应标准化,以改善测试和保障条件。航空电子系统和地面系统通常采用的连接器均是标准的,问题是要保证连接器的类型应最少。

③ 提供有效的连接器锁销、彩色编码和标志以防止错误连接。在 LRU 连接器上采用键式开关,可以减少 ATE 所需的专用接口适配器的数量。

④ 在连接器周围提供足够的间隙,以便可以在 3 min 或更短的时间内连接或断开电缆并对连接器作适当的校准。

⑤ 在导线或电缆上加上标志(最好是彩色)以便对其进行跟踪。

⑥ 电源、接地和其他常用的信号在连接器中插针的位置应标准化。

⑦ 所有 LRU 及分系统的关键节点(或测试点)应保证从连接器上即可存取信息,防止需要内部 LRU 探针或通道。

⑧ 避免采用隐藏电缆(即一个电缆在另一个电缆或 LRU 等的后面)。

⑨ 在所有多线电缆中至少应提供 10 % 的备用线。这对连接相距数米的 LRU 和位于隔板内的电缆尤其重要。这样在任何连接线断开后,可以在每个 LRU 的终端进行快速重新布线,而无须将很长的电缆拉出。

⑩ 避免采用直角连接器外壳。如果不可避免,则应特别注意每根电缆的位置以防磨损。

2. 电 源

电源通常应符合有关标准。对于航空电子系统,其电源也应按有关标准执行。

① 在航空电子和地面电子系统中使用标准电源,以便易于与标准的 ATE 互连,从而减少测试时间和由于需要设计功能适配电路而造成的浪费。

② 应保证测试人员检测时的安全。通常在测试时,应断开高压电源。

③ 系统设计应保证当主系统电源故障时,可以快速地断开电缆,并利用外部电源进行信号连接。

3. 计算机、控制器连接总线和软件

① 应能在任何时刻通过遥控、复位开关或按钮将系统复位。

② 提供直接存取地址/数据总线,以便 ATE 可以直接从系统和各个部件读取数据。

③ 在系统、分系统和 LRU 之间采用标准通信信号,以便不相似的系统和具有 1553B 通信能力的所有 ATE 可以在没有适配器的情况下连接在一起。

④ 将系统软件按系统功能分成通用的软件模块/结构,以改善软件和硬件各个功能的测试性。

⑤ 采用高级指令语言,以便于系统综合、测试和调试。

⑥ 尽量使用标准的通信和故障报告系统进行诊断和维修,尽量少用用户定制的 ATE。

⑦ 对于余度电路,必须保证可以对余度单元进行独立测试。

4. 系统测试点

① 对系统测试来讲,I/O 或读出电路的测试点应相互靠近,以便一个测试人员可以在监控读出电路的同时执行测试。

② 提供具有防污盖的测试点,以防止由于测试点受污染造成功能失效,从而降低整个系统的测试性水平。

③ 测试点的设计应保证不干扰系统综合期间所测试的信号。在测试点应施加标准的阻抗值,以便可以在无须附加电路的情况下直接访问测试点。

5. 机械设计

① 设计的系统应保证可在 30 min 内无须利用专用工具完成更换。

② 避免在系统级进行人工调整。

③ 采用模块化系统设计,每个模块设计成功能独立的模块。

④ 清楚地标识所有分系统及 LRU。否则,当系统中包含多个 LRU 或分系统,且它们没有加以标识时,在系统综合、测试、调试和修理时就可能带来各种问题。

6. 系统安全性考虑

系统操作人员和测试人员的安全是系统测试性设计时需要特别注意的问题。它比其他测试性要求更重要。

① 当测试或执行任务前需要将系统盖打开时,应对危险的系统或会产生危险的系统明确标识。

② 提供火警、烟雾及危险探测器。这些系统与灭火系统一起不仅可以保护系统本身,而且可以在综合、测试和调试期间保障测试人员的安全。

③ 应为安全和保险装置提供目视报警信号、音响报警信号以及单独开关保险。这对导弹系统尤其重要。

④ 为所有自动操作员监控器提供目视或音响报警信号。对于复杂系统,应包括"操作员监控器",以便在警报发出一定时间内操作人员未能改正错误的情况下,采取其他措施。

⑤ 为保安短路器提供音响或目视报警信号。通常系统将包括一个保安短路器开关,以便在系统内部出现问题(可能导致着火或爆炸)的情况下,保证系统连续工作。

⑥ 任何引爆电路应包括用于启动电路的一个编码序列和在其被偶然启动的情况下用于保险的开关。

7. 其他测试性设计要求

① 测试时间较长(大于 10 min)时通常会造成系统过热,因此在没有辅助测试监控器和冷却设备时应避免这种情况。此外,如果每次系统由于各种原因中断均需要 10 min 预热,那么测试时间会大大增加。

② 对于布置在"远处"的系统,应提供工厂"样机"系统,因为不可达系统所出现的故障,在没有对工厂内相同的"非飞行"样机系统进行访问时不可能诊断出来。非飞行样机系统可用于模拟错误,以便维修人员找出消除故障的措施。

③ 应提供易于接近分系统或 LRU 底板的方法。

④ 应提供可以快速接近可更换产品的方法,以减少总的测试时间。

⑤ 当可使用商用设备(如电源、控制器等)时,应尽量避免新研制系统。

⑥ 应为系统测试提供地面终端,以便准确了解触点好坏。

⑦ 应避免在系统内填入胶滞体、惰性气体或高压气体,以防止使系统综合测试、调试和修理时间过长。

⑧ 避免采用测试时要求有清洁的房间的设计,因为这样会大大增加系统综合测试和调试等的时间及复杂性。

⑨ 应避免要求采用高技术的 ATE,最好使用现有的商用 ATE,以节省费用。

⑩ 对所有故障应提供良好的故障检测率和隔离率,至少不应小于 90 %。

⑪ 应提供联机的"专家诊断系统"。

⑫ 应提供可中断所有反馈回路的方法。

⑬ 对关键功能应提供余度电路,以便在不中断系统主功能的情况下,对脱机部分进行测试。

⑭ 应提供可以访问到任何采用扫描技术电路的方法。

⑮ 应为系统提供自校准能力。

⑯ 应为系统测试提供所需的文件和规范。

9.2 系统 BIT 设计

9.2.1 系统 BIT 顶层设计

在系统测试性顶层设计的基础上，开展系统级 BIT 的顶层设计，其主要工作有以下各项。

1. 确定系统 BIT 功能特性

根据使用要求和诊断方案确定系统 BIT 要测试的对象、测量参数和测试功能（监测、检查或隔离）。一般情况，系统 BIT 应完成以下三种功能：

① 系统监测——监测系统关键特性参数；
② 系统检查——检查系统是否正常，检测故障；
③ 故障隔离——将系统故障隔离到 LRU（或 SRU）。

根据系统特点和使用要求，也可以只设计①，②两种功能。实现 BIT 可以用软件、硬件或二者的组合，系统级 BIT 及其组成单元 BITE 的总的故障检测与隔离能力应满足规定的测试性指标。

2. 确定系统 BIT 工作模式和类型

依据系统特点和使用要求，可以选用的 BIT 类型如下。

（1）系统工作（飞行）中 BIT

这种 BIT 工作模式主要用于监测系统关键功能特性，在系统运行中检测和隔离故障。其使用的 BIT 类型为周期 BIT 和（或）连续 BIT。

（2）系统工作（飞行）前 BIT

该种 BIT 工作模式主要用于检查系统工作前的准备状态，检测系统是否正常，能否投入正常运行，给出通过或不通过（GO/NO GO）指示。其使用的 BIT 类型为启动 BIT。按启动方式不同，又可分为加电 BIT（接通电源时自动执行规定的测试程序）和接通 BIT（由操作者接通 BIT 开关来启动 BIT 程序，也称请求 BIT）。

（3）系统工作（飞行）后 BIT

这种 BIT 工作模式主要用于系统飞行后的维修检测，检查飞行中故障情况，进一步隔离故障，或者用于修理后的检验等，所以此种 BIT 也叫维修 BIT。

一般较复杂的电子系统都设有这三种 BIT 模式。而简单分系统、LRU 或机电设备多单独设计第一种 BIT 模式，后两种 BIT 模式就可能简化合二为一了。

3. 确定 BIT 测试产品等级和测试程度

由图 9.2 可知，系统、分系统、LRU 和 SRU 都可以设置 BIT。针对具体系统特点和诊断方案要求，应确定组成系统的各级产品是否都设计 BIT；如果设计 BIT，还应确定各个 BIT 测试的程度，即只检测还是检测加隔离。

一般系统或分系统应设有具有性能监测、故障检测与隔离功能的 BIT；LRU 级产品应设有具有故障检测功能或检测及隔离功能的 BIT；而 SRU 级产品可以只用外部测试设备检测和隔离故障，也可以依据需要和可能，设置完成检测故障的 BIT。

BIT 测试的程度可分为三种，即性能监测、故障检测和故障隔离。它们有各自的特点和应用目的。

(1) 关键性能监测

这种 BIT 功能是实时监测系统中关键的性能或功能特性参数,并随时报告给操作者。设计完善的监控 BIT 还需要记录存储大量数据,以便分析判断性能是否下降和预测即将发生的故障。其简单测试过程如图 9.3 所示。

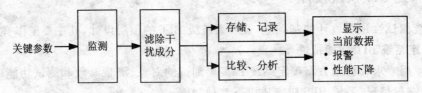

图 9.3 性能监测

(2) 故障检测

这种 BIT 功能只是检查系统(或被测单元)功能是否正常,检测到故障时给出相应的指示或报警。系统运行(飞行)过程中的故障检测过程如图 9.4(a)所示。测试所用方法和设备应尽可能简单,但应特别注意防止虚警设计。系统运行(飞行)前、后的故障检测过程如图 9.4(b)所示。此时虚警问题不像飞行中那么严重,但要求的检测能力一般高于飞行中的 BIT。有时需要加入测试激励信号,还可能需要测试多个信号进行综合分析才能判定故障。

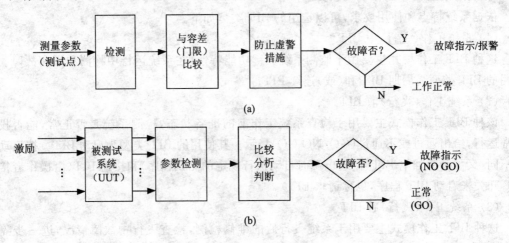

图 9.4 故障检测

(3) 故障隔离

在检测或监测到故障后才启动故障隔离程序。用 BIT 进行故障隔离比性能监测和故障检测更为复杂,一般需要测量被测对象内部更多的参数,通过分析判断才能把故障隔离到存在故障的组成单元。如果各组成单元都设有检测故障的 BIT,则某个 BIT 检测到故障的同时就已把故障定位到该组成单元上了,可省去故障隔离程序,并可减少隔离判断错误,但这种方式增加了 BIT 资源。故障隔离的主要测试过程如图 9.5 所示。

BIT 完成的功能不同,所需进行的测试程度也不同,即性能监测、故障检测和故障隔离所对应的 BIT 各有其特点和要求(如表 9.1 所列)。这是进行 BIT 设计时应特别注意的。

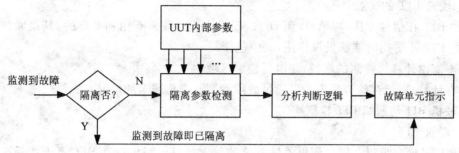

图 9.5 故障隔离

表 9.1 不同 BIT 功能的测试特点

项 目	BIT 测试特点		
	性能监测	故障检测	故障隔离
1. 提供的功能	监控影响安全和任务的功能特性参数	系统(UUT)功能检查,发现故障	隔离故障到组成单元
2. 人员参与程度	• 不参与; • 有的参与预测故障	• 自动运行; • 人员启动	• 自动运行; • 人员启动和(或)控制
3. 系统/UUT 状态	全部工作	• 工作(飞行中 BIT); • 暂停正常运行	• 工作(飞行中 BIT); • 非正常工作
4. 测试的参数	系统/UUT 关键的参数	系统/UUT 各个功能特性参数	系统/UUT 内部参数
5. 信息存储与显示	显示参数值、性能下降、失效。存储量大	显示故障、GO/NO GO。存储量不大	显示故障的单元。存储量不大
6. 应用测试类型	被动的; 无激励	• 被动的,连续或周期 BIT; • 主动的,包括激励和(或)开关,启动 BIT	• 被动的,连续测试; • 主动的,多次测试和控制
7. 测试时间依使用要求而定	1 s~1 min,测试周期为 5 s~2 min	飞行中 1 s~1 min,地面 2~5 min	1~10 min,取决于故障特点和隔离程度

4. 系统 BIT/BITE 软件与硬件的权衡

(1) 软件 BIT 的优点

当系统计算机或控制器可以与功能测试分享时,采用软件 BIT 可以使费用减到最少。当系统计算机资源不足时,应提供测试专用计算机,构成中央综合测试系统。软件 BIT 的主要优点是:

① 在系统改型时,可以通过重新编程得到不同的 BIT;
② 将 BIT 门限、测试容差存储在存储器中,易于用软件修改;
③ 可以对功能区进行故障隔离;
④ 可方便地输入激励和监控 UUT 输出;
⑤ 综合测试程度更大,仅使用少量硬件。

(2) 硬件 BIT 的优点

硬件 BIT 在信号变换(如 A/D 和 D/A 变换)方面是非常有用和必要的,其最大价值体现在当软件 BIT 不适用时能够发挥作用,其中包括:

① 不能由计算机控制的区域,如电源检测区域;

② 有计算机,但存储容量不足以满足故障检测和隔离需求的情况。

5. 联机 BIT 与脱机 BIT 权衡

(1) 联机 BIT

联机 BIT 通常可以立即检测出关键系统的异常。只要联机自动 BIT 不干扰系统功能的处理和占用执行系统功能所需的处理时间,就应尽量采用这种 BIT。联机请求 BIT(或称开关 BIT)可能会造成系统的正常功能短时中断,可用于允许短时中断工作的系统,如雷达系统。但对于关键的功能系统,如自动驾驶仪系统等,则不应当采用这种 BIT。

(2) 脱机 BIT

脱机 BIT 主要用于在联机 BIT 已检测出系统异常,需要进一步检测与隔离的情况。执行脱机 BIT 测试时,需停止系统正常工作,直到测试完毕。

在系统 BIT 设计过程中,应注意达到联机 BIT 和脱机 BIT 的最佳组合。

6. 设计合理的系统 BIT 配置方案

(1) 分布式 BIT 与集中式 BIT

系统的 BIT 可以设计成在系统级、分系统级(或 LRU 级)、电路板或模块级进行测试,测试等级由应用 BIT 目的而定。如果系统是可修复的,并且可以通过更换有故障的组成单元来维修,则将 BIT 测试扩展到更低级别是十分有价值的。如果系统是不可达的,如卫星上的系统,则没有必要将 BIT 测试扩展到模块级。

系统的 BIT 可以是分布式的,也可以是集中式的。图 9.6 所示系统是分布式 BIT,主要是在分系统的模块(电路板)级进行测试,具有模块级故障隔离功能,并根据各个模块 BIT 测试结果,利用归纳法来判断系统是否正常。这种联合的 BIT 方式可以减少故障隔离的模糊度,消除 A 故障错误地报 B 故障这类虚警。图中 F_1 具有备用模块,可以通过微处理器控制从故障模块转换到备用模块工作,以便修复分系统失效。

图 9.6 所示三个分系统中都有各自的微程序和微诊断,如果这些功能都包含在一个微处理器中,通过微处理器对模块进行访问,然后对监测信号和(或)激励响应信号进行分析评价,那么各分系统就是集中式的 BIT。它给出的是其所属模块的状态信息,而系统给出的是整个系统的故障指示,可由任一模块的故障信号所触发。在计算机控制的系统中,采用集中式 BIT 的优点是:计算机能较好地在系统运行时进行交叉测试,而且所需要的测试用硬件较少;此外,还可以进行必要的系统级测试信息分析处理工作。采用分布式 BIT 的优点是:可减少隔离的模糊度和隔离错误;各分系统 BIT 可脱机运行,与其他分系统隔离;各分系统 BIT 能力强,可与分系统功能保持某种形式的同步。当然,也可以与中央计算机联合,构成分布与集中相结合的 BIT 方式。图 9.7 所示是民机集中式故障显示的 BIT 系统示例。

此外,采用分布式 BIT、集中式 BIT、或两者的组合;采用自动 BIT 还是半自动 BIT,要不要结合使用外部测试设备;所有这些都与主系统特性有着密切的关系。各类 BIT 和(或)外部测试设备组成的测试系统的有效性和平均修复时间的估算值(国外经验)如图 9.8 所示,可供选择系统 BIT 和诊断方案时参考。

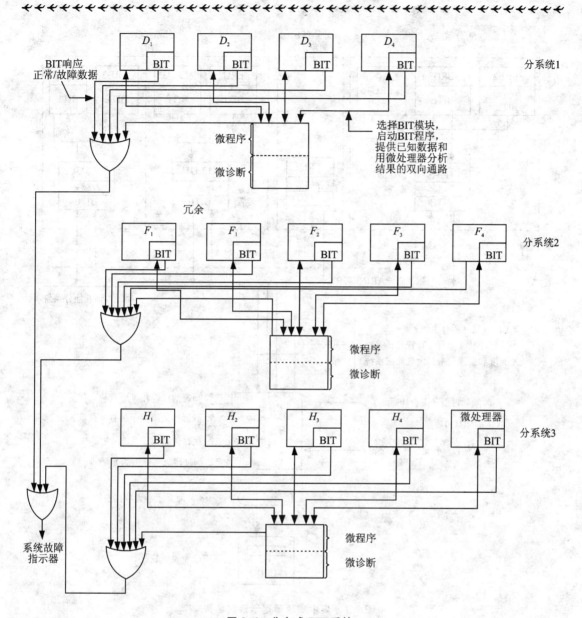

图 9.6 分布式 BIT 系统

(2) 模拟系统和非电系统的 BIT

模拟电路组成的系统本身没有微处理器和微型计算机,不像数字系统那样可方便地利用系统本身的计算处理能力设计 BIT。模拟系统的传统测试方法是设计硬件监测电路和测试点,用状态监控板(包括指示灯、仪表或测量器等)和外部测试设备进行诊断。一般传统测试方法是半自动故障检测及人工故障隔离,要求有技术手册和较高水平的维修人员,测试重复性和兼容性低,如图 9.9(a)所示。模拟系统的现代测试方法如图 9.9(b)所示,系统内部设置了BIT 专用微处理器和 A/D 变换等接口电路,外部与中央控制计算机相连。这种测试方法可以自动检测与隔离故障,要求的维修人员技术水平较低,测试重复性与兼容性好,并且可支持远程维修。这种测试思路也适用于非电子设备和系统。

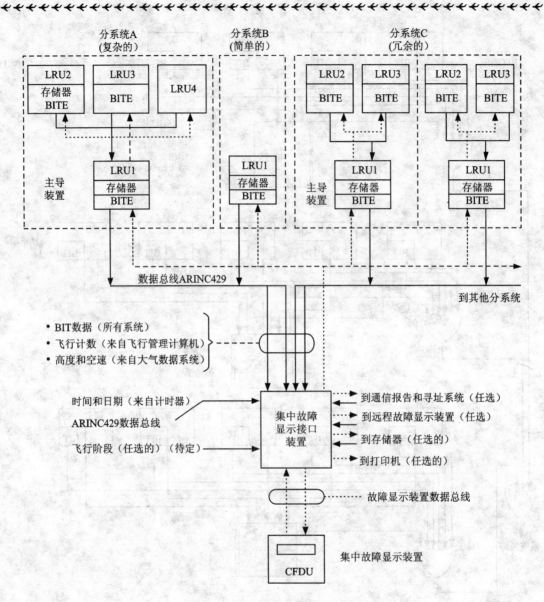

图 9.7 集中式故障显示系统结构

这里所说的非电子系统包括燃油控制系统、油量测量系统、液压系统、环控系统、电源系统和应急动力系统等。这些系统的第一个特点是都包含有机械、液压和机电等组成部分,其功能和特性参数的获取,要通过传感器变成电信号才便于分析判断和显示。第二个特点是多数系统不具有微处理器,部分有少量电路或微处理器的系统,其处理能力也有限,故障检测与隔离的分析判断还需要公用监控计算机的支持。

所以,非电子系统的现代测试(BIT)方案是:各个要测试的分系统和设备应设置机内测试设备(BITE),如传感器、测试点、监测电路、信号变换电路和简单诊断程序(有微处理器的分系统)等;另外,再设置公用监控计算机、多功能显示器和数据记录/存储装置。公用计算机负责接收各分系统送来的 BIT 信息,完成必要的分析和处理后送去显示和记录。

图 9.10 是国外某型军机非航空电子系统的机内测试(BIT)系统构成方案,其中有的分系

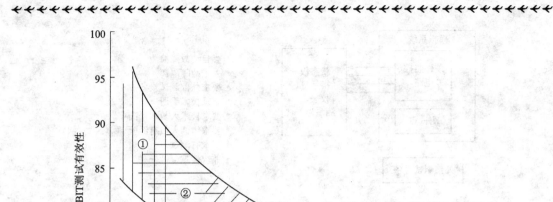

注：

主系统特性如下：
① 采用余度设备，联机维修中央和分布式计算机；
② 不用余度设备，联机维修中央和分布式计算机；
③ 中央计算机（分时处理）；
④ 分布式计算机或数据处理机；
⑤ 少量数据处理。

BIT 特性如下：
全自动 BIT；
全自动 BIT；
全自动 BIT，配合外部设备；
半自动 BIT，加外部测试设备；
外部测试设备，加极少的 BIT。

图 9.8　BIT 有效性与平均修复性维修时间的关系

统（如环控系统）还设有关键特性的告警灯；有的分系统自己还有数据记录装置；有的只需监控处理机对外传输出信息；而有的可能还需要监控处理机分析判断故障。这取决于各分系统的特性和其 BITE 能力。

(3) 复杂系统的 BIT 系统方案

这里的复杂系统是指多个分系统和设备服务于一个大型装备的综合系统。大型民用飞机和军用轰炸机的机载系统是复杂系统的典型例子。这类复杂系统的机载测试系统或 BIT 系统的构成方案一般包括：各个分系统的 BITE、接口装置、中央维修计算机、显示控制装置、综合显示装置和输入/输出设备等。

波音 747—400 飞机的机上系统的测试采用中央维修计算机系统（CMCS）。它由中央维修计算机（CMC）、综合显示系统（IDS）、控制显示单元（CDU）、接口装置（EIU）、各机载系统 BITE 和输入/输出设备等组成，系统构成及与 CMC 接口关系如图 9.11 所示。其中有 2 台 CMC 用以提供功能余度；有 70 个机载系统的 140 多个 LRU 与 CMC 连接，各 BITE 监测各系统自身及其接口信息，不断地由 CMC 处理与评估。CMC 要处理约 6 500 个预定的逻辑方程，把众多的原始检测信息变换为简单的维修信息，主要手段如下。

① 去掉关联故障。如汇流条发生故障会引起几个系统不工作，CMC 分析逻辑能防止错误地把问题归咎于不工作的系统。

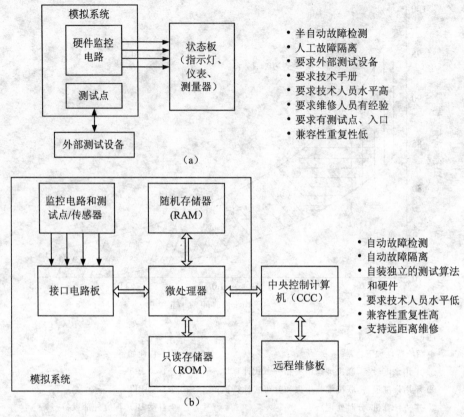

图 9.9 模拟系统和设备的 BIT

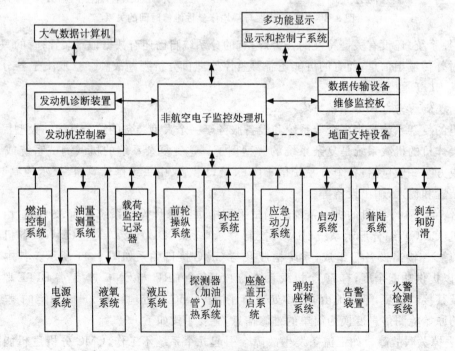

图 9.10 非电子系统的机内测试

② 把起源于同一故障的数个报告归并成系统级单一故障信息。如惯性基准系统故障时，与其接口的数个系统中的每个系统都会报告故障信息，CMC 的分析逻辑会将这些报告归并为单个惯性基准系统故障信息。

③ 将 LRU 故障与适当的机组报警（飞行面板效应）关联起来。如惯性基准系统故障产生数个飞行面板效应，则 CMC 逻辑会将单个惯性基准系统故障与它引起的机组报警关联起来。

CMC 分析处理的结果分三种：隔离到具体 LRU 的故障；隔离到 LRU 间接口的故障；机载系统出现的异常状态，如液压系统溢出。同时，CMC 产生故障及其有关信息的数据库，分为现有故障、历史故障和当前飞行段故障。该系统可以产生 7 000 多个故障信息，最后检出 LRU 的 500 个故障信息存储在 CMC 存储器中。SRU 的信息存储在 LRU BITE 非易失存储器中。LRU 的故障信息可通过 CDU 菜单提示来查询，共有 4 个 CDU 安装在驾驶舱和电子设备舱中，以方便使用。

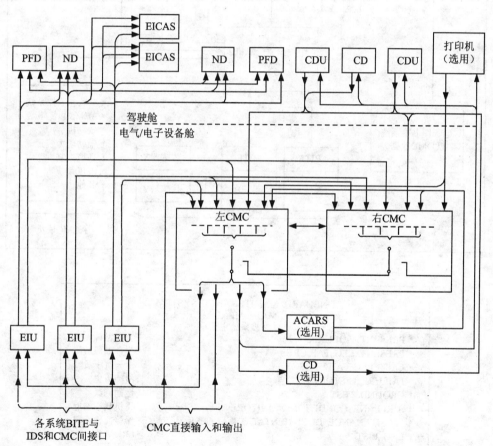

注：
CMC 中央维修计算机(2台)；　　IDS 综合显示系统包括6个CRT显示器；
CDU 控制显示单元(3~4个)；　　EICAS 发动机指示与机组报警系统(2个)；
EIU 接口装置；　　　　　　　　PFD 主飞行显示器(2个)；
ACARS 飞机通信询问与报告系统；　　ND 导航显示器(2个)。

图 9.11　CMC 与各个系统交连示意图

新型双发宽体客体 B777 的机载维修系统（OMS）是在 B747-400 飞机 CMCS 基础上发展而成的。它由各机载系统的 BITE、中央维修计算机（CMC）、维修存取终端（MAT）和几个其他接口系统和设备组成，如图 9.12(a)所示。其 OMS 主菜单如图 9.12(b)所示。各个机载系统(成员系统)LRU 的 BITE 只检测 LRU 级故障，不检测系统级故障及性能测试。各 BITE

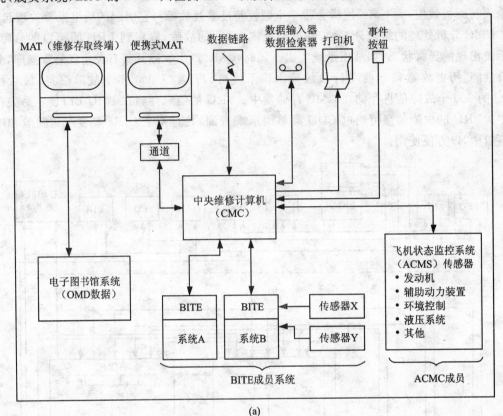

图 9.12 B777 机载维修系统和 OMS 主菜单

将检测得到的信息分别发送给 EICAS 和 CMC，EICAS 产生飞机异常的告警信息，CMC 负责产生维修信息。CMC 收集、处理和存储的信息涉及 87 个系统的 200 个 LRU，经过分析处理后用于：建立 BITE 与维修人员之间的联系；建立维修信息及其与 EICAS 之间的联系；分析 LRU 故障，产生故障文本供维修人员使用。维修人员通过 MAT 屏幕、鼠标器或键盘与 CMC 进行人机对话，显示菜单采用分层结构（见图 9.12(b)）。除了固定连接的 MAT 外，在前起落架、主起落架、电子设备舱、驾驶舱仪表板和安定面舱等部位还设有供便携式 MAT 用的电缆插座，为维修人员提供最大的方便。此外，从飞机操纵台侧面的显示器上也可以访问维修数据信息，还可以通过机上无线通信系统自动向地面工作站报告维修信息。

能够与 OMS 接口的系统和设备有：电子图书馆系统、驾驶舱打印机、数据加载/检索器、驾驶舱事件按钮、驾驶舱效应监控和数据链装置等 OMS 支持设备。飞机状态监控系统作为 OMS 的一部分，主要负责收集、处理和输出非电子系统的数据，是保障 OMS 功能和良好工作的不可缺少的组成部分。

9.2.2 系统 BIT 设计指南

下述内容可作为系统 BIT 通用设计指南，在设计过程中应给予足够的重视。对其中适用于具体系统的设计条款，应贯彻到相应的 BIT 设计之中。

① 任务关键功能必须由 BIT 进行监控。
② BIT 容差的设定应保证在预期的工作环境中故障检测率最大而虚警率最小。
③ BIT 故障检测器的设计应保证满足操作人员和维修人员的要求。
④ 应使用并行 BIT 监控系统关键功能，必须使由于采用余度电路造成的故障掩盖的可能性最小。
⑤ 作为一个设计目标，BIT 的可靠性应比所监控电路的可靠性高一个数量级。如果 BIT 电路的故障率较高，那么就会对系统可靠性带来严重的影响。
⑥ BIT 必须设计成故障安全的，BIT 电路本身的故障或连接线错误应导致一个故障指示。
⑦ 估计的系统寿命周期费用数据应用于测试/可用性和最终的系统生产费用优化。
⑧ 在软件设计和测试领域，负责最终项目设计和验证测试开发的人员应是同一个。
⑨ 在可能的地方，尽量采用中央综合测试系统（CITS）测试方案。仅当采用 CITS 不经济或由于其他原因不可能采用时，才使用系统综合测试（SIT）。
⑩ 必须在系统和分系统级确定每个诊断测试的激励和响应数据。应保证在工厂测试和现场设备维修时采用相同的数据，这将使专用软件的数量最少。
⑪ 提供测试序列的人工控制方法，以便可以有选择地进行独立测试或进行适当的组合测试。此外，人工控制还可用于在任何时刻中断测试。
⑫ 诊断程序的有效性与 BITE 电路、BIT 的类型和质量以及设备内测试点所监控的数量和位置有很大的关系，这些测试点应在设计阶段的早期由设备工程师提供和计划。
⑬ 系统和（或）分系统中的所有单元的诊断测试，应能对单元的可操作性进行评价和将故障隔离到可更换单元。

下面是诊断测试中故障隔离的某些基本原则。
- 每个测试的设计应保证：
  - 可进行独立测试；

- 可诊断单元的一个功能部分；
- 可根据优先级进行测试。
● 故障隔离程序应设计成只需分析一个独立测试的结果。如果故障隔离要求分析该结果，那么测试序列中的最后一个将对所有结果进行分析。
● 使每个独立单元测试均能提供 GO/NO GO 状态指示和将故障隔离到存在故障的部件。
● 在任何地方只要可能，就应保证可随时中断每个测试，然后自动或通过操作人员选择从开始点重新启动。
● 单元测试的设计应保证单元能够适应下列分系统响应模式：
- 分系统的不正确的响应(包括无响应)；
- 不一致的响应状态；
- 不希望的状态。
● 所有软件应按测试优先级建立。测试软件应既可利用所有信息输出的子程序结构，又可利用用于确定故障位置的故障字典。

⑭ 系统软件程序应包括一个自引导程序或具有相同功能的程序，以建立最大工作指令集。利用最大工作指令集就可正确地建立其他指令，这样即可验证整个系统控制器指令集。

⑮ 提供确定计算机及控制器活动的 BIT 电路(如看门狗计时器)。

⑯ 提供一个系统控制板照明检查按钮，以供系统使用或系统测试前使用。

⑰ 采用标准的 BIT 结构(包括硬件和软件)，以便使 BIT 费用最小。

⑱ 在机载航空电子系统中，任务关键的故障应传送到驾驶员的平显上，并应设置伴随音响报警信号，以便驾驶员不必用眼睛就可知关键系统和危及任务的问题发生。

⑲ 在系统用户手册中应保证包含 BIT 不能发现的不正常状况的操作指令，如系统没有接通电源或系统正在不正确的环境(如错误高度等)下使用。

⑳ 地面维修 BIT 在系统控制板上应有一个专用的开关，以便人工对 BIT 程序进行操控。这样当需要时即可重新启动关键系统功能测试。

㉑ 所有自测试程序应与功能固件分开存储，以防止测试软件中的问题造成系统功能固件出问题。

㉒ 对高功率系统和分系统，高功率段应利用目视或音响 BIT 互锁，以便只有当系统不会危及测试人员和系统安全时，才能启动系统。

㉓ 大型系统的 BIT 校准通常应在计算机控制(可以采用人工干预)下完成。

㉔ 在系统中的 BIT 开始运行前，BIT 应首先检查其本身的完整性。

㉕ 为了便于对系统故障进行修理，系统 BIT 诊断的故障应用清楚的文字表示，而不应用代码或指示灯表示。

㉖ BIT 电路应设置在它测试的分系统级，以便当分系统从主系统上拆下来时，仍可用 BIT 进行测试。

㉗ 在经费允许的情况下，应使系统故障隔离的模糊度最小。

9.3　常用 BIT 设计技术

BIT 设计技术的分类方法很多，按实现手段不同可以分为扫描技术、环绕技术、模拟技术、并行技术和特征分析技术等;按被测对象的不同又可分为 RAM 测试技术、ROM 测试技术、CPU 测试技术、A/D 和 D/A 测试技术以及机电部件测试技术等。

为了方便读者使用,本节将 BIT 设计技术划分为数字 BIT、模拟 BIT、环绕 BIT、余度 BIT、动态部件 BIT 和功能单元 BIT 实例等六个部分来说明。

9.3.1 数字 BIT 技术

数字电路种类繁多,相应的 BIT 实现方法也迥然不同。本节要介绍的 BIT 技术包括:板内 ROM 式 BIT、微处理器 BIT、微诊断法、内置逻辑块观测器法、错误检测与校正码(EDCC)方法、扫描通路 BIT、边界扫描 BIT、ROM 测试、RAM 测试和定时器监控测试等。下面对其具体内容作详细说明。

1. 板内 ROM 式 BIT

板内只读存储器(on-board ROM)实现的机内测试是一种由硬件和固件实现的非并行式 BIT 技术。该技术包括:将存储在 ROM 中的测试模式施加到被测电路 CUT 中,然后将 CUT 的响应与期望的正常响应 GMR 对比,据此给出测试"通过/不通过(GO/ NO GO)"输出信号。

(1) 电路及其工作原理

图 9.13 给出了板内 ROM 式 BIT 的一个简化的通用电路。

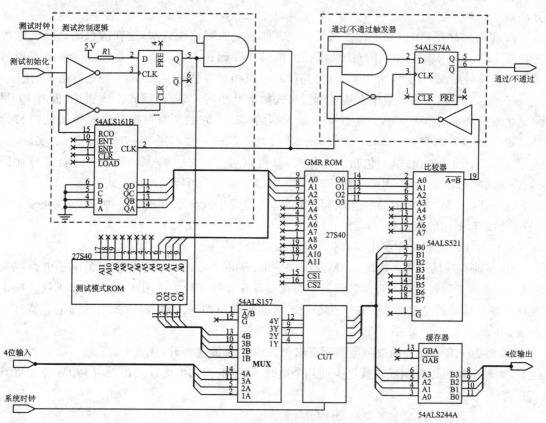

图 9.13 板内 ROM 式 BIT 的简化电路

该电路的工作原理是负脉冲"测试初始化"信号施加到测试控制逻辑中,进行如下的初始化工作:测试控制逻辑向多路复用器 MUX 发送 BIT 方式信号,并使缓存器工作在高阻状态;CUT 的输入和输出切换到测试回路;CUT 复位,计数器 54ALS74A 置位,正常/故障触发器复位到"通过"状态;测试模式 ROM 中的测试模式施加到 CUT 的输入端;测试时钟施加到计数器中,开始计数并同时对测试模式 ROM 和 GMR ROM 寻址。

测试模式依次通过 CUT,每个施加的测试模式都具有足够的保持时间,确保 CUT 建立了稳定的输出响应。通过比较器将输出响应与保存在 GMR ROM 中的正常响应对比,同时测试时钟触发通过/不通过触发器,接受比较结果。如果对比结果为不相同,则触发器被设置为故障(不通过)状态,并保持该状态直到重新初始化测试;如果所有测试模式的比较结果都为相同,则触发器保持原有的通过状态。

在对 ROM 寻址完毕时,测试控制逻辑中发出测试结束信号,恢复 CUT 的正常输入/输出接口。

(2) 特　点

该方法属于非并行测试技术,不能与系统的正常功能并行工作。此方法简单易懂,可以再附加硬件对 ROM 进行校验,实现 BIT 电路的自测试。板内 ROM 式 BIT 具有如下优点。

① 通过对 CUT 深入分析,可以采用少量预先确定的测试模式,实现很大的故障检测百分比。

② 带有时序逻辑的 CUT 往往需要依次施加指定的测试模式对,这在随机测试模式应用中很难实现。采用板内 ROM 方法可以将测试模式存储在 ROM 中,因此可以方便地实现测试模式的成对出现。此外,采用 CAD 电路仿真可以相对容易地生成 CUT 特定的正常响应。

③ 在 CUT 输出端个数增大或者所需模式数量减小时,与随机模式生成相比,板内 ROM 测试生成更具有竞争力。一个具有 n 个输入端的 CUT,它的所有可能二进制模式的数目为 2^n。如果 $n=16$,则 $2^n=65\,536$;$n=20$,则 $2^n=1\,048\,576$;$n=24$,则 $2^n=16\,777\,216$。实际上,采用 2 000 个确定的模式(不包括全 0 模式)就可以对一个 24 输入端的 CUT 进行充分地测试;而采用随机模式生成,则必须循环 $16\,777\,215(2^n-1)$ 个可能的测试模式。

④ 板内 ROM 技术的控制逻辑简单,而随机模式生成测试方法需要种子模式(seed patterns)加载和专用的测试时序。

板内 ROM 式 BIT 本身也具有以下的不足之处。

① 当前在现场可更换模块 LRM(Line Replaceable Module)基础上实现的电子电路越来越复杂,测试工程师在深入理解被测对象方面也存在着越来越大的困难,尤其在要求快速确定测试计划时这种情况就更为严重。由于缺乏对被测对象的深入理解,因此很难确定完整有效的测试模式。

② 当为了获得充分的故障覆盖而要求测试模式数量很大时,或者 CUT 输入端数目很少时,或者输出端可以分割成端数更少的几个组时,则随机模式生成方法比板内 ROM 方法更具有优势。

③ 电路设计的改变常常要求对 ROM 重新编程。

④ 如果需要额外的 ROM 寻址总线,那么印刷电路板的费用和体积也相应地增加。

⑤ 存储测试模式或者 GMR 所占用的存储器不能再为电路其他功能所用。

⑥ 在测试期间,CUT 和 BIT 的逻辑吞吐延迟限制了最大时钟频率。

2. 微处理器 BIT

微处理器 BIT 是使用功能故障模型来实现的，该模型可以对微处理器进行全面有效的测试。该方法可能会需要额外的测试程序存储器。此外，由于被测电路的类型不同，还可能需要使用外部测试模块。该外部测试模块是一个由中央处理单元 CPU 控制的电路，用于控制和初始化位于微处理器模块内的外围控制器件。

微处理器 BIT 是分阶段完成的，每个后续阶段都以前一个阶段的成功完成为基础。这些阶段按如下规定顺序执行，即

- 核心指令测试。
- 读寄存器指令测试。
- 内存测试。
- 寻址模式测试。
- 指令执行测试。
- 指令时序测试。
- I/O 外围控制器测试。

除了微处理器之外，还可能会使用到外部测试模块辅助进行测试。该模块可以按如下方式使用，即

- 验证 CPU 工作正确性。
- 设置片内外围控制器为外部控制模式。
- 使用外部测试模块建立片内外围控制器的外部请求。
- 使片内外围控制器返回到运算模式。

通常情况下，微处理器 BIT 按照微处理器的运算速度执行。

(1) 电路及其工作原理

微处理器 BIT 的简化通用电路设计如图 9.14 所示。

在该电路中，额外的 ROM 是 27C256，它存储着 BIT 软件，通过测试初始化信号激活并运行该软件。BIT 软件在执行时，首先将通过/不通过输出信号设置为通过状态，然后调用一系列检验程序。首先验证 MOVE、COMPARE 和 BRANCH 等核心指令，如果发现错误，则将通过/不通过输出信号设置为不通过状态，并终止测试。在核心指令操作正常后，再进行寄存器读写操作，如果发现错误，则同样将通过/不通过输出信号设置为不通过状态，并终止测试。在指令操作正常后，再依次如前进行存储器测试、各种寻址模式下寄存器的正确调用测试、程序代码执行及其结果对比测试、各种指令成对组合执行测试（以验证是否存在非数据相关故障和成对指令时序相关故障）以及 I/O 外围控制器测试等。在进行外围控制器测试时，假设了如下的故障模型：外围器件中的寄存器存在的固定型故障会导致该器件功能的不正常执行或不能执行；解码器的故障会导致对外围器件的选择不正确甚至不能选择；控制逻辑的故障会导致控制功能的不正确执行或不能执行。微处理器片内的外围接口故障可以通过可读寄存器检测。

此外，该电路的外部测试模块由并行接口 8255A 和选择器 54ALS157 等组成。在正常运行时，系统中断信号经由选择器 54ALS157 送达微处理器的 P3.2 引脚上。在软件控制下，8255A 可以通过选择器 54ALS157 将自身的一个输出信号发送到微处理器的中断输入引脚 P3.2 上，因此允许 BIT 软件使用该端口以确定它是否能正常工作。端口测试完毕，BIT 软件再将其恢复到正常运行时的连接配置。

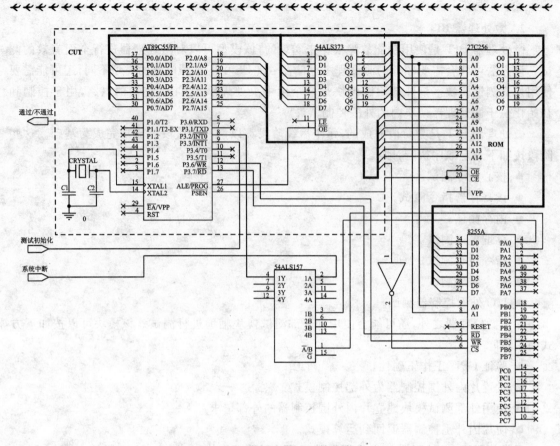

图 9.14 微处理器 BIT 简化电路

(2) 特 点

微处理器 BIT 属于并行测试技术,为了确保不影响系统的正常运行,该 BIT 在微处理器的正常运算过程中只能周期运行。在不需要额外 ROM 和外部测试模块时,该方法不要求修改被测电路的内部设计。

微处理器 BIT 技术具有如下优点:

① 硬件空间消耗很少,该技术基本上只是需要一个 ROM 的位置,而常规的设计中都会留有一些空缺的 ROM 位置。即使使用了外部测试模块,硬件空间消耗也只有轻微的增加。

② 绝大多数的测试都是在微处理器运算速度下执行。

③ 通过微处理器自身可以执行对测试结果的监控。

此外,微处理器 BIT 技术也具有如下不足之处。

① 测试存储器的需求量可能非常大,这取决于微处理器的特性、测试的完整程度和测试代码的优化程度。

② 绝大多数的测试代码需要使用汇编语言或者机器码编写,因此可读性不高。

3. 微诊断法

微诊断法是一种在微代码级别上进行微程序设计实现的诊断 BIT 技术。与运行在 RAM 或者 ROM 中的应用软件级别的 BIT 相比,该 BIT 不需要硬件增强途径,仅在微代码级别上执行就可以对硬件和软件进行测试。

该技术需要划分出一部分微代码 ROM 空间,用来存储通过宏指令执行的简短 BIT 程序。

为了叙述方便,将该宏指令简称为"RUNBIT"。当遇到 RUNBIT 操作数时,序列发生器就会指向 BIT 程序的起始地址。

该 BIT 程序通过对处理器的所有单元进行测试来检验其运行状态。测试内容包括:全面校验寄存器堆栈和所有的片内 RAM;对微代码 ROM 计算校验和,并与预先存储的数值相比较;所有算术逻辑单元功能及其相关标志和状态位校验;通过在内部总线所有地址上传送数据,验证多路复用电路的正常操作。

该 BIT 程序可以作为一个子程序来运行,在执行 BIT 之前将寄存器的所有状态和内容保存到堆栈中,执行完 BIT 之后再恢复它们;否则,该 BIT 程序执行之后需要重新初始化处理器。

(1) 电路及其工作原理

由于每个具有微代码的处理器的设计差异性很大,无法提供通用的电路设计,因此,图 9.15 给出了微诊断法的结构方框图。

从该图得知,可以在应用程序中通过宏指令调用微代码诊断 BIT 子程序。该子程序进行前面所述的各种测试,如果测试失败,则将相应的故障编码状态字写到板子的输出端口上。系统的其他部分就可以通过现场可更换模块(LRM)读出测试结果。

(2) 特 点

微诊断法属于并行测试技术,与系统的正常功能并行工作。为了保证并行性,该 BIT 在微处理器的正常运算过程中只能间歇运行。该方法通常应用在具有微程序设计能力的数字处理器上。对于不能提供微代码指令操作数的情况,则需要对被测电路的设计进行很大的修改。

微诊断法具有如下优点:微代码 BIT 程序不占用应用软件开销;由于在微指令级别上执行,所以 BIT 运行速度快;该 BIT 既可以检验内部微计算机电路,又可以检验外围芯片的功能。

此外,该 BIT 的不足之处主要有:由于处理 BIT 测试的微代码存储器空间限制,会造成更大量的硬件需求,如使用多个有限空间的存储器分片配置大型 BIT 时就需要更多的硬件。如果微代码 ROM 不能扩充,则会由于存储器不足而导致不能运行所有期望的测试。

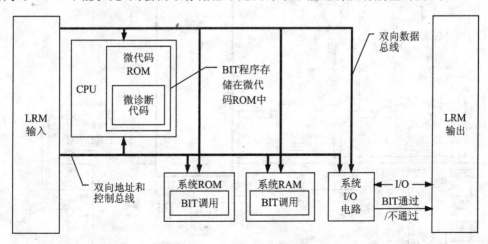

图 9.15 微代码诊断方框图

4. 内置逻辑块观测器法

内置逻辑块观察器(BILBO)是一个多功能电路,通过2个工作方式控制位可以实现4种不同的功能配置:

- 锁存器;
- 移位寄存器;
- 多输入信号特征寄存器(MISR)或者伪随机模式发生器(PRPG);
- 复位 BILBO。

作为测试复杂数字电路的有效方法,通过使用伪随机模式发生器 PRPG 和多输入信号特征寄存器 MISR,BILBO,可以进行信号特征分析。该 BIT 技术基于以下实际情况:对于给定的激励序列,一个无故障的被测电路将输出特定数字流。采用信号特征分析的数据压缩技术,输出的累加信号特征可以保存在多输入信号特征寄存器 MISR 中。最后,每施加一组激励,MISR 中得到的输出内容就可以与已知的正常信号特征相比较。被测电路和 BIT 电路在执行 BIT 之前必须进行初始化,采用扫描路径技术可以很容易地实现这一点。

在正常操作时,BILBO 作为常规的锁存器使用。在测试初始化期间,BILBO 被配置成为串行移位寄存器,并将初始种子数值移位输入到电路中。然后,BILBO 配置成为一个 MISR 和 PRPG 对,进行被测电路的测试。

(1) 电路及其工作原理

BILBO 电路的设计如图9.16和图9.17所示。其中Z1~Z8为数据输入端;Q1~Q8为

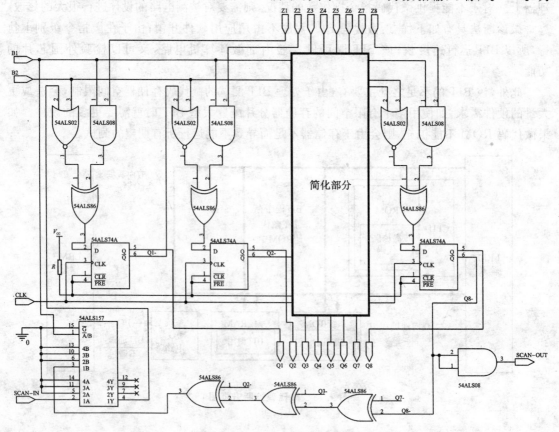

图 9.16　BILBO 电路

数据输出端；B1,B2 为工作方式选择控制端；SCAN-IN 为串行输入端；SCAN-OUT 为串行输出端。当 B1 和 B2 的输入都为 0 时，BILBO 电路工作在移位寄存器方式；当 B1 和 B2 的输入都为 1 时，BILBO 电路工作在锁存器方式；当 B1 为 0 而 B2 为 1 时，BILBO 电路工作在复位（重启）方式；当 B1 为 1 而 B2 为 0 时，BILBO 电路工作在 MISR/PRPG 方式。

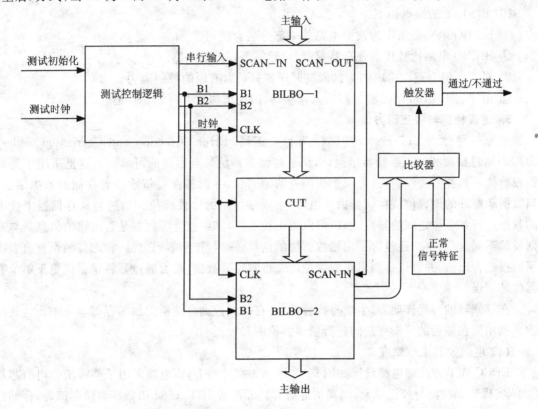

图 9.17　BILBO BIT 的简化结构

在应用 BILBO BIT 时，首先给出测试初始化信号，将触发器设置为通过状态；然后测试控制逻辑，将两个 BILBO 设置为移位寄存器，并串行输入初始的种子模式。在开始测试时，将 BILBO—1 设置为伪随机模式发生器 PRPG，将 BILBO—2 设置为多输入信号特征寄存器 MISR，并进行随机测试。测试结束时，BILBO—2 中包含着被测电路的信号特征，并输入到比较器中与正常信号特征进行比较。如果比较结果为相同，则通过了测试；如果比较结果为不同，则将触发器置位为不通过状态。最后，两个 BILBO 重新设置为寄存器工作状态。

(2) 特　点

BILBO BIT 属于非并行测试技术，不能与系统的正常功能并行工作。该方法的控制逻辑是采用计数器、门电路和触发器来实现的，不需要微处理器支持。

BILBO BIT 具有如下优点。

① BILBO 电路具有多种功能，便于采用专用集成芯片制作，具有很大的商用价值。

② 可以将 BILBO 和具有 MISR/PRPG 的扫描技术合并使用；通过数据压缩算法还可以大大减少测试结果数据的存储需求。

③ 测试数据的收集速率只取决于集成电路的内部运行速度；数据的采样和压缩完全在被测电路内部完成。

④ 与其他的技术相比,该 BIT 具有更高的故障检测率,是对复杂的数字集成芯片的内部测试点进行监控的一种紧凑有效工具。在信号特征分析中所出现的故障覆盖率损失如下:使用 8~15 位 MISR 为 5%;使用 16~23 位 MISR 为 1%;使用 24 位以上 MISR 为 0%。

⑤ 所需的软件支持最小。

BILBO BIT 的缺点如下。

① BILBO 电路必须作为被测电路的一部分联合使用。

② BILBO 电路比替代的锁存器复杂,导致需要额外的线路。

③ 对时序组合逻辑构成的测试向量时序器只具有有限的控制能力。

④ 由于将 BILBO 用做输入和输入寄存器,因此增加了电路的吞吐延迟。

5. 错误检测与校正码方法

作为一种并行 BIT 技术,错误检测和校正码(Error Detection and Correction Codes,EDCC)通过检测和校正存储器错误,保证了存储器系统具有很高的可靠性。这里采用了与奇偶校验技术相类似的汉明码,可以生成额外的编码位,并附加在要传输或者存储的数据字上。当数据和额外的编码位从存储器内读出时,生成一组新的读校验位。通过与从存储器中读出的数据进行各个位之间的异或比较,可以得出校正字,其中包含了数据是否出错的信息。与奇偶校验不同,校正字中还包含了出错数据位的信息。对校正字解码之后,标志位的设置值表明了数据是否出错,并可以得到出错数据位的二进制位置数值,最后通过翻转错误位更正单个数据位的错误。

在存储器的写操作期间,生成写校验位,并存储到数据存储器附加的存储单元中。这些校验数据用做在随后的读操作期间进行错误的检测和校正。

(1) 电路及其工作原理

EDCC BIT 方法的电路设计如图 9.18 所示。在功能上,该电路采用了英特尔公司的芯片 8206 实现错误检测与校正单元;隔离的静态存储器芯片 IDT71682 用做校验位存储器,存储校验位数据。该电路实现了对 8 位数据总线系统的存储器读出校验,以及单个数据位错误的检验。在数据写入存储器时,该电路生成校验位数据并将其存储到校验位存储器中。

8206 使用了一种修正的汉明码在存储器读周期内检测和校正单个数据位错误。一片 8206 可以管理 8 位或者 16 位的数据和多达 8 位的校验位,最多可以级联 5 片 8206,控制多达 80 位的数据。

使用"读—修改—写"周期,可以将发现存在错误的某个字节数据进行校正后,再写回到相同的存储器位置中。本电路没有实现这个功能,用户在实际应用中可以进行扩展。

在该电路中,除了数据总线和地址总线之外,还使用了三个信号:读/写信号是由系统的处理器产生的标准信号来控制存储器的操作;字节标志信号增强了数据操作的安全性,控制 8206 并将"错误可更正"信号传输到通过/不通过触发器中;系统复位信号可以将触发器置位为通过状态,并将与 8206 相连的数据总线清零。

EDCC BIT 电路的数据流程如下:在读操作期间,数据从被测电路的数据存储器输出端口流向 8206 的数据输入(DI)端口;校验位数据从两片 IDT71682 的输出端口流向 8206 的校验位输入(CBI)端口;校正后的数据由 8206 的数据输出(DO/WDI)端口放置到系统的数据总线上。

在写操作期间,数据从系统的数据总线同时写入被测电路的数据存储器输入总线和 8206

的 DO/WDI 总线；8206 的校验位输出（S/C/PP）端生成的校验位数据写入到校验位存储器 IDT71682 中。

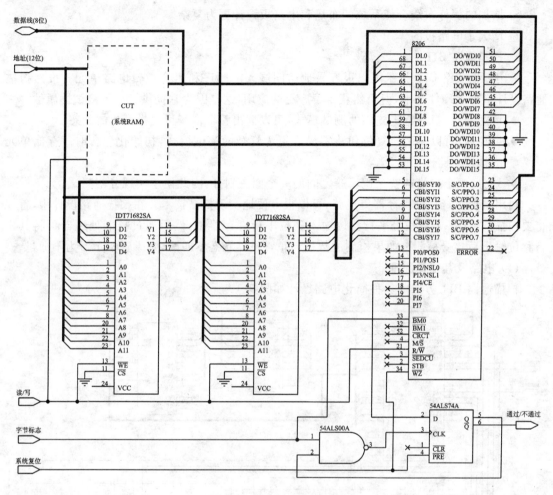

图 9.18　EDCC BIT 简化电路

（2）特　点

EDCC BIT 属于并行测试技术，由于在每个读周期中增加了机器周期时间，因此会显著地降低高速系统的运行速度。该方法不需要软件支持，在硬件上需要修改被测电路的内部设计，以便于增加校验位存储器等。

EDCC BIT 具有如下优点。

① 该技术通过校正存储器的读写错误提高了存储器系统的可靠性。

② 使用成品的 EDCC 芯片降低了所需的硬件数量。

③ 片内实现的错误检测和更正方便了使用，无须软件支持。

④ EDCC 芯片可以级联扩展可控制的字长。

此外，EDCC BIT 具有如下不足之处。

① 随着数据位的减少，该方法的效率也减少。例如，80 位的数据只需要 8 个校验位，而 8 位的数据却需要 5 个校验位。

② 对于大型存储器系统会需要大量的额外接口硬件。

③ 错误更正单元的延迟导致了吞吐量的降低,对于高速系统的影响非常显著。
④ 需要额外的 RAM 保存校验位。
⑤ 增加的额外布线会使系统的布局和电路板设计更为复杂。
⑥ 增大了电路板的体积。

6. 扫描通路 BIT

采用扫描通路 BIT 技术可以很容易地访问嵌入的时序和组合逻辑电路单元。虽然扫描通路设计增加了硬件开销,但仍然获得了广泛的应用,这是因为它提供了如下测试性属性。

- 可观测性:根据特定施加的测试模式,可以读出整个现场可更换模块的状态。
- 可控性:可以使用比复位和清零操作更为复杂的测试模式,初始化包含时序存储单元的被测电路。
- 划分:一个扫描链就是逻辑簇之间的一个固有划分,因此便于实现分割测试。

利用诸如串行移位寄存器等电路,可以很方便地实现扫描技术。在扫描通路设计中,首先将要扫描的 CUT 节点信号平行移位输入到位串行寄存器中,然后通过控制处理器再将其串行移位输出后接受检测。如果检测的数据与正常机器状态不匹配,则设置指示器为不通过。

(1) 电路及其工作原理

扫描通路 BIT 方法的一种简化电路设计如图 9.19 所示。

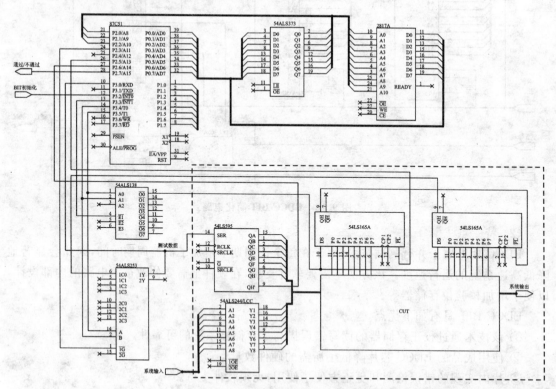

图 9.19 扫描通路 BIT 的简化电路

在该电路中,微控制器使用了 87C51 芯片。它接受 BIT 初始化信号,控制测试过程,并最后给出通过/不通过信号。在存储器 2817A 中保存着测试模式,控制器从中读出测试模式后,将测试数据经 P3.0 端口串行输入到 54LS595 中,然后再并行输出到 CUT 的输入端。CUT

被测节点的信号通过连线并行输入到54LS165A中,然后经过54ALS253再将其串行输出到微控制器的P3.0端口。如果被测数据与正常的响应数据相同,则继续下一个测试模式直到整个循环完毕;否则发出测试不通过信号并终止测试。在测试完毕后,微控制器将CUT的输入切换到正常的系统输入。

(2) 特　点

该BIT在运行时必须暂停系统的正常操作,因此它不属于并行测试技术。在结构上,需要额外的硬件来实现输入和输出寄存器、微控制器、测试模式存储器和其中的控制功能;还需要微处理器运行的软件以控制输入测试模式的加载和输出数据的加载,以及输出数据的比较。

扫描BIT的优点有:测试输入和扫描输出的锁存完全在CUT的外部实现;可以实现并行加载和串行扫描的不同输入/输出组合;仅需要一个移位时钟;可以得到系统状态的快照。

此外,扫描BIT也具有不足之处:串行输入和串行输出方式会消耗大量的测试时间;需要微处理器提供移位时钟信号;需要微处理器来控制BIT测试;需要更多的电路板空间和更大的电源负荷;进行BIT测试时必须暂停系统的正常操作。

除了本节介绍的扫描方法,其他的扫描设计技术有电平敏感扫描设计、随机访问扫描和边界扫描等。

7. 边界扫描BIT

对于VLSI集成电路,无法从外部访问到其内部的逻辑单元,因此在集成电路本身的设计中必须提供测试的手段。目前,在VLSI集成电路中普遍应用边界扫描技术,它是通过减少外部测试电路的要求来改善测试性的。

边界扫描技术是一种扩展的BIT技术。它在测试时不需要其他的辅助电路,不仅可以测试芯片或者PCB的逻辑功能,还可以测试IC之间或者PCB之间的连接是否存在故障。边界扫描技术已经成为VLSI芯片可测性设计的主流,IEEE也已于1990年确定了有关的标准,即IEEE 1149.1。

(1) 电路及其工作原理

边界扫描BIT的电路原理如图9.20所示。在CUT的输入和输出端添加触发器(FF),并由这些触发器构成一个移位寄存器。可以通过五个信号端口,即测试数据输入TDI、测试方式选择TMS、测试时钟TCK、测试复位TRST和测试数据输出TDO,在测试控制电路的控制下完成BIT测试。

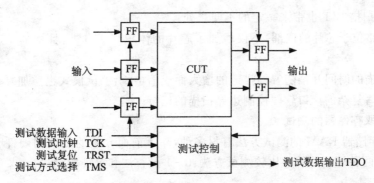

图9.20　边界扫描BIT的原理框图

测试控制电路还可以细分为测试存取端口 TAP 和 BIT 控制器两个部分。BIT 控制器通过 TAP 接收 TMS 信号,确定整个电路的工作方式。在测试方式下,通过 BIT 控制器,可以由触发器构成的移位寄存器间接访问 CUT 的各个输入/输出端口,因此任何测试数据都可以施加到 CUT 的输入端,而 CUT 的输出也可以观测到。

对于每个具有边界扫描功能的芯片,可以将它们的 TDI 端和 TDO 端互相串连构成一个更大的扫描链,实现各个芯片 BIT 的互连,如图 9.21 所示。

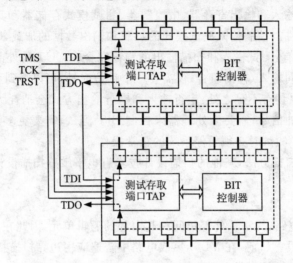

图 9.21 边界扫描 BIT 的互连

(2) 特　点

边界扫描 BIT 是一种非并行的测试技术,具有如下优点:

① 由于 BIT 电路位于芯片的内部,因此基本上不再需要额外的硬件;

② 通过寄存器的移位控制,可以将测试数据施加到芯片的输入端,并在输出端得到响应,实现对芯片核心逻辑的测试;

③ 通过寄存器的移位控制,可以对具有边界扫描功能的芯片之间或者 PCB 上的连线完成故障检测;

④ 可以将系统中的所有边界扫描链连接成一个系统级的扫描链,大大降低了测试端子的数量。

此外,边界扫描 BIT 也带来一定的不便之处:

① BIT 电路位于芯片的内部,不仅增加了芯片的体积和成本,而且增加了芯片的设计和制作难度;

② 边界扫描的时间开销随着扫描链的增大而成倍增长,测试模式也愈加复杂;

③ 需要编写复杂的接口软件控制边界扫描的运行。

8. 随机存取存储器的测试

随机存取存储器 RAM 的测试方法有很多种,除了前面介绍的复杂的硬件 EDCC 方法之外,这里再介绍两种简单的软件比较测试方法:0-1 走查法和寻址检测法。

(1) 0-1 走查法

首先将 0 逐一写入 RAM 的各个单元,紧接着再逐一读出,判断是否为 0;对指定的单元置 1,并将其他单元的数据读出,如果读出的数据全部为 0,则说明写入操作时单元之间无干扰。

将该指定的单元恢复置 0 后,再对其他各单元重复这一操作。

将 1 逐一写入 RAM 的各个单元,紧接着再逐一读出,判断是否为 1;对指定的单元置 0,并将其他单元的数据读出,如果再写入时单元之间无干扰,则读出的数据应该全部为 1。该指定的单元恢复置 1 后,再对其他各单元重复这一操作。

采用这种测试可以检测出 RAM 置 1 和置 0 是否存在故障;储单元是否存在开路和短路故障;读/写逻辑通道上是否存在开路和短路故障;各单元之间是否存在互相干扰故障。

(2) 寻址检测法

寻址检测法可以对 RAM 的写入恢复功能和读数时间是否存在故障进行检测。该方法对 RAM 的每个寻址单元在写入 1 或者 0 之后,立刻执行读操作;通过检查读出之数是否正确来检测写入恢复功能是否存在故障。寻址规则依据下面的两种情况:

① 地址从原码转换到反码,此时地址寄存器和译码器中的每一位都发生变化,因此所需的转换时间最长。

② 地址变换时只有一位发生变化,此时地址寄存器和译码器中只有一位发生变化,因此所需的转换时间最短。

在这种地址转换最坏情况下的读写检测,可以确定 RAM 是否存在读数时间故障。

9. 只读存储器的测试

目前常用的 ROM 的测试方法有校验和法、奇偶校验法和循环冗余校验法(CRC)。这里仅简单介绍校验和法的工作原理,其他两种方法可以参考有关文献。

校验和方法是一种比较方法,需要将 ROM 中所有单元的数据相加求和。由于 ROM 中保存的内容是程序代码和常数数据,因此求和之后的数值是一个不变的常数。在测试时将求和之后的数值与这个已知的常数相比较,如果总和不等于常数,就说明存储器有故障或差错。

校验和方法会由于产生补偿而将错误掩盖。一种补救的措施是把整个存储器空间分成若干组,每组中最后一个(如第 n 个)单元存储预定和值。在校验时,将各组的前面 $n-1$ 个单元逐个读出求和,再与第 n 个单元比较,相同即通过,否则存在故障。

10. 定时器监控测试

对于具有软件的实时系统,在软件运行期间,任何外来的干扰或者内部电路的噪声,都可能影响硬件地址总线或者程序计数器状态的改变,导致程序运行出错或者跑飞,并造成软件故障。

采用定时器(看门狗监控器)可以监视计算服务周期或者执行软件的速率的正确性,防止软件运行混乱。该定时器一般采用计数器实现,当定时器启动后,对每个状态周期其计数值加 1。当计数器计满(如 16 ms 的时钟时间)溢出时,会送出硬件中断或者复位信号,强迫计算流程跳转到软件的指定部分,以便进行故障或恢复处理。

在软件设计中,应该将服务周期组织和编排在每个基本帧(16 ms 时间段)内完成。计算机中设置了定时器看门狗之后,软件在每个服务周期结束时对定时器清零一次,使其重新开始计数,以保证系统正常运行。如果在规定时间间隔内得不到清零信号,说明软件运行出了故障,看门狗发出信号强迫跳转运行流程到故障处理模块。

定时器监控的另一种变形是程序流程监控器。它是软件监控器,检查软件的运行是否按约定的流程顺序进行。在一帧时间内,对应一段程序,规定一个检查字,按顺序每个子程序对应检查字中的一个特定位。此检查字的各位,代表对一连串子程序流程的约束。当程序按正确顺序运行时,每一个子程序完成后设置检查字的特定位,各子程序按顺序完成,检查字逐位确定,说明一帧正常完成,控制器软件发出信号使检查字清除,开始下一个循环。如果有任何故障破坏了程序的正常流动顺序,将导致检查字的位不能正常设置,则控器软件就送出故障信息。这相当于对各段子程序的票检,所以又称为检票监控器。

9.3.2 模拟 BIT 技术

本节所介绍的模拟 BIT 技术包括了两种最常用的方法,即比较器方法和电压求和方法。下面对这两种方法作详细的说明。

1. 比较器 BIT

在硬件设计中加入比较器,可以很容易地实现多种不同功能的 BIT 电路。在具体实现时,通常都是将激励施加到被测电路 CUT 上,然后将 CUT 的输出连同参考信号送入比较器中;CUT 的输出与参考信号进行比较之后,比较器输出通过/不通过信号。在某些应用中,CUT 的输出必须经过额外的信号处理电路进行处理之后才能接到比较器上。

采用比较器 BIT 技术可以由 BIT 硬件自身来提供激励信号源,也可以由外部提供测试信号。如果 CUT 是多通道的,则不仅需要使用模拟开关将测试信号分配到各个通道,还需要模拟多路转换器将 CUT 的输出转换到比较器中进行分析。

目前可以使用的信号处理电路种类很多,如频率/电压转换器、RMS/DC 转换器和尖峰检测器等,再加上采用信号多路转换技术所产生的优势,致使比较器 BIT 技术得到了广泛的应用。

(1) 电路及其工作原理

比较器 BIT 的一个简化的电路设计如图 9.22 所示,该 CUT 具有 2 个模拟输入端和 6 个模拟输出端。

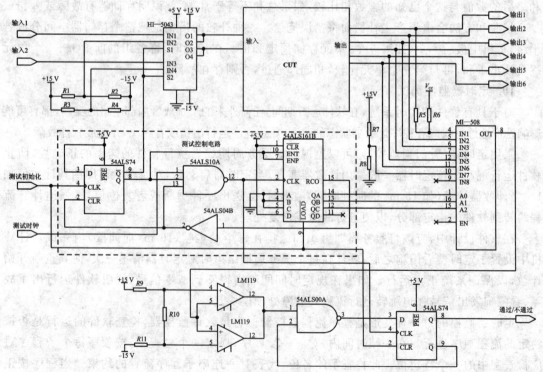

图 9.22 比较器 BIT 的简化电路

对于 CUT 的输入，既可以通过模拟开关 HI—5043 选择正常输入信号，也可以选择由电阻网络 R1～R4 构成的信号源产生的特定 DC 测试激励。对于 CUT 的各通道输出，首先进行信号处理（如 R5，R6 构成的信号比例提升电路），然后再使用模拟多路转换器 HI—508 选择其中的一个进行测量。由 LM119 构成的窗口比较器电路对所选择的通道信号进行比较判断，并利用与门和触发器产生通过/不通过信号。

在测试控制电路中，计数器 54ALS161B 在时钟控制下工作，为多路转换器提供通道选择信号。R7，R8 构成的电阻网络可以为窗口比较器提供测试信号，实现 BIT 电路的自校验。

在实际应用时，图中的电阻网络测试信号发生电路可以替换为其他常规的信号发生电路，如正弦波发生器、方波发生器等，以产生期望的各种测试信号。如果 CUT 的通道很多，则可以增加模拟开关和多路转换器的数量。还可以采用各种信号处理电路，如 RMS/DC、AC/DC、频率/DC 和尖峰/DC 等，从输出信号中提取出相关的参数信息。

如果将提取的参数信息通过 A/D 转换器输入到存储器中，则可以利用软件实现该窗口比较功能，并生成相应的通过/不通过信号。

（2）特　点

比较器 BIT 是一种非并行测试技术。它的优点如下。

① 只要具备相关的信号处理能力，比较器 BIT 能够对多种信号（DC、AC、射频、调幅、调频或者其他）的幅度和频率进行检验。

② 由于采用了多路转换器，因此对电路的测试点数目没有限制。

③ 电路的组成器件属于常规器件，因此可以在现货供应中直接购买，不需要定做。

④ 窗口比较器和比例提升电路具有很高的输入阻抗，对电路输出负载的影响很小。

比较器 BIT 的缺点如下。

① 参考信号必须保持精确，任何偏移都会造成错误的 BIT 结果。

② 通常，参考信号的维持会增加系统的电源消耗。

③ CUT 输入端的模拟开关使输入端的等效电阻增大，会减缓输入信号。

④ 必要时可以使用比例提升电路，以确保 CUT 的各个输出通道的容差带与窗口比较器的容差带相同。

⑤ BIT 电路需要额外的时钟信号，以控制通道选择并维持一定量的信号稳定时间。

⑥ 需要测试信号的生成电路。

2. 电压求和 BIT

电压求和是一种并行模拟 BIT 技术。它使用运算放大器将多个电压电平叠加起来，然后将求和结果反馈到窗口比较器并与参考信号相比较，再根据比较器的输出生成通过/不通过信号。这种技术特别适用于监测一组电源的供电电压。

电压求和 BIT 通常都是与比较器技术联合使用，对具有多个输出通道的电路进行测试。此外，该技术还可以与冗余 BIT 技术联合使用。

（1）电路及其工作原理

电压求和 BIT 电路包括电压求和运算放大器网络、窗口比较器和通过/不通过触发器等，如图 9.23 所示。通过选择合适的求和电阻阻值，确保在 CUT 的输出电压符合规定时，运算放大器 OP—07 的输出电压为正常水平。求和之后的电压送入比较器电路，如果该电压超出窗口电压范围，则比较器电路输出低电压，并通过触发器输出不通过信号；否则，触发器一直输出通过信号。

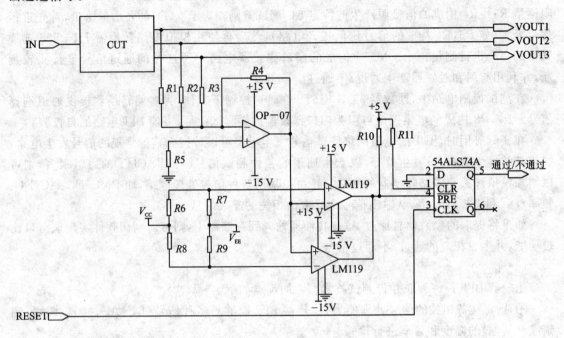

图 9.23 电压求和 BIT 电路

(2) 特　点

电压求和 BIT 是一种并行测试技术。它的优点如下。

① 与比较器 BIT 技术相比,电压求和 BIT 技术所需的元器件数目、电路板尺寸和电源消耗更少。

② 由于并行测试,因此不占用系统的运行时间,并且在正常操作的任何时刻都可以进行故障检测。

③ 由于运算放大器具有很高的输入阻抗,因此大大降低了 BIT 电路对 CUT 负载的影响。

此外,电压求和 BIT 的缺点如下。

① 由于采用电压求和监控,因此对单个电压是否符合规范要求的检验能力有所降低。

② 必须为窗口比较器提供参考电压,并确保它的精确性。

③ 电压求和 BIT 只适用于监测静态信号。

④ 确定精确的电阻值延长了准备时间。

⑤ 必须认真选择运算放大器,以提供精确和稳定的结果。

⑥ 通道越多,所需精度也越高。

9.3.3　环绕 BIT 技术

环绕 BIT 技术可以采用数字环绕、数字/模拟混合环绕两种不同方法实现。下面对这两种方法的具体内容作详细说明。

1. 数字环绕 BIT

数字环绕是一种非并行的 BIT 技术。它本身不仅包括硬件和软件(保存在 ROM 内),还特别需要被测电路提供微处理器和相应的数字输出、输入器件。该技术增加了必要的线路,即增加了数字开关将输出环绕到输入,以便在 BIT 初始化之后,将离开数字输出器件的数据发送回到位于现场可更换模块上的数字输入器件。在 ROM 中保存着相应的 BIT 环绕路线信息,以及控制传输的测试数据和与接收到的数据进行比较的测试数据。如果比较结果不匹配,则表示存在故障。

前面提到的微处理器 BIT 技术是对微处理器系统的内部组件进行校验,与此相比,数字环绕 BIT 可以看作是在微处理器 BIT 基础上扩展了对 I/O 接口的校验。

(1) 电路及其工作原理

数字环绕 BIT 的一个简化的电路设计如图 9.24 所示。

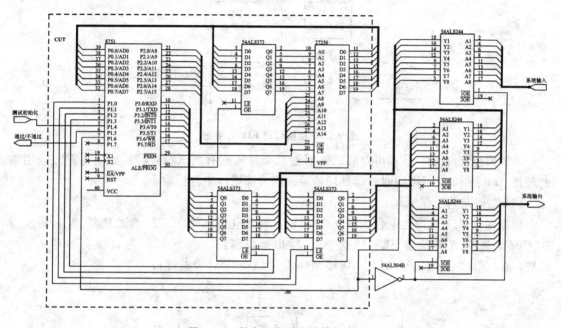

图 9.24 数字环绕 BIT 的简化电路

从图 9.24 中可以知道,该 BIT 在被测电路的输入和输出总线上增加了三个芯片 54ALS244,构成了输入缓存、输出缓存和相应的数字开关。在微处理器接收到测试初始化信号后,首先通过端口 P1.6 接通数字开关,同时断开输入和输出缓存;然后向输出器件施加一系列测试模式,并从输入器件中读取相应的数据,与存储器中保存的期望数据相比较,如果不匹配,则给出测试不通过信号。测试完毕后,通过控制断开数字开关,并接通输入和输出缓存,进行正常的操作。

(2) 特　点

数字环绕 BIT 是一种非并行测试技术。它的优点有:只需要很少的硬件,而且所需硬件是现成的成品器件,因此便于实现。该技术可以和微处理器 BIT 联合使用。

数字环绕 BIT 的缺点有:该技术仅仅校验了少量的接口。如果接口复杂(如 1553B 接口),则测试模式数量很大,需要大量的 ROM 保存测试数据;相反,如果接口简单,则测试模式数量很小,会有大量的 ROM 空间剩余。

2. 模拟/数字混合环绕 BIT

对于模拟/数字混合系统,一般都具有模拟输入/输出的控制结构,如伺服控制器、自动驾驶仪收发器和双向通信线路等。因此,常常使用模拟环绕实现系统的 BIT。

模拟环绕技术在结构上不仅包括硬件,还需要 ROM 存储的测试模式等固件。此外,模拟环绕技术要求被测电路 CUT 中具有微处理器、输出设备 D/A 转换器和输入设备 A/D 转换器等。该技术在电路中增加了 BIT 初始化线路和 D/A 输出的模拟信号连接到 A/D 输入设备的线路(也可以使用模拟开关),并在 ROM 中保存着 BIT 的各个检测线路信息和相应的发送、比较数据。若比较的结果存在不匹配,则表示存在故障。模拟环绕 BIT 的框图如图 9.25 所示。

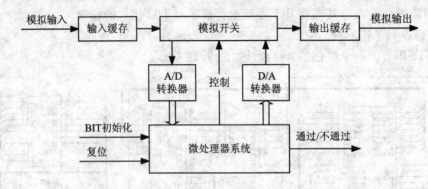

图 9.25 模拟环绕 BIT 的框图

采用模拟环绕 BIT 技术可以测试外部模拟接口的所有测试/响应对,如果再扩充采用微处理器 BIT 技术,就可以同时对微处理器系统的内部组件进行校验。

(1) 电路及其工作原理

模拟环绕 BIT 的简化电路如图 9.26 所示。被测电路中包含 8751 微处理器、A/D 转换器 ADC0848 和 D/A 转换器 SE5018 等输入/输出接口器件。由于 8751 芯片带有 128 字节的 RAM 和 4 KB 的 EPROM,因此不需要额外的 RAM,ROM 及其接口。

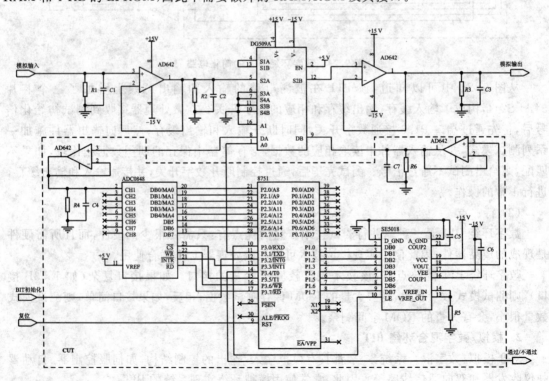

图 9.26 模拟环绕 BIT 的简化电路

BIT 电路包括环绕模拟开关 DGS509A 和输入/输出缓存放大器等。在系统正常操作期间,通过寻址选择模拟开关的 S2 通道,模拟输入信号通过 S2A 端口进入模拟开关,并由 DA 端口送入 CUT;CUT 的模拟输出信号经由 DB 端口进入模拟开关,并由 S2B 端口输出。在进行测试时,通过寻址选择模拟开关的 S1 通道,外部的模拟输入/输出信号被隔离,而内部的模拟输入/输出信号被连通,并在微处理器的控制下施加测试数据。

(2) 特　点

模拟环绕 BIT 是一种非并行测试技术,在测试时必须中断系统的正常操作。它的优点如下。

① 模拟环绕只需要很少的硬件,因而简单直观,便于实现。

② 该技术可以与微处理器 BIT 技术联合使用,扩展校验的范围。

③ 模拟环绕能够为 A/D 和 D/A 转换器接口在动态范围、模拟精确度和转换时间等方面提供严格的测试。

④ 测试模式可以采用阶跃响应、波形合成等实际应用指令。

模拟环绕 BIT 的缺点主要是:可检测的接口范围小。如果被测系统包含很多 A/D 或者 D/A 转换器,则需要更多的模拟开关,增加了对成本和固件的需求,并有可能需要额外的 ROM 保存过多的测试模式。

9.3.4　冗余 BIT 技术

本节将介绍的冗余 BIT 技术,包括冗余电路 BIT 和余度系统 BIT 两种方法。下面对这两种方法的具体内容做详细介绍。

1. 冗余电路 BIT

设计人员可以将并行基础上实现的冗余测试技术用于 BIT 监测。该技术需要一个被测电路 CUT 的电气副本(又称为标准单元),首先将 CUT 和标准单元的输出引入差分放大器进行差分处理,然后将差分输出信号送入窗口比较器。如果差分输出信号超出参考电平范围,则窗口比较器输出相应的测试不通过信号。

(1) 电路及其工作原理

冗余 BIT 电路包括差分放大器 AD524A、窗口比较器、通过/不通过触发器以及 CUT 副本电路等,如图 9.27 所示。CUT 及其副本的模拟输出信号在理想情况下应该是完全一致的,通过差分放大器将信号的差异放大后,再输入比较器进行比较。设计人员必须确定这两个模拟输出信号的最大允许误差,并据此选择匹配电阻 $R3 \sim R6$ 的阻值。

(2) 特　点

在冗余 BIT 技术中,由于 BIT 电路复制了 CUT,因此不论是 CUT 还是 BIT 电路的故障都可检测到。该技术的优点有:由于属于并行测试,因此不会中断 CUT 的运行;副本电路与 CUT 完全相同,因此缩短了设计时间。此外,该技术也具有如下缺点。

① 在高频应用和严格的定时应用中,很难实现 CUT 与冗余电路输出信号的同步。

② 由于差分放大器具有共模抑制和带宽限制,因此无法检测到 CUT 和冗余电路输出的瞬时变化。

③ 如果 CUT 具有多个输出,则需要更多的差分放大器和比较器电路。

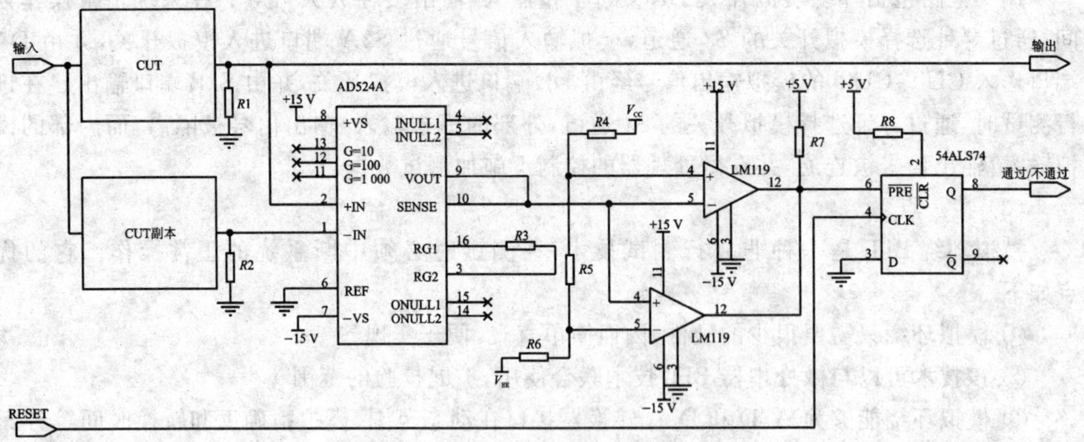

图 9.27　冗余 BIT 电路

2. 余度系统 BIT

在余度系统中，通过比较表决技术可以对各个余度信号进行比较，实现余度通道的故障在线监控。

(1) 余度管理中比较表决策略

在四余度情况下，首先将采样得到的各个余度信号按从小到大的顺序排序为：最大(S_{max})、次大(S_{max-})、次小(S_{min+})、最小(S_{min})。用 ε 表示比较的门限值，采用三次比较就可以实现故障监控，如表 9.2 所列。

表 9.2　四余度时比较表决策略

次大−次小 $\|S_{max-}-S_{min+}\|$	最大−次大 $\|S_{max}-S_{max-}\|$	次小−最小 $\|S_{min+}-S_{min}\|$	故障情况
>ε	<ε	<ε	2∶2，不能定位故障
		>ε	S_{min+}，S_{min} 故障
	>ε	<ε	S_{max}，S_{max-} 故障
		>ε	4 个全部故障
<ε	<ε	<ε	无故障
		>ε	S_{min} 故障
	>ε	<ε	S_{max} 故障
		>ε	S_{max}，S_{min} 故障

在三余度情况下，把各个余度信号排序为：最大(S_{max})、中值(S_{mid})、最小(S_{min})。采用中值比较可以实现故障监控，如表 9.3 所列。

在二余度情况下，采用双通道比较实现故障监控。如果各个余度通道具有自检功能，则在两两比较发现故障后，可以进一步确定是 S_1 还是 S_2 故障，如表 9.4 所列。

表 9.3 三余度时比较表决策略

最大—中值 $\|S_{max}-S_{mid}\|$	中值—最小 $\|S_{mid}-S_{min}\|$	故障情况
$>\varepsilon$	$<\varepsilon$	S_{max} 故障
	$>\varepsilon$	全部故障
$<\varepsilon$	$<\varepsilon$	无故障
	$>\varepsilon$	S_{min} 故障

表 9.4 二余度时比较表决策略

双通道比较 $\|S_1-S_2\|$	故障情况
$>\varepsilon$	存在故障
$<\varepsilon$	无故障

以上所述判断故障的策略采用计算机软件实现最为方便。采用硬件实现时,可以使用交叉通道比较监控技术或者跨表决器比较监控技术,这两种技术的原理如图 9.28 和图 9.29 所示。

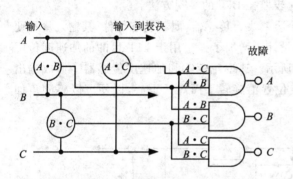

图 9.28 交叉通道比较监控原理图

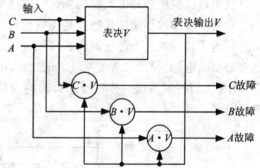

图 9.29 跨表决器比较监控原理图

交叉通道比较监控技术把所有余度通道的输入都进行两两比较,当其差值超过规定的门限时,即有信号送入到与门电路。跨表决器比较监控技术将信号输入分别与表决输出进行比较,当差值超过门限时,表明该通道存在故障。

(2) 二余度比较监控应用实例

BAe—146 飞机检测襟翼开关位置的 BIT 是典型的二余度信号比较监控方法。该 BIT 分别检测两个襟翼的 0°,18°和 30°转角信号,进行两两比较,其中对应 0°状态的 BIT 电路如图 9.30 所示。

由两个襟翼来的位置信号经过光电隔离后,输入到异或门 U1A。在左右襟翼正常时,它们的位置状态相同,异或门输出为高电平。如果左右襟翼位置状态不一致(出现故障),则异或门会输出低电平。延时 2.5 s 后,故障仍然存在,则或门 U2A 的两个输入就都处于低电平,因此输出高电平驱动光电隔离器件 ISO3,送出襟翼开关故障信号。

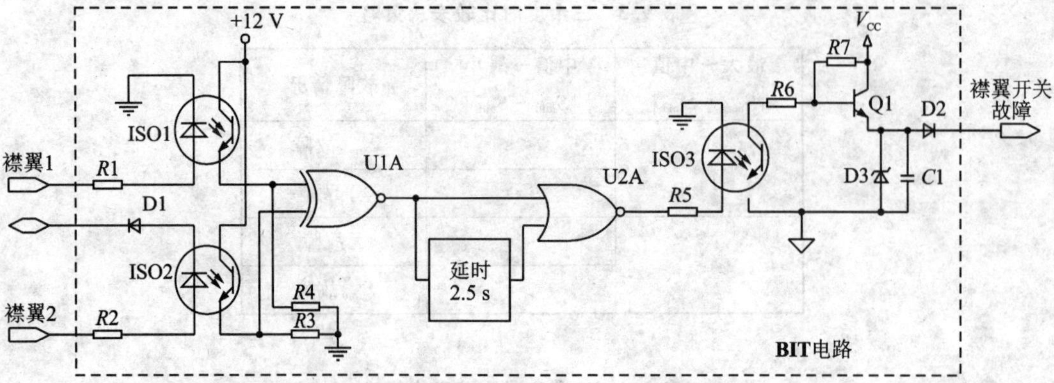

图 9.30 飞机襟翼开关 BIT 电路

9.3.5 动态部件 BIT 技术

动态部件 BIT 技术是冗余 BIT 技术的一种特殊情况。在常规的冗余 BIT 技术中,各个冗余通道所产生的信号都可以用于下一级控制的输入。而动态部件 BIT 所使用的冗余通道信号只能用于 BIT 监控,不参与下一级的控制。本节介绍的动态部件 BIT 技术包括在线比较监控和模型比较监控两种方法。下面对其具体内容做详细介绍。

1. 在线比较监控 BIT

这里以飞控传感器的监控为例说明在线比较监控 BIT 的实现方法。

角速度陀螺和加速度传感器是飞机的两个重要飞行传感器,属于动态部件,其输入量不便采集。为了检测这两个传感器的工作状态,在设计中增加了一个用于 BIT 目的的加速度传感器和必要的电路,构成三余度系统,如图 9.31 所示。速率陀螺①和加速度传感器②形成输出 U_1,用于飞行控制系统。传感器②和③的安装位置沿旋转平面离开重心,以便可以感测角加速度分量。

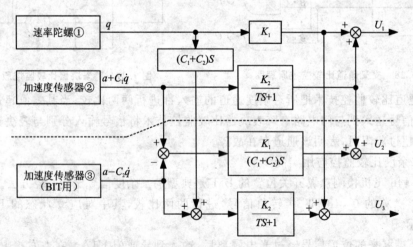

图 9.31 传感器组的在线检测

通过合理设计处理电路,确保三个传感器在正常工作时,线加速度 a、角速度 q 的组合输出 U_1,U_2 和 U_3 完全相同,即

$$U_1 = U_2 = U_3 = q(K_1 + C_1 K_2 S/(TS+1)) + a(K_2/(TS+1))$$

在具备了三个余度信号之后,采用交叉通道比较监控方法,就可以实现 BIT 检测。

2. 模型比较监控 BIT

在系统中,当被测装置是动态部件,没有余度信号可用时,可以采用模型比较监控方法实现 BIT。设测试门限值为 ε,在输入和输出信号均可以采集时,模型比较监控的工作原理如图 9.32 所示。图中的被测装置模型可以采用软件或者硬件实现。被测装置正常时,与模型的输出信号一致,与门输出低电平。被测装置故障时,输出信号会超过检测的门限值,与门输出高电平。

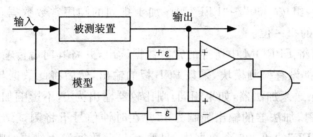

图 9.32　模型比较监控原理图

模型监控的最大缺点是硬件模型往往和被测装置有差距,造成故障判断不准确。采用软件方法建立的自适应模型可以很好地解决这一问题。自适应模型是利用被测装置的有关状态信号的当前值,通过参数调整算法来修正模型的参数,使模型输出与被测装置输出的均方差最小,从而达到使模型更逼真被测装置,提高判断故障的准确性的目的。

9.3.6　功能单元 BIT 实例

1. 感应式位置传感器的 BIT

感应式位置传感器是指采用可变差动变压器结构方式的线位移或角位移传感器(LVDT 或 RVDT)。在飞控系统中属于这类的传感器有驾驶杆位移、脚蹬位移、舵机反馈和迎角以及过载传感器中的信号输出装置等。

感应式位置传感器的 BIT 实现原理如图 9.33 所示。传感器的原边线圈接交流电源,副边线圈的中间插头接地,输出端 A—1 和 A—2 接入计算机的模拟输入接口。计算机根据这两个输入信号,计算它们的差值 U_1 与和值 U_2。差值 U_1 即为传感器的最终输出,用做控制律的计算。不管铁心处于任何位置,和值 U_2 应该总是一个常值。当传感器出现故障时,这个和值电压将发生明显变化,据此可以进行故障检测。

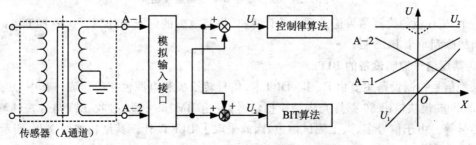

图 9.33　位移传感器自监控原理图

由于传感器的对称性存在着一定量的公差,因此,和值电压在整个铁心的行程范围内不可能是真正的常值,而是在一个小范围内波动(如图中的虚线)。在具体实现 BIT 算法时,应根据具体情况来确定和值电压的监控门限值。

2. 某型雷达预处理器的 BIT

在雷达系统中,预处理器的作用是将模/数转换器送来的数字信号按照规定的时序送到不同的信号处理设备。预处理器 BIT 主要是通道检查,即检测其内部的各数据传输通道是否正常。

预处理器 BIT 的框图如图 9.34 所示。在预处理器内部的十块处理板的入口处设有一片 EPROM,内部存有一组按"000"~"FFF"顺序加 1 排列的顺序常数数据,共 4 096 个数据,可以检测到 12 位数据的每一位。

在进行 BIT 时,将 EPROM 中所存的常数数据读出,并将其向后传输;整个传输通道的各个 PCB 板的输出端都设有检测模块,采集 PCB 板的输出,然后将此数据与预存的数据进行异或比较。把比较结果送入加法器,如果相同,则比较器输出为 0,不影响加法器的输出;如果不同,则比较器输出为 1,加法器的输出强制为 1,并在时钟信号下将测试结果打入触发器,并被锁存。在"000"~"FFF"的 4 096 个数据中,只要有一个数据发生错误,则 BIT 检测模块就会强制为 1,表明 PCB 板存在传输故障。

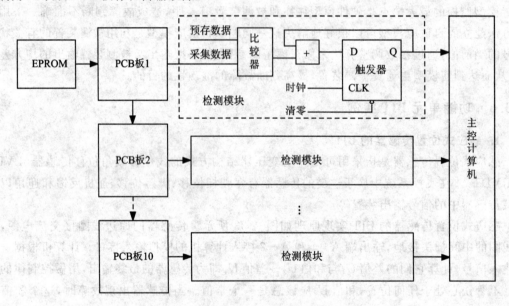

图 9.34 预处理器 BIT 结构原理图

各个 PCB 板的检测结果汇总到主控计算机,进行故障的记录和处理。这种 BIT 可以检测并隔离故障到单个 PCB 板。

3. 某型信号控制设备的 BIT

某型信号控制设备主要由 PC 机、DIO 卡、信号转换板和电源模块等组成。其中 DIO 卡经由 ULN2803 模块输出 80 路灯光告警模拟信号;经由 LM139 模块接收 130 路告警计算器的告警信号等。由于信号多、人工测试困难,因此采取了 BIT 设计。其结构如图 9.35 所示。

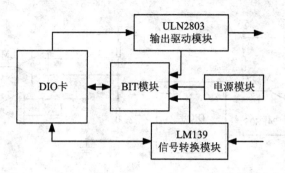

图 9.35 某型信号控制设备 BIT 结构

(1) DIO 卡的 BIT

该 DIO 卡是仿 8255 的 0 模式,增大了驱动能力。其 BIT 由软件测试实现,过程如下:首先对 DIO 卡写入初始化值,然后设置 DIO 卡为输出状态。每个端口都写入 00H,再将 DIO 卡设置为输入状态,读出各个端口,判断是否都为 00H。重复上述过程,并依次写/读 01H,02H,04H 直到 80H,如果都正确,则 DIO 卡正常;否则存在故障。

(2) ULN28003 模块的 BIT

ULN2803 为达林顿阵列,它的 BIT 设计如图 9.36 所示。在进行 BIT 时,选通 54S244,在输入端加载高电平,如果 ULN2803 正常,则 COM 端为低电平;如果 ULN2803 有一路损坏,则 COM 端为高电平。如果测试时输出没有连接灯负载,则通过开关接通电源,可以同样进行检测。

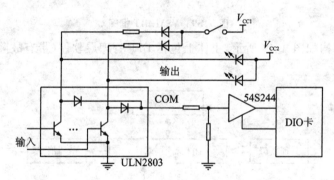

图 9.36 ULN2803 的 BIT 电路

(3) LM139 模块的 BIT

LM139 模块用来将告警信号转换为 TTL 电平信号,其 BIT 电路如图 9.37 所示。B 端在没有告警信号时为低电平 3.5 V,有告警信号时为高电平 28 V。在进行 BIT 时 B 端处于低电平,分别关闭和开启 74LS05,关闭时 C 端电位高于 B 端,A 端输出为高;开启时 C 端低于 B 端,A 端输出为低。如此可以判断 LM139 的好坏。

(4) 电源模块的 BIT

采用 LM139 将电源信号转换成几路数字信号进行检测,可以实现简单的电源模块 BIT,如图 9.38 所示。对电源用不同的电阻值分压,并使用多个 LM139 测量,根据多个测试结果可以判断电源模块的好坏。

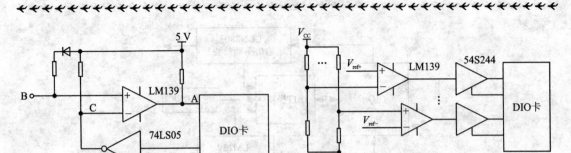

图 9.37　LM139 的 BIT 电路　　　　图 9.38　电源的 BIT 电路

4. 某型视频选择模块的 BIT

视频选择模块(VSM)包括有视频转换开关阵列,可按来自主机的选择码将七个外视频信号的某一个转送到六个视频输出通道的规定通道。

VSM 的 BIT 主要由软件控制来完成,系统的框图如图 9.39 所示。BIT 软件运行在主机中,无须系统外的设备支持,可以实现对 VSM 的启动 BIT 和周期 BIT 测试。

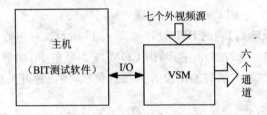

图 9.39　VSM BIT 框图

BIT 软件的结构如图 9.40 所示,主体上包括 BIT 管理层软件(带有故障清单)和 VSM 功能测试软件两部分。

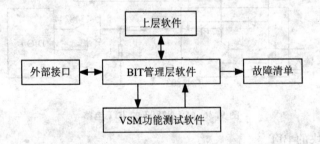

图 9.40　VSM BIT 软件结构

BIT 管理层软件包括以下几部分功能。

① 根据上层软件要求启动或屏蔽相应的 BIT 功能。

② 设置滤波值以降低虚警率。

③ 收集下层功能测试结果,刷新故障清单。故障清单的内容包括:故障名称、故障发生时间、故障消失时间和故障发生次数。

④ 向上层软件报告故障状态。

⑤ 与外部设备(测试设备、显示设备)等接口。

VSM 功能测试软件测试 VSM 的转接功能,测试流程如下。

① 写视频选择端口地址,选择一路存在的外视频(如来自摄像头的外视频)信号,分别将外视频接入六个输出通道。
② 等待响应时间(200 ms)。
③ 读视频转换状态检查端口,检查输出通道是否存在视频输出信号。
④ 判断测试结果,若检测到某个 VSM 输出通道中没有外视频信号,则将相应通道故障报告给上层 BIT 管理软件。

9.4 测试点的选择与设置

测试点(TP)是测试 UUT 用的电气连接点,包括信号测量、输入测试激励和控制信号的各种连接点。测试点是故障检测和隔离的基础,应根据使用需要适当地选择、设置测试点。

9.4.1 测试点类型

根据设置的位置和用途不同,测试点可以分为:外部测试点和内部测试点;有源测试点和无源测试点等。

1. 外部测试点

外部测试点是指引到 UUT(例如 LRU 级产品)外部可与 ATE/ETE 连接的测试点、用于测量 UUT 输入/输出参数、加入外部激励或控制信号,进行性能测试、调整和校准。利用外部测试点可以检测 UUT 故障,并把故障隔离到 UUT 的组成单元。这些测试点一般引到专用检测插座上或 I/O 连接器上。

2. 内部测试点

UUT 内部测试点是指设置在 UUT 内组成单元(如 LRU 的 SRU)上的测试点。当外部测试点模糊隔离、达不到 100% 的故障隔离时,可利用内部测试点做进一步的测试;此外,SRU 作为下一级维修测试的 UUT,其测试点即可用做外部测试点。SRU 的测试点可设在 SRU 边缘、内部规定位置和 I/O 连接器上。

3. 无源测试点(测量)

无源测试点是指用于测量 UUT 功能特性参数和内部情况的一些电路节点,这些测试点只能观测,不能影响 UUT 内部和外部特性。例如 UUT 各功能块之间的连接点、余度电路中信号分支和综合点、扇出或扇入节点等均是无源的测量用测试点。

4. 有源测试点(激励、控制)

有源测试点是指测试时用于加入激励或测试控制信号的电路节点或输入点,只有这类测试点才允许在测试过程中对电路内部过程产生影响和进行控制。有源测试点主要用于:
- 数字电路初始化,即产生确定状态(例如重置计数器和移位寄存器等);
- 引入激励,如模拟信号、测试矢量等;
- 中断反馈回路;
- 中断内部时钟,以便从外部施加时钟信号。

5. 无源/有源测试点

这种测试点主要用于数字总线结构中,在测试过程中可以用做有源和无源测试点。设备作为一个总线器件连接到总线本身,在有源状态它是一个对话器或控制器;在无源状态它是一个接收器。

9.4.2 测试点要求

UUT测试点设置的总要求包括两方面：一是必须满足故障检测与隔离、性能测试以及调整和校准的测试要求；二是必须保证UUT与ATE/ETE的测试兼容性要求相一致。具体说来，选择与设置的测试点应有如下特性和功用。

① 能够确认UUT是否存在故障，或确定性能参数是否有不允许的变化。

② 当UUT有故障时，用于确定发生故障的组成单元、组件或部件。

③ 可对UUT进行功能测试，以保证故障或性能参数的超差已消除，UUT可以重新使用。

④ 利用ATE/ETE对UUT进行测试时，应保证性能不降低，信号不失真；加入激励或控制信号时，应保证不损坏UUT。

⑤ 功能/性能参数测试点设在UUT的I/O连接器上，正常传送输入和输出信号；除此之外的维修测试点设在专用检测插座上，传送UUT内部特征信号；印制电路板上可设置测试探针、传感头等人工测试的测试点，主要用于模块、元件和组件的故障定位，这类测试点应保证便于从外部可达。

⑥ 设置的测试点还应有作为测量信号参考基准的公共点，如设备的地线。

⑦ 数字电路的测试点与模拟电路的测试点应分开，以便于独立测试。

⑧ 高电压或大电流的测试点，应与低电平信号的测试点在结构上隔离，并注意符合安全要求。

⑨ 测试点上的信号（测量或激励）的特性、频率和精度要求，应与预定使用的ETE/ATE兼容。

⑩ 设置的测试点在相关资料和产品上应有清楚的定义和标记。

9.4.3 测试点选择

测试点的选择与设计是测试性设计的一项重要工作，测试点设置的适当与否直接关系到UUT的测试性水平、诊断测试时间和费用。系统/分系统、LRU和SRU作为不同维修级别的UUT都应进行测试点的优选工作，选出自己的故障检测与隔离测试点。一般说来，UUT的输入/输出或有关的功能特性测试接口是故障检测用的测试点，而UUT各组成单元的输入/输出或有关的功能特性测试接口是故障隔离用测试点。这些隔离测试点也是UUT组成单元（下一级测试对象）的检测用测试点，所以应注意各级维修测试点之间的协调。

选择某一级UUT的测试点时，应进行的具体工作和步骤如下。

① 仔细分析UUT的构成、工作原理、功能划分情况和诊断要求，画出功能框图，表示清楚各组成单元的输入/输出关系，弄清相互影响。对于印制电路板级（SRU）UUT，可能需要电路原理图和元器件表等有关资料。

② 进行故障模式及影响分析（FMEA）并取得有关故障率数据。开始时可用功能法进行FMEA，由上而下进行。待有详细设计资料时，再用硬件法进行FMEA，用以修正和补充功能法FMEA的不足。每次分析都应填写FMEA表格。

③ 在上述工作基础上初选故障检测与隔离用测试点。一般是根据UUT及其组成单元

输入/输出信号及功能特性,分析确定要测量的参数与测量位置或电路节点。其中要特别注意故障影响严重的故障模式或故障率高的单元的检测问题。

④ 根据各测量参量的检测需要,选择确定测试激励和控制信号及其输入点。

⑤ 依据故障率、测试时间或费用优选测试点,具体优选方法可参考第8章8.3节。选出测试点后应进行初步的诊断能力分析,如果预计的 FDR 和 FIR 值不满足要求,还要采取改进措施。

⑥ 合理安排 UUT 状态信号的测量位置以及测试激励与控制信号的加入位置。一般 BIT 用的测试点设在 UUT 内部,不必引出来;而原位检测用测试点需要引到外部专用检测插座上;其余的测试点可引到 I/O 插座上。印制电路板的测试点可放在边缘连接器上或板上可达的节点上。

⑦ 为实现有效测试需完成的详细设计工作如下。
- 信号变换与调理,如将交流信号和高频信号变为直流信号、高电压变为低电压等,以便于测试设备测量。
- 各测试信号(如电的、电感的、电容的和光的等)如何耦合或隔离。
- 对噪声敏感的信号采用何种屏蔽或接地。
- 激励和控制用的有源信号的选择与设计、加入方法的考虑。
- 引出线数量有限制时,采用多路传输方法的考虑。
- 非电参量测量用传感器的选择与信号变换设计。
- 各测试点与测试设备接口适配器连接问题的考虑。

9.4.4 测试点设置举例

① 可更换单元或功能块(RU)间的测试点如图 9.41 所示。除测试输入/输出能检测故障之外,如去掉测试点 TP1 或 TP3,就不能把故障准确定位到单个 RU 上。

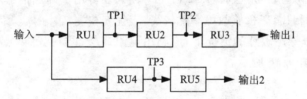

图 9.41 功能单元的测试点

② 余度电路的测试点如图 9.42 所示。设置 TP1 或 TP2 可确定哪个余度支路故障。

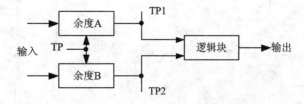

图 9.42 余度电路的测试点

③ 混合电路的测试点如图 9.43 所示。数字部分与模拟部分各自分开测试,这有利于故障隔离。

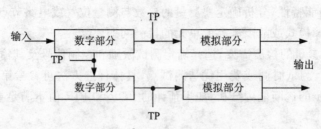

图 9.43　混合电路的测试点

④ RAM 和 ROM 的测试点如图 9.44 所示。测试点应位于 RAM 的地址、输入/输出和写启动线上，位于 ROM 的地址和输出线上。

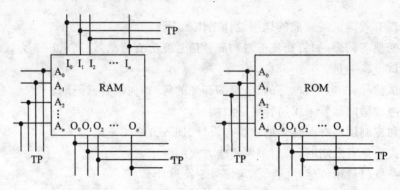

图 9.44　RAM 和 ROM 的测试点

⑤ 根据电路特点，优先选用提供有用信息多的测试点。如图 9.45 所示电路中，TP2 直接与 V_{cc} 相连，得不到电路故障信息；TP1 通过电阻与 V_{cc} 相连，所提供信息很少，不能用于判断三极管是否可工作，只能反映三极管处于接通或关闭状态。同样 TP1 也不能判断电容的另一输入端是否发生了故障，所以应去掉 TP1 和 TP2。TP3 可用于确定指示灯状态和三极管是否可工作，与电阻、电容相比，三极管故障率比较高，应优先检测。

⑥ 在信号对负载噪声敏感的情况下，应利用电阻或缓冲器把测试点与电路隔开，以避免影响电路的性能，如图 9.46 所示。

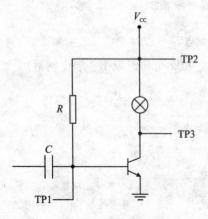

图 9.45　可只选 TP3

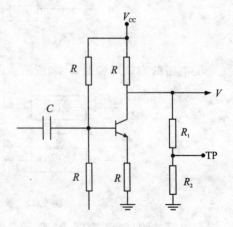

图 9.46　用电阻把 TP 与电路隔开

⑦ 时钟电路的控制测试点。

实际的被测电路时钟通常很难与 ATE 的振荡器同步,为方便进行自动测试,需引入外部时钟信号,断开原振荡器。如图 9.47 所示,对于振荡频率小于 2 MHz 的振荡器,可用背面跨接线的方法。对于频率大于 2 MHz 的振荡器可用两个与非门(A 和 B)插入振荡器路径中,并设置两个测试点。当 TP1 为低电平时,禁止振荡器信号,此时可用 TP2 引入外部时钟信号,对计数器进行测试。

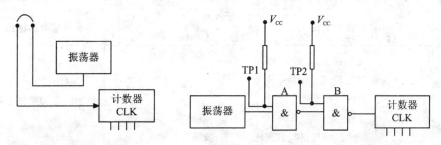

图 9.47 时钟电路控制测试点

⑧ 反馈回路控制测试点详见 7.1 节。
⑨ 初始化用测试点详见 7.1 节。
一些主要电路的初始化、有源测试点(激励、控制)、无源测试点(观测)如表 9.5 所列。

表 9.5 重要电路的测试点

电 路	测试点		
	初始化	有源测试点(控制、激励)	无源测试点(观测)
时钟脉冲发生器	无须初始化	不能受外部影响	可以监控主时钟以及所有驱动时钟频率
单稳态调谐振荡器	无须初始化	如果延迟时间过长,以致测试时间受到消极的影响,那么振荡器就应提供附加的触发信号	一个测试点,用于决定延时
总线结构	无须初始化	应可访问所有控制、数据和地址线	为了观察数据信息量,应保证可访问所有控制、数据和地址线
反馈电路	反馈不允许初始化	反馈回路应能用一个有源测试点中断。此外,应可以从外部将信号反馈到这些测试点	反馈回路应在所有电路节点设置无源测试点
组合逻辑电路	组合逻辑电路不允许初始化	在电路的所有输入端应设置有源测试点	在所有逻辑输出、扇出和扇入节点,设置观察点
触发器	触发器应能够设置到某已知状态	应装有触发信号以便确定数据输入	应设置用于观察输出的测试点
锁存器	锁存器应能够设置到某已知状态	应设置有源测试点以控制输入端的测试数据	在所有数据输入和输出端应提供无源测试点

续表 9.5

电 路	测试点		
	初始化	有源测试点(控制、激励)	无源测试点(观测)
移位寄存器与计数器	应可进行初始化以便达到预先确定的初始状态	在所有输入端应提供有源测试点以便控制输入数据	在所有数据输入和输出端应提供无源测试点
只读存储器	不能初始化	应为地址线的选择提供有源测试点	用于观察数据输出
随机存取存储器	每个存储位置可以自由设址并写入或消除,应预先决定是否要装入用于测试的已知的测试模式	在地址和控制线应提供有源测试点	位于所有的数据输出端
微处理器与接口(PIA)	应提供用于初始化的测试点	在地址和控制线应提供有源测试点	在地址和数据结构以及所有输出控制线上应提供无源测试点
微型计算机	通过测试提供初始设施,包括寄存器和固件	在所有控制线和数据输入端应提供有源测试点	在所有数据、地址和控制线上应提供无源测试点
数字/模拟变换器(DAC)	仅在复位输入	在所有数字电路输入端应提供有源测试点	在模拟输出和参考输入端应提供无源测试点
模拟/数字变换器(ADC)	通过复位输入	在模拟电路输入端应提供有源测试点	在数字输出和参考输入端应提供无源测试点
模拟电路	不可能	在所有功能块的输入端应提供有源测试点	在所有功能块应提供测试输出,如果可能,只要不影响主功能,就要在内部节点提供无源测试点
电压调节器	不可能	不要求	仅在输出端提供观察点
电源	不可能	不要求	仅在输出端观测

9.5 测试性设计应注意的问题

在测试性和诊断设计过程中,应特别注意以下点:要以被测对象的可靠性分析预计数据为基础;确定合理的测试容差;采取必要的防止虚警措施和测试性增长。这几项设计技术对提高测试有效性、优化测试性/BIT 设计是很重要的。

9.5.1 可靠性分析是测试性设计的基础

所有的测试性和诊断设计与分析工作都是针对被测对象的故障进行的。首先应掌握被测对象是否经常发生故障、可能发生哪些故障、故障影响如何以及危害大小等情况,在进行必要的可靠性分析基础上,才能有针对性地进行测试性与诊断设计,提高测试有效性。

从被测对象的可靠性设计分析资料中可以获得所需数据,如各种可能发生的故障模式及其影响、危害性和相对发生频率;UUT 各组成单元的故障率或可靠度数据等。这些数据主要用于下列各种情况。

① 确定监控和报警要求以及周期 BIT 设计。周期 BIT 在 UUT 工作过程中监测影响安全和任务的 UUT 功能,检测故障并报警,所以必须以故障模式影响分析和危害性分析(FMEA/CA)为基础进行分析设计。

② 分配测试资源。有限的测试资源应优先用于测试那些可靠性低的、故障危害性大的部件或故障模式的检测。

③ 优化诊断策略。应以 UUT 组成单元的故障概率(或故障率)数据为权值制定故障诊断策略,以便能最快或用最少费用隔离故障。

④ 用于测试性预计。进行测试性和 BIT 的 FDR,FIR 预计时,应分析 UUT 的所有故障模式是否被检测,并按其发生频率计算故障检测率和隔离率。

⑤ 用于测试性验证。进行测试性验证时要注入足够的故障样本,应按故障率高低成比例地把规定的样本数量分配给 UUT 各组成部分,并以 FMEA 为基础选择要注入的故障模式。

所以,FMEA 和故障率等数据资料是测试性/BIT 设计的基础,在测试性设计过程中应充分利用可靠性设计分析结果,并注意随时更新数据。当暂时得不到所需资料时,应先进行 FMEA 和相对故障率的定性分析,以便使测试性设计有的放矢,提高测试有效性。

9.5.2 确定合理的测试容差

1. 性能界限与测试容差

UUT 的性能界限是指 UUT 输出特性参数可能出现的偏差允许值,偏差是由 UUT 组成部件性能参数偏差和环境条件变化所造成的。可以通过最坏情况分析法、统计分析法和蒙特卡罗法等容差分析(或边缘性能设计)方法确定。

最坏情况分析法是分析 UUT 各组成部分参数最坏组合情下的 UUT 性能参数偏差的一种非概率统计方法。应用此法需要知道 UUT 性能参数 Y 与部件参数 $(x_1, x_2, \cdots, x_n)$ 之间的关系式 $Y = f(x_1 \cdots x_n)$,把部件参数偏差最坏情况组合直接代入关系式中,即可求出 UUT 性能参数的上限值和下限值。

平方和的平方根(RSS)方法是通用的统计分析方法。它首先要找出每一个部件参数变化所引起 UUT 性能参数的变化,然后求各项平方和的平方根,其数学表达式为

$$\Delta Y = \sqrt{\left(\frac{\Delta y_1}{\Delta x_1}\right)^2 + \left(\frac{\Delta y_2}{\Delta x_2}\right)^2 + \cdots + \left(\frac{\Delta y_n}{\Delta x_n}\right)^2} \tag{9.1}$$

蒙特卡罗法是当部件参数服从某种分布时,由各部件参数多次抽样值代入 UUT 参数关系式,进行统计分析得出 UUT 参数偏差的一种统计分析方法。

用上述方法求得的 UUT 性能参数偏差范围应当不大于规定的性能界限,与此同时也就确定了 UUT 各部件参数允许偏差范围(性能界限)。如果 UUT 是顶层系统级产品,其规定的性能界限应根据使用要求来确定,否则应根据上一级产品的规定性能界限通过容差分析方法来确定。

测试容差是通过测量 UUT 参数量值判断其是否合格的标准。确定测试容差时,除考虑

性能界限之外还要考虑测量误差,如图 9.48 所示。

当各项误差源在统计上是独立的且为正态分布时,测试容差 E_t 可用下式计算,即

$$E_t = [e_u^2 + e_m^2 + e_s^2]^{1/2} \tag{9.2}$$

式中　e_u——分析计算出的 UUT 输出容差,列入 UUT 性能规范的性能界限;

　　　e_m——测试系统误差,包括测量误差和测试系统噪声影响;

　　　e_s——由激励误差反映在 UUT 输出上的误差。

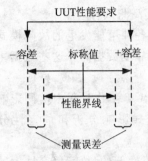

图 9.48　考虑测试误差

2. 根据被测参数的分布确定容差

(1) 检测一个信号的情况

假设 UUT 的被测参数 x 服从正态分布,其概率分布密度函数为

$$f(x) = \frac{1}{\sqrt{2\pi}\sigma} e^{\frac{(x-\mu)^2}{2\sigma^2}} \tag{9.3}$$

式中　μ——均值,代表参数幅值的平均值;

　　　σ——方差,表示参数值的离散程度,是由于元器件差异和噪声引起的。

参数 x 的分布函数为

$$F(x) = \int_{-\infty}^{x} f(x)\mathrm{d}x = \int_{-\infty}^{x} \frac{1}{\sqrt{2\pi}\sigma} e^{\frac{(x-\mu)^2}{2\sigma^2}} \mathrm{d}x \tag{9.4}$$

用变量替代方法把式(9.4)变为标准形式,令 $u = \dfrac{x-\mu}{\sigma}$,则可得

$$F(x) = \int_{-\infty}^{\frac{x-\mu}{\sigma}} \frac{1}{\sqrt{2\pi}} e^{-\frac{u^2}{2}} \mathrm{d}u = \Phi\left(\frac{x-\mu}{\sigma}\right) \tag{9.5}$$

于是参数落在 x_1 和 x_2 之内的概率为

$$P(x_1 < x \leqslant x_2) = \Phi\left(\frac{x_2-\mu}{\sigma}\right) - \Phi\left(\frac{x_1-\mu}{\sigma}\right) \tag{9.6}$$

可用标准正态分布数据表计算出此概率值。

故障检测时以 x 的均值 μ 为基准,设定门限值为 a,则可用 $|x-\mu|>a$ 来判断参数 x 是否正常。此时对应测试容差为 $x_1=\mu-a, x_2=\mu+a$。所以,x 在容差内的概率 P_{GO} 为

$$P_{GO} = P(\mu-a < x \leqslant \mu+a) = \Phi\left(\frac{a}{\sigma}\right) - \Phi\left(\frac{-a}{\sigma}\right) \tag{9.7}$$

参数 x 落在容差外的判为故障(虚警)的概率 P_{FA} 为

$$P_{FA} = 2P(x \leqslant \mu-a) = 2\Phi\left(\frac{-a}{\sigma}\right) \tag{9.8}$$

或

$$P_{FA} = 1 - P(\mu-a < x \leqslant \mu+a)$$

例如,当 $a=\sigma$ 时,$P_{GO}=\Phi(1)-\Phi(-1)=0.841\,3-0.158\,7=0.682\,6$

$$P_{FA}=0.317\,4$$

当 $a=2\sigma$ 时,$P_{GO}=\Phi(2)-\Phi(-2)=0.954\,5$

$$P_{FA}=0.045\,5$$

当 $a = 3\sigma$ 时, $P_{GO} = \Phi(3) - \Phi(-3) = 0.9974$

$$P_{FA} = 0.0026$$

可以认为大多数 UUT 故障满足两个条件：① 在同一时刻不会发生两个或两个以上的故障；② 发生的所有故障只改变 UUT 参数均值，不改变方差。在此条件下为得到较好的故障检测能力，可使超门限值 a 的概率等于 UUT 的故障概率 P_F，即可用下式求得门限值 a。

$$\Phi\left(\frac{-a}{\sigma}\right) = \frac{P_F}{2}$$

例如，对于不同的 P_F 值，查标准正态分布数据表，可计算出相应的 a 值，如表 9.6 所列。注意此时 a 是以均值 μ（视为标准值）为基准的。

表 9.6 门限与故障概率

P_F	0.001	0.0026	0.01	0.04	0.06	0.08
a	3.29σ	3.01σ	2.58σ	2.05σ	1.88σ	0.205σ

门限值可以根据故障概率 P_F 大小来确定。当 P_F 较小时，门限值 a 可以选得大些，可使虚警概率减小；当 P_F 较大时，a 可选得小些，可使漏检率减小。另外，门限值还与信号方差 σ 有关，σ 值越大，噪声干扰越大，则门限值应选大些。

(2) 用余度信号比较时的情况

在实际系统中，还有许多应用互为余度的两个信号比较来判断故障的情况。当两个信号之差超过门限或规定容差时判为故障，否则认为正常。例如被测试号 x_1 和 x_2 来自两个同类型的传感器，认为它们有相同的统计特性。假设 x_1 和 x_2 是互为独立的，都服从均值为 μ、方差为 σ 的正态分布，则概率分布密度函数为

$$f_1(x) = f_2(x) = \frac{1}{\sqrt{2\pi}\sigma} e^{-\frac{(x-\mu)^2}{2\sigma^2}} \tag{9.9}$$

令 $z = x_1 - x_2$，由概率论知，正态分布的线性组合还是正态分布，所以 z 的分布仍是正态分布，且有

$$\mu_z = \begin{bmatrix} 1 & -1 \end{bmatrix} \begin{bmatrix} \mu \\ \mu \end{bmatrix} = 0 \tag{9.10}$$

$$\sigma_z^2 = \begin{bmatrix} 1 & -1 \end{bmatrix} \begin{bmatrix} \sigma^2 & 0 \\ 0 & \sigma^2 \end{bmatrix} \begin{bmatrix} 1 \\ -1 \end{bmatrix} = 2\sigma^2 \tag{9.11}$$

z 的概率分布密度函数为

$$f_1(z) = \frac{1}{\sqrt{2\pi}\sigma_z} e^{-\frac{(z-\mu_z)^2}{2\sigma_z^2}}$$

设故障检测门限值为 a，当 $|z| = |x_1 - x_2| > a$ 时判为故障，则故障检测概率为

$$P(|x_1 - x_2| > a) = 1 - \int_{-a}^{a} f(z)\mathrm{d}z = 2\int_{-\infty}^{-a} f(z)\mathrm{d}z \tag{9.12}$$

为使用数据表变换为标准正态分布形式，并代入 $\mu_z = 0$，$\sigma_z = \sqrt{2}\sigma$，则有

$$P(|x_1 - x_2| > a) = 2\int_{-\infty}^{-\frac{a}{\sqrt{2}\sigma}} \frac{1}{\sqrt{2\pi}} e^{-\frac{u^2}{2}} \mathrm{d}u = 2\Phi\left(\frac{-a}{\sqrt{2}\sigma}\right) \tag{9.13}$$

为了得到较好的故障检测能力,可使 UUT 故障概率 P_F 等于检测概率,即用下式求得门限值 a。

$$\Phi\left(\frac{-a}{\sqrt{2}\sigma}\right) = \frac{P_F}{2} \tag{9.14}$$

例如：$P_F = 10^{-4}$ 时，$a = 3.89\sqrt{2}\sigma = 5.5013\sigma$

$P_F = 10^{-3}$ 时，$a = 3.29\sqrt{2}\sigma = 4.6527\sigma$

$P_F = 10^{-2}$ 时，$a = 2.58\sqrt{2}\sigma = 3.6486\sigma$

3. 关于动态门限问题

在实际的动态系统中,有的被测参数 x 的正常值不是固定值。应考虑对应 x 的变化采用不同的门限值,即动态门限值。如果 x 变化范围是 50～100,门限值取 5%,则对应门限值为 2.5～5。在实际应用中,可以前一时刻测得的 x 正常值为基准乘上某一百分数,作为当前时刻检测判断故障的门限。

4. 根据试验确定门限值

确定合理的门限值(或测试容差)是件很困难的工作,用前述各分析计算方法确定的门限值都不是很准确,存在误差,可以作为初始门限值。以后还应注意在系统试验和运行中进行必要的修正和调整,根据试验确定最终门限值或测试容差,使得故障检测率较高而虚警率较小。

5. 测试精度比

测试 UUT 所要求的激励和测量的准确度与 ATE 测量的准确度之比称为测试精度比 TAR(Test Accuracy Ratio)。例如,UUT 输出信号准确度要求为 5%,ATE/TPS 测量该信号的准确度为 0.05%,则 TAR=100。

一般测试精度比要求为 TAR=10,最低值是 TAR=3。

9.5.3 采取必要的防止虚警措施

测试性/BIT 设计中的主要问题之一就是如何减少虚警问题。国外的经验表明,新设计的系统在初始使用中虚警率都比较高。经过现场维修检测数据的收集与分析,采取必要的改进措施以后才达到了可以接受的水平。

罗姆航空发展中心 1981 年发表的报告中,根据两类电子系统(各 30 架飞机)一年的现场数据分析表明:BIT 指示故障中有 22%～50% 为 II 类虚警(无故障报有故障),余下的还有近 1/3 为 I 类虚警(指示有故障的单元无故障),即正确的故障指示只占 34%～52%。比较普遍的情况是飞行中 BIT 指示故障的 30% 地面不能复现(CND),指示的故障单元有 20%～30% 在维修车间检测是合格的(RTOK)。

导致虚警率高的原因很多,影响也很大,设计中必须注意采取有效措施减少虚警。否则,会影响系统正常使用。现在已有一些简单有效的防止虚警措施可供选用,但由于问题的复杂性,减少虚警,提高 BIT 检测能力,仍是当前测试性有待进一步研究的课题。

有关虚警问题详见第 10 章。

9.5.4 注意测试性增长工作

1. 测试性增长概念

与可靠性增长概念类似,测试性设计也需要有个增长过程,测试性增长也叫测试性成熟、诊断增长。它实际上是通过试验和使用,发现问题,采取改进措施,使故障诊断能力得到增长的过程。

实际上,许多新系统刚开发研制完成时都不够成熟,存在这样或那样的不足和缺陷,其故障诊断分系统也同样,都需要有个成熟过程。大多数诊断设备不论设计得多么仔细认真,都会存在着未预料到的故障模式和测试容差定得不合适等问题。因此,需要有一个鉴别缺陷、实施纠正,以达到规定的诊断水平的时间周期。

例如,美国 B1 飞机的机载测试系统设计有输出显示 1 250 个不同故障的能力,60 次飞行试验得到的数据是:每次飞行发生虚警 3～28 次,其中有 2 次飞行因设备出问题没有记录,58 次飞行中平均每次飞行有虚警 13.7 次。显然不采取修正措施是不行的。所以,在新的诊断分系统研制试验中和使用初期应注意做好诊断能力的增长工作。

2. 测试性增长趋势和时间

测试性增长从系统研制试验开始,一直延续到生产、使用布署阶段。实际的诊断能力(非设计预计值)是逐渐提高的,直到达到规定要求(目标值)才能认为增长完结。诊断能力增长趋势如图 9.49 所示。

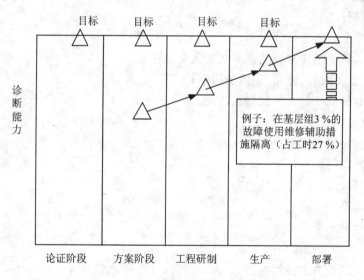

图 9.49 实际诊断能力增长过程

测试性增长所需要的周期取决于试验与使用/飞行次数和时间,以及所进行增长工作的有效性。对于飞机来说,据国外有关资料估计,一般需要 400～500 飞行架次或 1～3 年的测试性成熟周期。

例如,B1—B 飞机的中央综合测试系统(CITS)计划用 468 次飞行进行诊断增长工作,实际上用了 1 069 次飞行获得数据,采取必要的改进措施后才达到可接受的诊断水平。该飞机 1985 年投入使用,用户反映直到 1997 年才达到完全成熟状态。而 DC—10 飞机则规定,投放航线使用后第二年故障隔离率为 90 %,第三年达到 95 %。

3. 测试性增长工作

主要的测试性增长工作有三项：

① 制定测试性增长计划。该计划应尽早制定，由承制方负责。

② 按照测试性数据收集与分析计划，收集诊断数据，包括研制和生产试验及使用中的数据。

③ 根据数据分析结果采取必要的修正活动。

测试性增长工作需要承制方和使用方共同完成。需要在系统研制、试验与评价以及早期服役使用过程中，识别并确定新的故障模式、测试空缺、模糊点、测试容差或门限等缺陷，研究、判断问题的原因，并追踪到测试性和诊断设计（软件、硬件等测试资源设计）以及人工测试方法上，适时采取必要的修正措施。

测试性和诊断数据收集是这些工作的基础，数据来源主要是：

- 实验室试验（性能、可靠性和维修性试验等）；
- 研制、开发试验；
- 操作使用试验；
- 验收试验；
- 试生产试验；
- 作战使用试验。

要收集与分析的数据类型包括以下几点。

(1) 诊断数据反馈

- 每个诊断要素的有效利用率；
- 作为集成系统组成部分的诊断要素的有效性；
- 诊断不足（无效）对使用/保障的影响；
- 应当采取的或已经采取的修正活动。

(2) BIT 有效性

- 故障检测与隔离水平；
- 故障隔离时间。

(3) 虚警的跟踪

- 告警的类型；
- 告警发生的频率；
- 告警原因（如果已知）；
- 忽略（不管）告警潜在影响后果（人员安员、任务可靠性）；
- 虚警导致的使用费用（任务夭折、降级和停止工作）；
- 有关虚警的保障费用；
- 发生虚警时的使用环境。

(4) ATE 有效性反馈

- 为克服 UUT 与 ATE 接口上的机械或电气缺陷所需工作量；
- ATE 检测结果与 BIT 初始检测故障的一致性；
- ATE 测试结果可重复性；
- 模糊组大小；

- 故障隔离时间。

(5) 诊断要素的综合
- 提供的诊断资源与人员培训和水平的符合性；
- 虚警和不必要拆卸对使用可靠性和维修工作量的影响；
- 车间流通量；
- 错误或不适用的技术信息；
- 后勤延迟时间；
- BIT 可靠性；
- ATE 可靠性。

上述诊断数据收集和分析、诊断性能评价工作，必然导致采取适当的修正活动。例如，原 UUT、测试设备及接口装置的再设计，维修文件、机内测试电路、诊断软件或 ATE 测试程序的改进等。所有的修正活动必在严格的控制与管理下进行。

习　　题

1. 系统测试性顶层设计工作有哪些？应注意什么问题？
2. 系统 BIT 顶层设计工作有哪些？
3. BIT 用于性能监控、故障检测和故障隔离时，其测试过程有何不同？
4. 系统的 BIT 配置方案有哪种类型？
5. 常用 BIT 设计技术有哪些？各有什么特点，有哪些共同点？
6. 各类测试点的功用是什么？
7. 对设置测试点的要求是什么？具体如何设置？
8. 你认为应该如何确定测试容差或门限值？
9. 测试性为什么需要有个成熟(增长)过程？
10. 测试性设计过程中，应注意的主要问题是什么？

第 10 章　BIT 虚警问题及降低虚警率方法

机内测试(BIT)技术 20 世纪 70 年代已开始应用于重要武器系统,虚警率是 BIT 的主要参数之一。国外的情况表明,在使用中发现的 BIT 虚警问题比较严重,虚警率有时高达 60%。经过反复试验和分析改进之后,才达到了使用阶段可以接受的程度。

国内发展 BIT 技术较晚,在重点型号设计中虽然已开展了 BIT 设计,开始注意虚警问题,但是所采取的有效防虚警措施不多,新型号尚未正式投入使用,还没有 BIT 子系统的实际使用数据和经验。所以,研究降低虚警率的方法,积累 BIT 实用数据和经验是测试性研究的重要内容。

本章将给出 BIT 虚警问题的情况介绍、虚警原因分析和现有的降低虚警率方法。

10.1　BIT 虚警问题

10.1.1　虚警和虚警率的定义

1. 虚警的定义

国家军用标准《装备测试性大纲》GJB2547—95 给出的虚警的定义为:BIT 或其他监控电路指示有故障而实际上不存在故障的情况。

国家军用标准 GJB3385—98《测试与诊断术语》中的虚警定义为:机内测试(BIT)或其他监测电路指示有故障而实际上不存在故障的现象。

对应的美国军用标准 MIL—STD—2165 和 MIL—STD—1309 给出的虚警定义为:BIT 和其他监测电路对不存在故障的产品给出的故障指示(A fault indicated by BIT or other monitoring circuitry where no fault exists)。

上述三个关于虚警的定义基本上是一致的,指出的要点有两个:其一,虚警是假的故障指示,指示有故障的地方或产品实际上不存在故障;其二,虚警是 BIT 或其他监测电路给出假故障指示,操作者或维修人员假报的故障不计入 BIT 虚警之内。应结合 BIT 运行及维修工作情况,进一步分析明确如下三个问题:

● 两类虚警问题;
● 如何理解"实际上不存在故障";
● 虚警的确认与维修。

(1) 两类虚警

BIT 子系统具有故障检测和故障隔离能力,给出的故障指示和报警会发生假报或错报情况。目前国内关于 BIT 定量要求中只有故障检测率、故障隔离率和虚警率要求,没有错误隔离率要求。在这种情况下,虚警应包括错报和假报两种情况,或者说 BIT 虚警可以分为两种类型,暂且引用国外资料中的叫法,称为 I 类虚警和 II 类虚警。它们之间的区别如下。

I 类虚警:被测系统存在故障,但 BIT 指出的故障单元(项目)实际上是可以正常工作的,即指出的不是真正发生故障的单元,可能是故障隔离错误或单元检测错误而导致的错报。这应与故障隔离模糊度相区别,如果 BIT 技术要求规定允许故障隔离到两个单元,其中一个单元明显是无故障的,则不应认为是虚警。如果另有错误隔离率指标要求,那么这种 A 有故障而报 B 故障的情况不应再记入虚警事件统计中。

II 类虚警:被测系统没有发生故障,但 BIT 指出系统故障或某个单元(项目)故障,而事实上系统和组成单元都是可以正常工作的,是假报故障。假报的原因是多方面的。

发生 II 类虚警次数比 I 类虚警要多。导致两类虚警的原因不同,采取减少虚警的措施也不同。

(2) 如何理解"实际上不存在故障"

在实际使用中,被测系统受到各种环境应力影响和外部干扰会产生一些异常现象,这些异常是非永久性的,有的是瞬态的,有的不影响使用,也有的会影响使用。但是,在干扰去掉或回到维修现场没有应力影响时,这些异常现象也就消失了。特别是航空产品,由于空中飞行和地面维修时条件差别较大,这种现象就更明显。

那么,在使用中被测系统出现的异常算不算存在故障呢?例如,附近有部雷达的辐射干扰了正在测试的系统,而其 BIT 又察觉到了这个干扰的影响,并产生了故障指示。在 BIT 运行时,从被测系统功能上看真的存在异常或故障,但从是否有损坏意义上看,系统没有故障或不存在永久性故障,也不需要维修。对于 BIT 来说,检测到这种异常是合理的,但从维修观点看,是虚假指示,至少是"维修虚警"。

从使用和维修观点出发可以认为:影响使用和安全的异常现象都属于是故障,BIT 应给出故障指示或报警。尽管在现场维修检查时异常现象消失了,也不认为是虚警。而且在采取消除虚警设计措施时,不应影响对这种异常的检测。对于不影响使用的异常现象,不认为是故障。BIT 不应给出故障指示,否则,就是虚警或维修虚警。许多减少虚警的设计方法就是针对这一点进行的。

(3) 虚警的确认与维修

虚警的度量是很困难的。首先,因为判定"实际上不存在故障"还没有公认的一致规则。其次,由于初期使用中 BIT 虚警比较多,有的故障指示容易被操作者或维修人员判为虚警而忽略了。这部分指示就失去了分析和统计的机会。再次,对每个故障指示,要经过维修活动才能确认是否真的发生了故障。特别是那些在基层维修时得不到证实的故障指示,即不能复现的(CND),要跟踪 CND 事件的详细调查试验结果,查明 CND 原因才能确认是否发生了虚警。这就出现了两个问题:一是被忽略了的故障指示算不算虚警?二是虚警定义是否应与维修联系起来?所以有人建议以维修事件为基础来定义虚警。按此观点,虚警定义为:在无故障存在的地方引起维修活动的故障指示(A fault indication that triggers a maintenance action where no fault exists)。

这里暂且不论怎样叙述虚警定义更好,可以肯定的是虚警的确认和度量确实与维修密切相关。有的故障指示经过一次维修事件可以确认是不是虚警,有的可能要经过二次、三次或多次维修事件才能确认是不是虚警(或消除某一虚警事件)。后面介绍的已服役设备的虚警状况和数据都是依据维修事件的调查分析取得的。

2. 虚警率的定义

国家军用标准中给出的虚警率(FAR)定义很明确,即"在规定的时间内发生的虚警数和同一时间内的故障指示总数之比,用百分数表示。"但国外有关资料中也有的把虚警定义为"虚警发生的频率"或"虚警平均间隔时间"。在这里除另有具体说明之外,均采用国家军用标准的定义。

在使用与维修过程中,有了故障指示就要采取故障检测、隔离、拆卸更换或修理活动,如指示的故障不能重现或未发现故障,则记录一次 CND。国外资料表明,经过对 38 个系统 22 000个维修事件的分析研究,认为造成 CND 的原因有 12 类(见图 10.1),其中除了操作人员差错、外场和野战级的人员差错以及测试设备问题等五种原因之外,七种原因均与 BIT 虚警有关。所以,可以 CND 事件为基础来估计虚警率,去除上述五种原因导致的 CND,就可得到虚警率的估计值,当然这将不包括被忽略了的故障指示,但可能包括未完全去除五种原因造成的CND。也可以说 CND 率是虚警率估计值的上限。

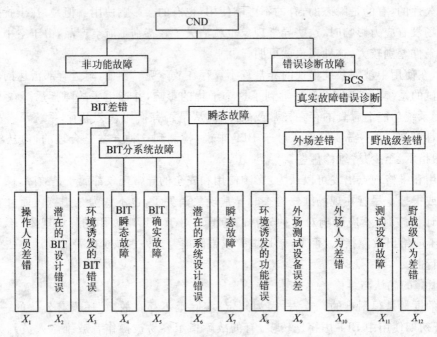

图 10.1　造成 CND 的原因

10.1.2　已服役系统的虚警状况

由于国内有 BIT 设计要求、进行过 BIT 设计的系统,尚未进入服役阶段,有关 BIT 数据很少。这里收集到的都是国外的 BIT 虚警情况。

1. 系统 I 的虚警情况

系统 I 是海军战斗飞机上的雷达/武器控制系统,有 28 个武器可更换组件(WRA),开发于 1975 年。系统的 BIT 功能可检测空中和地面上的系统故障,显示故障的单元。其 BIT 系统包括操作者启动 BIT、功能连续监控测试以及维修人员用人工和计算机操作的测试。航空电子系统失效率的近 60 % 被连续监控,500 个以上功能用操作者启动的置信度测试。BIT 结构如图 10.2 所示,4 个置信度测试能在 5 min 内完成,每个测试的结果(通过或不通过)由计算机存储,用于在显示器上指示故障单元,提供降级使用模式估计。检测到故障时,显示器出现相应标志并显示测试序号和故障的 WRA 号。共计约有 1 000 个单个测试用于置信度测试和故障隔离测试。

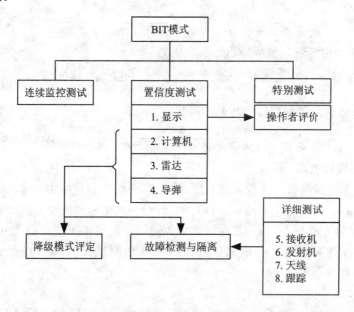

图 10.2　系统 I 的 BIT 结构

根据 1979—1980 年的 1 年时间内,30 多架飞机的可靠性和维修性监控数据分析(没有专门用于虚警分析的数据)结果表明,系统 I 在初期使用中,导致硬件拆卸的和以前报告过的异常除外,每飞行小时报告的异常次数接近 3 次,典型的情况是一半的异常没有被进一步证实。每飞行小时观察到的异常次数是新的或改进的软件量、设备的改进程度、设备的新增模式和新的测试参数等的函数。经过近 1 年的努力,分析产生异常的原因和采取改进措施,系统 I 的每飞行小时报告异常的次数降低到少于 2 次,但是其中的一半还是没有进一步证实。

依据有关 BIT 指示和异常报告的各种维修事件统计分析,确认 I 类虚警数、II 数虚警数以及有效(正确)故障指示的次数。计算结果如下(详细数据见表 10.1):

表 10.1　系统 I 的 FAR 计算数据表

虚警类型	雷达 BIT 的维修事件			维修人员利用 BIT 的维修事件			所有维修事件			
	集	对	单个	集	对	单个	集	对	单个	总计
I 类虚警(真故障、隔离错误),多次拆卸	91	33	—	3	6	—	94	39	0	133
II 类虚警(真的无故障),无拆卸	99	79	365	—	—	—	99	79	365	543
正确故障指示,拆卸后不再报警	66	192	—	—	—	89	66	192	89	347
小计	256	304	365	3	6	89	259	310	454	1 023
总计		925			98			1 023		

注:集——多个维修事件确认 1 次故障指示。
　　对——两个维修事件确认 1 次故障指示。
　　单个——1 个维修事件确认 1 次故障指示。

II类虚警率:II类虚警数与故障指示总数之比为

$$\text{II类 FAR} = \frac{\text{II类虚警数}}{\text{I类虚警数} + \text{II类虚警数} + \text{正确指示数}} = \frac{543}{1\,023} \times 100\% = 53\%$$

I类虚警率:I类虚警数与真故障指示数之比为

$$\text{I类 FAR} = \frac{\text{I类虚警数}}{\text{I类虚警数} + \text{正确指示数}} = \frac{133}{480} \times 100\% = 28\%$$

总的虚警率:虚警总数与故障指示总数之比

$$\text{FAR} = \frac{\text{I类虚警数} + \text{II类虚警数}}{\text{I类虚警数} + \text{II类虚警数} + \text{正确指示数}} = \frac{676}{1\,023} \times 100\% = 66\%$$

2. 系统II的虚警情况

系统II是空军单座飞机的火控雷达装置,已工作了6年。系统由9个LRU组成,其中8个LRU由BIT测试,可在空中和地面进行检测,并识别发生故障的单元。开始时BIT软件有4 KB,后来增加了信号处理器,BIT软件增加到12 KB。航空电子硬件的1.6%用于BIT,提供由软件控制的各种测试信号和电路。有大约150个测试用故障旗指示故障的LRU,约33%的测试保持在各个LRU内。

操作者启动BIT可在3 min内完成。

BIT测试所得到的故障数据记录在两个BIT矩阵中,一个是用于连续BIT,另一个是用于启动BIT。故障隔离有两种方式:① 故障检测测试直接隔离到LRU;② 以故障检测为基础经过判断分析(凭推测)定位到LRU。试飞初期存在严重的BIT虚警问题,每次飞行都出现几次虚警。经过采取各种纠正措施之后,虚警明显减少。在后期试飞过程中,每次飞行的虚警减少到小于1次。

系统II的数据收集时间和分析过程与系统I相同,即1979—1980年约1年多时间内的30多架飞机的可靠性与维修性监控数据。系统II的虚警率计算结果如下(详细数据见表10.2):

II类 FAR=(199/915)×100%=22%;

I类 FAR=(271/716)×100%=38%;

总的 FAR=[(199+271)/915]×100%=51%。

表10.2 系统II的FAR数据表

虚警类型	雷达BIT的维修事件			维修人员利用BIT的维修事件			所有维修事件			
	集	对	单个	集	对	单个	集	对	单个	总计
I类虚警(真故障、隔离错误)多次拆卸	120	85	0	17	49	0	137	134	0	271
II类虚警(真的无故障)无拆卸	19	19	161	—	—	—	19	19	161	199
正确故障指示,拆卸后不再报警	12	30	116	—	—	287	12	30	403	445
小计	151	134	277	17	49	287	168	183	564	915
总计	562			353			915			

3. 其他系统情况

下面是从各种有关资料中得到的美国飞机系统的BIT虚警、CND(不能复现)和RTOK(重测合格)的一些数据。数据不一定很准确,也无法核实,但可说明虚警问题的严重性。

(1) 几种飞机用雷达的虚警率数据

  雷达 AN/APG—63(F—15 飞机)   虚警率：51%

  雷达 AN/APG—9(F—14 飞机)   虚警率：66%

  雷达 AN/APG—185   虚警率：14%

  雷达 AN/APG—100   虚警率：10%

  雷达 AN/APG—6   虚警率：38%～50%

  雷达 APG—66(F—16 飞机)   虚警率：34%～60%

  雷达 APG—65(F—18 飞机)   虚警率：72%

(2) 不能复现(CND)和重测合格(RTOK)数据

① 飞控系统及多路总线示例如下。

  F—16 飞机飞控系统   CNDR：17%   RTOKR：20%

  F—16 飞机多路总线   CNDR：45.6%   RTOKR：25.8%

② S—3A 反潜飞机示例如下。

  模拟设备   CNDR：11.2%

  数字设备   CNDR：10.4%

  射频设备   CNDR：6.5%

  机电设备   CNDR：10.0%

  所有设备   CNDR：9.6%

③ 雷达的 CND 数据如表 10.3 所列。

表 10.3 雷达的 CND 数据示例

雷达	参 数	1980	1981	1982	三年平均
APG—63 (F—15)	总修复事件	20 220	15 767	23 609	19 865
	CND 比例/%	69.8	61.2	68.4	67.2
	CND/每飞行小时	0.130	0.077	0.113	0.106
	CND 年费用/百万美元	3.3	3.0	5.4	3.9
APG—66 (F—16)	总修复事件	3 431	5 655	6 466	5 184
	CND 比例/%	73.9	74.8	76.2	75.2
	CND/每飞行小时	0.087	0.075	0.046	0.061
	CND 年费用/百万美元	0.38	0.92	1.18	0.78

  ④ 此外，美国空军测验与评价中心曾发现他们有一个系统的虚警率达到 85%。一般估计，比较普遍的情况是飞行中 BIT 指示故障的 30% 在地面不能复现，BIT 指示的有故障的单元在维修车间检查为重测合格的占 20%～30%。

  1983 年的一篇资料(AIAA)依据 17.7 kh 飞行数据的分析认为：BIT 指示有效性＝1－虚警率，得出的具体数据是 BIT 指示有效性为 75%～86%。换句话说即虚警率为 14%～25%。

10.1.3 国内虚警问题现状

  国内发展 BIT 技术较晚。在新的重点型号研制中，虽然有 BIT 技术要求，开展了 BIT 设计工作，但尚未正式投入使用，还没有 BIT 的实际使用数据和经验。国内在 BIT 技术应用中的虚警问题现状可以归纳如下。

① 在测试性/BIT 技术要求中,只有故障检测率、隔离率和虚警率要求,没有错误隔离率要求。如何确认虚警,是否包括错报情况还尚待讨论和研究。

② 在设计过程中,由于各种因素影响,设计者主要考虑的往往是产品的功能特性和进度,对 BIT 重视程度和虚警问题分析研究不够。较好的情况是采取一些简单措施减少虚警,如按多次测试结果判定故障等。

③ 试验和试用中发现问题、分析并改进是提高 BIT 有效性及减少虚警的重要环节,国内尚未进行过 BIT 测试性验证试验,只是个别产品进行了一些故障模拟试验。个别型号开始试飞,尚未积累充分的 BIT 数据供分析虚警问题使用。

④ 尚未见到国内发表的关于 BIT 虚警问题的文章和研究报告,原因可能是国内还没有大量设计、使用 BIT 的经验,系统分析研究不够。有的产品虽然采取了一些减少虚警的措施,但也未见发表相关的技术资料。

总之,国内在测试性/BIT 技术应用方面尚处于初期阶段,需要进一步研究开发 BIT 设计分析技术,特别是要研究减少虚警的方法,积累 BIT 使用数据和经验。对于具有 BIT 功能的系统,实际的虚警情况尚待使用中评价。

根据国内外有关资料分析和调查了解,关于 BIT 虚警问题可以得出下面几点看法。

① 在 BIT 技术发展初期,由于追求高检测率,减少虚警问题注意不够,虚警率普遍都比较高,有的问题相当严重。前面给出的数据充分说明了这一点。

② 针对虚警问题采取必要的改进措施后,虚警减少,虚警率降低了,可使系统达到正常使用的程度。

③ 采取一些较简单的办法,可以减少虚警,但不能完全消除 BIT 虚警问题。如何有效地减少虚警仍是测试性/BIT 领域中有待深入研究的课题,如人工智能在 BIT 中的应用及 BIT 与时间应力测量相结合问题的研究等。

④ 虚警问题是 BIT 技术用于工程实践中产生的问题,通过大量使用数据才能对虚警问题进行评价。我国在 BIT 应用方面起步较晚,现在尚无这方面的数据和报导。个别型号产品在 BIT 设计中吸取了国外的经验教训,有可能比国外 20 世纪 70 年代末的情况要好些,但实际情况如何,尚待通过实际使用来评价。

10.2 BIT 虚警的影响

现在的技术水平,尚不能完全消灭 BIT 虚警。规定的虚警率要求一般是小于 1%,2% 或不大于 5%,这是个限制性指标,希望虚警率越小越好。实际上虚警率指标是很难验证的,但它可起到提醒设计人员尽量想办法减少虚警的作用。因为虚警率太高不但直接影响 BIT 有效性,而且会对系统任务的完成以及对系统的可用性、维修和备件等产生不利影响。

10.2.1 虚警对 BIT 有效性的影响

BIT 的有效性度量包括故障检测率、隔离率、虚警率以及故障检测时间与隔离时间。如果暂时不考虑故障检测时间和隔离时间,在系统使用期间 BIT 指示(报告)故障数与发生故障总数比值越高,以及 BIT 正确指示故障次数与指示(报告)总次数比值越高,则 BIT 有效性越好,并有如下关系式:

$$BIT 报警率 = BIT 故障指示总数 / 发生故障总数$$

$$BIT 正确指示率 = 正确故障指示数 / BIT 故障指示总数 = 1 - 虚警率$$

$$BIT 有效性 = 报警率 \times 正确指示率 = \frac{BIT 故障指示总数}{发生故障总数}(1 - 虚警率)$$

很明显,随着虚警、虚警率的增加,BIT 正确指示率和有效性会下降。

10.2.2 虚警对系统完成任务的影响

在系统工作过程中,BIT 监测系统的工作状态,有故障时给出指示或报警。在有余度的系统中 BIT 参与余度管理(主要负责检测故障),提高任务可靠性。当 BIT 报告有故障时,可依据故障的影响和系统的构成,采取不同的措施,如采用备份工作模式、降级工作、切换工作余度或停止工作等。如果 BIT 故障指示是虚警,则系统的任务成功率将会受到很大影响。如果虚警率太高,操作者会对 BIT 失去信任,会忽视甚至不管 BIT 指示。如在飞行中不管 BIT 指示,则当真有故障时会造成严重不良后果,甚至影响安全。

10.2.3 虚警对系统可靠性、维修性的影响

在系统工作中,BIT 虚警会降低系统任务可靠性。BIT 虚警在未证实是虚警之前,只能作为故障指示来处理,会影响使用,需要采取维修活动,所以 BIT 虚警也会影响固有可靠性和维修性。在系统执行任务过程中,BIT 指示故障或操作者报告工作不正常,维修人员用维修 BIT 来检查、隔离故障和进行任务后的检查。这时如发生虚警,就会导致好的 LRU 的拆卸和更换,造成无效的维修活动。系统执行任务前要用加电 BIT 或启动 BIT 进行检查,如果这时发生虚警,把本来可以出勤的系统判为不通过,不仅导致增加无效的维修活动,还会降低系统的可用性。如果 BIT 虚警率太高,使维修人员失去对 BIT 的信任,那也就失去了 BIT 改善系统维修性和简化维修的作用。

10.2.4 虚警对系统备件的影响

在计划武器系统备件时,一般是预计的维修率等于故障率乘以某一系数。确定该系数时要考虑各种因素,其中应包括虚警,此系数的取值范围一般为 3~10。如果这个系数估计过低,或者因费用限制未能采购计划的备件数量时,则虚警太多会导致需要备件时而没有备件的情况发生。这看起来是备件供应问题,而实际上可能是虚警太高所造成的。

BIT 虚警对系统的不利影响是非常明显的,必须设法减少虚警。国外经验表明,目前虚警尚不能完全消除,不注意防虚警设计及调整改进,那么虚警率可能高达 60%,甚至更高,严重影响系统使用。另外,虚警率的设计指标又是很难验证的。因此,重要的是设计上采取有效的减少虚警措施,试验、试飞中注意调整改进,使虚警减少到最低程度。所以分析产生虚警率的原因,研究减少虚警的方法是非常必要的。

10.3 产生虚警的原因

产生 BIT 虚警的原因是复杂的、多方面的,这里首先对产生虚警原因做简单介绍,然后给出典型系统进行详细分析。

10.3.1 虚警原因综述

从总的情况考虑,造成 BIT 虚警率高的原因可以归纳为如下三个方面。

1. 简化设计假设

BIT 设计者为了简化设计经常做一些假设,如系统故障有较大性能变化或响应;连接线、焊接处不发生故障;故障是单个发生的等。这种假设不完全符合实际情况,处于实际工作环境中的系统,其故障模式和影响是很复杂的。以这种假设为基础设计的 BIT,在实际工作环境中必然会暴露出某些缺点或不足。

2. 未能完全掌握实际工作特性与环境影响

设计者很难准确掌握产品实际工作环境影响及其特性的变化;即使准确掌握了,想要全面考虑系统各种工作特性和故障模式以及实际环境影响,也是很难完全实现的。原因是设计上约束条件限制,或经济上不合算,或者技术上难度较大、太复杂。在这种条件下设计的 BIT,必然不能完全适合系统实际工作环境,特别是航空航天系统,地面与空中条件差别大,问题就更为突出。

3. 分析改进工作不及时

由于上述两个原因,使得 BIT 在设计上不可避免地存在种种不足。在系统各种试验中,在试运行和试飞中应及时分析发现问题,采取必要的改进措施,使 BIT 尽快成熟,提高 BIT 有效性。此项工作做得不及时、不充分,也是导致系统使用初期 BIT 虚警率很高的重要原因。

由于上述三个方面的原因导致了服役的 BIT 系统还存在着设计缺陷,不能完全满足实际工作条件要求,造成 BIT 在工作过程中发生假报和错报的情况。

从具体情况考虑,造成虚警的原因很多,包括环境影响、电子噪声和人为差错等。下面是一些常见的虚警原因,消除这些因素的影响即可减少虚警。

(1) 潜在的 BIT 设计错误

指由于 BIT 设计上存在潜在的问题,造成在某种状态下出现错误,如引入干扰、故障隔离错误等。而维修人员在检查时不能复现。

(2) 环境诱发 BIT 虚警

系统在实际工作条件下所受环境应力与原来预计的(或合同规定的)不同,因而系统工作特性与原计划相比会发生变化。这样使用原设计的 BIT 特性(如门限值等)就出现虚警区和未检测区,使 BIT 有效性下降,如图 10.3 所示。

(3) BIT 瞬态故障

BIT 组成单元降级可能会造成一个瞬态特性的故障,结果导致报告被测系统中出现故障。

(4) BIT 硬故障

有时 BIT 或其他监测电路故障,特别故障判定和指示报警部分发生故障,也会导致被测系统无故障而报警的现象。

(5) 潜在的系统设计错误

同上面的 BIT 设计错误类似。它是在被测系统设计中出现潜在的问题,在某种条件下出现异常,正在运行的 BIT 检测到了,而在维修人员检查时不能复现。

(6) 测试门限值(或容差)不合理

确定合理的门限值是比较困难的,为确保能检测到故障,门限值就不能太宽松,如门限值

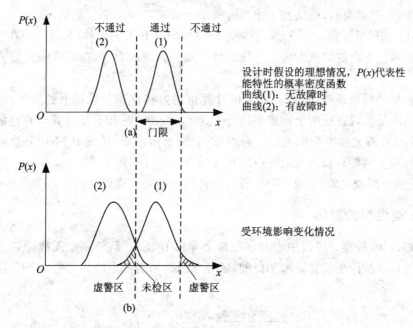

图 10.3 环境诱发 BIT 虚警

定得太严了就会导致虚警。若飞行中 BIT 测试门限值与地面维修以及中间级维修时测试门限值不协调,就会导致更多的 CND 和 RTOK 现象。

(7) 系统瞬态故障

这类瞬态故障是指系统在工作中受到各种干扰产生的瞬态变化。如供电波动、突然的操作指令、发射机干扰和电噪声等。它们通过正常信号通道或潜藏通路传入系统,引起系统瞬时异常状态。BIT 察觉到这些异常,则导致虚警。

(8) 系统的间歇故障

复杂系统常常有些间歇故障,这种不正常现象时有时无,原因还一时难以查清楚。如果 BIT 检测到了这种异常,维修检查时不能复现,则往往记为虚警。

(9) 操作员错误

操作者的差错包括错误使用设备和错误报告。如操作者观察到"扫瞄不正常"、"同步锁定打断"等,维修人员有责任在地面运行 BIT 检查,这就存在产生虚警的概率。如操作者观察到的是瞬时的非故障的异常现象,维修检查时不能复现就会导致虚警的发生。

(10) 外场测试设备错误和维修人员错误

BIT 指示系统在飞行中有故障,维修时用外场测试设备检查,由于测试设备错误或人员差错,未检查出故障,不能复现,则往往也记为虚警或 CND。

10.3.2 I 类虚警的原因

I 类虚警(A 有故障而报 B 故障)是故障隔离判断错误所造成的,而错误隔离又是故障隔离逻辑设计缺陷和 BIT 设计上苛刻的硬件与软件约束条件的副产品。

如前面介绍的系统 I,原计划在每个组成单元上都装备故障指示器,后来为节省费用而放弃了。当系统工作不正常时,问题可能出现在计算机单元、显示装置或互相连线上,故障隔离问题就复杂了,靠逻辑判断,就增加了错判的概率。系统 II 也有类似的情况,为了减小系统重量,使用于 BIT 的硬件比例小于 2%,消减了原计划用于 BIT 的硬件,只能使用在系统前端加输入信号测量系统响应的测试方法。这样虽然未减少检测能力,但在故障隔离能力方面就损失多了。

另一个重要的约束条件,是用于 BIT 的计算机能力和存储器数量上的限制,也导致了故障隔离能力的不足。现在这两个系统都接受了这个教训,扩展 BIT 用计算与存储能力。系统 I 扩展的 BIT 软件将允许各个单元独立自测试,装两个指示器,系统 II 的 BIT 软件也增加了一倍。这将有利于消除故障隔离的模糊度和降低错误隔离的概率。

I 类虚警的原因较简单,只要想办法提高故障隔离能力和准确性就会减少这类虚警。

10.3.3 II 类虚警的原因

前面介绍的 10 种虚警原因中绝大多数都会导致 II 类虚警,特别是无故障设备的间隙性异常和真正的间歇故障的征兆是很相似的,区分它们是相当困难的。间歇的 BIT 指示失效的构成如图 10.4 所示。

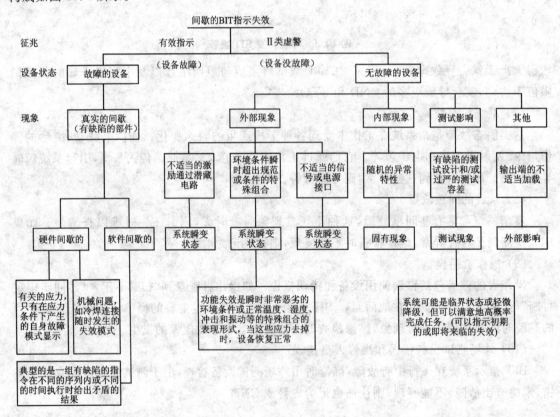

图 10.4 间歇的/反复无常的/不可重复的 BIT 指示

1. 雷达系统异常特性的原因

雷达系统的瞬时的或间歇的异常特性综合如下。

① 与雷达工作有关的外部现象,如变化的目标有效截面、地面反射和多普勒效应等导致的无故障设备的功能特征的变异性。此种征兆一般由操作者观察到,而非 BIT 检测。

- 假目标；
- 检测与多重检测问题；
- 捕获跟踪与丢失问题。

② 与系统工作有关的内部现象导致的无故障设备的功能特征的变异性。一般由 BIT 检测到而非操作者观察到。

- 发射机问题、电源降压和计算机故障；
- 外来干扰；
- 环境应力（如温度等）；
- 内部干扰（电源瞬态等）；
- 瞬时的不适当接口信号；
- 系统噪声；
- 随机的反常特性；
- 设计问题（如潜藏通路等）。

③ 特有的非大变动失效模式引起的故障设备的功能特征的变异性，一般 BIT 和操作者均可测到。

- 随机发生的间歇故障；
- 在某种应力或应力组合条件下发生的间歇故障；
- 连接器问题（更一般的是导线连接关系）；
- 随机的一次性失效（one-shot failure）；
- 软失效；
- 设备退化（初期的失效）；
- 地面上的特有失效。

④ 软件中错误即由软件"不可靠"导致的无故障设备的功能特征的变异性。一般不是由 BIT 和操作者观测的。

- 不适当的执行程序；
- 定时、同步问题。

2. 系统 I 的虚警原因分析结果

通过对系统 I 的使用数据分析，使其 70% 的 II 类虚警原因具体化了，用单个维修事件、事件对和事件集表征的虚警及发生虚警原因如表 10.4 所列。

表 10.4 系统 I 虚警数目及原因

虚警原因	虚警数				百分数/(%)
	事件集	事件对	单个	总数	
1. 无效测试	13	16	52	81	15
2. 电源瞬态	0	6	58	64	12
3. 高电压或发射机异常	2	12	25	39	7
4. 系统异常	64	24	51	139	26
5. 环境因素	3	1	41	45	8
6. 操作者错误	0	0	10	10	2
7. 未确定	17	20	128	165	30
总计	99	79	365	543	100

对 6 类虚警原因和未确定原因的简单说明如下。

(1) 无效测试
- 测试编排不正确;
- 测试容差不正确。

存在一些编排不适当的测试,如不正确的定时或激励、不正确的测试判断逻辑,或者有的测试容差太严了或使用了不正确的额定值。由于在机群中系统 I 有充分的使用时间,实际上有的编排不适当的测试已被发现和纠正了。只有一个测试序列中的一个判断点(DP216)被认为是无效的,该判断点共发生 223 次,排在第一位。

(2) 电源瞬态
- 低压供电瞬态;
- 单元装置断电。

低压供电瞬态以两种方式能够引起 BIT 指示故障。第一,在决定性测量期间发生了瞬态并引起被监测的信号超出测试容限;第二,瞬态导致了有关的供电"急剧短路/断路"或关闭。这样,受影响的装置在操作者恢复供电之前是不能正常工作的。系统 I 中有 19 个武器可更换组件(WRA)的电源故障指示被中央计算机监测到了。电源的故障码被计算机解码并显示对应的 WRA,所有电源故障都使用一个判断点(DP180),导致了该 DP 的高相关性。

(3) 高压/发射机异常
- 电气异常(如电弧等);
- 环境异常(如油冷却、波导内部压力等)。

系统 I 的发射机是高功率射频源,需要 11 kV(DC)和 18 kV(DC)两种高压供电。由于高功率和高电压,使得发射机子系统比低电压装置更敏感于环境异常。无论何时,一检测到异常发射机保护电路就将关闭发射机。如果这是在 BIT 程序执行期间发生的,则 BIT 将指示故障,但发射机在操作者复原后可恢复正常工作。在这种情况下,BIT 指示将作为虚警被记录了。

(4) 系统异常
- 暂时的、过渡性的硬件现常;
- 接口问题。

这部分 II 类虚警问题包括瞬时出现的系统异常及无故障设备的异常特性。但在判断点分析基础上可以利用暂时硬件现象(即初期的和间歇的故障)以及接口问题来解释说明。

这里约定,没有单元装置拆卸就消失(即接着运行 BIT 时没有发生)的故障指示,归类为 II 类虚警,意图是找出那些是"真正"虚警的随机偶发事件,即无故障设备的异常特性。尽管这些事件必须作为虚警记录,事实上还希望每一个这样的事件能有某些合理的解释,许多解释都是以暂时硬件现象假设为基础的。这种"暂时硬件现象"包括如下三类问题。

① 重复率很低的间歇故障。因重复率极低,以致它们逃避了使用滤波技术的检测,即在原来故障指示及之后,两次任务期间它们没有发生,但是在后面的任务中它们又发生了。

② 初始故障,即性能已恶化到接近可接受与不可接受之间的边界,以至于任何的瞬时系统干扰都能导致失效,呈现出不可接受的持久性能恶化。

③ 暂时的边界特性。它不是性能恶化的表现,而仅仅是现存设备配置的正常特性范围内的暂时边界状态。

作为暂时硬件现象导致虚警的例子,可以参考系统 I 的连续波照射器不能工作(发射)的测试案例(DP146)。它是个别继电器的瞬时失效导致测试的瞬时失效。根据这类继电器的使用经验,可以认为继电器包括前面的多种瞬态问题。在某些情况下,触点间的松散微粒可能引起间歇操作;在另外的情况下,在相当一段时间不使用时,即使无故障的继电器也有干电流、高接触电阻问题。

所有的"暂时硬件现象"存在于被测装置内部和外部。外部特性影响被测装置的是接口问题,特别重要的是互相间的导线问题和连接器失效。分析这些问题更加困难,因为:① 所有瞬态问题是很难分析的;② 在系统内别处采取的修正活动可能与被测单元问题消失有关。有时候维修活动无意中修正了某个问题。例如,肮脏的接触点可能因拆卸某个装置而被消除了,要根据后来收集的数据分析得知到底发生了什么是有困难的。

接口(相互关系)问题的例子是系统 I 的 BIT 目标测试(DP54)。为了传送从目标发生器来的 BIT 测试信号(通过喇叭口状天线),设计者选用了特殊型号的低损耗同轴电缆。开始就能这样考虑本来是很好的,而事实上,因为在单元装置内目标信号调节设计并没有按此考虑,结果是在信号水平的调节处于边界情况时就将发生间歇失效。

接口关系的另一类问题表现在与测试电路的兼容性上。依据经验,有时承认无故障的设备并非总是能通过某些测试。例如,在 BIT 零位锁定测试模式(DP141)中,就发现同步器并不总是每次都锁定在零位范围内。要承认这种测试会导致虚警,而维修人员不必采取不适当的维修活动。

(5) 环境因素

某些环境因素会导致虚警的发生,如 X 波段 BIT 目标的捕获和跟踪测试。天线角度跟踪测试是利用位于雷达天线罩前面的 X 波段目标进行的,在此测试期间接收机快门是开着的,因此接收机对外部辐射是敏感的。另外,如果飞机是在运动中,则天线阵对重力加速度 g 也是敏感的。飞机着陆时的冲击可能使继电器不正常并导致虚警的发生;潮湿可能导致计算机盒的间歇失效,以及环境温度使产品过热导致的不正常,也可能引起虚警。

(6) 操作者开关错误

某些 BIT 故障指示可能是由于错误的开关位置所引起的。大多数 BIT 要求的开关位置通过计算机监测,如果有某个开关操作者未完成规定操作,则会有助记符出现在 BIT 显示器上,指出需要的开关动作。然而,飞机上有些开关并没有被计算机监测,这些开关置位不正确时会导致虚警。例如,地面冷却开关没有放置到雷达位置,发射机联锁装置又是打开的,BIT 会给出故障显示。系统 I 的数据分析结果表明有 2% 的虚警是因为开关错误造成的。

(7) 未确定的原因

经统计有 30% 的虚警,根据现有数据还没办法推测出其根本原因,导致这些虚警的原因还是未确定的。

10.4 降低虚警率的方法

虚警的原因是复杂的,针对不同的原因也有多种减少虚警的方法,有的简单容易,有的复杂困难,有的尚在研究之中。下面做一简单介绍。

10.4.1 确定合理的测试容差

这里说的测试容差(或门限值)指的是被测参数的最大允许偏差量,超过此量值产品不能正常工作,表明发生了故障。合理地确定测试容差对 BIT 设计来说是非常重要的,如果测试容差范围太宽,则可能把不能正常工作的产品判为合格,会发生漏检即有故障不报的情况;如果测试容差太严了,则又会发生把合格产品判为故障而产生虚警。所以确定合适的测试容差,是降低虚警率的重要方法之一。

1. 确定测试容差的方法

确定参数的测试容差时应考虑产品特性及环境条件等多种因素的影响。一般是先给出一个较小的容差,然后根据实验及在实际使用条件下的 BIT 运行结果分析进行修正。

(1) 最坏情况分析法

该方法是通过分析各影响因素在最坏情况下对被测参数的影响大小来确定测试容差的。如元器件发生故障、产品在极限状态下,通过灵敏度分析、试验和经验数据来找出被测参数的偏差量,依据最坏情况下偏差值的大小确定初步的测试容差。

最坏情况分析法是比较容易进行的,但是当检测通过时并不能保证产品各组成元器件都能满足设计要求。

(2) 统计分析法

用分析计算,得出每个影响被测参数的因素所引起该参数的变化量,平方后求和,再取平方根(RMS)来确定测试容差。

(3) 对容差的要求

根据使用 BIT 的具体目的来确定 BIT 测试容差。当 BIT 用于指示产品性能降低时,测试容差应足够大,以便当灾难性故障发生时才给出"不通过(NO GO)"警告;各级维修测试的容差值也不应相同。

容差应是倒圆锥形的,如图 10.5 所示。

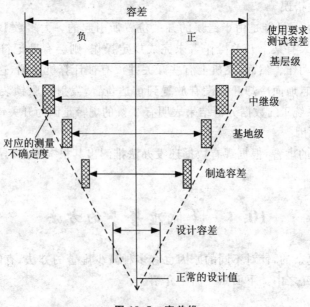

图 10.5 容差锥

从基层级测试、中继级测试到基地级测试,容差是逐级减小的。这样可以避免过多的不能复现(CND)和重测合格(RTOK)问题。在任何情况下,BIT 的测试容差要比较高维修级别(中断级和基地级)或验收试验程序所要求的测试容差宽。

2. 延迟加入门限值

有些系统工作过程中的操作指令,会导致系统特性发生较大的瞬态变化或其他已知的扰动,但未发生故障。这时如果仍然用系统稳态工作时的测试容差(或门限值)进行检测,就会发生虚警。为了避免这种情况的发生,可以在瞬态变化或扰动衰减以后再插入测试门限值,这样既可以观察到技术人员感兴趣的瞬态响应,又不影响稳态工作后的故障检测,也不会导致虚警。

如电池的电压,在供电指令前后高低不同,在接通供电瞬间由空载变为负载,电压有个瞬态变化过程。供电电压测试门限值可在瞬态过后再加入。这样即可避免因供电指令导致的虚警,如图 10.6 所示。

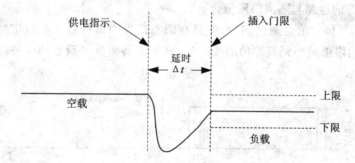

图 10.6　延迟加入门限示意图

3. 自适应门限值

有的被测对象有不同的工作模式,模式改变时其状态有较大的变化,这时如发生故障,则其状态参数变化也大;而稳态工作时发生故障产生的偏离和漂移较小。前者称为硬故障,后者称为软故障。

显然,对于瞬态工作时的硬故障和稳态工作时的软故障都采用相同的门限值是不合理的。适合于稳态工作时的故障检测门限值,对于瞬态工作来说此门限值就严了,会产生虚警;反之,适合于瞬态情况的门限值,对于稳态情况又太宽了,会发生漏检。所以,应适时地改变门限值大小,以适应被测对象的不同工作状态。

例如,美国国家航空和空间管理局路易斯(Lewis)研究中心,在发动机传感器故障检测隔离算法的实时评价研究中,对硬故障和软故障检测与隔离时采用了自适应门限值方法。在硬故障检测与隔离时,用残差向量中每个元素的绝对值和其自己的门限值比较,如残差绝对值大于门限值,则对应于残差元素的传感器故障就被检测与隔离了。开始时根据传感器噪声干扰的标准差确定门限值大小,然后再按调节滤波器模拟误差来增加这些标准差幅值,以改善门限值。硬故障检测门限值为这些调节标准差幅值的 2 倍,如表 10.5 所列。

软故障检测与隔离门限值,起初是在设定虚警和漏检的置信水平下,通过 χ^2 分布的标准统计分析确定的。接下去再根据模拟误差计算来调整这个门限值。根据研究很快发现,在确定固定的门限值中瞬态模拟误差是主要成分。很明显,这样的门限值对于希望的稳态工作来说是太大了,所以结合进了自适应门限值。

表 10.5 硬故障检测门限值设置示例

序号 i	传感器	调节标准差 σ	检测门限值 λ_H
1	网扇转数/rpm	300	600
2	压缩机转数/rpm	400	800
3	燃烧室压力/psi	30	60
4	排气喷口压力/psi	5	10
5	涡轮风扇进气口温度/°F	250	500

自适应门限由内部的控制系统变量(M_t)来启动,此变量是指示瞬态工作的。当发动机经历一个瞬态时,M_t 值设置为 4.5;否则为 0。这个变量用于调整门限值 λ_i,表达式如下:

$$\lambda_i = \lambda_{iss}(\lambda_{exp} + 1)$$
$$\tau\lambda_{exp} + \lambda_{exp} = M_t$$

式中 λ_{iss} ——稳态的检测与隔离门限值,$\tau = 2$ s。

λ_{iss},τ 和 M_t 的具体数值是通过实验,使得在瞬态过程中虚警最少来确定的。此自适应门限扩展逻辑能使门限值减小到其原值的 40%。功率杆转角脉冲瞬态的自适应门限逻辑如图 10.7 所示。

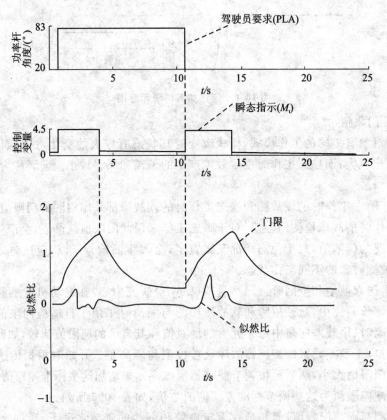

图 10.7 软故障检测门限

10.4.2 确定合理的故障指示、报警条件

由于合理、恰当的测试容差(门限)很难确定,再加上被测参数的瞬态和分散性,BIT 测试时按容差判断故障是不能完全避免错判的。所以在故障指示、报警条件上加以限制,就成为减少虚警的有效措施之一。具体方法是:在 BIT 检测为"不通过"(不正常)时,要经重复测试、滤波和延时处理后,再给出故障指示或报警。这样可以避免瞬态干扰和参数分散性等因素导致的虚警,提高 BIT 报警和故障指示的准确性。

1. 重复测试不通过时才报警——重复测试方法

① APG—63 是一种脉冲多普勒火控雷达,于 1974 年装备 F—15 战斗机。该雷达 BIT 运行期间发现的故障存储于故障数据软件矩阵(BIT 矩阵)中。BIT 矩阵中指示的所有故障都是经过 3 次测试不通过后才确定的,即只有当连续 3 次检测到故障时,才在 BIT 矩阵中对应的二进制数字位置位,记录为故障。例如:该雷达中的数字信号处理机(041 单元)是个复杂的 LRU,具有对所有重要功能进行全面测试的能力。测试是借助一个内部 BIT 数字目标产生器来实现的,该目标产生器能够模拟所有要求的信号特征。在测试时,正常输入中断,用 BIT 数字目标产生的模拟信号所取代,接着可以使用专门的测试顺序或数字模式进行测试,其最终输出由 081 单元(共用数据处理机)评定。由于测试过程全是数字化的,在任何时候都可以准确预计测试结果。在输出中的单位数字错误认为是测试中的一次故障,当连续 3 次故障时才给出"不通过(NO GO)"指示。

该雷达发射机(011 单元)进行自测试时,先是产生一个模拟故障进行保护电路测试,之后才接通 011 单元并由峰值功率检测器连续监控。如果装有音频调制器,则接着进行音频调制器的离散信号测试。来自 081 单元的调制指令信号使调制器工作,如果在音频调制器的测试中接连发生 3 次故障,便对 BIT 矩阵 06 字 11 位置位,即确认检测到了调制器故障。

② F—15 飞机的中央计算机的 BIT,在其多路总线测试中的故障判据是:连续 8 次"不通过(NO GO)"后才使多路总线锁存,确认其故障。

③ B—1A 飞机的机载中央综合测试系统(CITS)连续监测 2 600 个参数,执行 4 000 个以上的测试。当被测系统发生故障且持续三个相继的计算机循环时,CITS 才将故障显示给机组人员,并将故障隔离到外场可更换单元,从而可以对故障情况进行评价,并允许驾驶员作出面向任务的决定。

④ 我国某型号环控系统的故障用一个专用非航空电子处理机检测,其周期 BIT 的检测周期为 1 s,只有连续 3 次都不满足要求时,才记录为故障。

2. n 次测试中有 m 次不通过时才报警——表决方法

此方法是根据多次测试结果的一致性程度来确定测试结果的正确性。如果 n 次测试的结果多数为通过,则确认被测参数正常,滤除了少数为"不正常"的测试结果,即用"滤波"方法消除虚警;如果 n 次测试结果多数为不通过,则确认被测参数不正常,给出故障指示。

如果把 n 次测试中有 m 次($n>m>n/2$)"不通过"定为报警或给出故障指示的条件(表决方案或滤波方案为 m/n),则故障指示判断过程如图 10.8 所示。

这里的 n 和 m 值可以用下述方法确定,即

假设被测参数 χ 的测量值服从正态分布,其均值为 μ,方差为 σ,取测试容差(门限)$a=\pm k\sigma$。根据概率论可知,落入容差内的概率(即测试结果为"通过")为

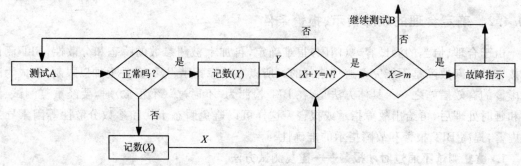

图 10.8　m/n 滤波方法

$$P(\mu - k\sigma < \chi \leqslant \mu + k\sigma)$$

而测试"不通过"(落入容差外)的概率为

$$P_{\rm FA} = 1 - P(\mu - k\sigma < \chi \leqslant \mu + k\sigma)$$

当 $a = \pm \sigma$ 时，$P_{\rm FA} = 0.317\,4$；

当 $a = \pm 2\sigma$ 时，$P_{\rm FA} = 0.045\,4$；

当 $a = \pm 3\sigma$ 时，$P_{\rm FA} = 0.002\,6$；

当 $a = \pm 4\sigma$ 时，$P_{\rm FA} = 0.000\,063$。

这也就是说，当测试容差为 $\pm 2\sigma$ 时，在正常运行情况下，也会有 4.54 % 的测试次数是"不通过"，即发生虚警。当容差为 $\pm 3\sigma$ 时则会降到 0.26 %，容差越大，虚警的概率越小。

另外，除工作环境影响因素外，虚警还与 BIT 测试和评价的参数数量、BIT 执行测试次数有关。BIT 测试的参数越多，执行测试次数越多，发生虚警的机会也就越多。

在设定容差情况下，采用表决措施可大大减少发生虚警的机率，而且 n 和 m 值越大，减少得越多。

例如，容差为 $\pm 2\sigma$，BIT 测试 100 个参数，每个参数每小时测试 100 次，假设各次测试是独立。当取不同的 n,m 值时，虚警滤除效果如表 10.6 所列。表中(a)行是"不通过"指示的概率；(b)行是被测对象每工作小时出现"不通过"指示的平均数。例如，$n=1,m=1$(不采取滤除措施)时，每小时将产生 454 次"不通过"指示。当 $n=4,m=3$ 时，每 4 次测试中"不通过"指示的概率为 3.61×10^{-4}，给出"不通过"指示数是每小时平均 0.9 次。滤除有效性系数为 $0.9/454 = 0.001\,98$。

表 10.6　表决方法分析示例

NO GO 指示			连续的测试次数 n				
			1	2	3	4	5
测试不通过次数 m	1	(a)	4.54×10^{-2}	8.87×10^{-2}	1.30×10^{-1}	1.69×10^{-1}	2.07×10^{-1}
		(b)	454	444	433	422	414
	2	(a)		2.06×10^{-3}	6.00×10^{-3}	1.16×10^{-2}	1.88×10^{-2}
		(b)		10	20	29	38
	3	(a)			9.36×10^{-5}	3.61×10^{-4}	8.73×10^{-4}
		(b)			0.31	0.90	1.75
	4	(a)				4.25×10^{-6}	2.05×10^{-5}
		(b)				0.01	0.04
	5	(a)					1.93×10^{-7}
		(b)					0.000 4

表中概率数据是直接应用概率统计方法计算出来的。例如,在容差为$\pm 2\sigma$条件下,每个信号(参数)的每次测试结果为"通过"的概率$P=0.9546$,"不通过"(失效)的概率$Q=0.0454$或4.54×10^{-2}。这就是$m/n=1/1$的概率数据。其他数据可用二项表达式$(P+Q)^n$展开式来计算。如$n=2$时为$P^2+2PQ+Q^2$,其各项的数值分别是:

2次测试通过的概率为$P^2=0.91126$;

1次通过、1次失效的概率为$2PQ=0.08668$;

2次测试都失效的概率为$Q^2=0.00206$。

所以,$n=2$时至少有一次测试失效的概率为$0.08668+0.00206=0.0887$,即表中第1个(a)行中的第2个概率数据。而第2个(a)行中第1个概率数据是$Q^2=0.00206$。

当$n=3$时,二项式展开为$P^3+3P^2Q+3PQ^2+Q^3$。

各项的值是:

3次测试都通过的概率为$P^3=0.87$;

2次通过、1次失效的概率为$3P^2Q=0.124114$;

1次通过、2次失效的概率为$3PQ^2=0.005903$;

3次测试都失效的概率为$Q^3=0.0000936$。

所以表中$n=3$的列中(a)行的概率数据如下:

$m/n=1/3$时为$0.124114+0.005903+0.0000936=0.13$;

$m/n=2/3$时为$0.005903+0.0000936=0.006$;

$m/n=3/3$时为0.0000936。

对于$n=4$和$n=5$的情况,也用类似方法计算有关概率数据。

表中(b)行列出的数据是被测对象工作1小时内给出不通过(NO GO)指示的平均数,它等于(a)行给出的虚警概率乘以被测对象工作1小时内判断是否给出"不通过"指示的次数。

例如,对于$m/n=3/4$的表决方案:第一工作小时测试总次数是$100\times100=10\,000$次,判断是否给出"不通过"指示次数$\frac{1}{4}\times10\,000=2\,500$,每次判断产生"不通过"指示概率是$3.61\times10^{-4}$。所以,每小时"不通过"指示的平均次数是$3.61\times10^{-4}\times2\,500=0.90$。各个(b)行内的数据用类似方法可以计算出来。

上述定量分析方法可以用于 BIT 设计的权衡研究。例如要测试100个信号,有两种 BIT 测试判断故障的设计方案:设计 A 是常规的启动 BIT,每小时测2次,不使用表决技术;而设计 B 使用周期 BIT,每小时测100次,使用表决技术。假设测试容差为$\pm 2\sigma$。两种设计的比较如表10.7所列。

表 10.7 BIT 测试设计比较

BIT 设计	每小时 BIT 测试次数	检查信号数	每小时平均失败次数	表决方案 m/n	NO GO 指示 (虚警)设计数
设计 A	2	100	9.08	无	9.08
设计 B	100	100	454	3/5	1.75
				3/4	0.90
				4/5	0.04

这里的比较,认为环境对两种 BIT 设计的影响是相同的,所以比较时将其忽略。设计 B 明显优于设计 A,但设计 B 需要更多的附加资源,如设计连续监测、BIT 数据记录和表决计算等。

3. 测试结果为不正常时延迟一定时间才报警——延时方法

报警条件是:
- 被测参数超过门限值;
- 保持超门限值时间大于规定延迟时间。

(1) 武器控制装置的例子

F—15 飞机武器控制装置执行使导弹控制系统和轰炸控制系统工作所必需的功能。导弹控制系统提供发射前准备、状态显示、导弹选择、内部电源和导弹挂装信息,以及提供发射投放或抛弃投放信号等。轰炸控制系统提供空对地武器和油箱的挂装、投放外挂点的选择及投放方式顺序等。飞机武器控制装置配有自动 BIT 和启动 BIT,检测到的故障除有飞机武器控制装置指示灯显示外,还在航空电子设备状态板(前轮舱、左侧)中显示,如图 10.9 所示。指示灯亮之前经过 3.5 ms 的延时,以提高报警可信度,减少虚警。

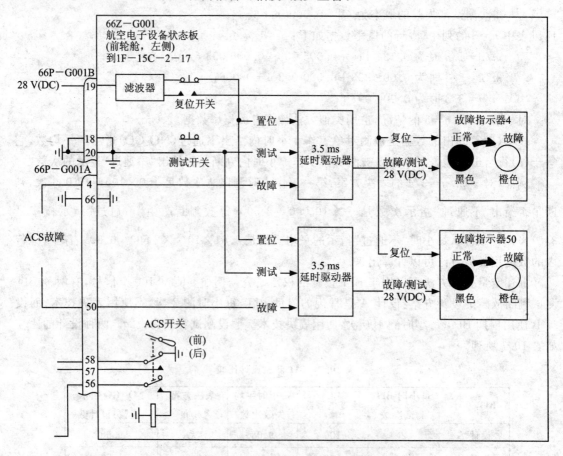

图 10.9 飞机武器控制装置 BIT 延时故障显示

(2) BAe146 飞机失速告警系统 BIT 的延时

该系统 BIT 可给出失速故障、襟翼开关故障、攻角传感器故障、速度传感器故障和速度比较器故障等。其襟翼开关故障延时指示的示意图如图 10.10 所示。

左右两个襟翼位置信号($0°,18°\sim24°,30°\sim33°$ 三档)经电阻阵列 $R26$ 到光隔离器 $U13\sim U15$,缓冲后输入给异或门 $U11$ 的 a,b,c,异或门仅当两个输入中有一个为"1"时输出才为"1"。如果左右襟翼位置信号不一致,就会有一个高电平信号输给或门 $U12$ 的 a,其输出(高电平)经 $U11$ 的 d 变为低电平,并经延时电路延迟 $2.5\ s$。延时前、后的信号再加到或非门 $U9$ 的 a 上,仅当其两个输入均为低电平时,输出才为高电平。此高电平用于启动"襟翼开关故障"指示和失速故障指示。

同样,速度比较器故障指示也有 $2.5\ s$ 的延时。

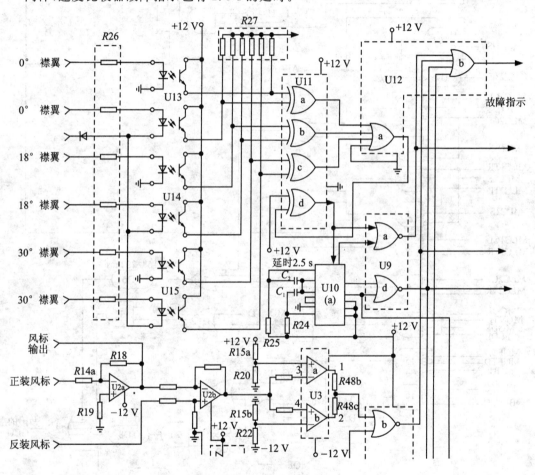

图 10.10 襟翼位置检测

(3) 电气系统 BIT 延时实例

图 10.11 所示为 F—16 电气系统中的一个具体 LRU 的 BIT 逻辑图。这里选择了主发电机控制装置(GCU)框图,它代表了电气系统部件要求的逻辑。虽然图中表示出诸多分散的"门",但所有 BIT 逻辑方程都用软件程序来执行。下面具体介绍主 GCU BIT 逻辑图。

◇ 主接触器断开与关闭逻辑

主 GCU 的一个连续的测试是检查主接触器输出操作的一致性。由于主系统采用闭锁的主接触器,所以对主 GCU 断开与关闭输出都要进行测试。1 门和 2 门检查确定 1# 主接触器的关闭信号(MLC1CL)是否与 2# 主接触器(MLC2CL)的一致。每个主接触器都有一个辅助触点,将状态信号送回 10 kVA GCU。如果状态信号是逻辑"1",则主接触器关闭;如果状态信号是逻辑"0",则主接触器断开。如果 MLC1CL 为高,而 MLC2CL 为低,并且 MLC2S(状态)指示 2# 主接触器实际是断开的,则 1 门的输出为高。

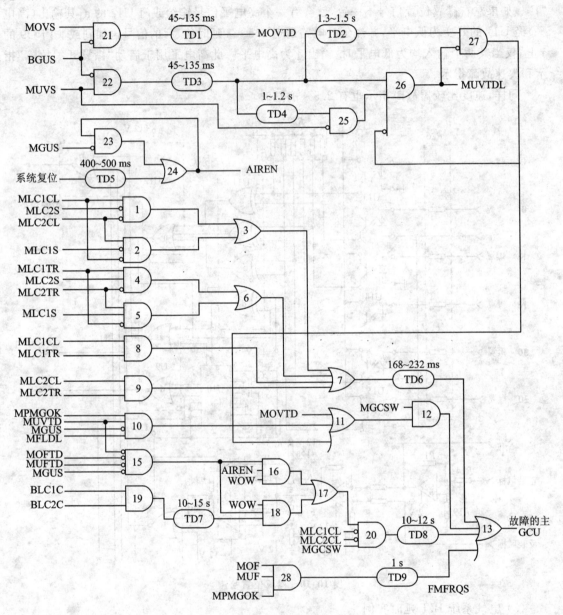

图 10.11 故障的主 GCU 逻辑图

如果接口电路闭合、断开或通向 10 kVA GCU 的电线发生故障,则两个主接触器状态信号用于抑制 1,2,4,5 门。这可防止一个接口发生故障时,出现错误的主 GCU 指示。当一个接口故障时,1 门的输出必须保持高位至少 200 ms。如果 1 门输出在 200 ms 时间延迟之前下降,则延迟(TD6)被复位。选择 200 ms 时间延迟是为了排除由接触器转换延迟引起的错误的 BIT 指示。4,5 和 6 门完成同样的针对主 GCU 断开信号的 BIT 功能。8 门用于 1# 主接触器关闭信号与其断开信号的比较。由于跳闸和合闸信号不应在同一时间都处于高位,所以如果

8 门在多于 200 ms 的时间里都是高的输出信号,则表明发生了一个主 GCU 故障。2# 主接触器的断开和接通信号的正确逻辑由 9 门测试。

◇ 调节器故障引发的欠压时间延迟

10 门用于检测由一个主电压调节器面板故障引起的欠压时间延迟断路。如果主永磁发电机电压正常(MPMGOK=1),主发电机处在最低速度点之上(MGUS=0),主发电机的励磁开关在欠压时(MFLDL=1)没有接通,则 10 门启动。如果产生了一个欠压时间延迟,来自主 GCU 的信号 MUVTD 将变高,则 10 门输出逻辑"1"。11 门与此信号相"或",如果主发生器控制开关接通(MGCSW=1),12 门将变高,把一个主 GCU 故障显示出来并存储起来。

◇ 无电源质量故障时的主接触器跳闸

15~20 门用于检测主 GCU 内的一个主接触器逻辑错误。当不存在异常电源状况时,它会使两个主接触器合闸信号消失。当没有欠压时间延迟(MUVTD=0),主发电机高于欠速状态(MGUS=0),并且没有频率过低或过高条件(MUFTD 或 MOFTD=0)时,15 门变高。在 10 kVA 系统启动后,19 门和 TD7 执行一个 10~15 s 的等待命令。由于在达到正常速度后,8 s 内主系统应在线工作(两个主接触器信号为 1),19 门在 TD7 开始无效后能启动 18 门。

延迟结束后,如果飞机在地面上(WOW=1),则 18 门和 17 门升高,15 门也为高。如果 17 门为高,而且两个主接触器仍处于断开状态,主 GCU 信号接通,则 20 门将变高,并开始一个附加的 10~12 s 时间延迟。若 12 s 延迟后,主系统仍没有在线工作,就指示出一个主 GCU 故障。如果主系统在 10~12 s 延迟结束前接通,则 13 门的输入将被复位。

在空中如果主系统跳闸,那么飞行员有优先权使主发电系统复位。如果试图通过触发系统复位(SYS RESET)开关来复位,并且主发电系统高于最低速度(MGUS=0),将会产生一个空中启动信号,该信号被 23,24 门和 TD5 锁定。空中复位过程中,10 kVA 系统启动所需的正常的 10~15 s 等待时间被忽略,因此 16 门利用来自 15 门的"非异常功率"信号、来自 24 门的空中启动信号和"非 WOW(WOW=1)"信号来指示的主系统应因空中复位而接通。如果主系统在 10~12 s 的 TD8 内没有启动,就会指示出一个主 GCU 故障。

◇ 故障的主 GCU 过/欠频接口

主 GCU 向 10 kVA GCU 发出一个半波整流 PMG 信号,检测主发电机 PMG 的磁性和频率。如果主 GCU PMG 接口电路发生故障,则 10 kVA GCU 能同时读出一个主过/欠频(MOF)/(MUF)值。在主 PMG 磁性高于最低水平的条件下,28 门通过检查并行的 MOF 和 MUF 状况来检测这种状况。如果 28 门能保持 1 s 的高位,就会产生一个主频率故障感应(FMFRQS)信号,正确地指示出一个主 GCU 故障。

◇ 故障的主过/欠压电路

当主 GCU 感受到一个输出处于欠压或过压状况时,一个主过压感应(MOVS)信号或一个主欠压感应(MUVS)信号就被传送给 10 kVA GCU 进行分析。由于在 GCU 内的检测电路可能发生故障,故 10 kVA GCU 检查这些信号是否有适当的电压和信号计时。当 10 kVA 系统低于欠速时(BGUS=1),21 门和 22 门抑制 MOVS 和 MUVS 信号分析。如果 MOVS 信号保持 45~135 ms 或更长时间,将感受到一个主过压时间延迟,并且由 11,12 和 13 门确定存在一个主 GCU 故障。

来自 GCU 的 MUVS 信号在高模式也会持续故障。如果出现了这种情况,则会指示出一个错误的主发电机故障。

MUVS 输出通过 25,26 和 27 门有关的时间延迟决定 MUVS 信号是有效的。25 门核查在 MUVS 变高的 1.0~1.2 s 内返回低态。如果 MUVS 信号是有效的,则 MUVS 将在 45~135 ms 时间延迟之后变成低态,25 门将变高(当 22 门降低时,如果时间延迟终止,则 TD3 不复位)。如果不存在先前的无效 MUVS 信号(27 门低),则 26 门将升高,指示 MUVS 有效(MUVTDL)。如果 26 门不变高(它说明 MUVS 从未正确地返回到零),则 27 门将在 1.3~1.5 s 延迟之后升高,并将指示 MUVS 无效(MUVTDL),因此通过 11~13 门指示出一个故障的主 GCU。

10.4.3 提高 BIT 的工作可靠性

BIT 虚警率高还和 BIT 的工作可靠性有关,如 BIT 发生了故障或在非设计条件下运行测试,也会发生检测错误和虚警。所以采取适当措施提高 BIT 的工作可靠性,也是减少虚警、提高 BIT 报警准确度的有效方法。例如:
● 加必要的联锁条件,限定 BIT 在设计条件下工作;
● 进行 BIT 检验,避免 BIT 带故障工作;
● 重叠 BIT,每个单元都有两个以上 BIT 测试,提高判断准确性。

1. 联锁条件

有些系统的 BIT 测试项目是在设定条件下工作的,不是在系统所有工作模式下都进行测试。如在不满足规定条件时运行该项 BIT,则会出错或虚警。为避免这种情况发生,可给这种 BIT 运行加上联锁条件,使得不满足规定条件时禁止 BIT 运行。

例如,BAe146 飞机失速告警系统中的两个风标转角传感器的 BIT 电路,就加上了"速度必须大于 125 节(1 节=1.853 2 km/h)"才能启动报警电路的联锁条件,如图 10.12 所示。因为风标转角传感器是在一定速度条件下才能正常工作的,所以在地面或飞机速度太低的情况下均不能正常工作。当正装风标传感器与反装风标传感器转角相差大于 8°(发生故障了)时,其检测电路的输出 U_1 才为低电位(否则为高电位)。而只有当飞机速度大于 125 节时,速度检测电路的输出 U_2 才为低电位。两个条件同时满足时,才能启动相应的故障指示或报警电路。这样,在速度低于 125 节或在地面通电时,即使转角差大于 8°也不会误报警。

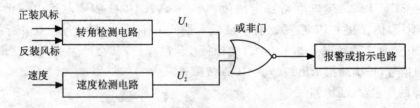

图 10.12 报警电路的联锁条件

再例如,某飞行控制系统的飞行前 BIT,其检测内容比较多,有的还要加入测试激励信号。飞行前 BIT 只能在地面进行,在正常飞行中是不允许启动的。所以,设置了三个联锁条件,即操作者按压飞行前 BIT 按钮、机轮速度小于 10 节和机轮在地上(有轮载)时,才能启动 BIT 测试。而退出飞行前 BIT 的条件是:当操作者再次按 BIT 按钮、轮速大于 40 节或机轮离开地面时,则退出飞行前 BIT。逻辑关系如图 10.13 所示。

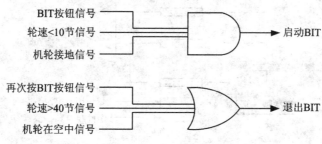

图 10.13　飞行前 BIT 联锁条件

2. BIT 检验

这种方法的实质是设计适当的 BIT 检验手段,在系统投入工作之前检查其 BIT 是否可以正常工作。通常可利用故障注入技术来实现,即在 BIT 测试期间,BIT 系统产生某种模拟的系统故障模式,然后运行相应的 BIT 程序。如果检测到了这个模拟故障,则表明 BIT 工作是正确的;如果没有检测到这个模拟故障,则表明 BIT 工作不正常。这种技术可以用于现场条件下的 BIT 自检验。

(1) 注入系统的故障模式检验 BIT

加入的系统故障模式常常用软件方法来模拟。简单的硬件方法也能用于把故障直接注入被测系统,图 10.14 所示就是一个典型例子。这个触发器/多路转换器装置,可以安装在电路内多个地方。

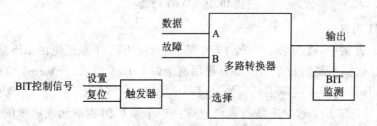

图 10.14　加入故障装置

在模拟电路中也可用类似的方法实现故障注入。例如,若 BIT 测量的是电源输出电压并规定电压值应在规定范围之内,则故障注入电路能够产生在规定范围之外的电压。注入超范围的电压后,即可监测 BIT 能否检测到注入的故障,从而检验 BIT 能否正常工作。

采用这种方式实现的故障注入所需开销较少,主要是附加一些产生和转换注入故障的电路和控制 BIT 检验测试的电路。当然附加这些检验用电路不应该影响 BIT 电路。

(2) 注入激励信号检验 BIT

简单的注入激励信号的方法如图 10.15 所示。当满足测试条件时,开关接通特定的 BIT 激励信号到差动放大器,检测 BIT 能否正常工作。当不满足联锁条件时,开关切断 BIT 激励信号。放大器与正常工作输入信号接通,恢复 BIT 正常工作状态。

(3) 用软件检验 BIT 硬件

用软件检验 BIT 硬件的典型例子是对监视计时器的测试。监视计时器也称看门狗(WDT——Watch-Dog Timer),主要用于监测计算机服务周期或程序执行速率的正确性,检测程序死循环或执行不正常等有关故障。实现这种 BIT 的硬件就是个定时器。计算机程序

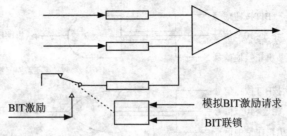

图 10.15　模拟输入激励

的组织和编排方式是一帧接一帧地按顺序执行,每帧的执行时间是一定的,例如 15 ms。计算机每执行完 1 帧后就通过状态寄存器发出一个信号,使 WDT 复位,计时器回零。如果在规定时间间隔内(例如 3 帧即 45 ms)得不到复位信号,就说明程序运行出了故障。

对 WDT 的检验方法是:由计算机产生激励信号(定时 WDT 复位信号),当时间在规定范围(45 ms±15 ms)内时,WDT 不应给出故障信号;如复位信号延时超过了规定范围,则 WDT 应输出故障指示信号,如图 10.16 所示。

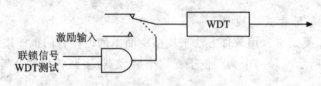

图 10.16　WDT 检验

3. 重叠 BIT 方法

在重叠 BIT 方案中,被测系统划分为若干部分,所用 BIT 子系统也由多组测试构成,称为 BIT1,BIT2 等。被测系统的每个组成部分都用两个以上 BIT 测试,当某一个组成部分发生故障时,会在多个 BIT 内产生故障信息。如果仅一个 BIT 有故障指示信号,则表明此 BIT 有故障,而被测系统状态未知。这个方法可隔离故障到单个系统组成单元或故障的 BIT。假设条件是:同时发生多故障的概率极低或单故障假设。

重叠 BIT 构成原理如图 10.17 和表 10.8 所示,被测系统划分为四部分 $P_1 \sim P_4$,每一部分都有两个 BIT 测试,如 BIT1 测试 P_1 和 P_4,BIT2 测试 P_1 和 P_2 等。每个 BIT 输出一个信号状态位(bit),如检测到故障信号状态位为"1",未检测到故障信号状态位为"0"。4 个 BIT 输出形成诊断码,有两个"1"出现时,表示系统组成单元故障;仅有孤立的一个"1"时,表示对应的 BIT 失效。

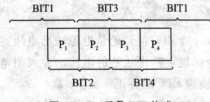

图 10.17　重叠 BIT 构成

表 10.8　重叠 BIT 构成原理

系统状态	BIT1	BIT2	BIT3	BIT4
P_1故障	1	1	0	0
P_2故障	0	1	1	0
P_3故障	0	0	1	1
P_4故障	1	0	0	1
无故障	0	0	0	0

重叠 BIT 应用的例子如图 10.18 所示,四余度的数据总线,用四个 BIT 测试,每个 BIT 都分别连接到一对总线上。每个 BIT 都由比较器和门限判断电路组成,任一数据总线不正常均可引起两个 BIT 产生故障信号位,实现了重叠 BIT 方案。

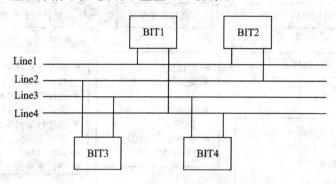

图 10.18　四总线重叠 BIT 例子

重叠 BIT 方法的实质是多 BIT 互相验证测试结果,同时每个被测单元都用两个以上 BIT 测试,相当于有了测试余度。所以重叠 BIT 方法可提高 BIT 工作的可靠性,减少虚警。

10.4.4　环境应力的测量与应用

系统的工作环境条件及应力变化,是导致 BIT 虚警率高的重要原因之一,所以获取环境应力数据与 BIT 数据结合起来进行趋势分析,再造失效环境,呈现"最可能的故障",可以提高 BIT 故障检测与隔离的准确性和了解间歇失效的真正原因,减少虚警。因此,开发时间应力测量装置(TSMD)及有关数据分析工具,就成为降低虚警率的重要方法之一。

研究这种技术方法的例子有罗姆实验室发起的"利用微型 TSMD 故障记录"和"智能 BIT 与应力测量(iBITSM)"。前者主要是开发 TSMD 系统采集环境应力数据并使之与 BIT 数据关联起来,后者主要是致力于用应力数据扩展先进 BIT 方案,以便了解间歇的和恶性的事件本质。

1. TSMD 故障记录系统

B—1B 飞机的雷达信号处理机的重测合格(RTOK)率高达 40%～47%,为减少 RTOK 率和虚警,开发了 TSMD 及有关系统,用于连续监测环境应力,收集带时标的数据,进行信息处理和趋势分析。如图 10.19 所示,这个利用微型 TSMD 故障记录系统由三个子系统组成。

① TSMD 接口子系统(机上部分)——时间应力测量装置已结合进雷达信号处理机,装于备用插槽内,并与有关设备接口。

② 数据收集子系统——由手提式维修设备构成,包括手提 PC、与雷达信号处理机接口电缆和 TSMD 电源。

③ 数据管理/分析子系统——由适用的信息传输、数据库的管理和分析工具等组成。

(1) TSMD 接口子系统

B—1B 雷达系统中的 TSMD 接口子系统由 TSMD 电路板组件和雷达信号处理机的 BIT 接口电路组成,用于测量和记录电路板和 LRU 级的环境应力数据。其中 TSMD 是个尺寸为 1.70 英寸×1.80 英寸(4.32 cm×4.57 cm)的多芯片组合体。如图 10.20 所示,它包括处理器、专用多通道采样管理电路、A/D 变换器、信号调节电路、随机存取存储器和可擦除只读存储

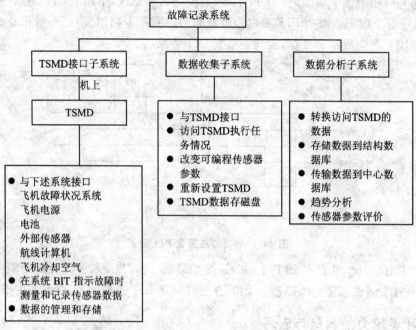

图 10.19 使用 TSMD 故障记录系统功能图

器,可记录一个月的环境应力数据。TSMD 还能够访问 16 MB 的外部存储器。TSMD 子系统构成如图 10.21 所示,TSMD 用于雷达系统级和 LRM 级时提供 4 种功能:测试和维修串行通信、诊断监测、故障记录以及 BIT 控制。在雷达系统级,主 TSMD 用做每个 LRM TSMD 和

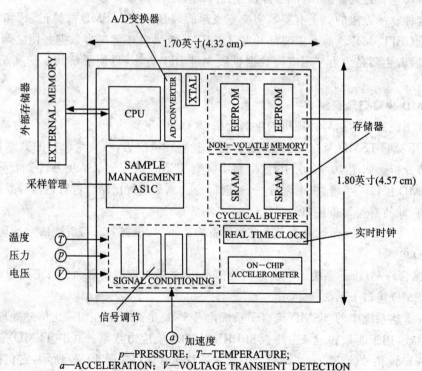

p—PRESSURE; T—TEMPERATURE;
a—ACCELERATION; V—VOLTAGE TRANSIENT DETECTION

图 10.20 TSMD 多芯片组合板

系统 BIT 计算机之间的通信控制器；在 LRM 级，每个 TSMD 是自主采样数据系统。输入给 TSMD 的传感器信号有压力、温度、加速度和电压瞬态检测信号等。可获得的监测参数包括：
- 故障时温度实时变化率；
- 振动功率谱密度；
- 冲击幅值和发生时间；
- 电压瞬态和发生时间；
- 电压水平；
- 故障时的差动气压值；
- 三路 A/D 转换输入（备用）。

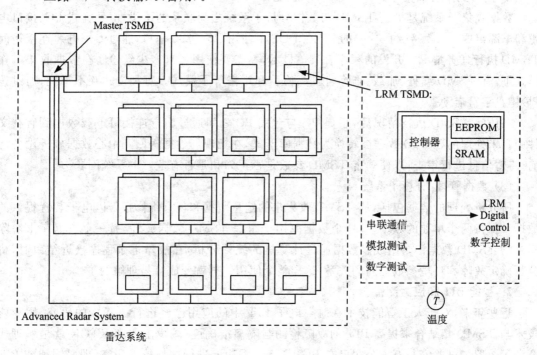

图 10.21 雷达 TSMD 子系统

这些环境应力数据在 TSMD 内分为四种数据结构存放，即最新应力数据、历史应力数据、峰值应力数据和故障特征数据。

最新应力数据结构是最大的，在这个结构内可保持 2 h 的环境应力信息，内容包括：二个温度传感器来的温度数据，采样率为每秒一次；电压数据，采样率为每秒一次；振动数据产生的 FFT 信息；冲击和电压瞬态信息；电压通/断事件，以及这些数据的相关时间信息等。

历史应力数据存储在非易失存储器中，由最新应力数据压缩而成。所开发的 TSMD 可积累和存储超过 30 天的数据。

峰值应力数据是保存的感兴趣的应力参数值，如温度、电压值、电压瞬态、冲击峰值和振动的峰值功率度量等。这些数据值作为带有时间标记的事件，保存在非易失存储器中。

故障特征数据是指在故障或超应力事件发生时，以及发生前后的有时间标记的环境应力数据。此故障特征由几个数据结构组成，共用时间标记作为索引，存放在非易失存储器中。环境应力采样数据以每秒 1~8 000 次的速率被放入循环寄存器内。当 BIT 检测到故障或超出了设置的门限时,处理器反向计数 N 个寻址位置,并把循环缓冲寄存器的 N 字节数据放在非易失存储器内;在故障后,顺向作同样处理,即可形成故障特征数据。循环寄存器的可调窗口从 30 s~5 min。

(2) 数据收集子系统

研制的数据收集子系统应使外场维修活动最少,并满足下述要求:

- TSMD 软件修正;
- 数据保密不丢失;
- TSMD 的周期性测试/校准;
- 参数调整;
- 接口到中心数据库。

数据收集子系统是机上 TSMD 与数据分析子系统之间联系的桥梁,由手提式 PC、接口电缆和电源组成。6.6磅(约 3 kg)的 PC 在 DOS 下使用 RS—232 串口,通过专用电缆连接访问 TSMD 执行任务情况。开发的程序有菜单显示,不需要使用者有多少经验。在数据收集工作模式下,有 TSMD 编程、加载、查询、读取、检验和维修等子模式。每种模式互不干扰,通过按 PC 键盘字符启动。

在访问 TSMD 执行情况后,手提 PC 与台式 PC 之间通过串行连接可下载数据到转移文件中。未处理的 TSMD 数据被转换为数据库形式,在把现场数据送回到中心数据分析设备之前,将对信息进行审查,以便确定 TSMD 参数是否正确和是否有危急的系统问题。

(3) 数据管理/分析子系统

所分析处理的数据包括:从 TSMD 收集来的定量数据和现有维修报告以电子装置提供的数据。保持两个单独的数据库,一个数据库用于跟踪 TSMD 数据文件,另一个数据库由解除压缩的 TSMD 数据记录组成。数据通过计算机的统计分析,在故障记录程序接近结束时,将分析确定故障和环境参数之间的关系,这样整个使用数据就变成容易理解的了。

2. 智能 BIT 和应力测量

近些年来,对于人工智能技术在航空电子 BIT 中的应用已经进行了不少的研究,用智能技术与 TSMD 相结合来提高 BIT 的故障检测与隔离准确度、减少虚警和 RTOK 就是顺理成章的了。罗姆试验室与有关公司已在 B—1B 飞机雷达上进行这种技术研究,即研制智能 BIT 和应力测量(iBITSM)系统并结合进 B—1B 雷达系统中。

图 10.22 所显示的是 iBITSM 与已有三种 BIT 相结合的功能流程图。启动 BIT 在系统加电和复位时进行测试和校准雷达;周期 BIT 在雷达工作过程中进行周期性测试,不影响雷达正常工作;中断 BIT 主要用于周期 BIT 检测及故障后的故障隔离测试。通过使用 iBITSM 可以做到:

- 加强 BIT 的信任(置信度)测试,减少故障模糊组;
- 增加系统判断规则,可提供基于 BIT 和环境应力输入的在线趋势分析。

iBITSM 处理器提供独立于雷达计算机的处理、编程和数据存储能力。人工智能系统数据库中包括雷达系统故障及相关环境应力的实测数据与经验知识,这个数据库使 iBITSM 处理器能有尽可能高的执行速度来编辑和优化。iBITSM 实时获取环境应力数据和 BIT 数据,处理过程独立运行,与雷达 BIT 并行。当 BIT 检测到某个异常时,可能是故障,也可能不是。这时 iBITSM 处理器产生一个"故障特征",并用已制定的判别规则确定是否是环境引起的异常或间歇性的异常。在中断 BIT 过程中,这些信息也送到飞机一级 BIT 作为辅助分析数据。

加强的置信度测试和趋势分析工具也用于防止 RTOK。iBITSM 的目标是建立一种处理过程，减少 LRU 级模糊组，防止将好的 LRU 从飞机上拆卸下来。

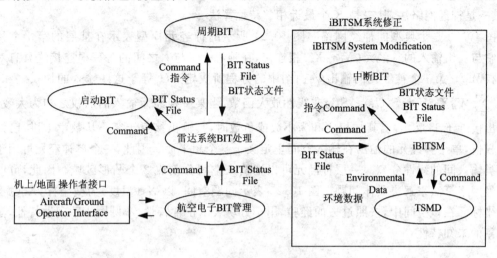

图 10.22　iBITSM BIT 功能流程图

10.4.5　灵巧 BIT——人工智能技术的应用

1. 概　述

为了克服常规 BIT 存在的虚警率高、不能隔离间歇故障等问题，美国罗姆航空发展中心发起，由格鲁门飞机公司、波音公司等在 20 世纪 80 年代前期便开始进行新的 BIT 技术的研究。这种技术称之为灵巧 BIT，它利用人工智能等新技术来改善 BIT 的效能。

目前正在研究的灵巧 BIT 主要有如下 4 种。

（1）综合 BIT

由若干分系统得到的 BIT 报告被传递到更高一级的 BIT 系统进行分析，其分析结果再返回低一级的分系统。它可进一步分成如下两类：

① 集中式综合 BIT——各 BIT 系统与一个中央 BIT 分析器通信；

② 分层 BIT——BIT 分系统与高一级系统通信。

（2）信息增强 BIT

BIT 的决断不仅根据被测单元的内部信息，而且还根据外部提供的信息，如环境信息、状态信息等，从而使决断更加准确。

（3）改进决断 BIT

BIT 采用更可靠的决断规则做出决断。这些规则包括：

① 动态门限值——BIT 系统根据外部信息实时改变门限值；

② 暂存监控——采用多次反复决断而不是瞬时决断；

③ 验证假设——实时验证电源稳定性及其他环境因素对 BIT 的影响。

（4）维修经历 BIT

它更好地利用被测单元的维修历史数据以及在执行任务期间 BIT 报告的顺序等信息。通过对每个被测单元和整个机队单元的历史数据进行分析，便可确定该单元的实际问题，从而更有效地确定间歇故障以及区分出间歇故障和虚警。

2. 自适应 BIT

自适应 BIT 是从维修经历 BIT 和信息增强 BIT 派生出来的,可采用两种不同的途径来实现:其一是神经网络法,其二是 K 个最近相邻特性算法。

图 10.23 是个典型的神经网络。图 10.24 所示的神经元模型表示在某层的第 j 个神经元。它与一组输入的神经元($X_1 \sim X_4$)相连接,在神经元 i 与 j 之间的每一根连接线具有对应的加权 W_{ij}。第 j 个神经元的输出 V_j 由图中的方程所决定。U_j 等于这些输入的加权之和,即 $U_j = \sum W_{ij} X_j$;$V_j = S(U_j)$。S 为非线性放大函数,当某一神经元输入的加权之和为大数时,其输出接近于 1;反之,当其加权之和为小数或负数时,其输出接近于零。从数学上讲,已知一组加权值,单个神经元的输出在输入空间里定义了一个超平面。因此,一个单神经元可用于确定两类输入间的线性分离。一层神经元可以把输入空间分割成 2 个凸形区域。因此,可以利用神经网络算法来解决具体问题。图 10.25 表示问题空间,以 X_0(温度)为横坐标,X_1(振动)为纵坐标。在该空间中,按照过去的经验,用小方块表示正常特性,小圆圈表示间歇特性,黑点表示新的未知特性。

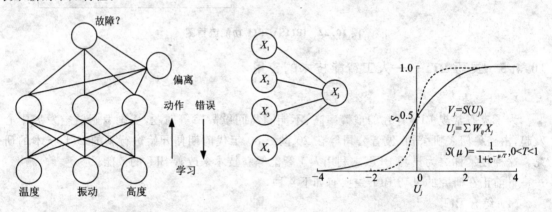

图 10.23 神经网络　　　　　　　图 10.24 神经元模型即"S"函数

当用神经网络法解决 BIT 的间歇故障问题时(见图 10.26),该网络在一段时间区间内指向已知的间歇特性,通过调整其加权值之和,便可正确地区分新的未知特性,即它可以自适应于振动感应故障的变化。因此,该凸形区把问题空间分割成正常特性区和间歇特性区,并把未知特性(黑点)划为间歇特性。

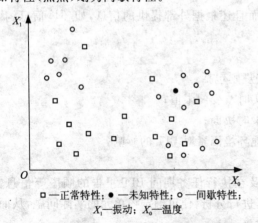
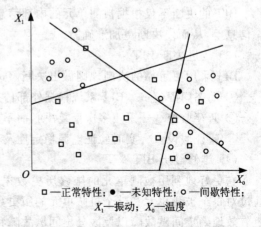

图 10.25 自适应 BIT 的问题空间　　　　　图 10.26 自适应 BIT 神经网络法

自适应 BIT 的另一种方法是 K 个最近相邻特性法。图 10.27 中未知的特性(黑点)与最相邻的特性比较,通过多数表决来决定其特性。本例中 $K=5$,利用该算法决定与未知特性(黑点)最相近 5 个点的特性,其中 4 个点是间歇特性,1 个点是正常特性,于是未知点(黑点)的特性为间歇特性,即确定 BIT 检测的是间歇故障。

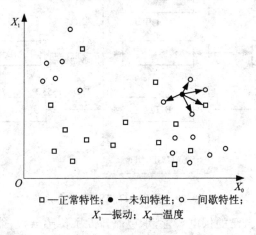

□—正常特性;●—未知特性;○—间歇特性;
X_1—振动;X_0—温度

图 10.27 K 个最近相邻特性算法

3. 暂存监控 BIT

暂存监控 BIT 与自适应 BIT 互为独立而且并行工作。它利用图 10.28 所示中间特性马尔科夫模型。暂存监控器不是及时指示确定故障,而是转移到中间状态并及时监控被测单元。利用伯劳利随机变量实时估计转移概率 P_0 和 P_1 这些动态估计值,作为向"良好"或"确实故障"转移的判据。

上述的暂存监控 BIT 及自适应 BIT,已在 F—111 飞机航空电子系统现代化计划的标准式中央大气数据计算机中进行验证。常规 BIT 利用其内部的信息指出被测单元的"故障"或"良好"状态。而灵巧 BIT 利用附加信息(被测单元输出及环境传感器输入等)指出中间状态以及这些状态的转移概率。

从上面的介绍看出,灵巧 BIT 比常规 BIT 更能抗外界干扰。它使 BIT 本身能适应被测单元的特性变化,及时对被测单元进行分析,能有效地检测间歇故障,消除虚警。

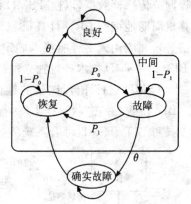

图 10.28 中间特性的马尔科夫模型

10.4.6 灵巧 BIT 与 TSMD 综合系统

开始时灵巧 BIT 和时间应力测量装置(TSMD)技术是各自独立进行研究与开发的,大约在 1989 年罗姆实验室决定进行这两项技术的综合研究。灵巧 BIT 与 TSMD 集成于一个系统内,进行综合后可大大提高识别虚警和故障判定能力。为此目的,罗姆实验室在实验室内开发研制了灵巧 BIT 与 TSMD 综合系统。

该系统实际为一个试验台,利用工业用微型计算机实现灵巧 BIT 和 TSMD 功能,并提供感兴趣的有代表性的数据,仿真这两种技术。系统主要由四个分系统组成,即被测单元

(UUT)计算机、LRU 计算机、TSMD 计算机和灵巧 BIT 计算机。灵巧 BIT 与 TSMD 综合系统方框图如图 10.29 所示。

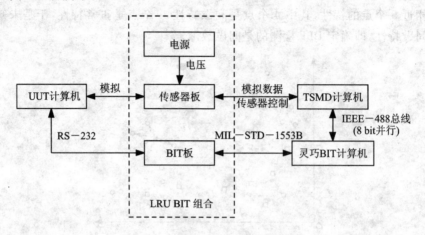

图 10.29　灵巧 BIT/TSMD 综合系统

LRU 计算机组合有自己的供电装置,承包商开发了传感器板,能够模拟 BIT 数据和传送信息。它用于模拟 LRU,并且可用 TSMD 传感器(加速度计和温度传感器)来修正,同时可用相应的温度和(或)加速度的变化模拟故障,以便重现虚警和间歇的 BIT 失效报告。UUT 计算机发送指令到 LRU 计算机的 BIT 指示 OK(正常)或故障状态,并且模拟传感器信号。传感器板调节传感器数据,以便 TSMD 计算机进行进一步分析、数据压缩和数据记录。灵巧 BIT 计算机周期地询问 LRU 计算机和 TSMD 计算机,然后分析这两类数据(即 BIT 信号和传感器信息),并应用人工智能技术确定 UUT 的真实状态(正常、间歇故障和硬故障)。在保持灵巧 BIT 和 TSMD 技术各自独立性的同时,研究重点放在这两种技术的综合上。为对灵巧 BIT 和(或)TSMD 进行评价,试验的操作者根据 UUT 计算机选择"状况样本",仿真环境应力和(或)BIT 报告,并在"状况样本"运行时检验 TSMD 和 BIT 计算机的输出。

灵巧 BIT/TSMD 综合系统的数据流程图和部件连接图见图 10.30 和 10.31。

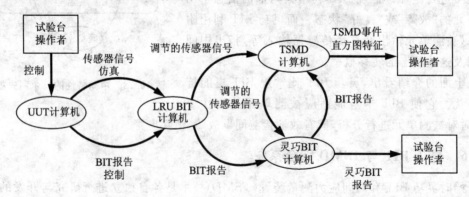

图 10.30　灵巧 BIT/TSMD 综合系统数据流图

该试验台可以用于灵巧 BIT 和 TSMD 技术的集成研究,最后把这些技术从实验室转移到现场应用。试验台还可以用于进行 TSMD 和灵巧 BIT 技术的进一步开发,包括:

- 用于数据处理和压缩的不同的 TSMD 算法;

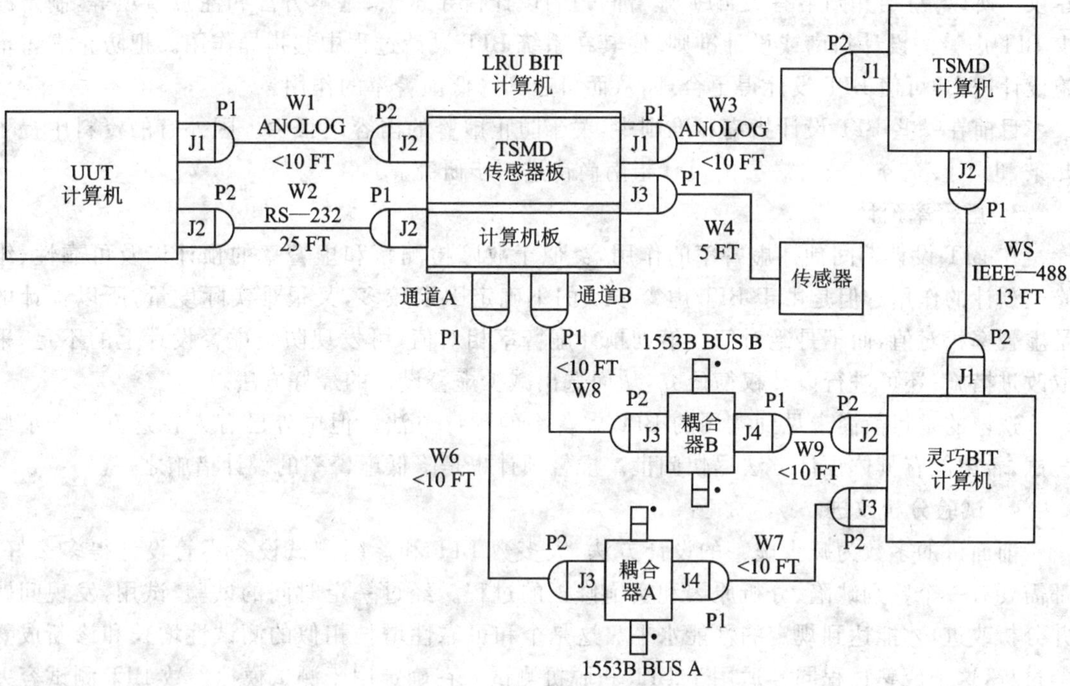

图 10.31 灵巧 BIT/TSMD 综合系统连接图

- 进一步有效分析组合现有的灵巧 BIT 技术；
- 灵活地连续综合 TSMD 和灵巧 BIT 各种特性。

开发的灵巧 BIT/TSMD 综合试验台可以仿真环境应力或引入实际传感器，或两者都用于试验中；能够仿真任何有 1553B 总线的 LRU，不限于单个航空电子 LRU；不需要外部支持就可以修改软件，所用开发工具已驻留在试验台内。

这项研究结果证明，人工智能技术能够应用于 BIT 中识别虚警。然而，这些研究是在实验室条件下，用先进的计算机和高级软件工具进行的，最后还要进行应用研究，以减少机上航空电子设备的技术先进性和复杂性需求。

10.4.7 其他方法

1. 分布式 BIT

分布式 BIT 方案也称为联合式 BIT，即除在系统级进行必要的测试外，在外场可更换单元级（LRU——外场故障隔离的产品层次）都设置 BIT。这样，当 BIT 给出 NO GO 指示时，就把故障直接定位到故障的 LRU。可避免当用系统级测试分析推断发生故障的 LRU 时，可能导致的故障隔离错误。所以，分布式 BIT 方案可以减少 I 类虚警（错报）。

对于 LRU 级设备来说，其 BIT 可用于故障检测，验证 LRU 级设备功能是否正常。如有故障要隔离到车间可更换单元（SRU），则需要 SRU 级设计必要的 BIT 功能或测试点。这样，可以减少对 SRU 级的故障隔离错误。

2. 设计指南

减少虚警问题是 BIT 设计的难点，现在还没有一种简单通用的防止虚警的设计方法。但是国外已有不少的 BIT 实际使用经验；国内外对 BIT 虚警的原因和防止方法也有一些分析和建议。所以,总结并归纳有关 BIT 虚警问题的设计指导思想、基本方法和注意事项等,制定减少 BIT 虚警的设计指南或设计准则,使其在系统 BIT 设计过程中起指导作用。把防止虚警措施设计进去,可使 BIT 设计得更合理,从而可起到降低虚警率的作用。

目前在一些 BIT 设计指南和准则中,关于防止虚警的内容还很少。国外有的资料中提了几条,也不够充分。减少虚警的设计指南尚待进一步研究。

3. 虚警率预计

在 BIT 设计期间预计虚警率的作用,类似于故障检测率和虚警率的预计以及可靠性、维修性预计的作用。但是由于 BIT 虚警涉及的不确定因素较多,又很难实际度量,所以预计的是虚警率相对值,而不是绝对值。借助预计虚警率相对值,可发现防止虚警设计上的不足,采取改进措施;还可进行设计权衡研究,从而选出减少虚警设计的最好方法。

遗憾的是目前尚未见到实用的 BIT 虚警率的预计方法。但国外已有人在这方面作了些尝试,希望能有具体预计方法尽快问世。虚警预计也是降低虚警率的设计措施之一。

4. 试验分析改进

前面讲的多数为减少虚警的设计方法,大多数 BIT 和诊断测试设备不管设计得多么好,都需要有一个鉴别缺陷、分析原因和实施修正的过程。经过一定时间的试验、试用,发现问题并分析改进,才能达到规定的性能水平。这是个和可靠性增长相似的测试性增长和诊断成熟的过程,这个成熟过程同样适用于 BIT 和脱机测试。在确定用于测试模拟参数 BIT 测试容差时更是如此,通常要经过较长的试验过程才能设定合理的容差,以达到故障检测和虚警最佳平衡。

(1) 地面试验分析改进

BIT 成熟过程从实验室试验开始,利用各种试验过程发现 BIT 的问题,随时分析改进。国内某型飞控系统在试验过程中发现了很多 BIT 误报、乱报故障的问题,对此采取了改进措施,因而在试飞中未发现严重虚警问题。装机联合试验也是个重要环节,可以发现各系统间的相互影响和干扰给 BIT 造成的问题。

(2) 使用或飞行试验分析改进

初期的试用、试飞和使用是对 BIT 的真正考验,在武器系统实际使用环境下,各种应力、瞬态等导致虚警的因素都会产生。如果防止虚警设计和试验分析改进不够,则会发生严重虚警问题。国外的经验表明,试飞和初期使用阶段是重要的 BIT 成熟时期,此阶段的测试性数据收集、分析和改进工作,对减少虚警和提高 BIT 有效性有极重要的作用。

例如:B—1 飞机配有中央综合测试系统(CITS),可输出显示 1 250 个不同故障。开始时的 60 次飞行所得到的数据表明,每次飞行发生虚警 3~28 次。其中有 2 次飞行因设备出问题未记录数据,58 次飞行平均每次发生虚警 13.7 次。该飞机的诊断成熟过程原计划飞行 468 次,而实际上飞行了 1 069 次才达到可接受的水平。该飞机 1985 年投入使用,可是用户反应直到 1997 年才达到完全成熟的状态。

再如 F—15 飞机在试飞初期,BIT 存在严重的虚警问题,每次飞行都出现几次虚警。经过采取各种纠正措施之后,虚警显著减少,在后期试飞过程中,每次飞行的虚警减少到少于 1 次。

10.5 降低虚警率方法总结

BIT 虚警问题是随着 BIT 技术的发展和应用而产生的,而且,要求 BIT 故障检测与隔离能力越高,BIT 设计得越充分(测试系统部件或故障模式百分比大),则可能导致发生的虚警越多,虚警率也越高。特别是在用于 BIT 的资源受到限制,防止虚警措施考虑不周时更是如此。为减少虚警,从事测试性/BIT 研究与设计的人员先后提出了不少降低 BIT 虚警率的方法和有效措施。如 10.4 节所介绍的,这些方法总结归纳起来有 20 种,分为 7 类(或 7 个方面),如表 10.9 所列。

表 10.9 降低虚警率方法

类 别	方 法	备 注
(1) 测试容差(门限)	1. 确定合理测试容差 2. 延迟加入门限值 3. 自适应门限	通用 适用于状态有大变化的系统 适用于状态有大变化的系统
(2) 故障指示(报警)条件	4. 重复测试法 5. 表决方法 6. 延时方法	普遍适用 普遍适用 普遍适用
(3) BIT 工作可靠性	7. 联锁条件 8. BIT 检验 9. 重叠 BIT	有需要的系统 通用,增加 BIT 用资源 通用,增加 BIT 用资源
(4) 时间环境应力测量	10. TSMD 记录系统 11. 智能 BIT 与应力测量	通用,待进一步开发
(5) 人工智能应用	12. 灵巧 BIT 13. 自适应 BIT 14. 暂存监控 BIT 15. 灵巧 BIT 与 TSMD 综合	通用,有些待进一步开发 增加 BIT 用资源
(6) BIT 设计	16. 分布式 BIT 17. 虚警率预计 18. 设计指南	通用 通用,待开发 通用,待完善
(7) 试验分析改进	19. 地面试验分析改进 20. 使用飞行试验改进	普遍适用 普遍适用

表中所列减少虚警的方法,有的简单,有的相当复杂;简单的已应用于实际系统设计,复杂的尚待进一步研究和开发。随着技术的发展,表中排在前面的简单方法有些将被后面的、先进复杂方法所取代。如人工智能的应用、灵巧 BIT 等将取代自适应门限和改善故障指示条件等方法。

看起来减少虚警的方法不少,但目前尚没有一种简单实用的方法能够完全消除虚警。在复杂的大系统 BIT 设计开发过程中,应根据具体情况分别选用不同的方法设计防止虚警的措施,特别是试验分析改进工作是必不可少的。

研究减少 BIT 虚警、降低虚警率技术的最终目标是:提供设计研制"最佳 BIT"系统的方法。所谓"最佳 BIT"是指具有很高的故障检测率与隔离率(FDR/FIR)及很低的虚警率(FAR),设计随 BIT 充分性增加,其有效性也增加的 BIT。而普通 BIT 的缺点是:高的故障检测率与隔离率所带来的高虚警率;BIT 充分性增加到一定程度时 BIT 有效性反而下降。最佳BIT 与普通 BIT 的比较如图 10.32 所示,(a)为普通 BIT,(b)为最佳 BIT。

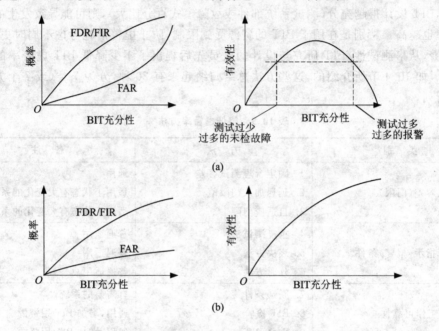

图 10.32 最佳 BIT 与普通 BIT 比较

习 题

1. 你认为应如何理解虚警和虚警率的内涵?采用什么样的定义更合理?
2. 为什么新设计系统的 BIT 虚警率比较高?
3. 产生虚警的原因是什么?虚警的影响如何?
4. 有哪些减少虚警的措施和方法?你认为较为实用和有效的是哪几种方法?
5. 采用表决(滤波)减少虚警时,如何确定 m 和 n 的数值?
6. 为什么说虚警问题已成为测试性研究的重点和 BIT 设计中的难点?

第 11 章　系统测试性与诊断的外部接口

本章介绍系统或设备测试性与诊断的对外接口,包括 BIT 故障检测与隔离信息的显示、记录和输出(BIT 信息采集);与外部测试设备的兼容性;以及测试程序与接口装置要求等。

11.1　BIT 信息的显示与输出

11.1.1　BIT 测试能力和 BIT 信息内容

1. BIT 测试能力

随着元器件的小型化和计算机技术的发展,BIT 技术应用越来越广泛,尤其以军用系统和航空产品最为突出。BIT 检测的内容多、能力强,所以可提供大量有用信息。从下面几个 BIT 应用实例中可得到充分说明。

(1) M1A2 坦克

热观测和炮塔电子装置的 BIT 要求和设计实现结果为

外场级　　　　故障检测率为 95%/设计实现 97%;

　　　　　　　故障隔离率为 95%/设计实现 94%~95%;

　　　　　　　虚警率要求<5%/待实测数据。

(2) F/A—18 飞机

大部分机载系统和设备有 BIT 和其他监测装备。F/A—18A 飞机有 41 个武器可更换组件(WRA)已含有 BIT,而 F/A—18B 飞机中有 58 个(其中有 2 个可拆卸的货舱)WRA 含有 BIT。系统级 BIT 性能要求为:检测 95% 的设备故障,将 99% 的检测出的故障隔离到故障的 WRA,虚警率小于等于 1%。其中火控雷达 APG—65 的 BIT 要求为

① 周期 BIT　　故障检测率>90%;

　　　　　　　故障隔离率>90%;

　　　　　　　虚警率<1%。

② 启动 BIT　　故障检测率>98%;

　　　　　　　故障隔离率>99%;

　　　　　　　虚警率<1%。

按要求进行实际设计分析工作,并注入 302 个故障进行验证测试。测试范围包括航空电子、飞控、发动机及燃油系统等,飞机在外场不需要地面测试设备即可使用。

(3) B—1 轰炸机

B—1A 飞机各系统和设备不仅设有 BIT/BITE,还设有机载中央综合测试系统(CITS)。它有下述三种功能:

- 通知机组人员飞机系统故障,以便可立即评价所剩系统的任务能力;
- 为维修人员提供数据和具体测试能力,以检测、隔离和确定设备的故障;

● 为发动机趋势分析和地面数据处理记录提供各种数据。

CITS 可提供下述三种情况的信息：

● 飞行中飞机的性能；

● 地面的飞机战备完好性；

● 故障隔离。

B—1A 飞机的 CITS 由数据采集装置、计算机、显示控制板、维修记录器和机载打印机组成。CITS 所有功能均在数字计算机控制下进行，在飞行中 CITS 连续监控 2 600 个参数，每分钟即可执行 4 000 个以上的测试。CITS 将检测到的系统故障显示给机组人员，并将故障隔离到外场可更换单元(LRU)，以便立刻对故障情况进行评估，并允许驾驶员做出面向任务的决定。如果需要，还可利用 CITS 分别选择和显示 B—1A 飞机上 10 000 个以上的信号值或状态，以便了解更多的信息。

CITS 利用端到端测试、极限测试和比较测试等技术，对机上几十种分系统和设备进行检测。具体被测项目包括：

● 电源系统、电气多路传送、接地开关；

● 操纵和缓冲、起落架、刹车和防滑；

● 发动机、发动机仪表、推力控制、发动机防冰、发动机吸气、二次电源；

● 放气泄漏检测、放气分布及压力、环控系统空调及压力、火警探测及灭火器、机组离机及安全；

● 重心管理、燃油传输；

● 扰流板、自动飞行控制分系统、俯仰、滚动及偏航稳定性控制和增稳分系统；

● 襟翼/前缘缝翼、结构模式及控制、机翼后掠度；

● 液压分系统、武器舱门驱动、运转发射总驱动。

(4) B747—400 民用飞机

B747—400 是波音公司研制的民用飞机，于 1988 年投入使用。各机载系统配有 BITE，并采用中央维修计算机系统(CMCS)完成故障信息处理与存储功能。CMCS 由中央维修计算机(CMC)、综合显示系统(IDS)、控制显示单元(CDU)、接口装置、各机载系统 BITE 和输入/输出设备等组成。

CMCS 有 2 台 CMC 以提供功能余度，对与之接口的机载系统 BITE 信息进行处理评估。CMCS 要处理约 6 500 个预定的逻辑方程，能够去除关联故障，把同一故障的数个报告归并成系统级的单个故障信息，将 LRU 故障与适当的机组报警(飞行面板效应)关联起来。

逻辑方程处理的结果有三类：隔离到具体 LRU 的故障、隔离到 LRU 间接口的故障以及成员系统(与 CMC 接口的机上系统)出现的某种异常状态(如液压系统溢出等)。信息处理结束后就产生由每个故障及有关信息组成的数据库，分为现有故障、当前飞行段故障和故障历史。

可以通过控制显示单元(CDU)菜单的提示，查询上述三类故障信息。CMCS 用于启动和控制各机载系统，可使维修人员集中精力进行测试和存取维修数据。它可收集、处理 70 个机载系统(140 多个 LRU)的 BITE 送来的数据，所提供的故障信息显示功能可以产生 7 000 多个故障信息，最后检出的 500 个故障信息可存储在 CMC 存储器中。车间维修故障信息(SRU 级)存储在 LRU 的 BITE 非易失存储器中。

2. BIT 信息内容

各类系统或设备的特性和使用要求不同，对 BIT 的设计要求也不同。有的系统要求高，设计的 BIT 功能强，测试内容范围广而且详细，能存储大量诊断信息。这样的系统级 BIT 就可以提供丰富的故障检测、隔离及相关信息。有的系统或设备要求不高，或者由于当前技术水平、体积、质量和经费等条件限制，设计实现的 BIT 功能比较简单，所提供的 BIT 信息内容也就较简单。但最简单的 BIT 和监测电路也都提供了被测对象的状态显示或故障指示。

按当前的技术水平，先进的 BIT 及机载测试/维修系统可以提供的 BIT 信息内容包括：
- 是否发生了故障（故障检测信息）；
- 何处发生了故障（故障隔离信息）；
- 何时发生的故障（故障时间信息）；
- 发生故障次数；
- 故障的影响级别；
- 特征参数监测信息；
- 与发生故障有关的其他信息。

(1) 状态监测/故障检测信息

在系统运行过程中，BIT 和其他监测电路监测系统健康状况，给出有关特性参数的显示，特性参数超过允许值时还可以给出告警信息；或者检测到故障时存储有关数据和/或给出告警信息。有的简单监测电路只监测一个参数并给出指示，并不能自动判断是否故障和告警。如某型飞机环控系统的区域温度指示装置，只由温度传感器和指示仪表组成，给出的信息是当时的温度指示。有的系统监测参数多，可提供较多的信息，如 B757/767 飞机的发动机指示和空勤人员告警系统（EICAS）。它的计算机可接收监测发动机和飞机系统的敏感元件送来的 400 多个信号或参数，能自动记录飞行故障和发生故障时的实时状态数据。EICAS 的显示器可用 8 种不同颜色准确快速地显示发动机的主要和次要数据，如发动机压力比、发动机转速、排气温度，以及燃油流量、滑油压力、滑油温度、滑油量和振动等。

(2) 故障隔离信息

现在设计的系统级 BIT 都具有故障隔离能力，能够给出发生故障的单元或部位信息。一般电子系统的故障隔离能力为 95% 以上，即可把 95% 以上的检出故障隔离到 LRU，并给出相应的故障隔离信息。如某型飞机火控系统的 BIT 可把 95% 的检出故障隔离到 LRU，而飞控系统可把 99% 的检出故障隔离到 LRU。目前计算机系统的 BIT，一般都可以把故障隔离到 SRU，并给出相应的故障隔离信息。隔离到 LRU 还是 SRU，取决于使用、维修要求和 BIT 实现的可能性。实施两级维修而且 BIT 较容易实现时，可要求 BIT 把故障隔离到 SRU，给出哪个 SRU 发生故障的信息。否则，就要求故障隔离到 LRU，给出 LRU 故障信息。

(3) 故障发生时间信息

一般系统或设备级 BIT 由计算机完成测试信息的分析处理功能，因此它可以提供故障发生时间或第一次出现故障（首次发生）时间。如 AN/APG—66 雷达的 BIT 显示器可以显示故障第一次出现的时间；国产某型飞机火控系统也可提供故障首发时间信息。

(4) 故障发生次数和故障历史信息

能够提供故障首发时间的 BIT，一般也能提供故障出现次数的信息。如 AN/APG—66 雷达和国产某型飞机火控系统均可提供故障发生次数信息。有些功能强的机载测试系统还能提供故障历史信息，如 B747—400 飞机的中央维修计算机系统（CMCS）能存储以前各飞行段中发生的故障，以供查询。它能在非易失存储器中存储多达 500 条故障信息，只有当飞行段记录数目超过 99 时,故障记录信息才从存储器中抹除。

(5) 故障的影响级别信息

F—16 飞机电子系统及国产某型飞机火控系统的 BIT 都提供了发生故障的严重等级信息,并可按规定给出警告、注意(告诫)和提醒(提示)等告警信息。如 B757 飞机的发动机指示和空勤人员告警系统(EICAS)可显示 147 条告警信息,其中与发动机有关的有 37 条。

警告(warning)信息——表示要求立刻采取修正或补偿措施的工作情况。此类信息是告警信息中最严重的情况。例如发动机着火等故障,用红色文字或灯显示。

注意/告诫(caution)信息——表示要求驾驶员立即了解并需要采取补偿措施的工作情况。其严重程度较第一种低。例如发动机超温故障,用琥珀色表示。

提醒/提示(advisory)信息——只为驾驶员提供某些异常工作情况的信息,以便在适当的时候予以纠正。例如航向阻尼器出了故障等。

(6) 特征参数的监测信息

一般机上综合测试/监控系统可以连续地或周期地监测某些系统或设备以及发动机的重要参数。根据这些特征参数的变化信息,可以预测即将发生的故障,以便在发生功能故障之前采取维修措施。例如 B757 飞机的 EICAS 可监测发动机的振动、温度和转速等参数。V—22 旋翼机的中央综合监测系统可以记录机身、发动机和相关信息,以便及时诊断出可能发生的故障。通过记录发生事故前的发动机、机身和系统状态,飞行数据和导航信息,以及语音通信内容,可以辅助分析确定事故原因,并为避免类似事故提供建议。

(7) 其他有关信息

除上述几类信息外,BIT 和机载测试/维修系统还可能提供某些其他有关信息,为使用主要信息和分析故障提供方便。例如 F—16 飞机的 BIT 可提供维修故障清单(MFL)和飞行员故障清单(PFL)。MFL 包含了报告的所有故障的详细信息;而 PFL 只包含飞行员感兴趣的那些故障的信息。再例如,B747—400 飞机的中央维修计算机系统(CMCS)还可以提供相关飞行段号与驾驶舱效应对应的故障维修信息。

此外,飞机上还装有飞行数据记录器,虽然它不属于 BIT,但它也同样是监测记录飞机有关参数的设备,能为分析事故和查找故障原因提供有用参考信息。

我国对军用飞机的机载飞行数据记录器的要求,有专门军用标准规定(GJB 2883—97),要求记录的参数很多。

国外有的飞机已把状态数据记录、显示告警提示和咨询信息以及状态监控功能结合在一起,提供的信息可用于分析事故原因、驾驶员采取应急措施避免危险事故发生、以及在故障发生前预先诊断出问题。例如 V—22 旋翼机的中央综合监测系统就具备这种性能。

3. BIT 信息特点

依据前面对 BIT、机载测试/维修系统的功用、特点以及所能提供信息内容的分析结果可知,BIT 信息与人工收集的可靠性信息相比,具有实时、准确、完整的特点,还可以反映某些特征参数的变化情况,记录有关伴随信息等。这些信息还可以自动化采集,便于保存。

(1) 实时性

BITE 和机载测试系统作为被测系统的组成部分,可以在其工作过程中随时检测和隔离故障,存储、显示和报告故障信息。据此,可使操作者及时掌握系统的"健康"状况。此外,BIT 能及时检测到故障,是余度系统实现余度管理的必要条件。BIT 能及时显示报告故障,才能使驾驶员采取补偿措施以减少损失。所以，BIT 信息的实时性对提高系统任务可靠性非常重要。而采用外部测试设备或依靠维修人员收集故障信息时，则绝对做不到故障信息的实时性。

(2) 准确性

BITE 和机载测试系统随被测系统一起工作，自动进行故障检测与隔离。故障信息的存储、显示和报告也是按设计要求自动进行的。只要检测到故障就会准确存储到非易失存储器中，不会漏掉。而 BIT 故障检测能力可以达到 95%～98%，即可以检测到全部重要的功能故障，只有 2%～5% 的故障不能检测，这部分故障通常是不重要的，且影响很小。各分系统和设备自己设有 BITE，又有中央综合测试系统进行逻辑分析，所以可以指出故障的分设备或 LRU，故障信息收集错误可以减少到最低限度。这比现行的依靠操作者和维修人员故障报告清单收集到的故障信息要准确得多，因为完全靠人工收集故障信息的方法，丢失信息较多，准确性低，通常信息丢失率可达 15%。

(3) 完整性

依靠系统发生故障后维修时填写的故障报告清单所得到的信息一般不够完整，没有故障发生的准确时间及次数信息，更不能得到故障发生时环境条件、系统状态的准确信息，也得不到使用中的瞬时或间歇故障信息。而一般 BIT 系统均可提供与发生故障有关的较为全面、完整的信息，如故障的单元(分系统、LRU 或 SRU)、故障影响级别、故障首发时间和故障次数等信息。此外，功能齐全、存储量大的 BIT 系统还可记录故障历史数据，以便分析瞬时故障和间歇故障。

(4) 提供伴随信息

配有飞行数据记录器的飞机，还可以提供当时飞行状况的有关数据，以便分析故障或事故的原因。设计先进的 BIT 系统还配有应力测量装置，以提高诊断能力，减少虚警。它所提供的环境应力参数，对分析故障原因是极为有用的。

(5) 提供特性参数变化信息

BIT 系统的状态监控功能可以监测并显示某些被测对象的特性参数，反映其变化情况。有的还可连续存储记录有关特性参数的变化情况，依据其变化趋势分析可以预测即将发生的故障，提前采取措施，减少损失。这也是进行可靠性监控的重要任务之一。

(6) 信息的自动化采集

一般情况下，BIT 信息除通过指示灯、仪表、显示器、告警系统及维修监控板等途径报告给驾驶员和维修人员以外，还把故障信息存储在非易失存储器或其他介质中，可方便地用外部接口设备转录下来。有的系统配备专门的数据传输设备，也有的系统配备打印机，可以打印出需要的故障信息。

由于各类武器系统的具体使用要求和特点不同，设计的 BIT、机载测试/维修系统也不一样，提供 BIT 信息的途径、方法也各有特色。它们中有的简单直观，有的可用多种方法提供全面的 BIT 信息。虽然其设计目的多是直接为驾驶员和维修人员服务的，但同时也为采集可靠性数据提供了方便。综合起来，输出 BIT 信息的途径如下：

- 指示器、显示板；
- BIT 结果读出器、维修监控板、显示器；
- 中央维修计算机系统/综合监控系统；
- 打印机、磁带/磁盘、ACARS(飞机通信询问和报告系统)；

● 外部测试设备。

11.1.2 通过指示器、显示板输出信息

早期简单监控装置或电路是通过指示灯、指示仪表给出监测信息的。如B747SP飞机的温度控制系统,其输气温度、出口温度及区域温度等就是用传感器和指示仪表来监测的;座舱的温度监控是用逻辑电路和扬声器来告警的。这样的监测装置作为最早、最简单的BITE,只能提供单个参数的量值或是否超过规定值等信息。

较完善的BIT配有指示灯、状态显示板和显示器等,可以提供更多的BIT信息。例如,F—15飞机的雷达系统(APG—63)共有9个LRU,其连续BIT和启动BIT检测到的故障都被存入公用数据存储器中。雷达系统的故障指示由告警灯显示板、BIT控制板(见图11.1)、航空电子设备状态板、单元故障指示器和显示器组等提供。

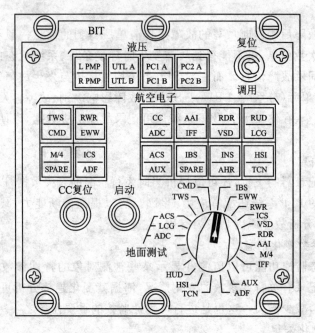

图 11.1 BIT 控制板

- 告警灯显示板——集中管理航空电子设备 BIT 的指示灯,灯亮表示有某个子系统故障。
- BIT 控制板——位于右操纵台上,用于航空电子设备 BIT 的控制、座舱指示和液压系统指示。航空电子设备的故障通过 BIT 控制板上的指示器向驾驶员报告。例如,雷达或状态显示器指示灯亮,表示雷达或显示器组某一子系统故障。
- 航空电子设备状态板——设在前轮舱中,执行 BIT 所监测到的故障在航空电子设备状态板上被相应的设备故障指示器锁存,用于证实已发生的故障并确定故障单元的位置。例如,信号处理机故障,其故障单元的位置在 6L 舱,航空电子设备状态板上对应为 4 号指示器。
- 单元故障指示器——雷达的每个单元都有一个故障指示器,用于指示该单元"通过"或"不通过"的状态。

- 多指示器控制板显示器组——已发生故障的各单元可通过启动 BIT 矩阵读数确定，雷达 BIT 矩阵显示在多指示器控制板显示器的 BIT 窗口中。公用数据处理机中保存两个独立的故障数据软件矩阵，称 BIT 矩阵。一个 I-BIT 矩阵存储地面或机上启动 BIT 的测试结果；另一个 CM-BIT 矩阵存储所有连续监控 BIT 的测试结果。

11.1.3 通过 BIT 结果读出器、维修监控板和显示器输出信息

1. 结果读出器

F—16 飞机航空电子系统要求 BIT 信息存储在非易失存储器中（以便在地面或维修车间随时访问），在驾驶舱显示 BIT 结果（见图 11.2），飞行员或维修人员可以调出重新显示。为了减轻飞行员的工作负荷，同时为故障分析提供充足的信息，应提供两类故障报告方案：维修故障清单（MFL）和飞行员故障清单（PFL）。MFL 包含了全部报告故障的详细信息，PFL 只包含飞行员感兴趣的那些故障信息，可见 PFL 仅为 MFL 的一个子集。F—16 的 BIT 信息与人员接口的控制和显示组由主报警灯、专用告警信号盘和飞控导航面板组成。主报警灯和告警信号盘负责指示所有飞控故障和灾难性的航空电子设备故障，飞控导航面板指示处于故障状态的功能区域。

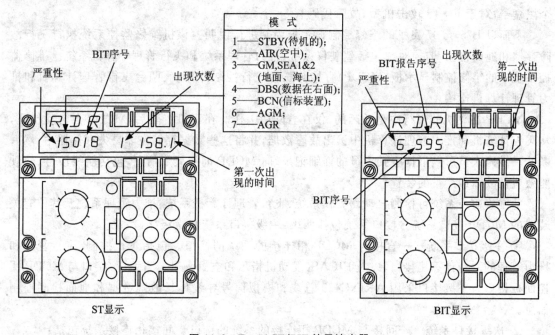

图 11.2　F—16 ST/BIT 结果读出器

航空电子设备故障由飞控计算机（FCC）和飞控导航面板以字母数字读出显示。这种数字式显示有助于飞行员确定 12 种航空电子分系统的性能降级。飞控导航面板显示每个故障的下列信息：

- 被检出的分系统故障；
- 故障的严重等级；
- 测出具体的发生故障的分系统数目；
- 故障发生次数；

- 飞控计算机接通后第一次出现故障的时间。

2. 维修监控板/维修控制显示板

F/A—18A 飞机中有 41 个武器可更换组件（WRA）包含有 BIT，而在 F/A—18B 飞机中有 58 个（其中有 2 个可拆卸的货舱）WRA 包含有 BIT。故障既在 WRA 本身显示，又在前轮舱的维修监控板上显示。

F/A—18A 飞机状态监控接口主要是针对训练目的的 19 个空对地和 13 个空对空战术参数，及用于度量应力和性能趋势分析的某些机体与发动机参数进行监控。航空电子设备（非多路总线）的 BIT 接口，通过通信系统控制器及任务计算机（MC）和直接与 MC 相连的航空电子设备多路总线兼容设备连接。对飞行员的显示是实时的，对于间歇故障也可以实时指出。前轮机舱内的维修监控板可以存储供地面维修人员查询的 4 位 BIT 代码。

在 F/A—18A/B 飞机中利用状态监控系统和显示器就可以将各种注意事项、建议和 BIT 信息显示给驾驶员，显示器还可以作为启动 BIT、维修 BIT 和存储器检查的控制板。前轮舱中的维修监控板在任一时刻可以处理 990 个不同的故障代码和存储 62 个故障代码。目前故障代码通常只有 300 个。使用时，只要按下显示按钮，即可对所触发的故障代码进行显示（显示1.5 s），松开按钮后显示还可以持续 10 s。对于 F—18 战斗机型，故障代码有 41 个，代表 41 个黑盒子；对于 F—18 攻击机型，故障代码有 58 个。

下面以 B757/767 飞机的维修控制显示板为例进行说明。该机维修监控系统执行飞行故障存储和地面检测，监控对象包括驾驶仪系统、推力管理系统和飞行管理计算机系统。维修监控系统中的维修控制显示板（MCDP）直接与三台飞行控制计算机、两台飞行管理计算机和推力管理计算机连接。

MCDP 在飞机的飞行中是关闭的，仅在着陆后工作。在飞机着陆后，MCDP 会自动接通，从飞控计算机和推力管理计算机中读出故障数据，并将这些数据存储在非易失存储器中，然后断开。维修人员可以根据空勤人员的详细记录，向 MCDP 询问故障信息，包括航线段号、驾驶舱效应及故障最严重的装置。

此维修监控系统可检测自动驾驶仪系统、飞行管理计算机系统、推力管理系统及其他有关装置的 MCDP 接口系统。接口系统包括两级：主级接口系统和次级接口系统。

① 主级接口系统——直接与 MCDP 相连接的系统的接口。包括飞行控制、飞行管理和推力管理的六台计算机接口，以及 EICAS（发动机指示和空勤人员警告系统）接口与 MCDP 遥控面板接口。主级接口采用 ARINC429 总线和模拟信号导线传送故障数据和地面检测控制信息。

② 次级接口系统——间接与 MCDP 相连接的系统的接口。间接相连接系统包括：
- 自动飞行控制系统模式面板——通过 ARINC429 总线向连接的六台计算机提供控制信号，并接收状态数据；
- 伺服机构——各个控制面板伺服机构接收相应计算机提供的模拟信号，并反馈伺服位置模拟信号；
- 惯性基准部件和大气数据计算机——每个飞行控制计算机通过 ARINC429 总线接收相应惯性部件和大气数据计算机的感应数据；
- 推力选择面板——通过 ARINC429 总线向推力管理计算机传送控制信号；
- 油门伺服马达——接收推力管理计算机提供的模拟信号，并反馈伺服位置模拟信号。

MCDP 还有地面检测接口，在执行地面检测功能时供 MCDP 监控主、次级系统。MCDP 接口系统如图 11.3 所示。

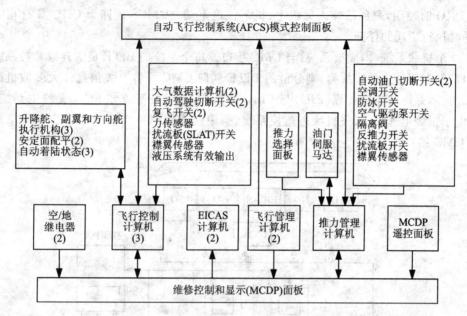

图 11.3　维修控制和显示(MCDP)接口系统

3. 先进的显示器方案

作为美国空军 F—16 飞机多阶段改进项目计划的一部分，对发电系统进行了重新设计，使可靠性及维修性更好。发电系统增加了一个 10 kVA 的备份系统，由于 10 kVA 的发电机控制装置(GCU)是以微处理器为基础设计的，可利用 GCU 多余的计算能力作为系统级的 BIT 监控器。BIT 信息存到永久性存储器中。与维修人员的接口是借助于维修信号器面板来完成的，飞行中故障按发生先后次序记录下来，地勤人员可以读取这些 BIT 数据。BIT 监控器可以直接指出发生故障的 LRU，地勤人员在隔离电源系统故障时不必查阅维修手册或使用外部测试设备。

此外，还对机内测试数据显示进行了研究，目标是为电气系统提供一个显示控制器，以一种容易理解的方式表示实时系统信息和 BIT 信息。显示器采用彩色图像终端，以 10 kVA GCU 作为主计算机。GCU 与图像显示间的接口借助一个波特率为 9 600 位的 RS—232C 串行数据连接，使用现有的 GCU 连接器输出；后来又增设了一个光纤连接接口。目前该系统已有几种合适的数据连接，如 MIL—STD—1553B(1)或 ARINC429(2)。

11.1.4　通过中央维修系统/综合监控系统输出 BIT 信息

1. B747—400 飞机中央维修计算机系统(CMCS)

CMCS 的综合显示系统(IDS)包括电子仪表显示系统(EFIS)、发动机指示与机组报警系统(EICAS)和 EFIS/EICAS 接口设备，共有 6 个 8 英寸(20.3 cm)见方的彩色 CRT 显示器。EFIS 包括 2 个主飞行显示器(PFD)和 2 个导航显示器(ND)，EICAS 也有 2 个显示器，如图 11.4 所示。

CMCS 中配有两台相同的中央维修计算机(CMC)，以提供功能余度。2 台 CMC 以主从关系工作,通常由左边的 CMC 完成有关系统控制和数据输出,当其发生故障时,自动转由右边 CMC 控制。CMCS 有一个控制显示装置(CDU)装在设备舱内,主要是为了方便维修人员在更换 LRU 时使用,避免维修人员机上、机下往返走动。CMCS 的四个 CDU 具有相同的功能,可同时执行不同的任务。

有 70 个机载系统(即成员系统)与 CMC 接口。每个系统的 BITE 负责连续监控系统本身及其接口,如有部件失效或故障,则分散的 BITE 就向 CMC 报告有关信息。大多数机载系统通过综合显示系统的接口装置(EIU)与 CMC 接口,有些成员系统如 FCC、无线电系统、模块化航空电子报警电气组件、飞机状态监控系统、空中交通管制模式系统(ATC)和气象雷达等直接与 CMC 接口。

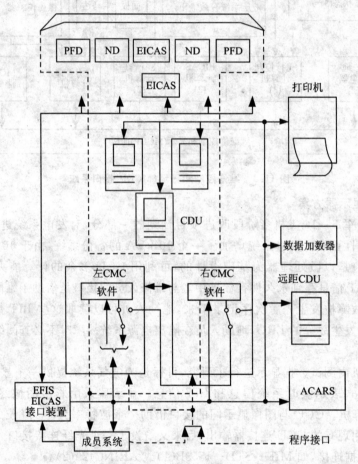

图 11.4 CMCS 方块图

每个成员系统根据维修需要把检测到的故障分成如下两类。

◇ 与车间维修有关的故障

即隔离到 LRU 内部的组件或部件(SRU)的故障。故障数据存储在非易失存储器中,以便以后在机上或车间读出;同时归并产生与外场维修有关的故障。

◇ 与外场维修有关的故障

即需要外场维修人员修复排除的故障。这类故障由成员系统及时输到 CMC,进行故障归并处理,并与机组报警相关联。

IDS 完成 EFIS 和 EICAS 功能，并把结果分别显示在有关的 6 个显示器上。6 个显示器从 3 个 EFIS/EICAS 接口单元(EIU)上接收机载系统的数据。EIU 提供信号输入接口、数据管理、信号输出和系统监控。EIU 还完成主报警驱动功能，以提供告警灯和声响报警驱动信号。每一个 EIU 都能支持 6 个显示器所需的输入信号。

EIU 把数据传给 6 个显示器的同时，也传输给两台 CMC。这样，CMCS 通过 EIU 间接地接收机载系统的数据。IDS 将把这些系统的飞行面板效应(驾驶舱效应)报告给 CMCS，CMCS 隔离出有故障的 LRU 或接口，从而使它们与飞行面板效应对应起来。

另外有几个机载系统直接把数据传送给 CMC，而不传给 IDS。CMC 将监控并隔离这些系统的故障，但不能把它们与飞行面板效应关联起来。

CMCS 的控制和显示通过任一个 CDU 来启动。按下 CDU 上的菜单键("MENU")，可得到 CDU 菜单。再接着按行选择键"4L"，就会出现 CMC 主菜单。此菜单有两页，可用 CDU 行选择键选择所需的维修信息或功能，如图 11.5 所示。

(1) 当前飞行段故障

指本次飞行中发生的故障，查询显示这类故障是为了帮助外场维修人员找出驾驶员报告的飞行中报警现象的原因。飞行段(航程)是指从飞机处于地面第一台发动机启动至飞机下一次处于地面第一台发动机启动的时间间隔。CMCS 将当前飞行段编号为 00，倒数前一次为 −01，再往前为 −02，−03 等。

出现 CMC 主菜单后，按行选择键"1L"，即可得到当前飞行段故障菜单，显示出驾驶舱效应及相关故障信息。如果选择查询第一个故障维修信息，则按其对应靠近的行选择键即可。

(2) 现有故障

指目前仍存在的故障，不管这些故障是何时发生的。在 CMC 主菜单第 2 页上，按"1L"键就得到现有故障系统的菜单。这些系统按 ATA(美航空运输协会)章节顺序列出，以最小章节号开头。如果列出的章节数多于 5 个，则延续到下一页显示。选取需询问的系统，按其对应的行选择键，即可得该系统进一步的维修信息、或快照、或输出信息报告。其过程与当前飞行段故障类似。

(3) 故障历史

它存储的是以前飞行段中发生的故障，以供查询。CMCS 能在非易失存储器中存储多达 500 条故障信息。当飞行段记数超过 −99 时，故障将从存储器中抹除。

两台 CMC 能自动保持相同的故障历史，如左右 CMC 的故障历史有任何不一致，则会在 CMC 菜单上通告出来；如有一台 CMC 被更换，则可自动或手动从另一台 CMC 上安装故障历史。

获取故障历史显示的过程与现有故障类似。故障历史菜单提供了有故障历史记录的系统表，按 ATA 章节编号排列；还可显示故障历史小结，并增加了飞行航段号显示。对每个发生的故障最多记录 16 次，并可显示是硬故障还是间歇故障。最后可得到被选故障较详细的维修信息或快照。

(4) EICAS 维修页

IDS 的 EICAS 连续监测 11 个系统，并可给出有关参数的实时显示和历史数据的快速显示(快照)，这些显示称为 EICAS 维修页。

由 EICAS 显示参数的 11 个系统或项目是：环境控制系统、电气系统、飞行控制系统、燃油系统、液压系统、IDS 配置、起落架、辅助动力装置、发动机性能、发动机超限和电子式推进控制

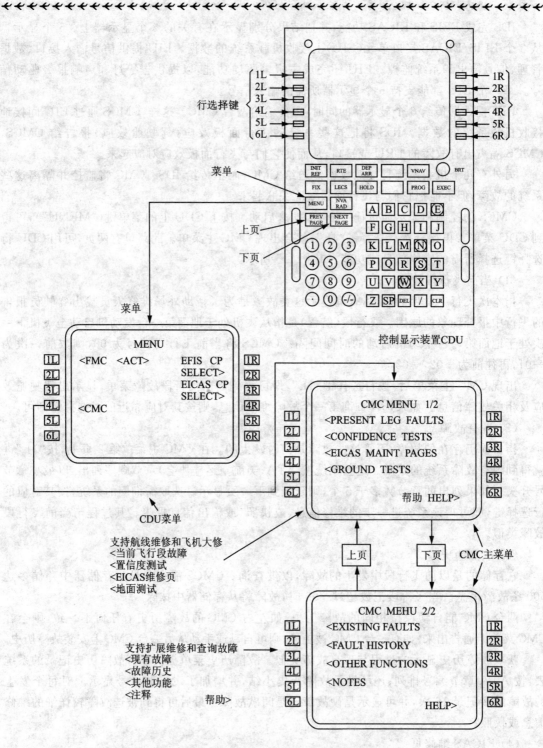

图 11.5 CDU 菜单和 CMC 菜单

系统。

EICAS 维修页的选择与显示也通过 CDU 控制。在显示 CMC 主菜单第一页后，按"3L"键即可得到有关系统名称表。选定要查询的系统，按下其对应的行选择键，即可在 EICAS 上显示该系统的内容清单。再按下与要显示内容对应的行选择键，即可在辅助 EIACS 上显示出所需要的内容，如实时维修页、实时维修页快照、实时维修页数据及其输出、人工快照数据菜单和自动快照数据菜单等。

2. A320 飞机综合监控系统

在 A320 飞机上，空中客车工业公司首次采用了综合监控系统，以管理、运用飞机各系统中所产生的信息，尤其是有关的维修信息。该系统由 4 部分组成，即飞机综合数据系统（AIDS）、数字式飞行数据记录系统（DFDRS）、中央故障显示系统（CFDS）和飞机通信询问与报告系统（ACARS）。

AIDS 用于飞机的长期监控，其中的主要数据管理装置是进行使用和维修保障的重要工具。它主要负责监控与其相连的飞机系统的各种数据，并随时打印或记录在记录器（DAR）上，或者借助于 ACARS 将信息传送到地面。

DFDRS 是记录飞机实际状态的一部记录器。它通常不用于维修目的，但飞机在地面上停留时，借助于 CFDS，可以帮助维修人员存取 BIT 信息及综合检查结果。

CFDS 分为联合式和集中式两类。前者依赖于连接的各子系统，由它们自己作出决策，这对所用的中央存取设备的运算速度要求不高。而后者则将智能引入中央存取设备，子系统仅负责发送数据。A320 中采用了联合式的 CFDS，其基本组成部分如下：

① 电子系统的所有 BITE 部分；
② 装在驾驶舱内，用于显示 BITE 数据的两个 ARINC739 MCDU（多功能控制与显示装置）；
③ 安装在航空电子设备舱中的一个双通道接口装置 CFDIU（中央故障显示接口装置）。

CFDS 组成及显示菜单如图 11.6 和图 11.7 所示。

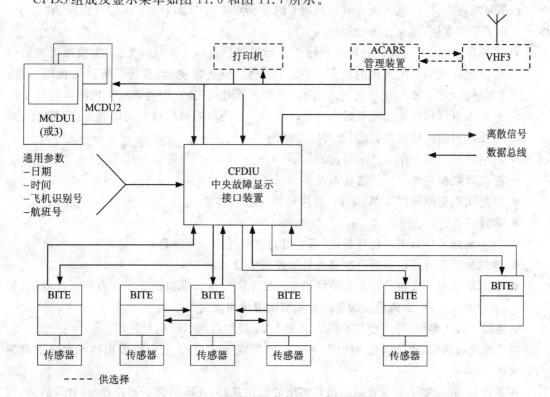

图 11.6 联合式 CFDS

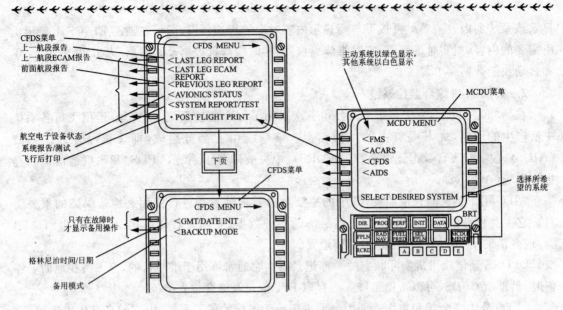

图 11.7　A320 中 CFDS 的菜单

采用 CFDS 系统的目的是为了简化操作，并不要求快速响应。所以，在 A320 上的多功能控制与显示装置（MCDU）采用一种菜单驱动设计，维修人员利用 12 行键即可选择所需要的功能，得到所需的信息。MCDU 菜单中有 4 项选择：FMS，ACARS，CFDS 和 AIDS。当操作人员按下 CFDS 键时，屏幕上会显示出 CFDS 的菜单。根据菜单，操作人员就可得到所需的信息。

对车间维修来讲，维修人员通常仅利用 CFDS 菜单中的 1，2，4 和 6 项即可。在 A320 上，由于采取了下列措施，使操作更加简便。

- 将故障分为三类，仅将前两类故障报告给驾驶员。这三类故障是：一类故障可能影响正常飞行或下一次飞机的出勤，需要立刻通过其正常提示/告警系统通知机组人员。二类故障不会影响正常飞行或出勤，但要求及时纠正；它们通常在飞机降落后显示给机组人员，但是，如果需要时也可随时显示。三类故障可以推迟到定期维修时纠正，通常不向机组人员报告；它们也可随时调用。
- 利用清楚的英语作为显示语言。
- 把故障数据与驾驶员报告联系起来。
- 清楚地确定故障的 LRU 名称、部件号和功能识别号。
- 确定相关故障。
- 外场维修人员只需飞行后报告，即可得到他所需的所有信息。
- 在驾驶舱即可打印出所有维修人员所需的报告。
- 根据航空电子设备状态的监控结果更换的 LRU，在大多数情况下会自动进行测试，如果测试通过，那么该系统的名称将从测试清单中消失。

如果需要人工测试，即可通过 CFDS 清单中"系统报告/测试"项目进行。

对于航线级维修，也是通过 MCDU 在座舱内完成测试，只是此时需要由技术水平更高的人员来执行。

在基地级，除需要了解上述航线维修时所需的信息外，还需清楚下列几方面的情况：

- "历史记录"报告中后 63 个飞行记录所涉及的故障设备的背景(CFDIU 最高可存储 63 个记录或 200 个故障)。
- 与各故障有关的查故数据。这些数据构成了故障发生时系统环境的一个快照(如飞机技术状态、阀门位置等)。这些信息可从 MCDU 上的"系统报告/测试"上获得。
- 第三类故障数据。第三类故障存在与否可从"航空电子设备状态"页上知道,其详细信息可在"系统报告/测试"页上得到。

对于基地级维修,不能利用 CFDS 和(或)MCDU 获取相关信息。在基地,这类工作只能通过万用测试仪进行。

11.1.5 通过打印机、磁带/磁盘和 ACARS 输出 BIT 信息

前面介绍的几种 BIT 信息采集方法,要通过驾驶员或维修人员读取、记录,才能得到可靠性分析所需要的信息。在大型武器系统上可自带打印机、磁带记录器或软盘驱动器等。这样,就可以直接完成 BIT 信息的记录。

1. B—1 飞机中央综合测试系统(CITS)的打印机和磁带记录器

CITS 的数据传播由控制显示板、机载打印机及磁带记录器完成,每个设备提供一种专用数据。

控制和显示板向机组人员提供有关工作分系统的信息和向维修人员提供测试信号值并帮助他们确定故障的设备。这些信息由 50 个分屏视图开关器、124 个发光指示器和一个 20 字符宽白炽灯字母显示器给出。

机载打印机为维修人员提供了一个故障事件的硬拷贝及故障事件的时间信息,为维修人员确定发生故障的设备提供了支持。此外,还可在飞行前和飞行后人工插入数据。需要打印的数据在计算机控制下被格式化并传送给以"请求"方式工作的打印机。

磁带记录器用于记录飞机发生重大事件时的信号值,如故障或飞行模式更改时的故障事件和测试信号值。它为进行下述工作提供了地面处理相兼容的计算机格式,即发动机趋势分析、太复杂以致无法利用机上设备进行隔离的故障分析、计算机产生的维修工作指令和后勤管理数据。该记录器数据在计算机控制下被格式化并传送到以"请求"方式工作的记录器中。

由 CITS 所检测的所有故障数据(故障系统的确定、故障 LRU 的确定、故障时间和有关信息)打印在纸带上,并记录在磁带记录器中,以便为维修人员指明要求维修的区域和可能要求采取的改进措施。三个相继存储器抽点打印(每个抽点打印有 3 000 个字长),从故障时刻开始以 30 s 的时间间隔记录在磁带记录器中,这种程序对每个故障来讲重复进行。飞机着陆后,机长将 CITS 打印结果和维修记录器磁带装置取下,然后再装上一个新的维修记录器磁带装置,所拆下来的维修记录器磁带装置送到地面处理站进行处理。这项工作可在 30 min 内完成。

此外,B747—400,B777,A310,A320 和 A330/A340 等飞机也都设有机载打印机或打印机接口,用于打印所需要的 BIT 信息。

2. A330/A340 飞机装有磁盘驱动器

A330/A340 飞机状态监控系统还设有一个多功能磁盘驱动装置,其主要作用是帮助数据管理装置和地面 PC 机之间通过 3.5 英寸软盘传送数据和提供各种数据管理装置功能。数据管理装置内部装有灵巧的记录器,它是一个 3 MB 带后备电池的随机存取存储器。在

A330/A340 中有 47 条 ARINC429 数据总线与飞机状态监控系统相连,它可以做如下工作:
- 采集 3 300 个 ARINC429 数据字,12 900 个参数(数字的和离散的);
- 在多功能控制显示装置(MCDU)上显示参数、显示打印;
- 产生 17 种标准的打印报告;
- 将 SRA 数据和各种报告数据转存到软盘上。

3. 飞机通信询问与报告系统

飞机通信询问与报告系统(ACARS)是空地信息传输系统,可有效地将 BITE 信息在飞机落地之前就传输给地面维修人员,以便尽早了解飞机的故障情况,提前进行维修准备,提高飞机出勤率。

由于各航空公司对 ACARS 要求不尽相同,因此空中客车工业公司为 A320 飞机制定了一种工业安装标准(ARINC724B),以便客户利用自己的 ACARS 装置,对与该标准要求相一致的中央故障显示系统(CFDS)和其他信息进行格式化处理。

如果在某架飞机上装有 ACARS 系统,那么其 MCDU 通常也会改变,以便机组人员可以向地面发送故障信息。

发送故障信息通常包括下面各种情况。

① 在飞行中实时地将 CFDS 所记录的故障信息发送给地面。这种传送是自动的,通常不会给机组人员增加负担。

② 在飞行结束时,传送"飞行后报告"。这种传送通常由机组人员手动控制,但当第二台发动机停车时,这种传送也会自动进行。这种传送便于航空公司维修部门自动记录各飞行记录中的故障。

③ 在飞行结束后,传送个别"系统"报告。这种传送常借助于 MCDU 菜单中"系统报告/测试"页进行人工传送,这对解决维修中出现的难题是非常有用的。例如,如果机上维修人员发现一种故障很难查找,那么可通过 ACARS 系统将数据传送给维修基地以求帮助。

以上这三种传递方式,各航空公司可根据自己的情况选择使用。此外,B747—400 飞机、A330/A340 飞机也设有 ACARS。

11.1.6 利用外部测试设备输出和采集 BIT 信息

对于歼击机等有效载荷不大的武器系统,设置机载打印机或磁盘驱动器存在困难。一般都是把 BIT 信息存储在非易失存储器中。这时就需要以计算机为基础的外部维修测试设备来采集 BIT 信息。

例如某型飞机的飞行控制系统,设有专用地面维修测试设备,如图 11.8 所示。其主要功用是:
- 启动 MBIT,实现维修人员与飞控系统之间的接口;
- 显示故障信息;
- 打印或转存(拷贝)故障信息;
- 飞控系统存储内容的擦除、变量跟踪与显示;
- 进行飞行前测试以及传感器、作动器和开关等的交互测试;
- 其他专用功能。

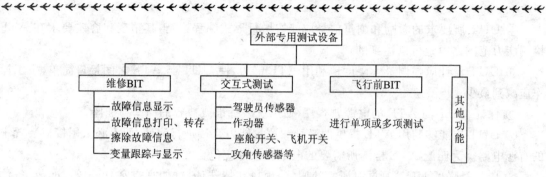

图 11.8 飞控系统的测试设备

11.2 UUT 与 ATE 的兼容性

兼容性是指被测单元(UUT)在功能、电气和机械上与期望的自动测试设备(ATE)接口配合的一种设计特性。它将保证诊断 UUT 所需要的信息能够畅通可靠地传递给 ATE 或其他外部测试设备(ETE),有效地进行故障检测与隔离。当然要实现这一点,只有 UUT 的兼容性好还不够,还要有测试程序、接口装置及有关说明文件(即 TPS)的支持。

兼容性设计的目的是识别不兼容问题并采取必要措施,减少专用接口装置设计工作,确定特殊的测试及接口要求,使 UUT 与 ATE 或 ETE 完全兼容。

电子设备的脱机 ATE 应是一个集中式的自动测试(保障)系统,提供 UUT 所需要的激励、控制和测量能力。

11.2.1 兼容性一般要求

① 在中继级或基地级,用 ATE 测试的 UUT(包括 LRU,SRU 和 SUB-SRU)应进行合理设计,使其能够简便快速地连接到 ATE 上,畅通地传递测试所需的信息。

② 在 UUT 设计时,应明确分析对新研 ATE(或 ETE)的要求,或者充分利用选定 ATE 的已有测试资源。测试过程中不需要别的 UUT 提供激励和进行人工干预,操作者的工作仅限于机械与电气连接、必要指令输入和监视等。

③ 完成 UUT 与 ATE 的机械与电气连接后,执行规定的测试程序。该测试程序应能完成 UUT 的性能检测与故障隔离,并达到规定的要求指标。

④ 当需要在选用 ATE 的能力范围之外实现复杂的测试时,UUT 应设置足够的测试点,以便能够进行间接测试、分段测试或逐个功能测试。

11.2.2 兼容性详细要求

1. UUT 外部测试特性

① UUT 设计应尽可能提高功能模块化程度和功能独立性,以便 ATE 能控制 UUT 划分,对各电路或功能进行独立测试或分段测试。

② 分析 UUT 性能参数和故障特征,明确测量方法和参数容差等要求,并分析确定是否在 ATE 能力范围之内。

③ UUT 应为被测信号、激励信号和 ATE 同步控制信号提供接口通路。

④ UUT 所要求的激励和测量信号应能按增量形式编程控制,其精度和容差要求在 ATE 检测能力范围之内是可以达到的。

⑤ UUT 设计应强调最大限度地利用 ATE 能力,使 UUT 与 ATE 之间接口简单,手工操作应减到最少。

⑥ 保证 UUT 与 ATE 的电源兼容性,使用统一标准或兼容的插头与插座。

⑦ UUT 应能够利用 ATE 提供的激励和测量能力直接进行测试,而不必采用接口装置中的有源电路。为匹配 ATE 检测所需要的电路和软件应包含在 UUT 内。

⑧ 应尽量降低 UUT 测试时所需的调整、预热和特殊环境(如真空室、恒温箱、屏蔽室、油槽和振动台等)要求。

2. UUT 外部测试点

① UUT 应设有性能检测与故障隔离所需的测试点,测试点的配置应能满足 UUT 故障诊断要求。

② 测试点应该是通过外部连接器可达的,功能测试点一般设在传输正常工作 I/O 信号的连接器中,故障隔离与维修用测试点一般设在检测连接器中,有的也可能在 I/O 功能连接器中。

③ 测试点应有足够的接口能力,以适应 UUT 与 ATE 之间至少 3 m 长的电缆的输入阻抗,所设计的接口应匹配 ATE 中的测量装置,不会造成被测信号失真,影响 UUT 正常工作。

④ 任何测试点与地之间短路时,不应损坏 UUT。

⑤ 测试点的测量值应以设备的公共地为基准。

⑥ 测试点电压在 300~500 V(有效值)时,应设计隔离措施和警告标志。对有高频辐射的 UUT 进行测试时应有安全措施。

⑦ 高电压或大电流的测试点应在结构上与低电平信号测试点隔离。

⑧ 数字电路与模拟电路应分别设置测试点,以便于独立测试。

3. UUT 测试文件

① UUT 输入和输出说明。承制方应提供对 UUT 的输入和输出(I/O)参数的描述,以便于对 UUT 兼容性进行评价。

② 测试要求文件(TRD)。承制方应编写并提供 UUT 的测试要求文件(TRD)或测试规范。TRD 是对 UUT 进行全面测试时所需要的有关文件和资料,包括性能特性要求、接口要求、测试要求、测试条件、激励值以及有关响应等。TRD 用于:

- 明确 UUT 正常或不正常状态标准;
- 检测、确定超差和故障状态;
- UUT 的调整和校准;
- 把每个故障或超差状态隔离到约定的产品层次,并满足模糊度要求。

11.2.3 兼容性偏离的处理

当 UUT 与 ATE 兼容性存在未能满足规定要求的问题时,或存在潜在问题时,应向订购方提供兼容性问题报告(或偏离申请报告),以便评价任何不兼容问题的影响。兼容性问题(偏离)报告应包括以下信息:

① UUT 名称;

② 所使用连接器名称及插针号；
③ 不兼容(偏离)问题、潜在问题的技术说明；
④ 推荐并详细说明解决办法或备选方案。
可供订购方考虑的解决问题的备选方案包括：
- 当用目测或开关控制时，在执行测试期间由操作者人工干预；
- 采用 ATE 的备选能力进行测量；
- 提供 ATE 需要的能力；
- 提供接口装置需要的能力；
- 利用外部激励或测量设备。

11.2.4 兼容性评价

1. 评价步骤

UUT 与 ATE 的兼容性可以利用下述的定量评估方法进行评价，即

① 结合兼容性设计要求确定的评价内容，可参考后面给出的条目，并作适当的增加或减少。确定出分析评价内容后应得到订购方认可。

② 由兼容性评价小组分析评定 UUT 各条兼容性要求(设计准则)得分。

③ 统计计算 UUT 兼容性评分值：

$$兼容性评分 = \frac{各条兼容性特性得分之和}{各条兼容性特性最高分之和} \times 100\%$$

④ 兼容性评分值应大于等于 70%，至少应达到满分的 70%；小于 70% 时应改进设计。

⑤ 当任何一条兼容性特性得分为"0"时，应说明理由并交订购方审查批准。

2. UUT 兼容性评价内容和评分方法：

(1) 与 ATE 兼容性检查表

◇ 功能模块化

确定 LRU 在所有的装配/拆卸层次上是否符合功能模块化的要求。

分析确定： 得分
① LRU 的每个功能包含在单一 SRU 内，而且 SRU 的每个功能包含在一个 SSRU 中； 4
② LRU 是功能模块化的，但一些 SRU 功能不是模块化的； 3
③ LRU 的几个功能包含在多个 SRU 内，或大部分 SRU 功能不是模块化的； 2
④ LRU 的大部分功能包含在一个以上的 SRU 中。 0

◇ 功能独立性

确定 LRU 及其 SRU 测试时是否需要其他 LRU 或 SRU 提供激励，是否需要其他 LRU 或 SRU 进行配合模拟。

分析确定： 得分
① LRU 和 SRU 在功能上独立，不需要其他 LRU 或 SRU 提供激励和模拟； 4
② 一些 SRU 要求接口装置利用无源的和/或简单有源单元模拟； 2
③ 要求其他激励或复杂模拟。 0

◇ 调 整

确定使用 ATE 测试时是否必须进行调整(如微调等)。

分析确定: 得分
① LRU 及其 SRU 不需要调整或重新校准; 4
② 要求少量简单的非相互影响的调整; 3
③ 一个或二个 SRU 要求复杂调整或重校; 2
④ LRU 或二个以上的 SRU 要求复杂调整或重校。 0

◇ 外部测试设备

确定是否要求用外部设备来产生激励或是监控响应信号。

分析确定: 得分
① 所有激励生成和响应监控能用目标 ATE 完成; 4
② 接口装置要求信号生成、同步或整形电路; 2
③ 需要附加外部测试设备。 0

◇ 环 境

确定在 ATE 上测试时,是否要考虑特殊环境,如真空室等。

分析确定: 得分
① 没有特殊的环境要求; 4
② 要求强迫式空气冷却或电磁屏蔽机壳; 2
③ 要求其他特殊环境条件。 0

◇ 激励及测量不确定度

确定高置信度测试所要求的激励和测量不确定度。

分析确定: 得分
① 所有测试能在 ATE 上以高置信度完成,测量不确定度至少是 UUT 容差范围的 1/10; 4
② 测量不确定度是 UUT 容差范围的 1/3~1/10; 3
③ 测量不确定度大于 UUT 容差范围的 1/3,但至多与其相等; 1
④ 激励或测量不确定度不合要求(精度不够)。 0

◇ 测试点的充分性

确定为非模糊性故障隔离、余度电路和 BIT 电路的监控所设置的测试点是否足够。

分析确定: 得分
① 余度和 BIT 电路能充分测试,且每一输出端的测试点可直接进行非模糊性的故障隔离; 4
② 需要间接的(无信号跟踪)查找故障和/或模糊性故障隔离; 3
③ 余度和 BIT 电路不能测试,或有过大的模糊性。 0

◇ 测试点特性

确定测试点的阻抗和电压值。

分析确定: 得分
① 电压小于 350 V(有效值),阻抗与 ATE 接口相匹配; 4
② 接口装置要求有电压驱动器和/或无源的或简单的有源阻抗变换; 2
③ 要求有波形生成或信号变换电路。 0

第 11 章 系统测试性与诊断的外部接口

◇ 测试点隔离

确定任一测试点和地之间短路是否会损坏 UUT,或外加宽带噪声是否会降低性能。

分析确定: 得分
① 测试点对外部干扰不敏感,且不会由于对地短路而损坏 UUT; 4
② 测试点对外部干扰敏感,但不会由于对地短路而损坏 UUT; 2
③ 测试点短路将损坏 UUT。 0

◇ 功率及负载要求

确定驱动 LRU 所要求的电源电压,以及吸收 LRU 的输出功率所要求的负载。

分析确定: 得分
① ATE 能满足 UUT 功率和负载要求; 4
② 负载可接在简单的或不太复杂的接口装置上; 3
③ 负载量大,要用复杂的接口装置或其他电源。 0

◇ 预 热

确定 LRU 或 SRU 是否要求在 ATE 上预热,以确保精确的测试。

分析确定: 得分
① 不需要预热; 4
② 预热时间小于 5 min; 2
③ 预热时间小于 15 min; 1
④ 预热时间大于 15 min。 0

◇ 连接器标准化

确定 LRU 和 SRU 上使用不同型号和尺寸的连接器的数量。

分析确定: 得分
① 在 LRU 上使用标准连接器,所有 SRU 使用相同型号的连接器; 4
② 在 LRU 上使用非标准连接器,所有 SRU 使用相同型号的连接器; 3
③ LRU 使用快卸式连接器,但在 SRU 上使用型号各异的连接器; 2
④ 连接器采用多种型号或非快卸式,SRU 不是插入式。 0

◇ 连接器键控及可达性

确定 LRU 连接器是否键控(排他性)、是否迅速可达,以防任一插头插进错误的插座。

分析确定: 得分
① 连接器键控并迅速可达; 4
② 连接器键控,但不能迅速可达; 2
③ 连接器不键控且不能迅速可达。 0

◇ 标 识

确定与维修检测有关的单元是否已标识。

分析确定: 得分
① 所有单元已充分标识,并清晰可见; 4
② 所有单元已充分标识,但一些标识不可见; 2
③ 所有标识可见,但一些单元标识不充分; 2
④ 一些标识不可见,而且一些单元的标识不充分。 0

◇ 人员安全

确定维修检测时是否要求人员在危险的条件下工作。

分析确定： 得分
① 检测时没有危险环境,且不需预防措施; 4
② 检测时需要采取防护措施; 2
③ 检测时要有特殊防护措施。 0

◇ 检查通路

确定内部通路对做目视检查和手工作业是否有影响。

分析确定： 得分
① 内部结构和部件位置,对目视检查及手工作业无影响; 4
② 不影响目视检查,但影响手工作业; 2
③ 不影响手工作业,但影响目视检查; 2
④ 影响目视检查和手工作业。 0

◇ 封　装

在组件范围内,确定元件或部件的可达性。

分析确定： 得分
① 不做机械分解,在 1 min 之内可接近元件或部件; 4
② 要求小分解(小于 3 min); 2
③ 要求大分解(大于 3 min)。 0

◇ 已失效元件的易换性

确定在维修中组件拆除或更换的方法。

分析确定： 得分
① 组件或部件是插入式的,并保持机构简单; 4
② 组件或部件是插入式的,但不是快速断开式的; 2
③ 组件是焊接式的,拆卸时要求部件终端脱焊; 1
④ 组件是焊接式的并且是机械固定的。 0

◇ 插销及紧固件

确定单元内的插销或紧固件是否需用专用工具。

分析确定： 得分
① 插销和紧固件符合三条要求:是系留式的,不需要特殊工具,仅要求松开一圈的一部分; 4
② 插销和紧固件符合三条要求中的两条; 2
③ 插销和紧固件符合三条要求中的一条; 1
④ 插销和紧固件均不符合上述三条要求。 0

以上 19 条,满分共 76 分,要求 UUT 兼容性评分值应不低于 53 分,即高于满分的 70 %;否则,应改进设计。

(2) 设计信息检查表

① 一般信息要求如下:

● UUT 的位置和环境与测试结果无关;

- 所有调整点与调整参数都清晰表明；
- 在测试单元时，没有电磁干扰或射频干扰问题；
- 要求有高压警告或其他安全预防措施；
- 测试前无特殊处理或操作要求；
- 要有故障率资料及故障模式分析。

② 电气接口和参数要求如下：
- 所有功能连接及测试点均已作了清晰的标识；
- 所有接地、屏蔽及信号返回线均已有标记；
- 参数的容差和范围符合各级维修测试兼容性的要求；
- 说明输出阻抗；
- 确定特殊负载要求；
- 对有关测量的特殊时间要求；
- 清楚地指示电源要求，包括允许的电压和频率最大可变值；
- 接通或断开电源的顺序；
- 完整地定义每个输入信号；
- 完整地定义每个输出信号；
- 完整地定义每个测试点信号；
- 高频线长是不关键的；
- 可以利用由 ATE/ETE 提供的触发或同步输入。

以上 19 条可进行符合性检查，符合的条数应超过总条数的 80%。

11.2.5 兼容性验证

UUT 与 ATE 的兼容性试验验证应与测试性验证一起进行，兼容性验证的内容包括：信号有效传输、接口能力、负载与驱动能力以及测量精度等。

11.3 测试程序及接口装置

UUT 利用 ATE 进行测试需要有测试程序、接口装置及有关说明文件等，否则不能有效地完成对 UUT 性能检测和故障诊断。所以，在 UUT 与 ATE 设计研制过程中还必须完成测试程序接口组合(TPS)的设计和研制工作。

TPS 包括 UUT 利用 ATE 进行测试时所必需的产品，其组成要素包括测试程序、接口装置(ID)、测试程序说明(TPI)与辅助数据。TPI 和辅助数据又简称为 TPS 文件。测试程序是 ATE 执行的代码序列，它使 ATE 能够自动确定 UUT 工作状况和检测与隔离 UUT 内部故障。ID 是为 ATE 和 UUT 之间提供机械与电气连接和信号调节的任何装置。

现代工程实践强调把 TPS 作为 UUT 与 ATE 之间的接口要求。实际上，如果 UUT 的测试设备不是 ATE 时，也需要有接口设计，只是其范围和规模比 ATE 要求的小。

11.3.1 TPS 要求

1. 一般要求

（1）TPS

应为每一个 UUT 设计研制 TPS，包括一个测试程序、一个或几个 ID 和一个 TPS 文件。其中 ID 可以多个 UUT 共用，而测试程序和 TPS 文件对 UUT 是惟一的。

（2）精度要求

① 测试精度比（TAR）要求。测试精度比（TAR）定义为测试 UUT 需要的激励或测量精确度与由 ATE 误差引入的激励或测量的精确度之比。例如，如果 UUT 输出要求的精度是 5%，而 ATE/TPS 测量此参数的精度是 0.01%，则 TAR 是 500：1。

为了保证测试程序相对 UUT 容差有足够的精确度，以及测试结果的可靠性和可重复性，要求设计的 TPS 应满足 TAR 为 10：1 的设计目标，最低可接受值为 3：1。当不能达到 TAR 等于或大于 3：1 时，应进行 TAR 详细分析，提出解决问题和/或权衡考虑的建议。

② 精度增加。当规定的 TAR 不能满足时，在 UUT 的"测试精度比分析"报告评审之后，应考虑使用比 ATE 测试精度高的辅助测试设备。

（3）安全性

安全性要求是头等重要的，所设计的 TPS 应对使用者的危害性最小。

① 测试程序。测试程序应通过 ATE 系统的显示或打印输出等方式把危险通报给操作者，报警信息优先于对 UUT 加电，也优先于可能出现危害的所有测试步骤。进一步，测试程序应使操作者与危险的 UUT 接触机会减到最小。实际上，探测高电压时，应先去掉电源，使用带夹子的测试头接触 UUT，操作者先离开，恢复供电后再进行测试。

② 接口装置（ID）。ID 在自身设计上应使出现危险的可能性减到最小，并保护使用者不受 UUT 危害。在适用的地方，ID 应有警示图例或符号以及隔绝装置，以防 UUT 危害使用者。

③ 测试程序说明。该说明中的 TPI 部分应提供如何安全地进行有危险性测试的详细说明。

2. 详细要求

（1）测试程序详细要求

由 ATE 执行的测试程序能够自动地确定 UUT 的工作状态和完成故障隔离，并应满足如下要求。

① 适当的自动测试生成（ATG）可以用于产生所有数字测试程序的开发。

② 在测试程序运行期间要求的操作活动的所有指示，应输出到 ATE 显示器上或打印装置上。当不能实现这种输出时，TPI 应予以说明，操作者将把它作为测试或诊断程序的一个组成部分。

③ 不管是识别出故障或是成功执行完程序，一旦测试执行完毕，所有的电源、激励和测量装置连接都应在程序控制下与 UUT 和 ATE 接口断开。

④ 如果 UUT 包含有 BIT 和/或 BITE 电路，测试时应充分利用它们。这种要求并不排除对 BIT/BITE 电路的测试，以确保它们是可正常工作的。

⑤ 所有开发的测试程序都应使用订购方规定的测试语言。

⑥ 测试程序内容一般可以包括下列组成要素,具体测试程序内容取决于 UUT 测试要求和 ATE 能力要求。
- 程序标题和识别标志;
- UUT 和 ID 鉴别检查;
- 自测试观测;
- 安全接通测试保障;
- 电源使用要求;
- 告诫和报警;
- BIT/BITE 利用;
- 性能检测子程序(端-端测试);
- 故障隔离子程序(包括激活 ID);
- 调节/对准、补偿子程序;
- 程序进入点;
- 测试程序注释。

(2) ID 详细要求

接口装置(ID)应提供 ATE 和 UUT 之间的机械和电气连接,需要时还要提供信号调节。此外,还应满足如下要求。

① ID 设计应符合电子设备通用设计要求和人-机工程设计准则,应使 ID 的复杂性、所需的调节和校准处理降低到最少。

② ID 设计应优化,以便能像许多 UUT 那样,能借助相同的基本 ID 组件进行费用有效的测试,减少 ID 储备要求。

③ ID 电缆应设计成完全可修理的,使用的工具为标准工具或为 ID 组提供的专用工具。

④ ID 应设计有 10 % 的扩展能力,包括导线数、附加功能和/或分组件等。

⑤ 每个 ID 的平均故障间隔时间(MTBF)最小设计预计值为 1 000 h。

⑥ ID 应按照 GJB 2547 要求进行测试性设计,提供自动故障检测和故障部件的隔离。另外,希望能以与测试典型 UUT 相同的方式在 ATE 上进行 ID 测试,并且不考虑使用测试电缆和短路插头。

⑦ ID 所有要素都应有识别标志。

⑧ ID 必须包含有允许测试程序识别的电路。如果 ID 不能进行高置信度电气识别,则应告诉操作者进行目视检查鉴别并说明方法。

⑨ 如果存在危害 UUT,ID 或 ATE 的可能性,则 ID 设计应提供安全接通测试保障。这种测试不限于电源线或信号线测试,但必须考虑在 ATE 能力极限之内。

⑩ ID 自测试。如可能,则 ID 应设计为借助相连接的 UUT 测试程序即可实现 ID 的自测试。如果考虑 ID 的性能和复杂性,需要使用短路插头和/或测试电缆,则将 ID 作为典型的 UUT 对待。

⑪ 测试点。ID 在设计上应提供修理和查找故障的入口通路,需要时还应提供测试点,以便保证 ID 维修性和/或测试性要求。

⑫ 当 BIT/BITE 是保证 ID 维修性和测试性最适当的方法时,BIT/BITE 应当作为 ID 设计的组成部分。

⑬ 机械上的考虑如下：
- 每个 ID 应足够小，以便利用 ATE 在物理上支撑 ID 和 UUT，ID（包括电缆）固定到 ATE 上的部分质量不超过 40 磅(18.144 kg)；
- 除 ID 之外，当 UUT 需要安装夹具时，安装夹具应作为 TPS 的一部分提供。

(3) TPS 文件详细要求

TPS 文件由测试程序说明(TPI)和辅助数据组成。

① TPI 应按规定的格式编写(可参考 MIL—STD—2077A 附录 A)。

② 辅助/补充数据资料包括执行 UUT 测试和测试结果异常时查找故障所需要的信息。TPS 文件的辅助数据部分包括如下要素：

- UUT 原理图；
- UUT 零部件表；
- UUT 部件位置图；
- 接口装置数据资料；
- 特别处理操作数据；
- 测试图；
- 功能流程图；
- 诊断流程图；
- 测试程序表(当不能从 ATE 得到时使用)；
- 数据资料交叉引证对照表；
- 测试程序交叉引证对照表。

11.3.2 TPS 研制

TPS 设计研制过程如图 11.9 所示。

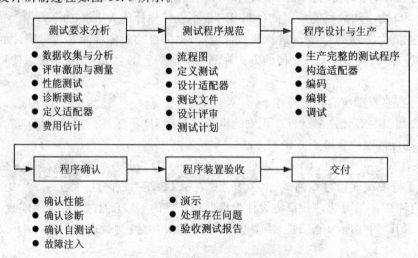

图 11.9 TPS 研制过程

(1) 测试要求分析

测试要求分析确定了每个项目功能(性能)端-端测试要求和故障隔离测试要求。分析过程的输入是技术状态项目(CI)和 UUT 的设计资料,包括图纸(原理图、逻辑和元件清单等)、故障数据、性能规范、工作原理、机械和电子接口定义及测试性分析数据。测试要求分析为 TPS 研制提供了基础。

(2) 测试程序规范阶段

该阶段首先要制定测试程序规范,从测试用功能流程图开始,直到写出测试文件结束。测试文件包括以下内容:

- 所有正常通路测试的简要叙述性说明;
- 表示正常通路和不正常通路的流程图(确定所有激励和测量功能区);
- 所用 ATE 使用说明书的陈述;
- 测试适配器的具体识别和确定。

在此规范阶段应识别并确定所有激励、测量、有关计算及其适当的容差;确定所有正常通路测试和调准测试;确定不正常通路及其有关的不适用(应处理)的组件或零件。

在程序规范阶段,进行一次包括用户和制造厂人员在内的设计评审是合适的,评审目的如下:

- 检验测试方法的有效性;
- 回答 TPS 设计者的问题;
- 建立选择用于程序确认中的 UUT 故障的基本规则。

(3) 程序设计和生产阶段

在此阶段把功能测试扩展到其相应的详细测试,包括激励和测量技术,以生成一个完整的测试程序。

在此阶段,所有制造测试用连接适配器所需的数据已经知道,所以应制造测试适配器。

对前面生成的详细测试,用合适的高级语言语句编码,这些编码输入到操作系统进行汇编。经过编辑并生成与基线测试程序流程图相对应的清单。测试流程、测试适配器说明和此清单的组合就形成了测试文件。

(4) 程序确认阶段

① 确认阶段的第一步首先是把测试适配器连接到 ATE 上,使用"确认"工作模式,在没有 UUT 的情况下执行测试程序,这样做是为验证激励出现在指定的接口点,以便保护 UUT。然后把 UUT 连接到 ATE 上,执行每个正常通路测试,直到证明测试程序是正确的为止。按以下内容完成验证,即

- 性能限制范围;
- 时间;
- 操作指令;
- 校准程序。

在确认的这一部分,当需要时,可以提出在初始测试文件中未包括、但明显有必要的新要求。当正常通路得到完全确认,并且把好的 UUT 接到 ATE 上以后,再利用"系统确认"工作模式,强迫测试程序通过每个不正常通路,以便验证编码、操作者的互相作用和打印输出。由于此时 UUT 无故障,所以测试诊断能力并没有得到确认。

② 确认阶段的第二步是故障注入。尽管这是一种以试验为基础的经验方法,但这仍是保证程序质量的最重要的方法。这种方法是每次把一个故障引入 UUT 中,每引入一个故障后

就执行程序,确定程序的诊断结果。每当程序正确地隔离了注入的故障或者没有检测到故障时,都应进一步进行分析。在所有情况下,都必须确定注入的故障真正使一个或多个 UUT 工作参数超出了规定的容差。

(5) TPS 验收与交付

① TPS 验收通常按以下步骤进行:
- 提交给用户一个最终的测试文件,并留有足够的时间,用于评审程序和选择验收测试用的故障;
- 对好的 UUT 进行测试,以表明该程序能识别在规定容差内正常工作的 UUT;
- 每次把一个用户代表所选择的故障引入到 UUT 中,执行测试程序;
- 如果故障未被正确地隔离,则应修改程序并重新运行;
- 当验收测试成功完成之后,测试记录应保存起来并由参试人员作证。

② 交付。在验收测试后 30 天或其他规定时间,进行 TPS 最后交付。交付时应包括:
- 验收测试报告;
- 源程序和目标程序;
- 最终测试附件;
- 最终测试文件等。

习 题

1. BIT 信息的内容一般包括哪几项?
2. 与一般故障信息相比,BIT 信息的特点是什么?
3. BIT 信息的存储/记录、显示/报警以及输出的方式方法有哪些?
4. 什么是 UUT 与 ATE 的兼容性?
5. UUT 与 ATE 的兼容性要求包括哪些内容?
6. 如何对 UUT 与 ATE 的兼容性进行评价?
7. TPS 的内涵和作用是什么?
8. TPS 设计要求包括哪些内容?

第12章 测试性预计

12.1 概述

12.1.1 测试性预计的目的和参数

测试性预计是根据测试性设计资料,通过工程分析和计算来估计测试性和诊断参数可能达到的量值,并与规定的指标要求进行比较。测试性预计的主要目的是通过估计测试性指标是否满足规定要求,来评价和确认已进行的测试性设计工作,找出不足,改进设计。预计工作一般是按系统的组成,按由下往上、由局部到总体的顺序来进行。即先分析估计各元件、故障模式的检测与隔离情况,或部件故障能检测与隔离的百分数,再估计 SRU 的故障检测与隔离的百分数,最后预计 LRU 和系统的故障检测率和隔离率等指标。

测试性预计一般应给出下列参数的量值:
- 故障检测率 FDR;
- 故障隔离率 FIR;
- 虚警率(虚警百分数)FAR;
- 故障检测时间 t_{FD};
- 故障隔离时间 t_{FI}。

其中最主要的是 FDR 和 FIR 的预计,若可能还应估计测试费用。虚警率的预计涉及的不确定因素更多,结果不易准确,但它可起到检查是否采取了防止虚警措施的作用。故障检测和隔离时间的预计主要是检查是否符合使用要求、安全要求和 MTTR 要求。

12.1.2 进行测试性预计工作的时机

测试性预计工作主要是在详细设计阶段进行,因为在此阶段测试方案已定,BIT 工作模式、故障检测与隔离方法等也已经确定,考虑了测试点的设置和防止虚警措施,进行了 BIT 软、硬件设计和对外接口设计。需要估计这些设计是否可达到规定的设计指标,以便采取必要的改进措施。

与测试性分配类似,测试性预计也不是一次预计就一劳永逸了。实际上,在确定系统测试性指标时,就要考虑各组成部分可能达到的指标,以及类似产品的经验等,对系统可能达到的指标做了粗略的估计,这就是最初的第一次测试性预计。在第 8 章介绍诊断策略部分中的指标估计即是初步测试性预计。在详细设计阶段可以获得系统更多、更真实的数据,预计的结果可以作为评价是否达到设计要求的初步依据。随着设计工作的进展,应及时修正有关设计数据,预计结果才能更接近实际情况。当系统设计有较大修改时,应重新进行测试性预计。所以测试性预计也是一个不断细化和改进的估计所能达到指标的过程。本章所要介绍的内容是设计后期进行的测试性详细预计。

12.1.3 测试性预计工作的输入和输出

测试性预计是在详细设计基础上进行的,需要尽可能详细准确的信息和数据。主要的输入有:系统及各组成部分的功能描述、划分情况和电路原理图;FMEA 结果;故障率数据;BIT 方案、测试方法和原理;BIT 测试内容和算法;防止虚警措施;测试点的选择结果;维修方案;以及类似产品的测试经验等。

测试性预计工作的输出内容至少应包括:详细功能框图(包括 BITE 和测试点)、部件或故障模式的测试方法清单、预计的数据表和预计结果(包括检测与隔离能力、虚警百分数的预计值以及检测与隔离时间的评定)、不能检测与隔离的功能、部件或故障模式和改进建议。预计工作完成后应写出测试性预计报告。如果要求写出 BIT 分析报告,则内容上还应包括:整个 BIT 方案和每个 BIT 模式应用原理、实现方法的说明;防止虚警措施的描述;以及其他测试方法的说明等(见图 12.1)。

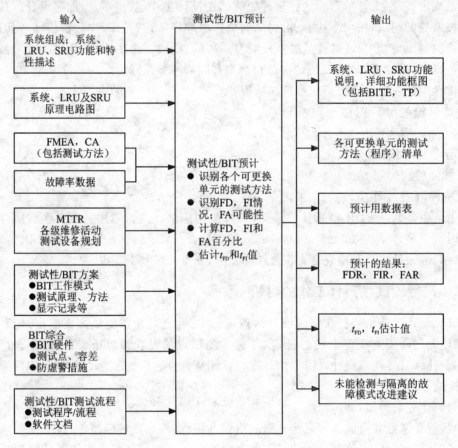

图 12.1 测试性/BIT 预计

测试性预计工作结束后应写出总结报告,作为测试性评审的重要资料。测试性预计的方法有工程常用方法、概率方法和集合论方法等,分别介绍于以下各节。

12.2 工程常用预计方法

工程上常用的测试性预计方法包括 BIT 故障检测与隔离能力的预计、SRU 测试性预计、LRU 测试性预计和系统测试性预计，最后应写出系统 BIT 和测试性预计报告。

12.2.1 BIT 故障检测与隔离能力的预计

BIT 预计工作应在 BIT 分析和设计基础上进行，预计 BIT 故障检测率和隔离率，以及分析防止虚警的可能性。

BIT 预计的主要工作步骤如下。

(1) 准备测试性框图

结合系统的功能划分和固有可测试性设计结果绘制测试性框图，要表示出信号流程和所有功能的相互关系(通路)，必要时为每个功能方框给出描述和说明，并把 BITE 和测试点等标在图中。

(2) BIT 方案分析

分析系统工作前(飞行前)BIT、工作中(飞行中)BIT 和工作后维修 BIT 的工作原理，以及它们所测试的范围、启动和结束条件、故障显示记录情况等。

(3) BIT 算法分析

对 BIT 的所有算法和软件流程进行分析，以识别各种 BIT 模式检测和隔离功能单元、部件或故障模式。

(4) 资料和数据分析

获得 FMECA 资料和可靠性预计数据，以便列出所有的故障模式，掌握故障影响情况和功能单元或部件的故障率，以及故障模式发生频数比。如果未进行 FMECA 和可靠性预计，则应补做。至少应进行 FMEA，并通过可靠性分析得到有关故障率数据。

(5) 故障检测分析

根据前面分析的结果，识别每个故障模式(或功能单元/部件)BIT 能否检测，哪一种 BIT 模式可以检测，并把其故障率数据填入 BIT 预计工作单。

(6) 故障隔离分析

分析 BIT 检测出的故障模式(功能单元/部件)能否用 BIT 隔离，可隔离到几个可更换单元(LRU 或 SRU)上，并把其故障率数据填入 BIT 预计工作单。

(7) 虚警分析

● 根据 BIT 算法和有关电路分析结果，识别防止虚警措施的有效性；
● 分析故障判据、测试容差设置是否合理，以及可能导致虚警的那些因素、事件的频率；
● 分析 BITE 的故障模式和影响，并找出会导致虚警的那些故障模式的故障率。

(8) 填写 SRU 的 BIT 预计工作单

把以上分析结果，即可检测的故障率、可隔离的故障率、以及会导致虚警的事件的频率等数据填入 BIT 预计工作单中(工作单格式见表 12.1)。

表 12.1 BIT 预计工作单

① SRU： 所属 LRU： 分析者： 日期：

② 项目		③ 组成部件		④ 故障率 λ			⑤ 检测 λ_D				⑥ 隔离 λ_{IL}					⑦ 虚警 λ_{FA}	⑧ 测试编号	备注
序号	名称代号	区位编号	λ_P	FM	α	λ_{FM}	PBIT	IBIT	MBIT	UD	1SRU	2SRU	3SRU	1LRU	2LRU			
1	U_1	0111	120	FM_{11}	0.3	36	36	36	36		36			36				
				FM_{12}	0.3	36	36	36	36			36		36				
				FM_{13}	0.4	48	48	48	48		48			48				
2	U_2	0112	40	FM_{21}	0.6	24	24	24	24		24			24				
				FM_{22}	0.4	16	0	16	16		16			16				
3	U_3	0113	28	FM_{31}	0.5	14	14	14	14			14		14				
				FM_{32}	0.5	14	0	0	0	14								
故障率总计						188	158	174	174	14	124	50		174				
预计值/(%)							84.0	92.6	92.6	7.4	71.3	28.7		100				

(9) 计算 SRU 的预计结果

分别计算工作单上各栏的故障率的总和。用公式 FDR＝λ_D/λ 计算 SRU 的故障检测率；用公式 FIR＝λ_{IL}/λ_D 计算 SRU 的故障隔离率；用公式 FAR＝$\lambda_{FA}/(\lambda_D+\lambda_{FA})$ 估计 SRU 的虚警百分数。应当指出的是，虚警百分数的预计是很困难的，只能是粗略估计，起到检查评定防止虚警措施的充分性和有效性的作用。

(10) 计算 LRU、系统的 BIT 预计结果

为求得 LRU 及其系统总的 BIT 故障检测率和隔离率，根据各 SRU 的工作单和 LRU 系统组成，可以先分别计算 LRU、系统总的可检测故障率（λ_D）、隔离故障率（λ_{IL}）和总故障率（λ_s），然后用 FDR 和 FIR 的公式求出 LRU 以及系统的预计指标。

另外，在已知 SRU 的 BIT 预计值时，也可用下面的公式求得系统 BIT 预计值。

$$P_s = \frac{\sum \lambda_i P_i}{\sum \lambda_i} \tag{12.1}$$

式中 P_s——系统指标，可以是故障检测率 FDR 或者故障隔离率 FIR；

P_i——SRU 指标，为与 P_s 对应的故障检测率 FDR 或者故障隔离率 FIR。

(11) 结果分析

● 把 BIT 预计值与要求值进行比较，看是否满足要求；
● 列出 BIT 不能检测或不能隔离的故障模式和功能，并分析它们对安全、使用的影响；
● 必要时提出改进 BIT 的建议。

BIT 的分析预计过程如图 12.2 所示。

BIT 预计工作单填写说明：BIT 预计工作单的推荐格式如表 12.1 所列，各栏的填写内容说明如下。

① 栏 写明 SRU 和所属 LRU 名称或代号。最后，LRU 和系统的 BIT 故障检测率和隔

```
                        有关设计资料
                             │
                             ▼
                      ┌─────────────┐
                      │  功能层次图   │
                      │  测试性框图   │
                      └─────────────┘
                             │
                             ▼
              ┌─────────────────────┐         ┌─────────────────────┐
              │ BIT 方案分析          │         │ FA分析               │
              │ ● BIT模式、软件、硬件 │────────▶│ ● BIT可导致FA的 $\lambda_B$ │
              │ ● 存储、显示等        │         │ ● 造成FA事件的频率    │
              └─────────────────────┘         │ ● 预防FA措施          │
                             │                 └─────────────────────┘
                             ▼                           │
              ┌─────────────────────┐                    ▼
              │ BIT 的诊断方法        │         ┌─────────────────────┐
              │ ● 诊断流程、算法      │         │  填写BIT预计工作单    │
              │ ● 检测信号、容差等    │         └─────────────────────┘
              └─────────────────────┘                    │
                             │                           ▼
                             ▼                 ┌─────────────────────┐
              ┌─────────────────────┐         │ 计算各部分预计值      │
              │ FMECA/FMEA           │         │ FDR= $\lambda_D/\lambda$ │
              │ ● $\lambda$ 数据      │         │ FIR= $\lambda_{IL}=\lambda_D$ │
              │ ● FM检测方法          │         │ FAR= $\lambda_{FA}/(\lambda_{FA}+\lambda_D)$ │
              │ ● $\lambda_{FM}=\alpha\lambda_p$ │         └─────────────────────┘
              └─────────────────────┘                    │
                             │                           ▼
                             ▼                 ┌─────────────────────┐
              ┌─────────────────────┐         │ 综合系统预计值        │
              │ FD分析               │         │ ● FDR$_s$=$\sum \lambda_i$FDR$_i$/$\sum \lambda_i$ │
              │ 各FM能被哪种BIT模    │         │ ● BIT不能检测到的FM   │
              │ 式、测试方法检测到,  │         └─────────────────────┘
              │ 其 $\lambda_{FM}$ 是多少  │                    │
              └─────────────────────┘                    ▼
                             │                 ┌─────────────────────┐
                             ▼                 │ BIT 预计报告          │
              ┌─────────────────────┐         │ ● 结论                │
              │ FI分析               │         │ ● 建议                │
              │ 可检测的FM能被哪种BIT模式、│    └─────────────────────┘
              │ 测试方法隔离到几个SRU,│
              │ LRU, 其 $\lambda_{FM}$ 是多少 │
              └─────────────────────┘
```

图 12.2　BIT 分析预计过程

离率可由各 SRU 的预计值计算出。

② 栏　写明 SRU 内部被分析的功能单元（或元件、器件）的名称、代号及序号。

③ 栏　写明功能单元（或元件、器件）的区位编号和故障率 λ_p。

④ 栏　填写功能单元（或元件、器件）的失效模式（FM）、失效模式发生频数比（α）及其故障率（λ_{FM}），三者的关系如下：

$$\lambda_{FMi} = \alpha_i \lambda_p \tag{12.2}$$

$$\sum \lambda_{FMi} = \lambda_p \tag{12.3}$$

$$\sum \alpha_i = 1$$

有时在此栏的前边或后边还有 β 栏，β_i 是产品发生故障模式 i 导致任务失效的概率。β_i 的估计值是:任务丧失时为1;任务很可能丧失时为0.1~1;可能丧失时为0~0.1;对任务无影响时为0。β值可供分析未检测故障影响时参考,计算FDR,FIR时无用。

⑤栏 填写BIT可检测的失效模式的故障率:
   PBIT——飞行中(系统运行中)BIT可检测的;
   IBIT——飞行前(系统运行前)BIT可检测的;
   MBIT——飞行后(运行后维修)BIT可检测的;
   UD——三种BIT未能检测到的。

⑥栏 填写BIT隔离的失效模式的故障率。其中,1SRU,2SRU和3SRU分别表示该故障模式可隔离到1,2和3个SRU;1LRU,2LRU分别表示该故障模式可隔离到1个LRU和2个LRU。

⑦栏 填写未防止的可导致虚警事件的频率,也包括BITE失效会导致虚警发生的频率。

⑧栏 填写对应的BIT算法或BIT硬件编号(BIT电路/软件可以位于SRU内,或者LRU内,或者是系统级BIT)。

12.2.2 系统测试性预计

系统或分系统测试性预计,是根据系统设计的可测试特性来估计可达到的故障检测能力和故障隔离能力。所用检测方法包括BIT、驾驶员(操作者)观测和维修人员的计划维修等。系统测试性预计的主要工作如下。

(1) 准备测试性框图

以系统功能框图为基础,根据设计的可测试特性,把BITE、测试点(TP)及其引出方法标注在框图上。框图的每个功能可附有必要的说明,要表示各功能块(LRU或SRU)的输入/输出通路,以及它们之间的相互关系。

(2) 取得失效模式和故障率数据

各功能块的失效模式和故障率数据是测试性分析预计的基础,可从FMECA和可靠性预计资料中得到这些数据。如没有这些资料,则应先进行可靠性预计和FMEA工作。

(3) 取得BIT分析预计的结果

根据12.2.1节BIT预计结果,得到BIT可以检测和隔离有关失效模式的故障率数据。如未进行单独BIT预计工作,那么应按上一节叙述的内容和方法进行必要的分析和预计,以便取得必要数据。

(4) 驾驶员(或操作者)可观测故障分析

根据测试特性设计(如故障告警、指标灯和功能单元状态指示器等),分析判断驾驶员可观测或感觉到的故障及其故障率;或者从FMEA表格中得到有关数据。

(5) 维修故障检测分析

分析系统维修方案和计划维修活动安排、外部测试设备规划及测试点的设置等,识别通过维护人员现场维修活动可以检测的故障及其故障率;或者从维修分析资料和FMEA表格中得到这些数据。

(6) 填写系统测试性预计工作单

把以上分析的结果,即用各种方法可检测和隔离的失效模式的故障率填入系统测试性预计工作单中,工作单格式如表 12.2 所列。

表 12.2 系统可测试性预计

① 系统/分系统:　　　　分析者:　　　　日期:

② 项目		③ 部件		④ 故障率 λ			⑤ λ_D(检测的)						⑥ λ_{IL}(隔离的)			测试编号	备注
序号	名称代号	编号	λ_{SR}	FM	α	λ_{FM}	B	P	M	UD	d	λ_d	1LRU	2LRU	3LRU		
1	LRU_1	SRU_{11}	120	FM_1	0.3	36	36				1	36	36				
				FM_2	0.3	36	36				1	36	36				
				FM_3	0.4	48			48		1	48	48				
		SRU_{12}	40	FM	1	40	40				1	40	40				
		SRU_{13}	14	FM	1	14				14	0						应改进
2	LRU_2	SRU_{21}	477	$FM_{1\sim6}$	1	477	477				1	477	477				
		SRU_{22}	53	$FM_{1\sim3}$	1	53		53			1	53		53			
3	LRU_3	SRU_{31}	186	$FM_{1\sim4}$	1	186	186				1	186	186				
故障率总计						890	775	53	48	14		876	823	53			
检测率隔离率预计值							87.1	5.95	5.39	1.57			93.9	6.1			
检测率隔离率要求值																	

(7) 计算系统的故障检测率和隔离率

分别计算系统总的故障率(λ)、可检测的故障率(λ_D)和可隔离的故障率(λ_I):

用公式 $FDR=\lambda_D/\lambda$ 计算故障检测率;

用公式 $FIR_L=\lambda_{IL}/\lambda_D$ 计算故障隔离率。

如各个 LRU 是单独预计的,则可用公式 $FDR_s = \sum \lambda_i FDR_i / \sum \lambda_i$ 计算整个系统的预计指标。

(8) 不能检测的故障分析

列出用 BIT、驾驶员观测和计划维修都不能检测的故障模式,并按其影响和发生频率来分析对安全和使用的影响,以便决定是否需要进一步采取改进措施。

(9) 预计结果分析

把以上分析和预计的结果,与规定的系统测试性要求进行比较,评定是否满足要求,必要时提出测试性设计上的改进建议,并使建议得到贯彻执行。

系统测试性预计工作单填写说明:系统级测试性工作单的推荐格式如表 12.2 所列,各栏填写内容说明如下。

① 栏　填写所分析系统或分系统名称。

② 栏　填写组成系统的 LRU 名称或代号。

③ 栏　填写组成 LRU 的部件(SRU)名称或代号及其故障率。

④ 栏　填写 SRU 的失效模式(FM)、发生频数比(α)及其故障率(λ_{FM})数据。FM,α 由 FMEA 和 CA 表格中得到。

$$\lambda_{FM} = \alpha \lambda_{SR}$$

⑤ 栏　填写可检测的失效模式的故障率。

  B——用 BIT 可检测到的；

  P——驾驶员可以发现的；

  M——按维修方案计划维修可检测的；

  UD——以上三种方式都检测不到的；

  d——可检测系数，完全可检测到时 $d=1$，完全不能检测时 $d=0$，如果某个失效模式的检测还依赖于其他因素和条件，又不容易判定其影响（如有渗漏情况下的是否为故障的判断），则 $d = 0.5$；

  λ_D——可检测的故障率，$\lambda_D = d\lambda_{FM}$。

⑥ 栏　填写可隔离到 1 个 LRU，2 个 LRU 或 3 个 LRU 的故障率。

12.2.3　LRU 测试性分析预计

对于系统中每个 LRU（特别是非电子类的）应该进行测试性分析和预计。该预计一方面为系统测试性预计打下基础，另一方面可评定检查 LRU 的设计特性能否达到测试性要求，即通过 BIT、外部测试设备（ETE）和观察测试点（TP）等方法检测故障和隔离故障到 SRU 的能力。

1. 分析预计需要输入的主要资料

- LRU 的测试性框图；
- LRU 的接线图、流程图和机械布局图等；
- 可靠性预计和 FMFA(CA) 结果；
- 内部、外部观察测试点位置；
- 工作连接器和检测连接器（插座）输入/输出（I/O）信号；
- LRU 的 BIT 设计资料；
- 有关 LRU 维修方案、测试设备规划的资料。

2. 根据资料进行分析工作

① BIT 分析。分析 LRU 的 BIT 软件和硬件可检测和隔离哪些失效模式，它们的故障率是多少。

② 输入/输出（I/O）信号分析。分析工作连接器 I/O 信号可检测和隔离哪些失效模式及其故障率；分析专用检测连接器 I/O 信号可检测哪些失效模式及其故障率数据。所有 I/O 信号中，若 BIT 已用的（BIT 分析中已考虑了），这里不再分析。

③ 观察测试点（TP）分析。观察点或指示器可能放在 LRU 外壳（前面板）上，而这里指的测试点是未引到连接器上的内部测试点，可在打开 LRU 面板而不拔出 SRU 板的情况下即可检测和隔离故障。

以上①是分析 BIT 检测和隔离故障的能力；②是分析利用 ETE（自动的或半自动的）可检测和隔离哪些失效模式，而③是分析人工可方便地检测和隔离哪些失效模式。

④ 把以上分析所得数据填入 LRU 测试性分析预计工作单，并计算故障检测率和隔离率。

⑤ 将预计结果与要求值进行比较，必要时提出改进 LRU 测试性设计建议。

LRU 测试性分析/预计工作单格式如表 12.3 所列，各栏内容填写方法与 BIT 预计和系统

测试性预计工作单类似。其中⑤栏填写的可检测故障率是:
- BIT——LRU 内 BIT 可检测的;
- 连接器 I/O——工作插头和检测插头上 I/O 信号可检测的(自动和半自动测试);
- 内部 TP——观察点、指示器和内部测试点可检测的(人工测试)。

表 12.3 LRU 测试性分析/预计

①LRU:　　　　所属系统:　　　　分析者:　　　　日期:

②项目		③组成部件		④故障率			⑤ λ_D(检测)				⑥ λ_{IL}(隔离)			⑦ BIT 或 I/O 编号	⑧ 备注
序号	名称代号	编号	λ_P	FM	α	λ_{FM}	BIT	连接器 I/O	内部 TP	UD	1SRU	2SRU	3SRU		
1	SRU$_1$	U$_1$	80	FM$_1$	0.2	16	16					16			
				FM$_2$	0.3	24		24				24			
				⋮											
2	SRU$_2$	U$_2$	60	FM$_1$	0.5	30	30						30		
				FM$_2$	0.1	6			6		6				
				⋮											
⑨ 故障率总计															
⑩ 检测率、隔离率预计值															

12.2.4 SRU 测试性分析预计

SRU 的测试性分析预计的目的和方法与 LRU 的相同,只是分析的对象是组成 LRU 的各个 SRU。SRU 测试性分析预计工作单的格式如表 12.4 所列,这里不再重述。

表 12.4 SRU 测试性预计/分析

① SRU:　　　　所属 LRU:　　　　分析者:　　　　日期:

②项目		③组成元部件		④故障率			⑤ λ_D(检测)			⑥ λ_I(隔离到元部件)				⑦ I/O 编号	⑧ 备注
序号	名称代号	区位	代号	λ_p	FM	α	λ_{FM}	连接器 I/O	板上 TP	UD	1个	2个	3个	4个	
⑨ 故障率总计															
⑩ 检测率、隔离率预计值															

前面介绍的测试性预计方法和推荐的预计工作单格式是以失效模式为基础统计的。此外,以输入/输出信号或部件的功能故障及其故障率来分析统计也是可以的。

关于平均故障检测时间和隔离时间的预计与维修性预计方法一样。BITE 和 ETE 的可靠性和维修性问题,也可按一般系统或设备的可靠性和维修性分析预计方法进行,这里不再详述。

12.2.5 其他参数的预计问题

1. FAR 预计

12.2.1~12.2.4 这四节讲的主要是 FDR 和 FIR 的预计问题。其中 FAR 的预计较难进行,结果也更不准确。还可以采取另外的分析方法来评价减少虚警的设计工作。这些分析工作是:

- 分析所设计的每项测试(包括参数测试、故障判定和报警逻辑)是否采取了有效减少虚警的措施;
- 统计采取了减少虚警措施的测试数目 N_1;
- 统计未采取减少虚警措施的测试数目 N_2;
- 计算未采取减少虚警措施的测试所占测试总数的百分比 $R_{FA}=N_1/(N_1+N_2)$,它反映采取减少虚警措施的覆盖面;
- 分析 N_2 中各项测试发生虚警的可能性,对于其中属于很可能发生虚警的,应采取必要措施。

2. 平均故障检测时间 t_{FD} 的预计

t_{FD} 一般是指从开始检测故障到 BIT/ATE 检测出故障并给出指示所用时间的平均值。可用下式来计算,即

$$t_{FD} = \sum_{i=1}^{n_D} \lambda_i t_{Di} / \sum_{i=1}^{n_D} \lambda_i \tag{12.4}$$

式中 t_{Di}——第 i 个故障检测时间,根据检测第 i 个故障的具体程序来估算;

λ_i——第 i 个故障的故障率;

n_D——检测故障次数。

对于 BIT 用于实时监测的情况,计算 t_{Di} 时应考虑 BIT 检测程序的执行频率(或间隔时间)。因为这时更关心的是从故障发生到给出故障指示(报警)的时间,此时间越短越好,以便及时采取措施。

3. 平均故障隔离时间 t_{FI} 的预计

t_{FI} 是指完成故障隔离所用时间的平均值,可用下式计算,即

$$t_{FI} = \sum_{i=1}^{n_I} \lambda_i t_{Ii} / \sum_{i=1}^{n_I} \lambda_i \tag{12.5}$$

式中 t_{Ii}——第 i 个故障隔离时间,根据第 i 个故障的隔离程序确定;

n_I——隔离故障次数;

λ_i——第 i 个故障的故障率。

4. 诊断树的平均测试时间 t_D 预计

上述 t_{FD} 和 t_{FI} 预计是针对各个故障的检测程序和隔离程序来计算的。如果故障检测与隔离(即诊断)程序是以诊断树形式出现,则可用下式来估算诊断测试时间,即平均故障诊断时间 t_D。

$$t_D = \sum_{i=1}^{m} P_i \left(\sum_{j=1}^{K_i} t_j \right)_i \tag{12.6}$$

式中 P_i——诊断树各树叶(各分支的终点)的发生概率,对应"无故障"分支为 UUT 无故障

概率，其他分支为故障概率；

m——诊断树的分支数；

t_j——第 i 个分支上第 j 个节点的测试时间；

K_i——第 i 分支上的测试（即节点）数。

由式(12.6)计算出的 t_D 即为 UUT 在使用中进行多次诊断测试后，平均每次诊断所用时间的估计值。其中 P_i 数据可从 UUT 可靠性设计分析资料中得到。

如果要预计故障检测、隔离和诊断费用，则把上面几个公式中的 t_{Di}，t_{Ii} 和 t_j 用相应的费用数据代替即可。

12.3 概率方法

12.3.1 常用方法存在的问题和故障责任数据

1. 常用方法存在的问题

在工程上现在常用的方法和 MIL—STD—2165 给出的方法中，计算 FDR 时要求有 UUT 的故障率数据和故障检测说明资料，分解 UUT 为各个故障类（或元部件、或故障模式），分配故障率给每个故障类，然后把诊断能力检测的故障类的故障率加起来除以总的故障率。在 MIL—STD—2165 中计算 FIR 还要求各故障类的故障率和相关的故障特征。这些方法用于现代诊断能力分析时，存在如下的问题。

① 在计算 FDR 中，必须分解 UUT 为互不相交的故障类，并确定哪个故障类被检测了，哪个未被检测。划分故障类可以通过分解 UUT 为部件组和小的区域来实现。但是，如果假定诊断能力可达的每个区域的所有故障都被检测到了，就会导致太乐观的 FDR 估计。例如，通过几个数相乘并检查其结果的方法来测试一个乘法装置，是一项普通的测试技术，但它通常不能检测乘法装置的所有故障。为了确定固定"0"或"1"(s—a—0/1)类型故障中有多少被检测到和多少未被检测到，需要进一步分解乘法装置和故障仿真，需要门级电路模型，因此这可能做不到或不能实际构成。s—a—0/1 故障仅是全体故障的一个子集，其他故障的覆盖方法还在研究之中。

② 另外的问题是现代诊断技术使用了功能测试和重叠策略。在这种策略下，一个测试专用于检测某个装置的故障，另外一个测试检测另一个装置，同时也检测前一个装置。这样就有更多故障被检测的可能性，如忽略了这些，就会使 FDR 估计值不准确。因此，对某个装置需要分析评价运用于它的所有测试，即除分析为此装置设计的测试程序之外，还应分析用于此装置的所有附加测试，而常规的分析预计方法没有这样做。

③ 第三个问题是在计算 FIR 时，MIL—STD—2165 要求建立每个故障类的"故障特征"，在应用功能测试和重叠策略的系统中，这是个很困难的工作。例如，考虑前面乘法装置检测的例子，如还有另外一个测试也检测此乘法装置，则两个测试可用四个特征，即对于有的故障两个测试都失败；另外的故障两个测试都成功；也有的故障一个测试失败，一个测试成功；也可能有的故障测试一个成功，另一个失败。为找出故障和特征的对应关系，就需要进一步分解乘法装置，这重复了检测时的故障仿真问题。应用先进 CAD 技术设计的装置包含许多 VLSI 和专利设计，进行各种测试激励条件下的故障仿真是不现实的。

上述这些问题的存在推动了新的诊断能力分析方法的研究。

2. 故障测试责任数据

下面将要介绍的新的测试性和诊断能力分析预计方法（概率方法和集合论方法）都是以故障测试责任数据为基础的。新的分析方法中把 UUT 分解为单独的故障类，而所用诊断被分解为单独的测试。故障类可以定义为部件组、部件、部件的功能、元件或故障模式。测试可以包括单个测试步骤、单个 BITE 功能操作，或一组测试步骤、测试程序和/或 BIT 硬件操作。两种新的分析方法都需要以下信息：

- 测试列表和其可能的输出结果；
- 考虑的 UUT 全面故障类列表（最好不相交）及故障率；
- 每一故障导致各测试输出的百分数 f_{ij}；
- 诊断输出结果与可能的测试输出结果的关系——判断逻辑。

前三项信息可以用故障测试责任数据表来综合，以便于分析，如表 12.5 所列。该表用故障类识别符 FC_i 作为行的标志，以测试输出识别符 T_j 作为列标志。表中应该填写的信息内容是故障类 i 引起测试 j 输出的百分数 f_{ij}。

表 12.5　故障测试责任数据表

故障类	测试输出			故障率
	T_{01}	T_{02}	T_{03}	
FC_1	f_{11}	f_{12}	f_{13}	
FC_2	f_{21}	f_{22}	f_{23}	
FC_3	f_{31}	f_{32}	f_{33}	

为使这项内容填写得更准确，可以应用分层次深入分析的方法，将各故障类和测试进一步分解并分析其责任数据，然后把结果综合到表 12.5 中，如表 12.6 所列。

上述这些故障诊断能力分析信息，需要设计者通过诊断设计资料分析 FMEA/FMECA 和（或）工程判断来获得，分析得越深入细致，估计的 FDR 和 FIR 越准确。

表 12.6　分层次故障测试责任数据表

故障类	测试输出				故障率
	T_{01}	T_{02}	T_{03}		
FC_1					
FC_2			$T_{03,1}$	$T_{03,2}$	
			$FC_{2,1}$		
			$FC_{2,2}$		
			$FC_{2,3}$		
			$T_{03} = (T_{03,1}) \text{OR} (T_{03,2})$		
FC_3					

12.3.2 概率方法的简单例子

概率方法假设故障检测事件是独立的,这一节通过简单例子来说明概率方法的应用。

先考虑单一故障类的简单情况。假设已知:故障类 F_1 由测试 1 检测总是不正常的,或者由测试 2 检测不正常而测试 3 检测正常,即 F_1 用三个测试进行诊断,按各测试输出是正常或不正常(通过或不通过),可得出如下用逻辑变量 d 和 t 表示的判断逻辑:

$$d = t_1 + t_2 \bar{t}_3$$

式中 t_i——测试 i 的输出,其取值为 1 或 0。测试不通过,t_i 已发生时为 1;否则为 0。各 t_i 之间用逻辑或(加号)或者逻辑与(乘号)连接。

d——诊断输出。$d=1$ 表示诊断输出为"真",表示 d 已经或将会发生,能够诊断出故障。

作为 FIR 计算的一部分,值得关心的是实际引起诊断输出发生($d=1$)的 F_1 故障的百分数,这需要各测试的责任数据 f_{ij} 的具体量值。在此例中,$f_{11}=0.9$, $f_{12}=0.8$, $f_{13}=0.05$,如表 12.7 所列。注意,在这里对于所有的 j,f_{ij} 值之和不需要等于 1。

表 12.7 测试责任数据示例

故障类	测试输出		
	t_1	t_2	t_3
F_1	f_{11} 0.9	f_{12} 0.8	f_{13} 0.05

在概率方法中,把所有的百分数作为概率处理,即故障类 F_i 导致 $d=1$ 的百分数被认为是 F_i 发生时给出 $d=1$ 的概率,或者表示为 $P(d=1|F_i)$。f_{ij} 被认为是 F_i 发生时给出测试输出 t_j 发生的概率,或者表示为 $P(t_j=1|F_i)$。根据 $P(t_j=1|F_i)$ 计算 $P(d=1|F_i)$ 时需要重复应用有关的标准概率公理和定理。

为了便于理解,将这些重要概率特性列在下面。其中,使用符号 a 和 b 代表两个事件,符号 $P(x)$ 表示的含义为 $P(x=1)$。

特性 1 $P(\bar{a}) = 1 - P(a)$ (12.7)

特性 2 $P(a+b) = P(a) + P(b) - P(ab)$ (12.8)

特性 3 $P(ab) = P(a) \times P(b)$ (如果事件 a 和 b 是独立的)   (12.9)

现在可以应用上述特性,根据 $P(t_j|F_i)$ 和判断逻辑来计算 $P(d|F_i)$ 值了。因为所有的概率都是以 F_i 发生为条件的,所以下面将省略条件概率符号。

① $P(\bar{t}_3) = 1 - P(t_3)$;

② $P(t_2 \bar{t}_3) = P(t_2)[1 - P(t_3)]$,$t_2$ 和 t_3 是独立的;

③ $P(d) = P(t_1 + t_2 \bar{t}_3) = P(t_1) + P(t_2 \bar{t}_3) - P(t_1)P(t_2 \bar{t}_3)$,$t_1$ 独立于 t_2 和 t_3。

把②的结果代入③,并转到符号 f_{ij},则

$$P(d=1|F_1) = f_{11} + f_{12}(1-f_{13}) - f_{11}f_{12}(1-f_{13}) =$$
$$0.9 + 0.8(1-0.05) - 0.9 \times 0.8(1-0.05) = 0.976$$

12.3.3 更复杂的例子

现在假设具有四个故障类和三个测试的例子,其故障测试责任数据如表12.8所列。

表12.8 故障测试责任数据示例

	t_1	t_2	t_3
F_1	0.95	0.25	0
F_2	0.1	0.95	0.01
F_3	0	0.1	0.95
F_4	0	0.15	0.9

假设有四个感兴的诊断输出,分别如下。

故障检测的:d_0=检测的故障;

故障隔离的:d_1=可更换单元 A 中的故障(故障类 F_1);

d_2=可更换单元 B 中的故障(故障类 F_2);

d_3=可更换单元 C 中的故障(故障类 F_3 或 F_4)。

每个诊断输出的判断逻辑为

$$d_0 = t_1 + t_2 + t_3$$
$$d_1 = t_1$$
$$d_2 = t_2 \bar{t}_1$$
$$d_3 = t_3$$

1. 计算 FDR 程序

步骤1:计算 $f_1 = P(d_0=1|F_1)$,F_1 故障导致 $d_0=1$ 的百分数。

① $f_{11}=0.95, f_{12}=0.25, f_{13}=0$

② $P[(t_1+t_2)|F_1] = P(t_1)+P(t_2)-P(t_1)P(t_2) =$
    $0.95+0.29-0.95 \times 0.25 = 0.9625$

③ $P[(t_1+t_2)+t_3|F_1] = P(t_1+t_2)+P(t_3)-P(t_1+t_2)P(t_3) =$
    $0.9625+0+0.9625 \times 0$

    即 $f_1 = 0.9625$ (取两位为 0.96)

步骤2:计算 $f_2 = P(d_0=1|F_2)$。

① $f_{21}=0.1, f_{22}=0.95, f_{23}=0.01$

② $P(t_1+t_2|F_2) = 0.955$

③ $P[(t_1+t_2)+t_3|F_2] = 0.955+0.01-0.955 \times 0.01 = 0.95545$

    即 $f_2 = 0.95545$ (取两位为 0.96)

步骤3:计算 $f_3 = P(d_0=1|F_3) = 0.955$ (取两位为 0.96)。

步骤4:计算 $f_4 = P(d_0=1|F_4) = 0.915$ (取两位为 0.92)。

步骤5:假设所有故障类是不相交的,则

$$\text{FDR} = \sum_{i=1}^{4} \lambda_i f_i \Big/ \sum_{i=1}^{4} \lambda_i \tag{12.10}$$

当假设各故障类的故障率 λ_i 均相同时,FDR=3.80/4=0.95。

可以看出式(12.10)与 MIL—STD—2165 中系统 FDR 计算公式是相同的,不同的是获得 f_i 值的方法。概率方法需要首先依据确定判断逻辑分析故障测试责任数据,计算出各 f_i 值。一般说来概率方法需要更多的工作,以便在测试覆盖重叠时提供更准确的预计值。需要指出的是在没有测试覆盖重叠的情况下(即对于所有 $i\neq j$ 时,$f_{ij}=0$),这个分析方法即简化为常用方法了(MIL—STD—2165 的)。

2. 计算 FIR 程序

对于计算故障隔离率 FIR 来说,关心的是隔离到单一可更换单元的所有诊断输出。在这里将不考虑那些诊断结果的可更换单元数(模糊度)大于 1 的诊断输出。分两种情况来讨论:情况 1 是认为 FIR 定义为所有故障正确隔离到单个可更换单元的百分数;情况 2 是认为 FIR 定义为已检测故障正确隔离到单个可更换单元的百分数。

情况 1:所有故障正确隔离到单个可更换单元的百分数(FIR_t)。

步骤 1:计算 $f_1=P(d_1=1|F_1)$,如果 F_1 发生了,则诊断输出 $d=1$ 表示 F_1 正确隔离到可更换单元 A。因为 $d_1=t_1$,所以根据表 12.8 数据可计算出 f_1 值。

$$f_1=P(t_1=1|F_1)=f_{11}=0.95$$

步骤 2:计算 $f_2=P(d_2=1|F_2)$,是 F_2 故障正确隔离单个可更换单元的百分数。F_2 故障的隔离相当于 $d_2=1$。假设 t_2 和 t_1 是独立的,应用概率特性 1,可以计算出 f_2 值。

$$f_2=P(t_2\bar{t_1}|F_2)=P(t_2)[1-P(t_1)]=0.95(1-0.1)=0.855$$

步骤 3:计算 $f_3=P(d_3=1|F_3)=P(t_3|F_3)=0.95$。

步骤 4:计算 $f_4=P(d_3=1|F_4)=P(t_3|F_4)=0.9$。

步骤 5:计算 $FIR=\sum \lambda_i f_i/\sum \lambda_i$,假设各故障类不相交且故障率相等,则

$$FIR=(0.95+0.86+0.95+0.9)/4=0.92 \quad (\text{取两位})$$

情况 2:已检测故障正确隔离到单个可更换单元的百分数(FIR_d)。

一般情况下,对已隔离的故障(即 $d_i=1$),可以认为它已被检测到(即 $d_0=d_1+d_2+\cdots$),这通常是正确的。所以这里不处理"隔离不意味着检测"的情况。

当"隔离意味着检测"时,则承认 $FIR_t\leq FDR$,因为隔离故障是检测故障的子集。已检测故障正确隔离的百分数 FIR_d 可用下式计算,即

$$FIR_d=FIR_t/FDR \tag{12.11}$$

对于上面的例子,$FIR_d=0.92/0.95=0.968$(取两位有效数为 0.97)。

12.4 集合论方法

概率方法中的测试事件独立假设,在许多情况下可能是不成立的。这一节给出的基于故障测试责任数据的集合论方法,不需要这种测试独立假设。

12.4.1 专用测试的 FDR

在通常情况下,假设测试输出 t_i 和故障类 F_i 存在着一对一的对应关系,仅在 F_i 中某故障发生时,才有 $t_i=1$(即只有专用的测试功能)。除非 $i=j$,$f_{ij}\neq 0$;否则 $f_{ij}=0$(即所有故障类是不相交的),并且至少有一个 $t_i=1$ 时,检测才发生。

例如，对于有三个故障类和三个测试的例子，其故障责任数据如表12.9所列。

表12.9 故障责任数据示例

	t_1	t_2	t_3	λ_i
F_1	f_{11}	0	0	λ_1
F_2	0	f_{22}	0	λ_2
F_3	0	0	f_{33}	λ_3

故障检测诊断输出 d 逻辑表达式为 $d = t_1 + t_2 + t_3$。其故障检测率为

$$\mathrm{FDR} = (\lambda_1 f_{11} + \lambda_2 f_{22} + \lambda_3 f_{33})/(\lambda_1 + \lambda_2 + \lambda_3)$$

对于有 N 个故障类的情况，用下式计算，即

$$\mathrm{FDR} = \sum_{i \neq 1}^{N} \lambda_i f_{ii} \Big/ \sum_{i=1}^{N} \lambda_i \tag{12.12}$$

12.4.2 重叠覆盖的FDR

很可惜，在大多数现代诊断设计中，所有诊断资源致力于专用测试功能的假设是不成立的，这是因为普遍有效地使用了功能测试和重叠BIT技术，并且系统各组成单元之间相互的电气连接关系不利于故障隔离操作。所以，研究故障检测判断逻辑依赖于组合测试输出时的FDR分析计算问题是非常必要的。在此假设有一个故障类 F_1 和两个测试输出 t_1 和 t_2，分别对如下四种情况进行研究。

1. 情况1：判断逻辑为逻辑加的情况

假设判断逻辑为 $d = t_1 + t_2$，根据FDR的定义，在只一个故障类时，FDR可用下式计算，即

$$\mathrm{FDR} = \frac{S(T_1 + T_2)}{S(F_1)} \tag{12.13}$$

式中　F_i——故障类 i 是一些物理故障的集合；

　　　T_j——当故障单个发生时导致 $t_j = 1$ 的故障集合；

　　　$S(x)$——集合 x 内的元素总数。

如果给出对应的 f_{11} 和 f_{12} 值，则可按定义，有 $S(T_1)/S(F_1) = f_{11}$ 和 $S(T_2)/S(F_1) = f_{12}$，据此可以写出

$$\mathrm{FDR} = f_{11} + f_{12} - S(T_1 T_2)/S(F_1)$$

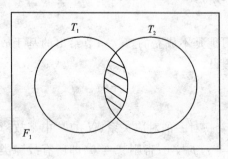

图12.3 重叠测试覆盖

但很遗憾，因为不知道 $(T_1 T_2)$ 的技术规范，所以FDR还是不能确切地计算出来。此问题显示在图12.3中。因为规定 T_1 和 T_2 之间的重叠大小通常是不现实的，希望至少能够考虑所有可能的重叠状况，计算出FDR的区间。下面的定理1给出这种情况下的FDR最优区间，注意因为仅有一个故障类，无故障率问题。

定理1：假设仅有单个故障类 F_1，令 $d = t_1 + t_2$，

使 $d=1$ 的故障百分数为 FDR,则

$$\text{FDR} = [\max\{f_{11}, f_{12}\}, \min\{1, f_{11}+f_{12}\}] \quad (12.14)$$

此区间是最优的(即下限是最大的下限,而上限是最小的上限)。

证明:

FDR 最小的上限对应最大的 T_1 与 T_2 的和集,这个最大和集对应最小的交集。如果 $S(T_1)+S(T_2) \leqslant S(F_1)$ 此交集是零,则在此情况下 FDR $= f_{11}+f_{12}$;如果 $S(T_1)+S(T_2) \geqslant S(F_1)$,则最小的交集是使 $S(T_1)+S(T_2)=S(F_1)$ 时的交集,此时 FDR$=1$。所以最小的上限值是 $(f_{11}+f_{12})$ 及 1 之中的小者。

FDR 最大的下限对应 T_1 及 T_2 最小的和集,或最大的交集。如果 $S(T_1) \leqslant S(T_2)$,则当 T_1 是 T_2 的子集时交集最大,此时 FDR $= f_{12}$;如果 $S(T_1) \geqslant S(T_2)$,则当 T_2 是 T_1 的子集时交集最大,此时 FDR $= f_{11}$。所以最大的下限值是 f_{11} 及 f_{12} 中的大者。

证毕。

2. 情况 2:判断逻辑为逻辑乘的情况

再次假设是单故障类和两个测试输出情况,判断逻辑规定为 $d=t_1 t_2$。这可能代表着减少虚警设计策略的一部分。这时 FDR 可用下式计算,即

$$\text{FDR} = \frac{S(T_1 T_2)}{S(F_1)}$$

正像情况 1 那样,当仅知道 f_{11} 和 f_{12} 时,这个公式还是计算不出 FDR,因为交集的大小是未知的。但如情况 1 那样可以导出其最优的区间。

定理 2: 给出单一故障类 F_1 和判断逻辑 $d=t_1 t_2$,使 $d=1$ 的故障百分数 FDR 服从如下区间:

$$\text{FDR} = [\max\{0, f_{11}+f_{12}-1\}, \min\{f_{11}, f_{12}\}] \quad (12.15)$$

此区间是最优的(即上限是最小的上限,而下限是最大的下限)。

证明:

FDR 最小上限对应于 T_1 和 T_2 的最大交集。当 T_1 是 T_2 的子集,或者 T_2 是 T_1 的子集时,则出现最大交集。如果 T_1 是 T_2 的子集,则交集大小为 $S(T_1)$,此时 FDR $= f_{11}$;如果 T_2 是 T_1 的子集,交集的大小是 $S(T_2)$,则 FDR $= f_{12}$。所以最小上限是 f_{11} 和 f_{12} 之中的小者。

FDR 最大下限对应于 T_1 和 T_2 的最小交集。如果 $f_{11}+f_{12} \leqslant 1$,那么最小交集在 T_1 和 T_2 不相交时出现,即此交集大小为零;如果 $f_{11}+f_{12} > 1$,那么最小交集大于零,它是 $f_{11}+f_{12}$ 等于 1 时的交集,很清楚,此最小交集等于 $f_{11}+f_{12}-1$,因为 $S(T_1+T_2)=f_{11}+f_{12}-S(T_1 T_2)$。所以,最大下限是 0 和 $f_{11}+f_{12}-1$ 之中的大者。

证毕。

3. 情况 3:判断逻辑有测试输出变量的补码

定理 3: 给定故障类 F_1 和测试输出 t_1 对应故障集 T_1。如果使 $t_1=1$ 的故障的百分数是 f_{11},则使 $\bar{t}_1=1$ 的故障的百分数是 $1-f_{11}$。

证明:

按定义 $f_{11}=S(T_1)/S(F_1)$,使 $\bar{t}_1=1$ 和 $t_1=0$ 的故障是 $\bar{T}_1 F_1$ 中那些故障。这个集合 $S(\bar{T}_1 F_1)$ 的大小是 $S(F_1)-S(T_1)$,定理可通过 $S(F_1)-S(T_1)$ 被 $S(F_1)$ 除得到证明。

证毕。

例如，考虑 $d = t_1 + \bar{t}_2$，应用定理 1 和 3，则
$$\text{FDR} = [\max\{f_{11}, 1-f_{12}\}, \min\{1, f_{11}+1-f_{12}\}]$$

一般情况下，如果 $\bar{t}_j$ 在判断逻辑中出现，则使用定理 1 和 2 时用 $1-f_{ij}$ 代替每个 f_{ij} 即可。

4. 情况 4：一般的判断逻辑

原则上对应一组测试输出的诊断输出的判断逻辑，可以由任意布尔表达式组成。根据已知单个测试的覆盖，正确确定导致规定诊断输出的故障百分数的最佳范围通常是很困难的。

考虑如下形式的判断逻辑表达式：
$$d = t_1 t_2 + \bar{t}_2$$

单一故障类时，导致 $d=1$ 的故障占该故障类的百分数为 FDR。对于一般的判断逻辑表达式，可以通过连续使用定理 1~3 来获得 FDR 的最佳区间，此时没有测试独立假设。（通过 d 真值表来计算 FDR 最佳区间很复杂，在此省略）

例如，对于以上判断逻辑表达式的 FDR 范围，可这样计算：首先分别计算表达式 $t_1 t_2$ 和 $\bar{t}_2$ 的范围，然后用定理 1 计算这两个范围的组合。令引起 $t_1 t_2=1$ 的故障的分数为 r，根据定理 2 有
$$r = [\max\{0, f_{11}+f_{12}-1\}, \min\{f_{11}, f_{12}\}]$$

类似地，引起 $\bar{t}_2=1$ 的故障的分数为 s，根据定理 3 得
$$s = 1 - f_{12}$$

或者用类似 r 的表示法表示为
$$s = [1-f_{12}, 1-f_{12}]$$

为得到 FDR，现在应用定理 1，承认判断逻辑是 $d=a+b$ 形式，其中布尔变量 a 的覆盖由 r 给出，而 b 由 s 给出，则
$$\text{FDR} = [\max\{r, s\}, \min\{1, r+s\}]$$

由于 r 和 s 不能确切地知道，所以必须按某种方法组合出它们的范围。可以应用下面的定理（没给出证明）进行。

定理 4：给出两个数 r 和 s，其数值不是确切知道，但其范围已知，即 $r=[r_L, r_H]$ 和 $s=[s_L, s_H]$，则有

① $\max\{r, s\} = [\max\{r_L, s_L\}, \max\{r_H, s_H\}]$

② $\min\{r, s\} = [\min\{r_L, s_L\}, \min\{r_H, s_H\}]$

③ $(r+s) = [r_L+s_L, r_H+s_H]$　　　　　　　　　　　　　　　　　(12.16)

④ $(r-s) = [r_L-s_H, r_H-s_L]$

⑤ $(r/s) = [r_L/s_H, \min\{r_H/s_L, 1\}]$

根据定理 4，对于这个例子有：
$$\text{FDR} = [\max\{r_L, s_L\}, \min\{r_H+s_H\}]$$

式中　$r_L = \max\{0, f_{11}+f_{12}-1\}$；

$s_L = s_H = 1-f_{12}$；

$r_H = \min\{f_{11}, f_{12}\}$。

如果将 $f_{11}=0.90$ 和 $f_{12}=0.60$ 代入，则 FDR$=[0.5, 1]$。

必须再次提到的是，引起 $d=1$ 的故障百分数的范围（区间）是通过反复应用定理 1~4 来计算的，如上面做的那样。它不保证此范围是最佳的。这是因为定理 1 和 2 假设了没有得到两个分判断逻辑部分覆盖之间重叠的知识。当判断逻辑两部分是独自测试输出时，这是正确

的。然而,当两部分判断逻辑是相同测试输出的布尔函数时,则有些重叠的知识可以得知。例如,在以上计算中对 $d=a+b$ 使用了定理1,定理1假设 $s(ab)$ 是未知的。但是因为 $a=t_1 t_2$ 和 $b=\bar{t}_2$,知道 $s(ab)=0$,在这种情况下的范围可以用 FDR=$r+s$ 进行计算。用定理4中第③条和以上给出的 r 和 s 范围得到

$$\mathrm{FDR}=[1-f_{12}+\max\{0, f_{11}+f_{12}-1\}, 1-f_{12}+\min\{f_{11}, f_{12}\}]$$

还用以上数据 $f_{11}=0.90$ 和 $f_{12}=0.60$ 值代入,则范围为 FDR=$[0.90, 1.0]$。对于这种情况,碰巧发生的是最佳范围(区间)。下面的定理应用一般将给出比叠代应用定理1~4时更严紧的范围(尽管两个之中任何一个都不一定是最佳的)。

定理5:给出单一故障类 F_1 和逻辑判断函数 d 的形式为

$$d=c_1+c_2+\cdots+c_N \tag{12.17}$$

$$c_i=\prod_j s_j$$

式中 $s_j=t_k$ 或 $\bar{t}_k$,对于所有 $i\neq j$ 的情况,$c_i c_j=0$(即判断逻辑各部分 c_i 相互不相容)。

令 r_i 为 F_1 引起 $c_i=1$ 故障的百分数,则引起 $d=1$ 的 F_1 故障的百分数 FDR 是

$$\mathrm{FDR}=\sum_i r_i$$

或者当 r_i 不能确切知道,只知道范围(即 $r_i=[L_i, H_i]$)时,则

$$\mathrm{FDR}=\left[\sum_i L_i, \sum_i H_i\right] \tag{12.18}$$

这里要指出,这两个范围哪一个都可以不是最佳的,因为判断逻辑组成部分 c_i 一般可以是相同测试输出的函数。而在许多应用中,感兴趣的判断逻辑形式通常能够获得较严紧的范围。例如,故障检测的一般判断函数是一组测试的组合,定理1可以扩展成为多于2个测试输出的组合,提供的最佳范围如下。

定理1a:假设存在单一故障类 F_1,令 $d=t_1+t_2+t_3+\cdots t_N$,使 $d=1$ 的故障的百分数称为 FDR,则

$$\mathrm{FDR}=[\max\{f_{11}, f_{12}, f_{13}, \cdots, f_{1N}\}, \min\{1, f_{11}+f_{12}+f_{13}+\cdots+f_{1N}\}]$$

$$\tag{12.19}$$

这个范围是最佳的。

类似地,判断逻辑树内的每个分支代表多次相交判断逻辑,在计算 FDR 中,将要找出相应规定大小的分支,并且决定相应的故障类中导致每个诊断输出(每个分支)的故障的百分数是多少。在这种情况下,定理2可以容易地扩展如下。

定理2a:假设存在单一故障类 F_1,令 $d=t_1 t_2 t_3 \cdots t_N$,使 $d=1$ 的故障的百分数称为 FDR,则:

$$\mathrm{FDR}=[\max\{0, f_{11}+f_{12}+f_{13}+\cdots+f_{1N}-(N-1)\}, \min\{f_{11}, f_{12}, f_{13}, \cdots, f_{1N}\}]$$

$$\tag{12.20}$$

这个范围是最佳的。

12.4.3 重叠覆盖的不相交和相交故障类的 FDR

1. 情况1:具有重叠覆盖的不相交故障类

在12.3.3节中的例子涉及到了单一故障类,在12.3.2节中的例子也讨论过带有专用测试的不相交故障类。对于具有重叠覆盖的不相交故障类的情况,可以将定理4中第③条应用

到 12.3.2 节中的例子所给出的公式中来进行处理。具体地说,假设给出 f_{ij} 和规定判断逻辑,应用上面讨论过的例子,对每一类故障计算其中引起诊断输出的故障的百分数。设这些百分数为 f_i。一般情况下,对应每个 f_i 的范围是知道的,即 $f_i = [L_i, H_i]$。如果所有故障类是不相交的,则容易给出 FDR 的范围(区间)是

$$\text{FDR} = \left[\frac{\sum_{i=1}^{N} L_i \lambda_i}{\lambda_T}, \frac{\sum_{i=1}^{N} H_i \lambda_i}{\lambda_T} \right] \tag{12.21}$$

当依据系统物理约束分解系统进行确认分析时,不相交故障是能够得到保证的(注意,这也是保证失效率能够应用 MIL—HDBK—217 或类似资源进行估计的基础)。然而,有时按照功能或已知的各具体失效模式进行具体装置的故障分解可能是很有用的,但这种方法形成的故障类多数是相交的,因为导致故障特性的物理机构可能导致多于 1 类的故障。例如,连接导线失效将影响使用插头连接到此故障导线上的所有功能。因此,通常相交故障类多数出现在按功能而不是按物理约束进行 UUT 分解的情况下。

2. 情况 2:带有重叠覆盖的相交故障类

当包含相交故障类时,上面的 FDR 方程就不成立了,必须应用下面的定理。

定理 6:给出两个相交故障类 F_1 和 F_2,其失效率分别为 λ_1 和 λ_2,并且给出每类故障中导致相应诊断输出 $d=1$ 的故障百分数 f_1 和 f_2,则总的导致 $d=1$ 的故障的百分数 FDR 由下式给出,即

$$\text{FDR} = \left[\frac{N_{\max}}{\lambda_1 + \lambda_2 - N_{\min}}, \min \left\{ \frac{\lambda_1 f_1 + \lambda_2 f_2}{\lambda_{\max}}, 1 \right\} \right] \tag{12.22}$$

式中 $N_{\max} = \max \{\lambda_1 f_1, \lambda_2 f_2\}$;
$N_{\min} = \min \{\lambda_1 f_1, \lambda_2 f_2\}$;
$\lambda_{\max} = \max \{\lambda_1, \lambda_2\}$。

证明:

如果给出测试 i,F_i 中故障的覆盖为 f_i,则在所有 F_i 中它覆盖 $\lambda_i f_i$ 故障(每单位时间)。现在考虑两个测试 1 和 2,对 F_1 故障覆盖为 f_1,对 F_2 故障覆盖为 f_2(见图 12.4)。问题是:给定 F_1 和 F_2 是相交的,由两个测试覆盖的总故障的百分数的最大和最小值是什么?当然,这取决于 F_1 和 F_2 相交的大小和相交部分内有多少故障被两个测试所覆盖。

最大覆盖:当 F_1 和 F_2 之间相交是最大的,并且 T_1 和 T_2 没有公共故障时,会获得最大覆盖(因为这会导致总的故障集合是最小的,因而覆盖最大)。当 F_1 是 F_2 的子集(或相反,取决于哪个故障类较大)时,出现最小的总故障集合。因此,故障的最小总数是 $\lambda_{\max} = \max \{\lambda_1, \lambda_2\}$。当 T_1 和 T_2 之间相交(或重叠)是零时,发生最大覆盖,在此情况下,覆盖(每单位时间)故障总数是 $\lambda_1 f_1 + \lambda_2 f_2$。所覆盖故障的最大百分数是 $(\lambda_1 f_1 + \lambda_2 f_2) / \lambda_{\max}$,它可能比另外的值大(但这个范围不是最佳的)。

最小覆盖:当 T_1 是 T_2 的子集(或者相反,取决于哪个集较大)时,就发生被覆盖故障的最小数目情况。因为在 T_i 中有 $\lambda_i f_i$ 个故障(单位时间),所以被覆盖故障最小数是 $N_{\max} = \max \{\lambda_1 f_1, \lambda_2 f_2\}$。现在为了使 T_1 是 T_2 的子集(或者相反),F_1 和 F_2 之间必须是重叠的,如图 12.5 所示。当 $S(F_1 + F_2)$ 最大或者 $S(F_1 F_2)$ 是最小时,发生最小覆盖。此图示很清楚地表明:当 T_1 是 T_2 的子集时,$S(F_1 F_2)$ 的最小值是 $S(F_1 F_2) = \lambda_1 f_1$;而当 T_2 是 T_1 的子集时,则为

$S(F_1F_2)=\lambda_2 f_2$。一般情况下，$S(F_1F_2)$的最小值是 $N_{\min}=\min\{\lambda_1 f_1,\lambda_2 f_2\}$。最后所得总的故障数（每单位时间）为 $S(F_1F_2)=\lambda_1+\lambda_2-N_{\min}$。因此总的被覆盖故障最小百分数是 $\dfrac{N_{\max}}{\lambda_1+\lambda_2-N_{\min}}$。

证毕。

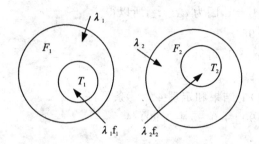

图 12.4　测试 1 和 2 的故障覆盖

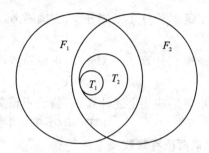

图 12.5　重叠测试覆盖

在计算总的参数如 FDR 或 FIR 中，定理 6 的应用是在计算导致相应诊断输出的每个故障类的百分数之后（即在 f_i 已确定之后）。定理 6 将分别用于所有的故障类组，它们可以是相交的；然后这些组与其他所有不相交故障共同组合为前面给出的不相交形式。

12.4.4　FIR 的计算

这一节没有给出新的理论，仅是简单说明怎样把以前的计算组合用于估计 FIR。

首先重叙 FIR 定义。FIR 是在使用期中将故障正确隔离到规定大小的可更换单元（RU）组的百分数。这样，非正确隔离的所有故障和导致 RU 模糊组大于规定值的所有故障不包括在 FIR 内。为计算 FIR，需要规定导致规定的 RU 模糊组的所有诊断输出。然后对于每一个这样的输出，定义哪些故障类是正确隔离的故障类（即落入规定的 RU 模糊组内）。最后应用前面例子中发展的理论，计算导致每个诊断输出中的每个正确隔离故障类的百分数，再联合所有输出的全部正确隔离故障类。

1. 情况 1：所有故障隔离的百分数

考虑表 12.8（见 12.3.3 节）中给出的故障覆盖信息，假设故障类是不相交的，具有等故障率，并进一步假设故障隔离逻辑由三个单独的输出组成，即

d_1 是可更换单元 A 内故障（故障类 1，F_1）的诊断输出；

d_2 是可更换单元 B 内故障（故障类 2，F_2）的诊断输出；

d_3 是可更换单元 C 内故障（故障类 3 或 4，F_3 或 F_4）的诊断输出。

每个输出的判断逻辑假设为

$$d_1 = t_1;$$
$$d_1 = t_2\bar{t_1};$$
$$d_3 = t_3$$

在此例中，假设隔离模糊组大小为 1 个 RU。因此这里导致单一 RU 模糊组的所有输出都被考虑。此外，将不考虑那些导致 RU 模糊组大于 1 的输出。

步骤 1：计算导致正确隔离到 RU 模糊组大小为 1 的 F_1 故障的百分数 f_1。如 F_1 故障出现

了,则正确隔离就意味着 $d_1=1$,并且有单个 RU 模糊组。因为 $d_1=t_1$,所以有
$$f_1=0.95$$

步骤 2:计算 f_2——导致正确隔离的 F_2 故障的百分数。对于 F_2 故障正确隔离,相当于 $d_2=1$。因为 $d_2=t_2\bar{t}_1$,应用定理 2 和 3,得
$$f_2=[0.85,0.90]$$

步骤 3:计算 f_3。对于 F_3 正确隔离,相当于 $d_3=1$,因为 $d_3=t_3$,所以得
$$f_3=0.95$$

步骤 4:计算 f_4。对于 F_4 正确隔离,相当于 $d_3=1$,可得
$$f_4=0.90$$

步骤 5:应用上述计算 f_i(假设不相交故障类)的结果和定理 4 第③条可得
$$\text{FIR}=(0.95+[0.85,0.90]+0.95+0.90)/4$$

或者(取两位有效数)
$$\text{FIR}=[0.91,0.93]$$

为了比较,重新查看 12.3.3 节中的相同例子,那里假设的是独立测试,用概率法计算的结果是 FIR=0.92,落在这里计算的 FIR 范围之内。

感兴趣的另外一个参数是不正确隔离故障的百分数。为了计算非正确隔离故障的百分数(FIR$_w$),采用如下类似步骤。

步骤 1:计算 F_1 故障能够引起非正确隔离的百分数 f_1,因为 $d_1=1$ 对 F_1 故障是正确的输出,$d_3+d_2=1$ 是不正确的输出。导致 $d_3+d_2=t_3+t_2\bar{t}_1=1$ 的 F_1 故障的百分数应用定理 1~4 计算,得
$$f_1=[0,0.05]$$

步骤 2:计算 f_2——引起 $d_1+d_3=t_1+t_3=1$ 的 F_2 故障的百分数。应用定理 1,有
$$t_2=[0.10,0.11]$$

步骤 3:计算 f_3——引起 $d_1+d_2=t_1+t_2\bar{t}_1=1$ 的 F_3 故障的百分数。应用定理 1~4,有
$$f_3=0.10$$

步骤 4:$f_4=0.15$。

步骤 5:因为已假设是不相交故障类,所以有
$$\text{FIR}_w=([0,0.05]+[0.10,0.11]+0.10+0.15)/4$$

或者
$$\text{FIR}_w=[0.09,0.10]$$

注意,按照这种分析,FIR+FIR$_w$ 可以大于 1。这是可能的,因为对于判断逻辑,存在某些故障既能引起正确的隔离,也能引起不正确的隔离。一般说来,如果各个输出的判断逻辑不是相互排斥的,就有这种可能性。就像这里的情况,在同一时间 d_1 和 d_2 都为 1,d_2 和 d_3 也如此。

最后,注意到如果改变判断逻辑为 $d_i=t_i$,$i=1,2,3$,并重新计算 FIR 和 FIR$_w$,会得到 FIR=0.94 和 FIR$_w$=[0.09,0.15]。这样,用这个不同的判断逻辑,达到了较高的 FIR,但 FIR$_w$ 也加大了 50%。这表明为评价故障隔离系统,除 FIR 之外计算 FIR$_w$ 也很重要。

2. 情况 2:已检出故障隔离的百分数

在前面计算了总故障中正确隔离和非正确隔离到规定的 RU 模糊组的百分数,为了确定

与此相对应的检出故障中隔离的百分数,首先需要定义检出故障集合。通常,这个集合只是按照用于故障检查的判断逻辑规定的。例如用多个测试顺序检测,如果任何一个测试输出 t_i 为不通过,就检到故障了。对于前面的例子,检测输出 d 用下式确定,即

$$d = t_1 + t_2 + t_3$$

对于表 12.8 的覆盖数据(假设为不相交故障类和相等的失效率),利用定理 1a 可得 FDR=[0.94,1.0]。为了比较,再看 12.3.3 节中同样的例子,假设为独立测试时计算的 FDR=0.95,它落入刚计算的 FDR 范围之内。

为了获得检出故障正确地(或不正确地)隔离到规定的 RU 模糊组的百分数,可以应用下面的定理。

定理 7:如果全部故障正确隔离的百分数是 r,而全部故障被检出的百分数为 s,则检出故障被正确隔离的百分数 FIR_d 的范围是

$$FIR_d = [\max\{0, r+s-1\}, \min\{r, s\}]/s \tag{12.23}$$

证明:

式(12.23)中的分子是由总故障被检测的和被隔离的百分数区间组成的,是用定理 2 获得的,然后再被检出故障的百分数除,即为 FIR_d。

证毕。

例如,应用情况 1 中计算的 FIR 结果 $r = [0.91, 0.93]$,和此处前面的 FDR 值 $s = [0.94, 1.0]$,用定理 4 和定理 7 可以得到

$$FIR_d = \left[\frac{0.91 + 0.94 - 1}{1.0}, \min\left(\frac{0.93}{0.94}, 1\right)\right] = [0.85, 0.99]$$

一般经验法则是当评定不确定量函数表达式的下限(或上限)时,应用相应的量的下限(或上限)。注意,尽管 FDR 和 FIR 都大于 90%,定理 7 表明已检测故障被正确隔离的百分数可能低到 85%。为了比较,再一次调出 12.3.3 节中相同的例子,假设为独立的测试时的情况 2 所计算的 $FIR_d = 0.97$,它落入刚计算的 FIR_d 范围内。

12.4.5 集合论方法小结

为参考方便,把集合论方法的主要结果重新放在这里。

1. 逻辑和

定理 1a:对于单一故障类 F_1,其判断逻辑为 $d = t_1 + t_2 + t_3 + \cdots + t_N$,使 $d=1$ 的故障的百分数 FDR 服从

$$FDR = [\max\{f_{11}, f_{12}, f_{13}, \cdots, f_{1N}\}, \min\{1, f_{11} + f_{12} + f_{13} + \cdots + f_{1N}\}] \tag{12.24}$$

该范围(区间)是最佳的。

2. 逻辑乘

定理 2a:对于单个故障类 F_1 有判断逻辑为 $d = t_1 t_2 t_3 \cdots t_N$,使 $d=1$ 的故障的百分数 FDR 服从

$$FDR = [\max\{0, f_{11} + f_{12} + f_{13} + \cdots + f_{1N} - (N-1)\}, \min\{f_{11}, f_{12}, f_{13}, \cdots, f_{1N}\}] \tag{12.25}$$

该范围(区间)是最佳的。

3. 补　码

定理 3：给出一类故障 F_1 和对应测试输出 t_1 的故障集合 T_1，如果使 $t_1=1$ 的故障的百分数是 f_{11}，则使 $\bar{t}_1=1$ 的故障的百分数是 $1-f_{11}$。

当评价包含逻辑变量补码 $\bar{t}_j$ 的任意逻辑表达式的范围时，在相关公式中引起 $t_j=1$ 的故障的百分数 f_{ij} 处用 $1-f_{ij}$ 来替换即可。

4. 不确定量的代数组合

定理 4：给出两个不确切的数 r 和 s，但其范围是 $r=[r_L, r_H]$ 和 $s=[s_L, s_H]$，则有

① $\max\{r, s\} = [\max\{r_L, s_L\}, \max\{r_H, s_H\}]$
② $\min\{r, s\} = [\min\{r_L, s_L\}, \min\{r_H, s_H\}]$
③ $(r+s) = [r_L+s_L, r_H+s_H]$ （12.26）
④ $(r-s) = [r_L-s_H, r_H-s_L]$
⑤ $(r/s) = [r_L/s_H, \min\{r_H/s_L, 1\}]$

较好的经验法则是：在要评价的某个表达式中如果出现内部代数表达式，则在评价此表达式的下限（或上限）时，就使用内部表达式的下限（或上限）。

5. 一般判断逻辑

为了评价可以导致任意表达式是真（为 1）的故障的百分数，很有用的程序是在整个判断逻辑表达的各部分反复应用前面的结果。例如，计算导致 $d = (a+b)c(e+f)$ 为 1 的故障的百分数，可以首先应用定理 1 计算导致 $(a+b)$ 和 $(e+f)$ 的故障的百分数。然后用定理 2 把这些结果与导致 c 为 1 的故障的百分数联合。

这个方法产生的范围（域）可以是严格的也可以不是。如果判断逻辑任何两部分包含相同的测试输出，就产生不严格的范围。当判断逻辑简化后，就可获得更准确的范围。如表达式被简化为标准的逻辑和形式，那么导致表达式为真故障的总百分数由导致每项的故障的百分数之和来定界。这综合在下面定理中。

定理 5：给出单一故障类 F_1，其判断函数形式为

$$d = c_1 + c_2 + \cdots + c_N \quad (12.27)$$

$$c_i = \prod_j s_j$$

式中 $s_j = t_k$ 或 $\bar{t}_k$，而且 $i \neq j$ 时 $c_{ij} = 0$（即判断逻辑部分 c_i 是互不相交的）。

令 r_i 是导致 $c_j=1$ 的 F_1 故障的百分数，则导致 $d=1$ 的 F_1 故障的百分数 FDR 是

$$\text{FDR} = \sum_i r_i$$

或者当 r_i 不确切知道，但范围已知（即 $r_i=[L_i, H_i]$），则

$$\text{FDR} = \left[\sum_i L_i, \sum_i H_i\right] \quad (12.28)$$

6. 多故障类的联合结果

不相交故障类：

导致相应诊断输出的每个故障类的百分数定义为 f_i，给出 $f_i=[L_i, H_i]$，如果所有故障类是不相交的，则

$$\text{FDR} = \left[\frac{\sum_{i=1}^{N} L_i \lambda_i}{\lambda_T}, \frac{\sum_{i=1}^{N} H_i \lambda_i}{\lambda_T}\right] \quad (12.29)$$

相交故障类:

定理6:给出两个相交故障类 F_1 和 F_2,其对应失效率为 λ_1 和 λ_2,并给出每类故障导致相应诊断输出 $d=1$ 的百分数 f_1 和 f_2,则导致 $d=1$ 的故障的总百分数 FDR 由下式给出,即

$$\text{FDR} = \left[\frac{N_{\max}}{\lambda_1 + \lambda_2 - N_{\min}},\ \min\left\{\frac{\lambda_1 f_1 + \lambda_2 f_2}{\lambda_{\max}}, 1\right\}\right] \tag{12.30}$$

式中　$N_{\max} = \max\{\lambda_1 f_1,\ \lambda_2 f_2\}$;
　　　$N_{\min} = \min\{\lambda_1 f_1,\ \lambda_2 f_2\}$;
　　　$\lambda_{\min} = \max\{\lambda_1,\ \lambda_2\}$。

7. 计算 FDR 和 FIR 的一般程序

定义:FDR——寿命期中的故障用规定方法检测出的百分数;
　　　FIR——寿命期中的故障用规定方法正确隔离到规定的 RU 模糊组的百分数;
　　　FIR_w——寿命期中的故障用规定方法非正确隔离到规定的 RU 模糊组的百分数;
　　　FIR_d——寿命期中用规定方法检出的故障,用规定方法正确隔离到规定 RU 模糊组的百分数。

一般程序如下。

步骤1:发展故障责任数据。

步骤2:

  2.1 对 FDR 定义判断逻辑。

  2.2 对于 FIR:

   ① 为所有诊断输出(有规定模糊组)定义判断逻辑;

   ② 为每个故障类规定正确的诊断输出。

  2.3 对于 FIR_w:

   ① 定义所有诊断输出的判断逻辑;

   ② 为每个故障类规定所有非正确诊断输出。

  2.4 对于 FIR_d:

   ① 构成 FDR 和 FIR 判断逻辑的逻辑乘;

   ② 在可能时简化每个表达式(对于判断树逻辑体制,逻辑乘简化为隔离判断逻辑);

   ③ 对所有故障类规定正确的诊断输出。

步骤3:对每个故障类,计算其中导致相应诊断输出的故障的百分数范围。

步骤4:将所有故障的范围联合成为总体度量,如果可能则把故障类分组为不相交组,对于相交类组应用定理6。

  4.1 如果 2.4 步已进行了,则为了得到 FIR_d,通过 FDR 值应用定理4导出既检出又正确隔离的故障百分数的总体度量。

  4.2 如果 2.4 步未进行,则应用定理7计算 FIR_d。

定理7:如正确隔离的所有故障的百分数是 r,而被检出的所有故障的百分数是 s,则检出故障被正确隔离的百分数 FIR_d 由下式给出,即

$$\text{FIR}_d = [\max\{0,\ r+s-1\},\ \min\{r,\ s\}]/s \tag{12.31}$$

习 题

1. 测试性预计的目的和作用是什么？
2. 如何进行 BIT 故障检测与故障隔离能力的预计？
3. 如何进行测试性预计，它与 BIT 预计有什么区别？
4. 你认为虚警率(FAR)量值应该如何预计，如何评定降低虚警率的设计？
5. 已知系统的各电路板(SRU)的 FDR 预计值，如何预计系统的 FDR？
6. 当前工程上常用的测试性/BIT 预计方法有哪些优点和缺点？
7. 测试性预计的概率方法和集合论方法有何优缺点，其适用性如何？

第 13 章 测试性验证与评价

13.1 概 述

13.1.1 测试性验证试验

在产品设计研制过程中,为了确认测试性分析和设计的正确性,识别设计缺陷并检查研制的产品是否完全实现了测试性设计要求,设计研制人员要进行必要的试验,即在样机上注入故障进行实际测试。这是承制方在整个研制过程中进行的一种核查或检验性的试验。

在产品设计定型、生产定型或有重大设计更改时,为了判定是否达到了技术合同规定的测试性要求,应进行验证试验。它是承制方与订购方联合进行的工作,一般是以承制方为主,订购方审查试验方案和计划并参加试验全过程。

测试性验证试验,就是在研制的产品中注入一定数量的故障,用测试性设计规定的测试方法进行故障检测与隔离,按其结果来估计产品的测试性水平,并判断是否达到了规定要求,决定接收或拒收。这个演示试验过程就是测试性验证试验。通过试验方法检查研制产品所达到的测试性水平和存在的问题,比测试性的分析预计前进了一大步,但还不能认为这就是产品真正的测试性水平。真正的测试性水平要在收集使用数据和分析评估之后才能得出。

13.1.2 测试性验证的内容

测试性验证试验要验证的内容应根据产品的技术合同或技术规范来确定,一般有定量和定性要求两个方面。对某具体产品来说,验证的主要内容如下:
① BIT 检测和隔离故障的能力;
② 被测产品与所用外部测试设备的兼容性;
③ 测试设备及有关的测试程序及接口装置(TPS)的检测与隔离故障的能力;
④ 关于 BIT 虚警率要求的符合性;
⑤ BIT 测试时间和故障隔离时间要求的符合性;
⑥ BIT 指示与脱机测试结果之间的相互关系;
⑦ 有关故障字典、检测步骤及人工查找故障等技术文件的适用性和充分性;
⑧ 其他测试性定性要求如 BIT 工作模式、ETE 配置及自动化程度的符合性。

13.1.3 测试性验证试验与其他验证的关系

测试性有它自己的特点,应单独确定验证试验要求和实施计划。如果不能从其他试验中获得足够数据,在条件允许时,应按后面介绍的程序和方法单独组织测试性验证试验。

由于测试性与产品的性能、可靠性,特别是维修性密切相关,所以测试性验证应尽可能与其他试验(如维修性试验、可靠性试验与性能方面的试验等)相结合,从这些试验中取得合乎要求的可用数据,可以避免不必要的重复工作,这在费用和时间进度上是最有效的。应当指出,这种结合一般只是某个方面或几项测试内容的结合,按当前的有关标准规定,性能、可靠性和维修性验证试验都未能包括全部测试性验证要求。所以,不管测试性验证试验单独组织实施,还是与其他试验相结合,都必须制订测试性验证计划,确定验证要求,单独进行测试性试验数据的分析评定工作,得出是否达到测试性要求的判断。

13.1.4 测试性验证试验的时机和测试的产品

测试性评价与验证活动应在工程研制阶段进行,产品设计定型时应有测试性验证报告。BIT功能的检查测试可在样机上进行,脱机测试能力要等到测试设备及接口装置研制出来后才能进行。正式进行测试性验证试验时所用的产品应该是装配完整、性能合格并准备定型的产品,而且规定的有关技术文件资料应是齐全的。在预定的试验条件(应尽可能接近产品使用条件)下,利用承制方的设备和人员,在订购方参加和监督下,按试验计划进行验证试验的各项测试工作。

13.2 测试性验证的工作任务和程序

13.2.1 测试性验证工作任务

在设计研制阶段的早期,应根据技术合同或产品技术规范确定测试性验证要求,并列入测试性工作计划。根据产品其他试验的安排和有关条件,选择并确定测试性验证与其他试验结合以及单独进行试验的要求,从而制定出验证试验计划。在计划争得使用方同意后可着手进行有关准备工作,等条件具备就可开始正式验证试验。通过对试验数据的整理和分析,评定试验结果,如有异议或有明显不符合要求的情况,则可重做某项试验,必要时可能需要修正设计后再做试验,最后写出验证试验报告。

进行测试性验证的主要工作任务有:
- 确定测试性验证要求;
- 选择并确定与其他试验结合和单独试验的要求(进行验证的方案);
- 制定测试性验证试验计划,并争得使用方同意;
- 进行验证试验的各项准备工作;
- 正式实施测试性验证试验;
- 进行试验数据的整理和分析;
- 评定试验结果,判定合格不合格;
- 如有不满意时,重复试验或修改设计后再测试;
- 写出测试性验证试验报告。

13.2.2 测试性验证工作程序

测试性验证的工作程序如图13.1所示。

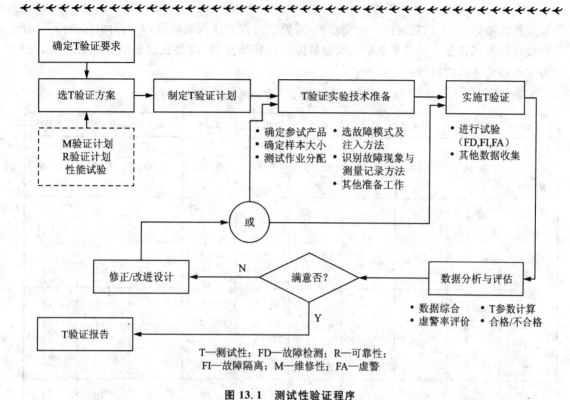

图 13.1 测试性验证程序

13.3 测试性验证的技术准备工作

13.3.1 关于试验的样本量

1. 最少样本量估计

测试性验证也是采用统计试验的办法,应有足够的样本量(即在产品中注入的或模拟的故障数量)。所以在验证试验的技术准备工作中,确定样本量或试验方案设计是重要工作内容之一。初步估计所需样本量大小时,可用如下公式:

$$R_L = \alpha^{\frac{1}{n}} \tag{13.1}$$

式中 R_L——测试性指标的最低可接受值;

$\alpha = 1-C$,其中 C 为置信度;

n——样本量大小,应为正整数。对应不同的 R_L 和 α 值时的 n 值如表 13.1 所列。

此式确定的 n 值是每次故障检测或隔离全部成功无一失败时达到 R_L 所需要的样本量。所以,试验用样本量应等于或大于此式确定的 n 值。如果试验用样本量或已有数据的样本量小于此公式确定的 n 值,则不用分析就可以肯定达不到规定置信度下的最低可接受值。

2. 按试验方案确定样本量

如果要求设计试验方案(确定样本量和允许检测失败次数)时,同时考虑使用方和生产方双方的风险,则可用 13.5 节介绍的方法,同时确定样本量和判断接收或接收准则。

应当指出的是,测试性验证和评价是依据故障检测、隔离和指示结果进行的,采用产品自然发生的故障,是达不到规定样本量要求的,需要进行故障注入或模拟,即人为引入故障,以便进行规定的测试任务。但是要求引入大量故障是比较困难的,这是在制定试验计划和设计试验方案时需要考虑的问题。

表 13.1 失败次数为零时的样本量

α \ n \ R_L	0.5	0.4	0.3	0.25	0.2	0.15	0.1	0.05	0.01
1−α	0.50	0.60	0.70	0.75	0.80	0.85	0.90	0.95	0.99
0.50	1	2	2	2	3	3	4	5	7
0.55	2	2	2	3	3	4	4	5	8
0.60	2	2	3	3	4	4	5	6	9
0.65	2	3	3	4	4	5	6	7	11
0.70	2	3	4	4	5	6	7	9	13
0.75	3	4	5	5	6	7	8	11	16
0.80	4	5	6	7	8	9	11	14	21
0.81	4	5	6	7	8	9	11	15	22
0.82	4	5	7	7	9	10	12	16	24
0.83	4	5	7	8	9	11	13	17	25
0.84	4	6	7	8	10	11	14	18	27
0.85	5	6	8	9	10	12	15	19	29
0.86	5	7	8	10	11	13	16	20	31
0.87	5	7	9	10	12	14	17	22	34
0.88	6	8	10	11	13	15	18	24	36
0.89	6	8	11	12	14	17	20	26	40
0.90	7	9	12	14	16	18	22	29	44
0.91	8	10	13	15	17	21	25	32	49
0.92	9	11	15	17	20	23	28	36	56
0.93	10	13	17	20	23	27	32	42	64
0.94	12	15	20	23	27	31	38	49	75
0.95	14	18	24	28	32	37	45	59	90
0.96	17	23	30	34	40	47	57	74	113
0.97	23	31	40	46	53	63	76	99	152
0.98	35	46	60	67	80	94	114	149	228
0.99	69	95	120	138	161	189	230	299	459

13.3.2 故障影响及注入方法分析

要分析试验产品的各个故障模式的影响和可能的人为注入或模拟方法,从中选出不损坏产品又可以注入的故障模式作为备用故障样本。有的故障会损坏产品或相关设备;有的故障影响不大,但不能注入或者注入时会损坏产品。这样的故障模式均不能选作试验用故障样本。

这项工作可以在 FMEA 的基础上,根据产品的具体情况,制定出备选故障清单和相应的注入或模拟方法,以及具体操作步骤。有时还需要借助于适当的故障注入/模拟设备。

故障注入/模拟的方法一般有:
- 用故障部件代替正常部件;
- 加入或去掉不易察觉的元器件;
- 人为开路或短路;
- 人为制造失调;
- 人为信号超差;
- 通过软件模拟某种故障特性等。

13.3.3 注入故障样本的分配及抽样

故障样本的分配和抽样以试验产品的复杂性和可靠性为基础。如果采用固定样本试验,则可用按比例分层抽样方法进行样本分配;如果采用可变样本量的序贯试验法,则可用按比例的简单随机抽样法。

1. 按比例分层抽样分配方法

首先分析试验产品构成层次和故障率,按故障相对发生频率 C_P 把确定的样本量 n 分为产品各组成单元。然后用同样方法再把组成单元的样本量 n_i 分配给其组成部件。

$$n_i = n C_{pi} \tag{13.2}$$

$$C_{pi} = \frac{Q_i \lambda_i T_i}{\sum Q_i \lambda_i T_i}$$

式中 Q_i ——第 i 个单元的数量;

λ_i ——第 i 个单元的故障率;

T_i ——第 i 个单元的工作时间系数,等于该单元工作时间与全程工作时间之比。

样本分配示例如表 13.2 所列。

2. 按比例简单随机抽样分配法

该方法是根据故障相对发生频率 C_{pi} 乘 100 所确定的累积范围,利用 00~99 均匀分布的随机数表,在全体样本中随机抽取。例如,随机数是 39 时,从表 13.2 中可见 39 落在 38~84 中,即从频率跟踪器中抽取。

3. 故障模式的选择

产品备选样本量应是确定试验样本量的 3~4 倍。各组成单元或部件的备选样本量也应如此,即 $N_i = 4n_i$。进行验证试验时,按其各备选故障模式的相对发生频率乘 100 所确定的累积范围,进行随机抽样来选出要注入的故障模式。选择示例如表 13.3 所列。

表 13.2 样本的分配方法示例

雷达组成单元	需维修的产品	维修作业	故障率(或频率)λ_i(或f_i)(1/10^6 h)	产品数量Q_i	工作时间系数T_i	样本分组	各组的故障率$Q_i\lambda_iT_i$	相对发生频率 $C_{pi}=\dfrac{Q_i\lambda_iT_i}{\sum Q_i\lambda_iT_i}$	固定样本 $n=50$ 分配的预选样本量 $N_i=4nC_{pi}$	固定样本 $n=50$ 分配的验证样本量 $n_i=nC_{pi}$	可变样本 累计范围 $\sum C_{pi}\times 100$
天线	天线	R/R(A)	105	1	1.0	1组 作业A	105	0.177	35	9	00～17
发射接收机	IF-A	R/R(A)	23	1	1.0	2组作业A,B,C,D,E	106 A=23 B=21 C=21 D=18 E=23	0.179 A=0.039 B=0.035 C=0.035 D=0.031 E=0.039	36 A=8 B=7 C=7 D=6 E=8	9 A=2 B=2 C=2 D=1 E=2	18～35
发射接收机	IF-B	R/R(B)	21	1	1.0						
发射接收机	放大器	R/R(C)	21	1	1.0						
发射接收机	调制器	R/R(D)	18	1	1.0						
发射接收机	电源	R/R(E)	23	1	1.0						
发射接收机	发射机	R/R(F)	10	1	1.0	3组 作业F	10	0.017	3	1	36～37
频率跟踪器	频率跟踪器	R/R(A)	400	1	0.7	4组 作业A	280	0.472	94	23	38～84
		R/C 晶体(B)	20	4	0.7	5组 作业B	56	0.094	19	5	85～93
雷达位置控制器	雷达位置控制器	R/R(A)	35	1	0.8	6组 作业B	28	0.047	10	2	94～97
偏移角指示器	偏移角指示器	R/R(A)	10	1	0.8	7组 作业B	8	0.014	3	1	98～99
合计							593	1.00	200	50	

注：
1 R/R 表示拆卸和更换；
2 R/C 表示检查和更换；
3 本表仅供说明，表中数据均为假设；
4 采用序贯试验法时要删去固定样本分配栏。

表 13.3 故障模式选择示例

单 元	故障模式	影 响	相对发生频率	累积范围
接收机	1. 元件超差	1. 噪声	0.20	00～19
	2. 元件短路或开路	2. 接收机不工作	0.35	20～54
	3. 调谐失灵	3. 不能改变频率	0.45	55～99

13.3.4 验证的产品及测试设备

参加验证试验的产品是验证的对象,必须事先准备好,而且它是经过检查的合格的正常产品。注入故障的手段以及测试设备均应——按要求准备好,配备齐全。

此外,其他准备工作还有试验组的组成、参试人员的培训、试验保障设备以及维修器材的准备等。

13.4 测试性验证试验步骤与参数计算

13.4.1 试验步骤

用于测试性验证的有关数据,不管是从专门组织的测试性验证试验中取得的,还是从其他试验中得到的,对每次故障检测、隔离和指示的结果,故障模式名称或代号,所用时间及测试手段等,都应按规定的内容和格式由专人记录,填入测试性验证综合数据表中,以便综合分析。记录表的示例如表 13.4 所列。

表 13.4 测试性验证数据综合表

填表人:　　　　日期:

序号	故障模式	故障检测				BIT 故障隔离			ETE 故障隔离			人工隔离			虚警次数	产品工作时间	备注
		BIT	ETE	人工	时间	LRU	SRU	时间	LRU	SRU	时间	LRU	SRU	时间			
1	FM$_1$	Y				1											
2	FM$_2$		Y						1								
3	FM$_3$			Y									1				
⋮	⋮																
总计																	

试验时,每次注入一个故障,进行故障检(FD)、隔离(FI),修复后再注入下一个故障,直到达到规定样本量为止。具体步骤如图 13.2 所示。

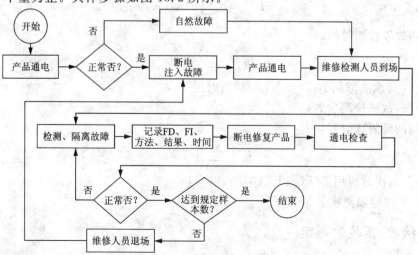

图 13.2 测试性验证试验过程

13.4.2 参数计算

根据综合数据表上的数据,可计算出如下的测试性参数的观测值:故障检测率、隔离率、检测时间、隔离时间和单位时间平均虚警数等。例如:

① BIT 故障检测率观测值:

$$\mathrm{FDR}_B = \frac{N_B}{N} \tag{13.3}$$

式中 N——模拟故障总数(样本数);
N_B——BIT 检测出的故障数。

② ETE(外部测试设备)的故障检测率观测值:

$$\mathrm{FDR}_E = \frac{N_E}{N} \tag{13.4}$$

式中 N_E——ETE 检测出的故障数(BIT 不能检测的)。

③ BIT 和 ETE 的故障检测率观测值:

$$\mathrm{FDR}_{BE} = \mathrm{FDR}_B + \mathrm{FDR}_E \tag{13.5}$$

④ 由 BIT 隔离到 K 个可更换单元的隔离率观测值:

$$\mathrm{FIR}(K) = \frac{n_B}{N_B} \tag{13.6}$$

式中 n_B——由 BIT 隔离到 K 个可更换单元的故障数。

⑤ 由 BIT 隔离到 $\leqslant L$ 个可更换单元的隔离率:

$$\mathrm{FIR}_L = \sum_{k=1}^{L} \mathrm{FIR}(K) \tag{13.7}$$

⑥ 由 ETE 隔离到 K 个可更换单元的隔离率:

$$\mathrm{FIR}_E(K) = \frac{n_E}{N_E} \tag{13.8}$$

式中 n_E——由 ETE 隔离到 K 个可更换单元的故障数。

⑦ 由 ETE 隔离到 $\leqslant L$ 个可更换单元的隔离率:

$$\mathrm{FIR}_{EL} = \sum_{k=1}^{L} \mathrm{FIR}_E(K) \tag{13.9}$$

⑧ 平均故障检测时间:

$$t_D = \sum_{i=1}^{N} t_{Di} \Big/ N_D \tag{13.10}$$

式中 t_{Di}——每次故障用 BIT(或 ETE)检测时间;
N_D——故障检测次数。

⑨ 平均故障隔离时间:

$$t_I = \sum_{i=1}^{N} t_{Ii} \Big/ N_I \tag{13.11}$$

式中 t_{Ii}——每次故障用 BIT(或 ETE)隔离时间;
N_I——故障隔离次数。

13.4.3 接收/拒收的判定

判断一个产品的测试性是否达到了规定的指标(接收或拒收)的方法,取决于技术合同的规定和验证方案（取得数据的方式）。

如果验证方案规定从其他试验和外场使用中取得有关测试性数据，则可根据合同上指标的表述方式和置信度，用 13.7 节提供的方法，估计单侧置信下限，看它是否大于等于最低可接收值；或进行区间估计，看它是否满足规定的置信区间要求。

如果是用 13.5 节介绍的方法设计了试验方案，则应根据在规定的样本量试验中故障检测、隔离或指示失败的次数是否超过规定值，来判定合格与否。

关于虚警率的判定方法详见 13.6 节。

13.5 验证试验方案及结果判定

若试验结果只取两种对立状态，如成功与失败、合格与不合格等，且各项试验结果彼此独立，则这样的试验称为成败型试验。成败型试验有四个条件：
① 整个试验由 n 次相同的试验组成；
② 任何一次试验的结果是成功或失败；
③ 任何一次试验结果与其他次试验无关；
④ 每次试验产品的成功概率保持不变。

在一组抽样试验中，③和④两条往往不能全部满足，在这种情况下应用超几何分布可得到正确的分析。然而，当批量（总体）N 与抽样样本量 n 比较足够大时，如 $N/n \geqslant 10$ 时，二项分布可提供合理的分析基础。

要定量估计和验证的测试性参数主要是故障检测率、故障隔离率和虚警率。在试验过程中模拟一次故障，实施检测和隔离程序并给出故障指示（报警），其结果只可能是：检测到故障（成功）或没检测到故障（失败）；把故障隔离到规定的可更换单元（隔离成功），或没完成隔离任务（隔离失败）；试验中（或使用中）有故障指示时，可能是真实的故障指示（指示成功），或者是指示有故障的装置而实际上无故障（指示失败）的虚警。一个系统的各次故障检测、隔离和报警，或者同批多个系统各自的故障检测、隔离和报警，可近似认为彼此是独立的。测试性是系统设计中的固有特性，一个系统或同一批的系统，各次试验中的故障检测、隔离和指示的成功率，也可认为是不变的。这样，系统的测试性验证可以认为是成败型试验，以二项分布为基础进行估计和评定。

以二项分布为基础的确定试验方案和判断接收/拒收的公式，比较难解，用计算机或用查表的方法可以得到较准确的结果。另外，用正态分布或泊松分布来近似也可求得近似解。所以，可用多种方法设计试验方案和接收/拒收判据。

本节先介绍故障检测率、隔离率和接收/拒收判断方法，13.6 节再介绍虚警率的验证问题，最后介绍测试性参数的估计方法。

13.5.1 成败型定数抽样试验方案

典型的成功-失败型试验定数抽样检验方案的思路如下。

随机抽取 n 个样本进行试验，其中有 F 个失败。规定一个正整数 C，如果 $F \leqslant C$ 则认为合格，判定接收；如果 $F > C$ 则认为不合格，判定拒收。其框图如图 13.3 所示，C 为合格判定数，试验方案简记为 (n, C)。

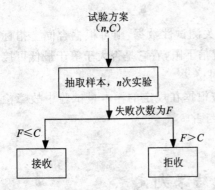

图 13.3 成败型定数抽样试验方案

接收或拒收的概率与产品质量水平（这里指故障检测率与隔离率水平）有关，可以通过统计计算得出。在成败型定数抽样试验方案中，设产品失败概率为 P，则在 n 次试验中，出现 F 次失败的概率为

$$P(n,F\mid P) = \binom{n}{F} P^F (1-P)^{n-F} \quad (13.12)$$

式中 $\binom{n}{F}$——二项式系数，$\binom{n}{F} = \dfrac{n!}{(n-F)!\ F!}$。

接收的概率即 n 个试验样本中失败数不超过 C 的概率，亦即失败数为 $0,1,2,\cdots,C$ 的概率的总和。接收概率 $L(P)$ 显然与 P 有关，记为

$$L(P) = \sum_{F=0}^{C} P(n,F/P) \quad (13.13)$$

所以，拒收概率为

$$1 - L(P) = \sum_{F=C+1}^{n} P(n,F\mid P) \quad (13.14)$$

使用方根据需要选定一个极限质量水平，对应于一个确定的低的接收概率。质量比极限质量水平还差的不予接受。但由于抽样方案不可避免的缺点，还会有以不大的概率错判为接收的情况。质量水平为极限质量时的接收概率叫"使用方风险"，记为 β。β 值一般可取 0.1，0.2 或其他值。选定极限质量 P_1，对应 $L(P_1)=\beta$，则当 $P>P_1$（即质量比极限质量水平还差）时，接收概率不会高于 β。

对于生产方而言，不能按极限质量设计产品，否则被拒收的概率太大。要使设计的产品达到满意的设计质量水平 P_0，当然 $P_0<P_1$，以便达到 P_0 时以大概率接收产品。但达到 P_0 时还会以不大的概率判为拒收，达到满意质量水平时被拒收的概率，叫生产方风险，记为 α，一般取值是 $\alpha=\beta$。生产方选定 P_0 时，对应 $L(P_0)=1-\alpha$，即以大的概率接收。

所以，当生产方及使用方对 P_0,P_1 和对应的 α,β 协商确定后，就可以用下面的联立方程确定试验方案，即求出 n 和 c 值。

$$\begin{cases} \alpha = 1 - L(P_0) = 1 - \displaystyle\sum_{F=0}^{C} P(n,F\mid P_0) \\ \beta = L(P_1) = \displaystyle\sum_{F=0}^{C} P(n,F\mid P_1) \end{cases} \quad (13.15)$$

为实际使用方便，以成功率 q 代替失败概率 P，$q=1-P$，则联立方程变为如下形式：

$$\begin{cases} \alpha = 1 - \displaystyle\sum_{F=0}^{C} \binom{n}{F}(1-q_0)^F q_0^{n-F} \\ \beta = \displaystyle\sum_{F=0}^{C} \binom{n}{F}(1-q_1)^F q_1^{n-F} \end{cases} \quad (13.16)$$

在测试性验证时，把故障检测率和隔离率视为概率，q_1 为故障检测率或隔离率的最低可接受值，q_0 为设计要求值（规定值）。

由于 n 和 C 只能是正整数，正好满足上述联立程的正整数不一定存在，所以应求满足下

述联立方程的最小 n 和 C 值，即是要求的试验方案。

$$\begin{cases} 1-\sum_{F=0}^{C}\binom{n}{F}(1-q_0)^F q_0^{n-F} \leqslant \alpha \\ \sum_{F=0}^{C}\binom{n}{F}(1-q_1)^F q_1^{n-F} \leqslant \beta \end{cases} \quad (13.17)$$

求解此联立方程较困难，要编好程序，用计算机求解。为便于实际使用，已经制定了多种数据表，可方便地求得所需试验方案。

1. 成败型定数试验方案表

IEC 605—5—1982 和 GB 5080.5—85 给出了定数试验方案表，如表 13.5 所列。其中，成功率鉴别比定义为 $D=\dfrac{1-q_1}{1-q_0}$。

表中规定四种可供选择的鉴别比值：

$D=1.50, \quad 1.75, \quad 2.00, \quad 3.00$

规定四种供选择的 α 和 β 值：

$\alpha=\beta=5\%, \quad 10\%, \quad 20\%, \quad 30\%$

规定 15 种 q_0，每种 q_0 对应四种 D 值，即有四种 q_1 值。例如，假设使用方和生产方协商后选定 $q_0=0.95, q_1=0.85,$（对应 $D=3$），$\alpha=\beta=10\%$。查表可知，试验方案 (n, C) 为 $(60, 5)$。

表 13.5　成败型定数试验方案表

q_0	D	$\alpha=\beta=5\%$		$\alpha=\beta=10\%$		$\alpha=\beta=20\%$		$\alpha=\beta=30\%$	
		n_i	C	n_i	C	n_i	C	n_i	C
0.999 5	1.50	108 002	66	65 849	40	28 584	17	10 814	6
	1.75	51 726	34	32 207	21	14 306	9	5 442	3
	2.00	31 410	22	20 125	14	9 074	6	3 615	2
	3.00	10 467	9	6 181	5	2 852	2	1 626	1
0.999 0	1.50	53 998	66	32 922	40	14 291	17	5 407	6
	1.75	25 861	34	16 102	21	7 152	9	2 721	3
	2.00	15 703	22	10 061	14	4 537	6	1 807	2
	3.00	5 232	9	3 090	5	1 426	2	813	1
0.995 0	1.50	10 674	65	6 851	40	2 857	17	1 081	6
	1.75	5 168	34	3 218	21	1 429	9	544	3
	2.00	3 137	22	1 893	13	906	6	361	2
	3.00	1 044	9	617	5	285	2	162	1
0.990 0	1.50	5 320	65	3 215	39	1 428	17	540	6
	1.75	2 581	34	1 607	21	714	9	272	3
	2.00	1 567	22	945	13	453	6	81	2
	3.00	521	9	308	5	142	2	18	1
0.980 0	1.50	2 620	64	1 605	39	713	17	270	6
	1.75	1 288	34	770	20	356	9	136	3
	2.00	781	22	471	13	226	6	90	2
	3.00	259	9	153	5	71	2	40	1
0.970 0	1.50	1 720	63	1 044	38	450	16	180	6
	1.75	835	33	512	20	237	9	90	3
	2.00	519	22	313	13	150	6	60	2
	3.00	158	8	101	5	47	2	27	1

续表 13.5

q_0	D	$\alpha=\beta=5\%$		$\alpha=\beta=10\%$		$\alpha=\beta=20\%$		$\alpha=\beta=30\%$	
		n_i	C	n_i	C	n_i	C	n_i	C
0.960 0	1.50	1 288	63	782	38	337	16	135	6
	1.75	625	33	383	20	161	8	68	3
	2.00	374	21	234	13	98	5	45	2
	3.00	117	8	76	5	35	2	20	1
0.950 0	1.50	1 014	62	610	37	269	16	108	6
	1.75	486	32	306	20	129	8	54	3
	2.00	298	21	187	13	78	5	36	2
	3.00	93	8	60	5	28	2	16	1
0.940 0	1.50	832	61	508	37	224	16	90	6
	1.75	404	32	244	19	107	8	45	3
	2.00	248	21	155	13	65	5	30	2
	3.00	77	8	50	5	23	2	13	1
0.930 0	1.50	702	60	424	36	192	16	77	6
	1.75	336	31	208	19	92	8	38	3
	2.00	203	20	125	12	55	5	25	2
	3.00	66	8	42	5	20	2	11	1
0.920 0	1.50	613	60	371	36	168	16	67	6
	1.75	294	31	182	19	80	8	34	3
	2.00	177	20	109	12	48	5	22	2
	3.00	57	8	37	5	17	2	10	1
0.910 0	1.50	536	59	329	36	149	16	60	6
	1.75	253	30	154	18	71	8	30	3
	2.00	157	20	96	12	43	5	20	2
	3.00	51	8	33	5	15	2	9	1
0.900 0	1.50	474	58	288	35	134	16	53	6
	1.75	227	30	138	18	64	8	27	3
	2.00	135	19	86	12	39	5	18	2
	3.00	41	7	25	4	14	2	8	1
0.850 0	1.50	294	54	181	33	79	14	35	6
	1.75	141	28	87	17	42	8	18	3
	2.00	85	18	53	11	21	4	12	2
	3.00	26	7	16	4	9	2	5	1
0.800 0	1.50	204	50	127	31	55	13	26	6
	1.75	98	26	61	16	28	8	13	3
	2.00	60	17	36	10	19	5	9	2
	3.00	17	6	9	3	4	1	4	1

2. 测试性试验方案设计用表

国标 GB 5080.5 给出的试验方案表，优点是简单好用，但只能限于四种 α,β 值和四种鉴别比以及 15 种 q_0 值的情况。对于 $\alpha\neq\beta$ 和其他 q_0 及 q_1 值就不适用了。

为了克服上述缺点，这里提供了另一种试验方案设计用表，如表 13.6 所列。它主要是针对测试性常用指标范围制定的，适用于多种 q_0 与 q_1 值组合及 α 与 β 值组合，用起来比较方便。此表用法如下：

第13章 测试性验证与评价

表13.6 测试性试验方案设计用表

n_1\$F$\$q_1$	0	1	2	3	4	5	6	7	8	9	10	11	12	13	14	15
$\beta=0.1$																
0.70	7	12	16	21	25	29	33	37	41	45	49	53	57	60	64	68
0.71	7	12	17	22	26	30	34	39	43	47	51	55	59	63	67	71
0.72	8	13	18	22	27	31	36	40	44	48	53	57	61	65	69	73
0.73	8	13	18	23	28	33	37	42	46	50	55	59	63	68	72	76
0.74	8	14	19	24	29	34	39	43	48	52	57	61	66	70	75	79
0.75	9	15	20	25	30	35	40	45	50	55	59	64	69	73	78	82
0.76	9	15	21	26	32	37	42	47	52	57	62	67	72	76	81	86
0.77	9	16	22	28	33	39	44	49	54	60	65	70	75	80	85	90
0.78	10	17	23	29	35	40	46	51	57	62	68	73	78	84	89	94
0.79	10	18	24	30	36	42	48	54	60	65	71	77	82	88	93	99
0.80	11	18	25	32	38	45	51	57	63	69	75	81	86	92	98	104
0.81	11	19	27	34	40	47	54	60	66	73	79	85	91	97	103	109
0.82	12	21	28	36	43	50	57	63	70	77	83	90	96	103	109	116
0.83	13	22	30	38	45	53	60	67	74	81	88	95	102	109	116	122
0.84	14	23	32	40	48	56	64	72	79	87	94	101	109	116	123	130
0.85	15	25	34	43	52	60	68	76	85	93	100	108	116	124	132	139
0.86	16	27	37	46	56	65	73	82	91	99	108	116	125	133	141	149
0.87	17	29	40	50	60	70	79	89	98	107	116	125	134	143	152	161
0.88	19	31	43	54	65	76	86	96	106	116	126	136	146	155	165	175
0.89	20	34	47	59	71	83	94	105	116	127	138	149	159	170	180	191
0.90	22	38	52	65	78	91	103	116	128	140	152	164	175	187	199	210
0.91	25	42	58	73	87	101	115	129	142	156	169	182	195	208	221	234
0.92	28	48	65	82	98	114	130	145	160	175	190	205	220	234	249	263
0.93	32	55	75	94	113	131	149	166	184	201	218	235	252	268	285	301
0.94	38	64	88	110	132	153	174	194	215	235	255	274	294	313	333	352
0.95	45	77	105	132	158	184	209	233	258	282	306	330	353	377	400	423
0.96	57	96	132	166	198	230	261	292	323	352	383	413	442	471	501	530
0.97	76	129	176	221	265	307	349	390	431	471	511	551	590	629	668	707
0.98	114	193	265	333	398	462	525	587	648	708	768	—	—	—	—	—
0.99	230	388	531	667	798	—	—	—	—	—	—	—	—	—	—	—

续表 13.6

n_0 \ F q_0	0	1	2	3	4	5	6	7	8	9	10	11	12	13	14	15
$\alpha=0.1$																
0.70	1	3	5	7	10	12	15	17	20	23	26	28	31	34	37	40
0.71	1	3	5	7	10	12	15	18	21	24	26	29	32	35	38	41
0.72	1	3	5	7	10	13	16	18	21	24	27	30	33	36	39	42
0.73	1	3	5	8	10	13	16	19	22	25	28	31	34	38	41	44
0.74	1	3	5	8	11	14	17	20	23	26	29	32	36	39	42	45
0.75	1	3	5	8	11	14	17	20	24	27	30	34	37	40	44	47
0.76	1	3	6	8	12	15	18	21	25	28	31	35	38	42	45	49
0.77	1	3	6	9	12	15	19	22	26	29	33	36	40	44	47	51
0.78	1	3	6	9	12	16	19	23	27	30	34	38	42	45	49	53
0.79	1	3	6	10	13	17	20	24	28	32	36	39	43	47	52	56
0.80	1	3	7	10	14	17	21	25	29	33	37	41	46	50	54	58
0.81	1	4	7	10	14	18	22	26	30	35	39	43	48	52	57	61
0.82	1	4	7	11	15	19	23	28	32	37	41	46	50	55	60	64
0.83	1	4	7	11	16	20	25	29	34	39	43	48	53	58	63	68
0.84	1	4	8	12	17	21	26	31	36	41	46	51	56	62	67	72
0.85	1	4	8	13	18	22	28	33	38	43	49	54	60	65	71	77
0.86	1	5	9	14	19	24	29	35	41	46	52	58	64	70	76	82
0.87	1	5	9	15	20	26	32	38	44	50	56	62	69	75	82	88
0.88	1	5	10	16	22	28	34	41	47	54	61	67	74	81	88	95
0.89	1	6	11	17	23	30	37	44	51	58	66	73	81	88	96	104
0.90	1	6	12	19	26	33	41	48	56	64	72	80	89	97	105	114
0.91	2	7	13	21	28	36	45	53	62	71	80	89	98	108	117	126
0.92	2	7	15	23	32	41	50	60	70	80	90	100	110	121	131	142
0.93	2	8	17	26	36	46	57	68	79	91	102	114	126	138	150	162
0.94	2	10	19	30	42	54	66	79	92	106	119	133	146	160	174	188
0.95	3	11	23	36	50	64	79	95	110	126	142	159	175	192	208	225
0.96	3	14	29	45	62	80	99	118	138	157	177	198	218	239	260	281
0.97	4	18	38	59	82	106	131	157	183	209	236	263	290	318	346	374
0.98	6	27	56	88	123	159	196	234	273	313	353	393	434	476	517	559
0.99	11	54	111	176	244	317	391	467	545	624	704	785	—	—	—	—

续表 13.6

n_1 \ F \ q_1	0	1	2	3	4	5	6	7	8	9	10	11	12	13	14	15
$\beta=0.2$																
0.70	5	9	14	18	21	25	29	33	37	40	44	48	51	55	59	62
0.71	5	10	14	18	22	26	30	34	38	42	46	49	53	57	61	65
0.72	5	10	15	19	23	27	31	35	39	43	47	51	55	59	63	67
0.73	6	11	15	20	24	28	32	37	41	45	49	53	57	61	65	69
0.74	6	11	16	20	25	29	34	38	42	47	51	55	60	64	68	72
0.75	6	11	16	21	26	31	35	40	44	49	53	58	62	66	71	75
0.76	6	12	17	22	27	32	37	41	46	51	55	60	65	69	74	78
0.77	7	12	18	23	28	33	38	43	48	53	58	63	68	72	77	82
0.78	7	13	19	24	30	35	40	45	50	56	61	66	71	76	81	86
0.79	7	14	20	25	31	37	42	48	53	58	64	69	74	79	85	90
0.80	8	14	21	27	33	39	44	50	56	61	67	72	78	83	89	94
0.81	8	15	22	28	34	41	47	53	59	65	70	76	82	88	94	100
0.82	9	16	23	30	36	43	49	56	62	68	74	81	87	93	99	105
0.83	9	17	24	32	39	45	52	59	66	72	79	85	92	98	105	111
0.84	10	18	26	34	41	48	56	63	70	77	84	91	98	105	112	119
0.85	10	19	28	36	44	52	59	67	75	82	90	97	104	112	119	127
0.86	11	21	30	39	47	55	64	72	80	88	96	104	112	120	128	136
0.87	12	23	32	42	51	60	69	78	86	95	104	112	121	129	138	146
0.88	13	24	35	45	55	65	75	84	94	103	112	122	131	140	149	159
0.89	14	27	38	49	60	71	81	92	102	112	123	133	143	153	163	173
0.90	16	29	42	54	66	78	90	101	113	124	135	146	157	169	180	191
0.91	18	33	47	60	74	87	100	113	125	138	150	163	175	187	200	212
0.92	20	37	53	68	83	98	112	127	141	155	169	183	197	211	225	239
0.93	23	42	60	78	95	112	129	145	161	178	194	210	226	241	257	273
0.94	27	49	71	91	111	131	150	169	188	207	226	245	263	282	300	319
0.95	32	59	85	110	134	157	180	203	226	249	272	294	316	339	361	383
0.96	40	74	106	137	167	197	226	255	283	312	340	368	396	424	452	479
0.97	53	99	142	183	223	263	301	340	378	416	454	491	528	566	603	639
0.98	80	149	213	275	335	394	453	510	568	625	681	737	793	—	—	—
0.99	161	299	427	551	671	790	—	—	—	—	—	—	—	—	—	—

续表 13.6

q_0 \ F \ n_0	0	1	2	3	4	5	6	7	8	9	10	11	12	13	14	15
$\alpha=0.2$																
0.70	1	3	6	9	11	14	17	20	23	26	29	32	35	38	41	44
0.71	1	3	6	9	12	15	18	21	24	27	30	33	36	39	42	45
0.72	1	4	6	9	12	15	18	21	24	27	31	34	37	40	44	47
0.73	1	4	6	9	12	16	19	22	25	28	32	35	38	42	45	48
0.74	1	4	7	10	13	16	19	23	26	29	33	36	40	43	47	50
0.75	1	4	7	10	13	17	20	24	27	31	34	38	41	45	49	52
0.76	1	4	7	10	14	17	21	25	28	32	36	39	43	47	50	54
0.77	1	4	7	11	14	18	22	26	29	33	37	41	45	49	53	56
0.78	1	4	8	11	15	19	23	27	31	35	39	43	47	51	55	59
0.79	1	5	8	12	16	20	24	28	32	36	40	45	49	53	57	62
0.80	1	5	8	12	16	21	25	29	33	38	42	47	51	56	60	65
0.81	2	5	9	13	17	22	26	31	35	40	44	49	54	58	63	68
0.82	2	5	9	14	18	23	27	32	37	42	47	52	57	62	67	72
0.83	2	5	10	14	19	24	29	34	39	44	49	55	60	65	70	76
0.84	2	6	10	15	20	25	31	36	42	47	52	58	64	69	75	80
0.85	2	6	11	16	22	27	33	38	44	50	56	62	68	74	80	86
0.86	2	6	12	17	23	29	35	41	47	53	60	66	72	79	85	92
0.87	2	7	13	19	25	31	38	44	51	57	64	71	78	85	92	98
0.88	2	7	14	20	27	34	41	48	55	62	69	77	84	92	99	107
0.89	2	8	15	22	29	37	44	52	60	68	76	84	92	100	108	116
0.90	3	9	16	24	32	40	48	57	66	74	83	92	101	110	119	127
0.91	3	10	18	26	35	44	54	63	73	82	92	102	112	122	131	141
0.92	3	11	20	30	40	50	60	71	82	92	103	114	125	137	148	159
0.93	4	12	23	34	45	57	69	81	93	105	118	131	143	156	169	181
0.94	4	14	26	39	52	66	80	94	108	123	137	152	167	182	196	211
0.95	5	17	31	47	63	79	96	113	130	147	165	182	200	217	235	253
0.96	6	21	39	58	78	99	119	141	162	184	205	227	249	271	294	316
0.97	8	28	52	77	104	131	159	187	216	244	273	302	332	361	391	421
0.98	12	42	77	116	155	196	238	280	323	366	409	453	497	541	586	630
0.99	23	83	154	230	310	391	474	559	644	730	—	—	—	—	—	—

第 13 章 测试性验证与评价

续表 13.6

n_1 F q_1	0	1	2	3	4	5	6	7	8	9	10	11	12	13	14	15
$\beta=0.3$																
0.70	4	8	12	15	19	23	26	30	34	37	41	44	48	51	55	58
0.71	4	8	12	16	20	24	27	31	35	38	42	46	50	53	57	60
0.72	4	8	13	17	21	24	28	32	36	40	44	48	51	55	59	63
0.73	4	9	13	17	21	25	29	33	37	41	45	49	53	57	61	65
0.74	4	9	14	18	22	26	31	35	39	43	47	51	55	59	64	68
0.75	5	10	14	19	23	27	32	36	40	45	49	53	58	62	66	70
0.76	5	10	15	19	24	29	33	38	42	47	51	56	60	64	69	73
0.77	5	10	15	20	25	30	35	39	44	49	53	58	63	67	72	77
0.78	5	11	16	21	26	31	36	41	46	51	56	61	66	70	75	80
0.79	6	11	17	22	28	33	38	43	48	53	59	64	69	74	79	84
0.80	6	12	18	23	29	34	40	45	51	56	62	67	72	78	83	88
0.81	6	13	19	25	31	36	42	48	54	59	65	70	73	82	87	93
0.82	7	13	20	26	32	38	44	51	57	63	68	74	80	86	92	98
0.83	7	14	21	28	34	41	47	54	60	66	73	79	85	91	98	104
0.84	7	15	22	29	36	43	50	57	64	70	77	84	91	97	104	110
0.85	8	16	24	31	39	46	53	61	68	75	82	90	97	104	111	118
0.86	8	17	25	34	42	50	57	65	73	91	88	96	104	111	119	126
0.87	9	19	27	36	45	53	62	70	79	87	95	103	112	120	128	136
0.88	10	20	30	39	49	58	67	76	85	94	103	112	121	130	139	148
0.89	11	22	33	43	53	63	73	83	93	103	113	122	132	142	151	161
0.90	12	24	36	47	58	70	81	91	102	113	124	135	145	156	167	177
0.91	13	27	40	53	65	77	90	102	114	126	138	150	162	174	185	197
0.92	15	30	45	59	73	87	101	114	128	142	155	169	182	195	209	222
0.93	17	35	51	68	84	100	115	131	146	162	177	193	208	223	239	254
0.94	20	40	60	79	98	116	135	153	171	189	207	225	243	261	279	296
0.95	24	19	72	95	117	140	162	184	205	227	249	270	292	313	334	356
0.96	30	41	90	119	147	175	202	230	257	284	311	328	365	391	418	445
0.97	40	81	120	158	198	233	270	306	343	297	415	451	487	522	558	593
0.98	60	122	180	238	294	350	405	460	514	569	623	677	730	784	—	—
0.99	120	244	361	476	589	700	—	—	—	—	—	—	—	—	—	—

续表 13.6

n_0 \ F \ q_0	0	1	2	3	4	5	6	7	8	9	10	11	12	13	14	15
$\alpha=0.3$																
0.70	1	4	7	10	13	16	19	22	25	28	31	34	37	41	44	47
0.71	2	4	7	10	13	16	20	23	26	29	32	35	39	42	45	48
0.72	2	4	7	11	14	17	20	23	27	30	33	37	40	43	47	50
0.73	2	5	8	11	14	18	21	24	28	31	35	38	41	45	48	52
0.74	2	5	8	11	15	18	22	25	29	32	36	39	46	47	50	54
0.75	2	5	8	12	15	19	22	26	30	34	37	41	45	48	52	56
0.76	2	5	9	12	16	20	23	27	31	35	39	43	47	50	54	58
0.77	2	5	9	13	17	20	24	28	32	36	40	44	48	53	57	61
0.78	2	5	9	13	17	21	25	30	34	38	42	46	51	55	59	63
0.79	2	6	10	14	18	22	27	31	35	40	44	49	53	57	62	66
0.80	2	6	10	14	19	23	28	32	37	42	46	51	56	60	65	70
0.81	2	6	11	15	20	25	29	34	39	44	49	54	58	63	68	73
0.82	2	7	11	16	21	26	31	36	41	46	51	56	62	67	72	77
0.83	2	7	12	17	22	27	33	38	43	49	54	60	65	71	76	82
0.84	3	7	13	18	23	29	35	40	46	52	58	63	69	75	81	87
0.85	3	8	13	19	25	31	37	43	49	55	61	68	74	80	86	92
0.86	3	8	14	20	27	33	39	46	52	59	66	72	79	86	92	99
0.87	3	9	15	22	29	36	42	49	56	64	71	78	85	92	99	106
0.88	3	10	17	24	31	38	46	53	61	69	76	84	92	100	107	115
0.89	4	10	18	26	34	42	50	58	67	75	83	92	100	109	117	126
0.90	4	11	20	28	37	46	55	64	73	82	91	101	110	119	129	138
0.91	4	13	22	31	41	51	61	71	81	91	102	112	122	132	143	153
0.92	5	14	24	35	46	57	68	80	91	103	114	126	137	149	161	172
0.93	5	16	28	40	53	65	78	91	104	117	130	143	157	170	183	197
0.94	6	19	32	47	61	76	91	106	121	136	152	167	183	198	214	229
0.95	7	22	39	56	73	91	109	127	145	164	182	200	219	238	256	275
0.96	9	28	48	70	92	114	136	159	181	204	227	250	273	297	320	343
0.97	12	37	64	93	122	151	181	211	242	272	303	333	364	395	426	457
0.98	18	55	96	139	182	227	271	316	362	408	453	500	546	592	639	685
0.99	36	110	192	277	364	452	542	632	723	—	—	—	—	—	—	—

选定 q_0, q_1, α 和 β 值后,则

- 按 β 值找到对应的表,在对应 q_1 值的一行可得到一行 n_1 值;
- 按 α 值找到对应的表,在对应 q_0 值的一行可得到一行 n_0 值;

● 比较这两行,找出在同一个 F 值下,满足 $n_0 > n_1$ 条件的最小的 n_1 值,令 $n = n_1$。此 n 值和对应的 F 值即为所需试验方案中的样本量和允许最大失败次数。

例如,选定 $q_1 = 0.85$, $q_0 = 0.95 (D=3)$, $\alpha = \beta = 0.1$,设计试验方案 (n, F),用表 13.5 中 $\beta = 0.1$ 部分得到对应 $q_1 = 0.85$ 的一行数据,$\alpha = 0.1$ 部分得到对应 $q_0 = 0.95$ 的一行数据,结果如表 13.7 所列。

表 13.7 实验方案案例

F		0	1	2	3	4	5	6	…
① $\beta=0.1$, $q_1=0.85$	n_1	15	25	34	43	52	60	68	…
② $\alpha=0.1$, $q_0=0.95$	n_0	3	11	23	36	50	64	79	…
③ $\alpha=0.2$, $q_0=0.95$	n_0	5	17	31	47	63	79	96	…

比较①和②两行,很明显,当 $F=5$ 时满足 $n_0 > n_1$ 的最小 n_1 值为 60,所以试验方案为 (60,5),即试验 60 个样本,失败数小于等于 5 时,判为接收,否则拒收。当取 $\beta=0.1$,$\alpha=0.2$ 时,比较①和③行,可得方案为 (43,3)。

13.5.2 最低可接受值试验方案

同时考虑 q_0, q_1, α 和 β 四个参量时的试验方案是标准抽样方案,只考虑最低可接受值 q_1 和使用方风险 β 时,是最低可接受值抽样方案。在选定 q_1 和 β 值后,可由下式求出参数 n 和 C 值。

$$\sum_{F=0}^{C} \binom{n}{F} (1-q_1)^F q_1^{n-F} \leqslant \beta \tag{13.18}$$

此方程有无穷多组解,可用表 13.6 中的对应 β 值部分查出多组解。例如,当选定 $q_1 = 0.85$,$\beta = 0.1$ 时,由表可查得一系列方案:(15,0),(25,1),(34,2),…,(100,10) 等。

13.5.3 成败型截尾序贯试验方案

序贯试验方案也是以二项分布为基础的。GB 5080.5—85 给出了序贯试验案数据表,如表 13.8 所列。根据选定的 q_0, D, α 和 β 可查得试验方案的有关参数,即

h——试验图纵坐标截距;
s——试验图接收和拒收线斜率;
n_t——截尾试验数;
r_t——截尾失败数。

依据这四个参数可作出序贯试验图,如图 13.4 所示。

当 $r \leqslant sn_s - h$ 时,接收;当 $r \geqslant sn_s + h$ 时,拒收;当 $sn_s - h < r < sn_s + h$ 时,继续试验。当 $n_s = n_t$ 时,若 $r < r_t$,则接收;若 $r \geqslant r_t$,则拒收。其中 r 为累积失败数,n_s 为累积试验数。

例如,假设选定 $q_0 = 0.99$,$D=3$,$\alpha = \beta = 0.1$,

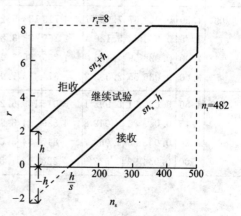

图 13.4 序贯试验图示例

则由表 13.8 可查得 $s=0.018\,24, h=1.963\,5, n_t=482, r_t=8$。

可知合格判定线 L_0 为

$$sn_s - h = 0.018\,24n_s - 1.963\,5$$

不合格判定线 L_1 为

$$sn_s + h = 0.018\,24n_s + 1.963\,5$$

将各次试验后的累积结果标在试验图上,连成折线,根据伸展情况做出判断。

结尾序贯试验方案的确定不如定数试验简便,最大的累积试验数和失败数可能会超过等效的定数试验的累积试验数和失败数。

表 13.8 成功率的截尾序贯试验表

q_0	D	s	$\alpha=\beta=0.05$			$\alpha=\beta=0.10$			$\alpha=\beta=0.20$			$\alpha=\beta=0.30$		
			h	n_t	r_t	h	n_t	r_t	h	n_t	r_t	h	n_t	r_t
0.999 5	1.50	0.000 62	7.257 4	207 850	122	5.415 7	125 370	73	3.416 9	50 249	29	2.088 4	17 641	10
	1.75	0.000 67	5.258 0	97 383	60	3.923 7	58 035	36	2.475 6	22 665	14	1.513 1	3 201	5
	2.00	0.000 72	4.244 9	57 176	38	3.167 6	33 121	22	1.998 6	13 361	9	1.221 5	4 393	3
	3.00	0.000 91	2.677 7	17 223	14	1.998 2	9 873	8	1.260 7	3 434	3	0.770 5	1 945	2
0.999 0	1.50	0.001 25	7.252 9	102 220	121	5.412 3	61 291	72	3.414 8	25 125	29	2.087 1	8 819	10
	1.75	0.001 34	5.254 5	47 677	60	3.921 0	20 040	36	2.473 9	11 334	14	1.512 0	4 093	5
	2.00	0.001 44	4.241 8	23 536	38	3.165 4	16 563	22	1.997 1	6 930	9	1.220 6	2 197	3
	3.00	0.001 82	2.675 3	8 609	14	1.996 4	4 932	8	1.259 6	1 718	3	0.739 8	973	2
0.995	1.50	0.006 17	7.217 1	20 038	119	5.385 6	12 037	71	3.397 9	5 025	29	2.076 8	1 766	10
	1.75	0.006 70	5.226 3	9 269	59	3.900 0	5 561	35	2.460 6	2 269	14	1.503 9	917	5
	2.00	0.007 22	4.217 3	5 458	37	3.147 1	3 296	22	1.985 6	1 384	9	1.213 6	439	3
	3.00	0.009 11	2.655 7	140	13	1.981 1	971	8	1.250 4	342	3	0.764 2	194	2
0.990	1.50	0.012 33	7.172 3	9 803	177	5.352 2	5 012	70	3.370 9	2 508	29	2.063 9	883	10
	1.75	0.013 41	5.191 0	4 530	58	3.873 7	2 765	35	2.444 0	1 129	14	1.493 8	406	5
	2.00	0.014 44	4.186 6	2 634	36	3.124 2	1 638	22	1.971 1	691	9	1.204 7	220	3
	3.00	0.018 24	2.631 3	767	13	1.963 9	482	8	1.238 8	173	3	0.757 2	97	2
0.980	1.50	0.024 67	7.082 5	4 713	133	5.285 3	2 856	68	3.334 7	1 196	28	2.038 1	439	10
	1.75	0.026 82	5.120 4	2 169	56	3.821 0	1 329	34	2.410 8	560	14	1.473 5	204	5
	2.00	0.028 89	4.125 2	1 263	35	3.078 4	767	21	1.942 2	340	9	1.187 1	108	3
	3.00	0.036 55	2.582 2	374	13	1.926 4	284	8	1.215 7	83	3	0.743 1	48	2
0.970	1.50	0.037 01	6.993 1	3 015	109	5.218 4	1 833	66	3.292 5	760	27	2.012 3	291	10
	1.75	0.040 85	5.049 8	1 389	54	3.768 3	827	32	2.377 5	371	14	1.453 1	134	5
	2.00	0.043 36	4.063 7	817	34	3.032 5	481	20	1.913 3	193	8	1.169 4	73	3
	3.00	0.054 93	2.532 9	228	12	1.890 1	152	8	1.192 5	57	3	0.728 9	32	2

续表 13.8

q_0	D	s	$\alpha=\beta=0.05$			$\alpha=\beta=0.10$			$\alpha=\beta=0.20$			$\alpha=\beta=0.30$		
			h	n_t	r_t	h	n_t	r_t	h	n_t	r_t	h	n_t	r_t
0.960	1.50	0.049 36	6.903 4	2 220	107	5.151 5	1 356	65	3.250 3	571	27	1.986 5	216	10
	1.75	0.053 69	4.979 1	1 017	53	3.715 5	619	32	2.344 2	255	13	1.432 8	101	5
	2.00	0.057 85	4.002 2	589	33	2.986 5	361	20	1.884 3	146	8	1.151 7	55	3
	3.00	0.073 30	2.483 5	170	12	1.853 2	99	7	1.169 3	43	3	0.714 6	24	2
0.950	1.50	0.061 71	6.813 7	1 721	105	5.084 6	1 047	63	3.208 0	436	26	1.930 7	176	10
	1.75	0.067 14	4.908 3	781	51	3.662 7	476	31	2.310 9	201	13	1.412 4	79	5
	2.00	0.072 36	3.940 6	455	32	2.940 6	286	20	1.855 3	116	8	1.133 9	43	3
	3.00	0.091 03	2.433 7	133	12	4.816 1	79	7	1.145 9	32	3	0.700 3	19	2
0.940	1.50	0.074 07	6.724 0	1 419	103	5.017 6	857	62	3.165 8	363	26	1.934 9	126	9
	1.75	0.090 60	4.837 5	636	50	3.609 9	383	30	2.277 6	167	13	1.392 0	65	5
	2.00	0.086 99	3.878 8	366	31	2.894 5	238	20	1.826 2	94	8	1.116 3	36	3
	3.00	0.110 57	2.383 8	103	11	1.778 9	62	7	1.122 3	26	3	0.683 0	16	2
0.930	1.50	0.086 43	6.634 2	1 177	100	4.950 6	722	61	3.123 5	299	25	1.909 1	108	9
	1.75	0.094 07	4.766 6	533	49	3.557 0	327	30	2.244 2	143	13	1.371 6	56	5
	2.00	0.101 44	3.817 0	303	30	2.848 4	192	19	1.797 1	82	8	1.098 4	31	3
	3.00	0.129 30	2.333 6	86	11	1.741 4	54	7	1.098 7	23	3	0.671 5	13	2
0.920	1.50	0.098 80	6.544 4	1 008	98	4.883 6	609	59	3.081 2	249	24	1.883 2	93	9
	1.75	0.107 55	4.695 6	455	48	3.504 0	276	30	2.210 8	115	12	1.351 2	48	5
	2.00	0.116 02	3.755 1	264	30	2.802 2	158	18	1.768 0	70	8	1.080 6	26	3
	3.00	0.148 14	2.283 1	74	11	1.703 7	46	7	1.074 9	19	3	0.657 0	11	2
0.910	1.50	0.111 17	6.454 6	881	86	4.816 6	589	57	3.038 9	220	24	1.857 4	85	9
	1.75	0.121 05	4.624 6	395	47	3.451 0	236	29	2.177 4	102	12	1.330 8	43	5
	2.00	0.130 62	3.693 1	234	30	2.755 9	132	17	1.738 8	63	8	1.062 7	22	3
	3.00	0.167 09	2.232 3	64	11	1.665 8	39	6	1.051 0	17	3	0.642 4	10	2
0.900	1.50	0.123 55	6.364 7	772	85	4.749 5	461	56	2.996 6	190	23	1.831 5	75	9
	1.75	0.134 56	4.553 5	343	46	3.398 0	212	28	2.143 9	92	12	1.310 3	38	5
	2.00	0.145 24	3.630 9	204	28	2.709 6	119	17	1.709 5	49	7	1.044 8	20	3
	3.00	0.186 17	2.181 2	54	10	1.627 7	32	6	1.026 9	15	3	0.627 7	9	2
0.850	1.50	0.185 55	5.914 4	457	84	4.413 5	278	51	2.784 6	114	21	1.702 0	53	8
	1.75	0.202 36	4.196 8	204	41	3.131 8	119	24	1.975 9	55	12	1.207 7	21	4
	2.00	0.218 82	3.318 4	115	25	2.476 3	69	15	1.562 5	31	7	0.954 9	13	3
	3.00	0.283 79	1.919 5	31	9	1.432 4	19	6	0.903 8	9	3	0.552 4	6	2
0.800	1.50	0.247 74	5.462 8	304	75	4.076 5	187	46	2.572 0	77	19	1.572 0	28	7
	1.75	0.270 63	3.837 6	137	37	2.863 7	81	22	1.806 8	36	10	1.104 5	13	4
	2.00	0.293 30	3.002 0	78	23	2.240 2	44	13	1.413 4	20	6	0.863 9	10	2
	3.00	0.386 85	1.643 3	17	7	1.226 3	12	5	0.773 7	5	2	0.472 9	4	2

13.5.4 近似试验方案及判据

13.5.3 节介绍的是以二项分布为基础的较为准确的验证方法,这一节介绍以正态分布为基础的近似方法。

1. MIL—STD—471A 通告的方法

该方法是以简单的正态分布区间估计公式为基础的,其公式为

$$R_{U,L} = R \pm Z_c \sqrt{\frac{R(1-R)}{n}} \tag{13.19}$$

式中 R_U, R_L——测试性指标估计值的上限和下限;

R——故障检测率或隔离率的点估计值,$R=(n-F)/n$;

F——失败次数;

n——试验样本量;

Z_c——与置信度相关的系数。

例如:置信度　　Z_c
　　　80 %　　　1.28
　　　90 %　　　1.65
　　　95 %　　　1.96

接收/拒收判据:如果

$$R \geqslant R_s - 1.28\sqrt{\frac{R(1-R)}{n}} \tag{13.20}$$

则接收;否则,拒收。该判距对应 80 % 置信度,$Z_c=1.28$,承制方风险为 10 %。其中,R_s 为 FDR 或 FIR 的规定设计值。

在此方法中没有规定为测试性验证确定样本量的方法,但指出按维修性验证的样本量进行测试性验证试验,可以理解为样本量不少于 30 个。因为 MIL—STD—471A 建议的 11 种维修性验证方案中,推荐样本量多数为不小于 30 个。

这种判断接收/拒收方法的优点是简单易行。其不足之处第一是采用近似的方法,当指标大于 90 % 时,误差会增大;第二是未准确规定样本量,当样本量越大时,越不易通过试验,判为拒收的可能性越大,如表 13.9 所列;第三是以上限 R_U 是否大于规定值 R_s 为依据来判断接收或拒收,而使用方最关心的是下限 R_L 是否低于最低可接受值,本方法对此未考虑。

表 13.9　不同样本量下的接收/拒收判断示例($R_s=0.85$)

$R=\dfrac{n-F}{n}$	$R_s - 1.28\sqrt{\dfrac{R(1-R)}{n}}$	判　断	R_L	R_U	置信区间
$\dfrac{11}{15}=0.7333$	0.7038	接收	0.5871	0.8795	[0.5871, 0.8795]
$\dfrac{22}{30}=0.7333$	0.7466	拒收	0.6300	0.8366	[0.6301, 0.8366]
$\dfrac{44}{60}=0.7333$	0.7769	拒收	0.6602	0.8064	[0.6602, 0.8064]

2. GJB 2072 的方法

该方法在上述方法的基础上改进而成,规定样本量参照维修性试验的样本量确定。计算故障检测率和隔离率的区间估计分为两种情况。若故障检测率或隔离率的点估计值为 R,则当 $0.1 < R < 0.9$ 时,置信度为 $(1-\alpha)$ 的上限 R_U 和下限 R_L 用下式计算,即

$$R_U = R + Z_{1-\alpha}\sqrt{\frac{R(1-R)}{n}}$$
$$R_L = R + Z_\alpha\sqrt{\frac{R(1-R)}{n}} \tag{13.21}$$

当 $R \geqslant 0.9$ 或 $R \leqslant 0.1$ 时,置信度为 $(1-\alpha)$ 的 R_U 和 R_L 用下式计算,即

$$R_U = \begin{cases} \dfrac{2\lambda}{2n-k+\lambda} & \text{当 } R \leqslant 0.1 \text{ 时} \\ \dfrac{n+k+1-\lambda'}{n+k+1+\lambda'} & \text{当 } R \geqslant 0.9 \text{ 时} \end{cases} \tag{13.22}$$

式中 $\lambda = \dfrac{1}{2}\chi^2_{1-\alpha}(2k+2)$;

$\lambda' = \dfrac{1}{2}\chi^2_\alpha[2(n-k)]$;

n——样本量;

k——n 次试验中成功的次数;

$\chi^2_\alpha(v)$——自由度为 v 的 χ^2 分布的下侧 α 分位数,见附表 3。

$$R_L = \begin{cases} \dfrac{2\lambda}{2n-k+1+\lambda} & \text{当 } R \leqslant 0.1 \text{ 时} \\ \dfrac{n+k-\lambda'}{n+k+\lambda'} & \text{当 } R \geqslant 0.9 \text{ 时} \end{cases} \tag{13.23}$$

式中 $\lambda = \dfrac{1}{2}\chi^2_\alpha(2k)$;

$\lambda' = \dfrac{1}{2}\chi^2_{1-\alpha}[2(n-k)+2]$。

接收/拒收判据:如果 $R_L \geqslant R_{SL}$(最低可接受值),则接收;否则,拒收。

此方法虽然也是近似方法,但比前述近似方法更准确些,因为以下限是否大于等于最低可接受值来判断接收或拒收,考虑到了使用方关心的问题。相同条件下,样本量越大,结果判为接收的可能性越大,但未考虑生产方风险。

13.6 虚警率验证问题

虚警率是重要的测试性参数之一,在设计过程中如何减少虚警是设计者要考虑的重要工作内容。要验证所设计的系统是否达到了要求的虚警率指标也是比较困难的,利用现场使用数据进行评价才是切合实际的方法。可供选用的验证方法介绍如下。

13.6.1 数据来源

虚警率要求指标一般在 1%~2% 之间,换言之,即要求故障指示(报警)的成功率要在

98 %～99 %之间。此值高于故障检测率要求值，故在同样 α 和 β 规定条件下需要的样本量也就比较大。例如，规定值为 99 %，鉴别比取 3（相当于最低可接受值为 97 %），取 $\alpha=\beta=0.1$ 时，就需要有 308 个样本，即试验方案为 $(n, r) = (308, 5)$。即使可以按成功率试验设计出试验方案来，它也是很难实现的，因为虚警和多种因素有关，受环境条件影响较大。它包括 BIT 错误检测和隔离以及无故障而报警等情况，这些情况很难人为地在实验室条件下真实模拟，因此只能收集自然发生的虚警样本。

为了评价和验证虚警率，生产方和使用方应经过协商确定评价虚警率的数据来源。例如，有关评价虚警率的数据可以取自可靠性试验、维修性验证试验、环境试验、性能/操作试验以及初期使用等。承制方应制定收集、记录和分析有关虚警率数据的计划，作为测试性验证计划的一部分。

为了评价系统的虚警率，系统的累积工作时间至少应包括可靠性和维修性验证试验的持续时间，试验的环境条件应尽量接近系统实际使用的运行条件。试验过程中应记录系统的累积工作时间 t，正确故障报警次数 N_{FD} 和虚警次数 N_{FA}。因此，对每一次故障指示或报警，应识别是不是虚警。如果两次以上观测到的虚警归因于单一设计问题，则它是设计上要改进的。如实践证明已改进了，则它不应再作为虚警记数；只观测到一次的虚警类型应作为虚警记数，待弄清虚警原因时再作处理。应该指出的是，弄清虚警原因并采取改进措施是测试性增长（成熟）的过程，这在设计上是允许的，也是必要的。所以对试验中取得的数据要进行分析，经过测试性增长后，在实际使用中取得的数据用于评价虚警率才是最有效的。

13.6.2 按可靠性要求验证

该方法就是把规定的虚警率要求转换成单位时间内的平均虚警数，将其纳入系统要求的故障率（或 MTBF）之内，按可靠性要求来验证。虚警率转换公式如下：

$$\lambda_{FA} = \frac{FDR}{MTBF}\left(\frac{FAR}{1-FAR}\right) \quad (13.24)$$

式中　λ_{FA}——平均单位时间虚警数；
　　　FAR——虚警率（虚警数与故障指示总数之比）；
　　　FDR——故障检测率；
　　　MTBF——系统的平均故障间隔时间。

在可靠性验证试验中，每个确认的虚警都作为关联失效来对待。就虚警率验证而言，如果统计分析结果满足了可靠性验证规定的接收判据，则系统的虚警率也认为是可以接收的，否则应拒收。

此种方法是比较简单易行的，但是它并没有估计出系统的虚警率量值大小。

13.6.3 按成功率验证

虚警率实际上是故障指示（报警）的失败概率，其允许上限对应着故障指示的成功率下限，所以有

$$FAR_U = 1 - R_L \quad (13.25)$$

式中　R_L——故障指示成功率下限。

可以用单侧下限数据表，根据所得试验数据（样本数和虚警次数）和规定的置信度查得 R_L

值,从而可得 FAR 值。例如,如果故障指示次数 $n=39$,失败次数(虚警次数)$F=1$,规定置信度为 90%,则可由附表 2 查得单侧置信下限 $R_L=0.9039$,所以虚警率为

$$FAR = 1 - 0.9030 = 0.0961$$

如果此值小于最大可接收值,则接收。

此方法的优点是可得到较准确的虚警率估计值。

13.6.4 考虑双方风险时的验证

生产方风险 α 是与虚警发生频率设计规定值 λ_{FAG} 相关的,而使用方风险 β 是与虚警的最低可接受值 λ_{FAW} 相关的。如果选定了这四个参数值和系统累积工作时间 t,则可用下式求得允许最大虚警数 a。

$$\begin{cases} \sum_{i=a+1}^{\infty} \frac{(\lambda_{FAG}t)^i e^{-\lambda_{FAG}t}}{i!} = \alpha \\ \sum_{i=a+1}^{\infty} \frac{(\lambda_{FAW}t)^i e^{-\lambda_{FAW}t}}{i!} = 1-\beta \end{cases} \quad (13.26)$$

假设工作时间 t 内发生的虚警数为 N_{FA},如果 $N_{FA} \leq a$,则接收;如果 $N_{FA} > a$,则拒收。

例如,设计目标值 $\lambda_{FAG}=0.01$(每工作 100 h 发生 1 次虚警),允许最大值 $\lambda_{FAW}=0.02$(每工作 100 h 发生 2 次虚警),累积工作时间 $t=800$ h,双方风险 $\alpha=\beta=0.1$,则可得出 $a=11$。如在 800 h 内发生虚警数 12 次以上,则判为拒收;如虚警次数 ≤ 11,则接收。

13.6.5 近似验证方法

如果准确度要求不很高,可用 GJB 2072 和 MIL—STD—471A 给出的近似方法验证虚警率。具体做法如下。

① 根据虚警率 FAR 的要求值,求出平均单位时间虚警数 λ_{FA} 值,计算在系统累积工作时间 t 内的规定虚警次数 N_{FO}。

$$N_{FO} = \lambda_{FA} t \quad (13.27)$$

或

$$N_{FO} = N_{FD}\left(\frac{FAR}{1-FAR}\right)$$

② 根据规定的数据来源取得在 t 内发生的虚警次数 N_{FA}。

③ 在图 13.5 上标出 N_{FO} 和 N_{FA} 的交点。

④ 依据规定的置信度 $(1-\alpha)$ 判定是否合格,即交点落在接收区则判定为合格,否则为不合格。

例如,某系统要求的 $\lambda_{FA}=0.02$,累积工作时间 $t=400$ h,在 t 内发生虚警次数 $N_{FA}=5$,试求在置信度为 80% 时是否可接收?

解:计算 $N_{FO}=0.02 \times 400=8$

$N_{FA}=5$

N_{FO} 与 N_{FA} 交点为 (8,5) 落在接收区,所以判为接收。

由图 13.5 上曲线可见,当 $N_{FO} \leq 2$ 时此法就不好用了,即要求 $\lambda_{FA}t \geq 2$。如果 MTBF=100,FDR=0.95,FAR=1%,则需要系统工作时间 $t \geq 20842$ h,这是很难实现的。其他虚警

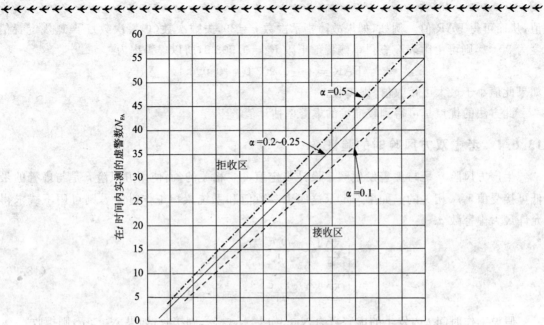

图 13.5　虚警率接收拒收判别

率 FAR 值要求的对应 t 值如图 13.6 所示。很明显,图 13.5 所示曲线对于 MTBF 较小、FAR 较大的情况才适用。

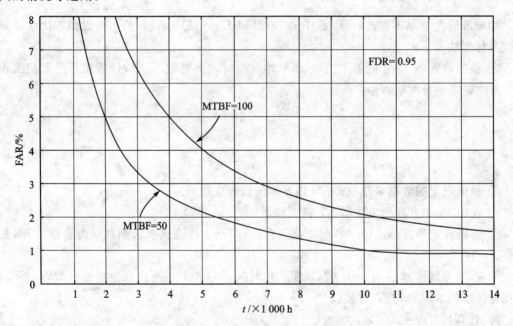

图 13.6　MTBF,FAR 与时间 t 的关系曲线

13.7 测试性参数估计

前面介绍的测试性验证方法,侧重点是根据试验数据判断试验产品是否合格(判断接收或拒收),多数情况未给出测试性参数的具体量值。这一节介绍的参数估计方法,重点是根据试验数据或使用中统计数据来估计 FDR 和 FIR 等参数的量值。这些试验数据包括:故障发生次数、故障检测和隔离成功或失败次数、故障指示或报警次数、假报和错报次数以及故障检测与隔离时间等。这些数据如果是从产品实际使用中收集来的,则参数估计结果将会比预计和实验室试验的结果更接近产品的真实测试性水平。下面将以 FDR 和 FIR 为例说明具体估计方法。

人为注入或自然发生故障的次数(即试验次数)用 n 表示,试验(检测、隔离或指示报警)成功次数用 S 表示,失败次数用 F 表示。

13.7.1 点估计

成败型试验中,试验次数为 n,失败次数为 F,则失败概率 P 的点估计值为

$$\hat{P} = \frac{F}{n} \tag{13.28}$$

成功概率 R 的点估计值为

$$\hat{R} = 1 - P = \frac{n - F}{n} \tag{13.29}$$

例如,在某设备试验中,共发生 100 次故障,只有 2 次故障 BIT 未能检测出来,则其故障检测率点估计值是

$$\hat{R} = \frac{100 - 2}{100} = 0.98$$

点估计在一定条件下有一定的优点,但这种估计值并不等于真值,大约有一半可能性大于真值,也有一半可能性小于真值。因此,点估计不能回答估计的精确性与把握性问题。

13.7.2 区间估计

为了解决点估计存在的问题,可根据试验结果寻求一个随机区间 (R_L, R_U) 来描述估计的精确性。用某一个小数 C(或百分数)来描述这种估计的把握性,称 C 为置信度,这种做法就是区间估计。

1. 单侧置信下限估计

通常,在故障检测率、隔离率估计中,R 的置信上限 R_U 值越大越好,因此可以不考虑;最值得关心的是置信下限 R_L 值是否太低。为此,可采用单侧置信下限估计,就是根据已得到的数据寻求一个区间 $(R_L, 1)$ 使下式成立,即

$$P(R_L \leqslant R \leqslant 1) = C$$

对于具有二项分布特性的产品(成败型试验),可用下式来确定 R 的单侧置信下限 R_L 值,即

$$\sum_{i=0}^{F} \binom{n}{i} R_L^{n-i} (1 - R_L)^i = 1 - C \tag{13.30}$$

其中，F 为 n 次试验中的失败数。按试验结果数据，在给定置信度 C 后，解上述方程即可得到 R_L 值。但当 n 较大时解此方程比较麻烦，可查有关数据表，表的示例如附表1所列。

例如，某系统发生 38 次故障，BIT 检测出 36 次，其中有 2 次未检出，即失败次数 $F=2$，如规定置信度为 0.9，求检测率单侧置信下限是多少？

根据附表 2，对应 $C=0.9$，由 $(n, F)=(38, 2)$ 可查得
$$R_L = 0.865\,9$$

2. 置信区间估计

如果想要了解产品检测率、隔离率的量值所在范围，那么可以采用置信区间估计，即寻求一个随机区间，使公式 $P(R_L \leqslant R \leqslant R_U)=C$ 成立。对于二项分布来说，由以下两个方程来确定 R 的置信下限 R_L 值和置信上限 R_U 值，即

$$\sum_{i=0}^{F} \binom{n}{i} R_L^{n-i}(1-R_L)^i = \frac{1}{2}(1-C) \tag{13.31}$$

$$\sum_{i=F}^{n} \binom{n}{i} R_U^{n-i}(1-R_U)^i = \frac{1}{2}(1-C) \tag{13.32}$$

在给定置信度 C 的条件下，按试验所得的 n 和 F 值，解上述两个方程即可得到置信区间 (R_L, R_U)。但是解这两个方程较繁，为了利用单侧置信限数据表，可把这两个方程化成以下形式：

$$\sum_{i=0}^{F} \binom{n}{i} R_L^{n-i}(1-R_L)^i = 1 - \frac{1+C}{2} \tag{13.33}$$

$$\sum_{i=0}^{F-1} \binom{n}{i} R_U^{n-i}(1-R_U)^i = \frac{1+C}{2} \tag{13.34}$$

在给定 C 时，对应于 $1-\frac{1+C}{2}$，由 (n, F) 查单侧置信下限数表（附表1），得到 R_L 值；对应于 $\frac{1+C}{2}$，由 $(n, F-1)$ 查单侧置信上限数表（附表2），得到 R_U 值。于是可得到置信度为 C 时的双侧置信区间 (R_L, R_U)。

例如，某系统发生 38 次故障，BIT 正确检测到 36 次，2 次未检出来。如给定置信度为 0.8，试求其置信区间。

解：对应于 $\frac{1+C}{2}=\frac{1+0.8}{2}=0.90$

由 0.9 和 $(n, F)=(38, 2)$，查附表 1，得 $R_L=0.865\,9$；

由 0.9 和 $(n, F-1)=(38, 1)$，查附表 2，得 $R_U=0.997\,2$。

所以，在置信度 $C=0.80$ 之下，系统故障检测率的置信区间为 (0.865 9, 0.997 2)。

13.7.3 近似估计

当要求的准确度不是很高时，故障检测率和隔离率也可以用近似方法进行估计，但应注意使用条件，否则误差会太大。近似公式有多种，比较了9种近似公式后，全国统计应用标准化委员会 SC—Z 推荐如下公式：

① 当 $n>30$，且 $0.10 < \frac{F}{n} < 0.90$ 时，

$$P_L = P^* - Z_c\sqrt{\frac{P^*(1-P^*)}{n+2d}} \qquad P^* = \frac{F+d-0.50}{n+2d} \qquad (13.35)$$

$$P_U = P^* + Z_c\sqrt{\frac{P^*(1-P^*)}{n+2d}} \qquad P^* = \frac{F+d+0.50}{n+2d} \qquad (13.36)$$

这里 $P=1-R$, $Z_c=Z_{1-\alpha}$, 是标准正态分布的分位数。Z_c 值及相应的 d 值如表(13.10)所列。

表 13.10 不同置信度下的 Z_c 值和 d 值

置信度 $C=1-\alpha$	0.70	0.75	0.80	0.85	0.90	0.95	0.99
Z_c	0.524	0.675	0.842	1.036	1.282	1.645	2.326
d	0.258	0.319	0.403	0.524	0.700	1.00	2.00

直接用式(13.35)和(13.36)算出的是失败的比例,成功的比例 $R=1-P$。进行区间估计时,用 Z_{c_0} 代替 Z_c,而 $C_0 = 1 - \frac{1-C}{2}$。

例如,假设随机抽取样本量 $n=40$ 进行试验,检测失败 8 次,约定置信度 $C=1-\alpha=95\%$,试求检测率下限值为多少?

解:可先求出未检测(失败)率,再求得检测率。

$n=40, P=\frac{F}{n}=\frac{8}{40}=0.2$,符合式(13.36)条件。

查表得 $Z_{0.95}=1.645$,$d=1.00$,则

$$P^* = \frac{F+d+0.50}{n+2d} = \frac{8+1+0.5}{40+2\times 1} = 0.226\,2$$

$$P_U = P^* + Z_c\sqrt{\frac{P^*(1-P^*)}{n+2d}} = 0.226\,2 + 1.645\sqrt{\frac{0.226\,2(1-0.226\,2)}{40+2\times 1}} = 0.332\,4$$

所以,检测率下限 $R_L = 1-P_U = 1-0.332\,4 = 0.667\,6$;而用二项分布时结果是 0.667 9。

同理,如果置信度仍为 95%,要求检测率置信上限,用式(13.35)可得

$$P^* = 0.202\,4, \qquad P_L = 0.100\,4$$

所以,检测率上限 $R_U = 1-P_L = 1-0.100\,4 = 0.899\,6$;而用二项分布时结果是 0.914 9。

如果规定置度为 90%,进行双侧区间估计时,因为

$$C_0 = 1 - \frac{1-C}{2} = 1 - \frac{1-0.9}{2} = 0.95$$

所以可利用上面的结果,得到

$$0.667\,6 \leqslant R \leqslant 0.899\,6$$

② 当 $n>30$,且 $\frac{F}{n} \leqslant 0.10$ 或 $\frac{F}{n} \geqslant 0.90$ 时,

$$P_L = \begin{cases} \dfrac{2\lambda}{2n-m+1+\lambda}, & \dfrac{F}{n} \leqslant 0.10, \quad \lambda = \dfrac{1}{2}\chi_\alpha^2(2F) \\ \dfrac{n+F-\lambda}{n+F+\lambda}, & \dfrac{F}{n} \geqslant 0.90, \quad \lambda = \dfrac{1}{2}\chi_{1-\alpha}^2[2(n-F)+2] \end{cases} \qquad (13.37)$$

$$P_U = \begin{cases} \dfrac{2\lambda}{2n-F+\lambda}, & \dfrac{F}{n} \leqslant 0.10, \quad \lambda = \dfrac{1}{2}\chi^2_{1-\alpha}(2F+2) \\ \dfrac{n+F+1-\lambda}{n+F+1+\lambda}, & \dfrac{F}{n} \geqslant 0.90, \quad \lambda = \dfrac{1}{2}\chi^2_{\alpha}(2(n-F)) \end{cases} \quad (13.38)$$

这里的 $\chi^2_B(\nu)$ 是自由度为 ν 的 χ^2 分布的 B 分位点（$B=\alpha$ 或 $B=1-\alpha$），其数值可从 χ^2 分布分位数表上查得。

例如，试验 50 次，失败次数为 5，如约定置信度为 $C=1-\alpha=95\%$，试求成功率 R 的置信下限。

解：此例 $n=50$，则

$$\dfrac{F}{n} = \dfrac{5}{50} = 0.10,\ 满足\ n>30,\ \dfrac{F}{n}\leqslant 0.10\ 条件。$$

由附表 3 查表得

$$\lambda = \dfrac{1}{2}\chi^2_{1-\alpha}(2F+2) = \dfrac{1}{2}\chi^2_{0.95}(2\times 5+2) = \dfrac{1}{2}\chi^2_{0.95}\times 12 = \dfrac{1}{2}\times 21.03 = 10.515$$

所以

$$P_U = \dfrac{2\lambda}{2n-F+\lambda} = \dfrac{2\times 10.515}{2\times 50-5+10.515} = 0.199\,3$$

成功率下限为

$$R_L = 1 - P_U = 1 - 0.199\,3 = 0.800\,7$$

用二项分布时为 $0.801\,2$。

如果置信度仍为 95%，同样可求得成功率置信上限 R_U：

$$\lambda = \dfrac{1}{2}\chi^2_{\alpha}(2F) = \dfrac{1}{2}\chi^2_{0.05}(2\times 5) = \dfrac{1}{2}\times 3.940 = 1.97$$

$$P_L = \dfrac{2\lambda}{2n-F+1+\lambda} = \dfrac{2\times 1.97}{2\times 50-5+1+1.97} = 0.040\,2$$

成功率上限为

$$R_U = 1 - P_L = 1 - 0.040\,2 = 0.959\,8$$

用二项分布时为 $0.972\,2$。

如果规定置信度为 90%，进行双侧区间估计，那么相当于单侧置信度为 95% 的情况，所以有：

$$0.800\,7 \leqslant R \leqslant 0.959\,8$$

13.8 测试性综合评价

13.8.1 现有测试性验证方法的适用性

现有的这些测试性验证方法，不管是以哪类分布为基础，其共同特点是都需要在产品上模拟注入尽可能多的故障，按产品组成单元的故障率进行分层抽样，越接近实际的随机抽样，样本量越多，则试验结果越接近真实情况。各种方法之间的区别在于确定试验方案及判定接收/拒收的方法不同。它们都是针对产品实现测试性/BIT 设计要求的程度进行检验的，这种演示试验是产品研制过程中的一个重要环节，是很必要的。试验的结论是阶段性的评价，不是产品测试性水平的最终评定。这是因为以下几个原因。

① 测试性/BIT 设计需要通过试验发现问题并采取改进措施,需要通过现场试用进行必要的调整来提高故障检测与隔离能力,减少虚警。在演示试验时,这种测试性增长过程尚未结束。

② 故障模式很多,不可能都模拟注入;故障率数据不准确,影响了抽样模拟故障的随机性;由于封装和其他部件损坏等原因,有许多故障模式不能模拟注入。

③ 试验的环境条件,包括受试产品与其他系统的相互关系和影响等,不可能与实际工作条件完全相同。

由于存在上述这些实际问题,即使合理地注入了大量故障,试验也只能提供有限的反映实际测试有效性的数据。有关资料上的数据也为这一论点提供了依据,如表 13.11 中所列的数据表明,尽管注入故障试验结果满足规定要求,但现场初期使用时的数值却低得多。所以现有测试性验证方法适用于检验所研制产品实现测试性/BIT 设计要求的程度,发现设计缺陷,评价能否转入下一个研制阶段(定型、试用)。演示试验是测试性/BIT 增长过程中的重要环节,是测试性/BIT 阶段评价的手段。

表 13.11 数据表

F—16	APG—66雷达		飞控系统		多路传输设备	
	注入试验	使 用	注入试验	使 用	注入试验	使 用
FDR/%	94	24~40	100	83	90	49
FIR/%	98	73~85	92	73.6	93	69
FAR/%	—	34~60	—		—	
CND/%				17		45.6
RTOK/%				20		25.8

13.8.2 三阶段评定方法

为保证测试性设计质量,获得可信的测试性评定结果,建议采用三阶段综合评定方法来确定产品测试性/BIT 水平,即进行设计核查、演示试验和使用评价及其结果的综合分析。测试性评定工作贯穿于产品设计、试验和使用的全过程。

1. 设计核查

设计核查工作在产品初步设计和详细设计阶段进行,其目的是检查测试性/BIT 设计是否符合设计规范与技术合同要求,发现设计缺陷和不足,采取改进措施。主要核查内容包括:系统测试方案、测试性设计准则及其贯彻情况(固有测试性评价)、测试点的设置、BIT 硬件与软件设计、防止虚警措施、故障检测与隔离能力的预计以及有关的设计资料等。

设计核查工作可以采取阶段设计评审的方式进行,测试性/BIT 评审应与产品性能设计、可靠性和维修性评审工作结合起来,以便提高工作效率。承制方应提供充分的设计分析资料,保证参加评审人员有充分的查阅设计资料的时间,以便能发现设计缺陷,并确定是否真正把测试性/BIT 设计到产品中去了。应防止仅在会上承制方介绍一下设计情况,评审者发表几点评论就算评审完了的现象。

测试性/BIT 设计核查工作一般应在初步设计和详细设计阶段各进行一次。评审会要有订购方代表和同行专家参加,每次评审都应写出评审(核查)意见,包括对产品测试性/BIT 设计的评价和需要改进的建议,并作为正式产品设计研制资料存档。

2. 演示试验

测试性/BIT 演示试验,也就是通常所说的测试性验证试验,一般是在产品设计定型或交付试用前进行。为保证试验能顺利进行,在此之前应进行摸底性的模拟注入故障试验。演示试验的目的是:

① 检验研制的产品是否实现了测试性/BIT 设计;
② 确认测试性预计模型和有关假设的合理性;
③ 估计产品可能达到的故障检测与隔离能力;
④ 发现设计和制造上的缺陷,并为判断能否装机进行试飞(试用、试航)提供依据。

演示试验要检验的内容包括:BIT 的故障检测与隔离能力;产品与外部测试设备的兼容性;外部测试设备的故障检测与隔离能力;故障字典、诊断手册和查找故障程序等技术文件的适用性与充分性;BIT 测试结果与外部测试设备测试结果的一致性;故障检测与隔离时间以及虚警率是否符合要求;以及其他定性要求的符合性等。重点和难点是检验测试性定量要求可能达到的程度。

测试性/BIT 演示试验进行的方式是:在实验室或车间内注入模拟故障,通电运行 BIT 或用测试设备对产品进行测试,记录模拟故障(包括自然发生的故障)是否检出并隔离、检测与隔离时间以及发生虚警次数等试验数据,按选定判据确定产品是否达到最低的测试性/BIT 指标要求。试验过程中同时检查有关定性要求的符合性。应成立测试性/BIT 演示试验工作组,订购方参与组织领导,试验工作以承制方为主,试验完成后写出总结报告。当试验结果表明不满足要求时,应分析是设计、制造问题,还是试验的问题,以便采取改进措施。

需要说明的是,虽然随机地注入大量故障是很困难的,但注入适量的故障进行演示试验是必要的,也是可能的。BIT 功能本身就是系统或设备功能的一个组成部分,理应和系统的功能/性能一起经过试验的考验。实际上国内已有产品进行过用注入故障的方法检验 BIT 功能的试验,虽然注入故障数量有限,但说明注入故障不是不可能的。国外的实例也充分说明了这一点,如 APG—66 雷达系统初步评估 BIT 有效性时注入 1 248 个故障,正式试验时注入 150 个故障;APG—65 雷达系统初始评估时注入 302 个故障,正式试验时要求至少注入 95 个故障。我国现在之所以尚未进行正式的测试性/BIT 演示试验,是由于条件所限,缺少经验和认识。在此情况下,至少应按系统组成部件的故障率和故障分类,注入一定数量的故障进行试验,并收集性能、可靠性和维修性试验中自然发生故障的检测与隔离信息和虚警信息,以补充注入故障的不足,并写出测试性/BIT 试验分析报告。没有任何试验数据,是不能进行实际使用和试飞的。

3. 使用评价

测试性使用评价是在实际使用条件下确认产品测试性/BIT 设计水平,评价其是否满足使用要求。同时,也可检验演示试验结果的准确性和改进措施的有效性,发现初期使用中存在的问题,允许进行必要与可能的调整和改进。

使用评价的主要内容是:实际达到的故障检测与隔离水平、虚警(FA)、不能复现(CND)、重测合格(RTOK)问题以及是否满足使用要求等。评价工作进行的方式是收集产品在使用和维修中的测试性/BIT 信息和使用者的意见,进行综合分析。数据来源是试用和使用中实际发生故障的检测与隔离结果、虚警次数、维修测试中的检测与隔离结果以及 CND 和 RTOK 的次数等。在获得足够的数据量后,用选定的统计分析方法评估出故障检测率、隔离率和虚警率等参数的量值。

为此要制定测试性/BIT 数据收集与分析计划和测试性/BIT 信息记录表,BIT 信息记录表和汇总表见附表 4 和附表 5。信息收集过程应与可靠性、维修性数据收集工作相结合,纳入故障报告、分析和纠正措施系统(FRACAS)。使用评价工作主要由使用方完成,要有承制方代表参加。使用评价利用的是自然发生的故障诊断数据,一般需要较多的产品投入使用或要持续较长的使用时间,直到获得足够的数据,得出可信的评价结论为止。例如,APG—65 雷达的使用评价用了 21 架飞机,共飞行了 2 194.9 h。

13.8.3 综合分析评定

设计核查、演示试验和使用评价针对的是产品开发的不同阶段,其检查的重点不同,各有侧重,前者是后者的基础。如果各阶段工作都做得全面、细致、可信,那么是可以依据充分可信的使用评价结果来最后评定产品测试性/BIT 水平的。然而国内的目前情况是设计评审工作不够深入细致,设计资料不全,演示试验尚未正式进行过,只是个别的产品模拟过数量有限的故障,还未达到以此来断定产品实现测试性/BIT 设计要求的程度。新研制的飞机等重要装备,开始时数量少,使用时间也不多,要取得大量的使用数据是较困难的,即使用评价准确度也受到限制。所以,建议采用综合分析方法来评定产品的测试性/BIT 水平,以便能在产品投入使用后不太久的时间内,能对其测试性/BIT 设计水平有个说法。

在产品开发过程中,除分阶段做好设计核查、演示试验和使用评价工作外,在最后评定测试性/BIT 水平时,对核查、试验和使用评价结果要进行综合分析。具体分析内容有:分析核查工作是否符合评审要求;是否有充分依据证明是把测试性/BIT 设计到产品中去了;预计结果是否达到或高于要求的指标;对设计缺陷是否采取了有效措施。关于演示试验,要检查注入故障多少、注入位置的分布是否合理、试验方案及判断结果如何以及是否达到了最低可接受值。关于使用评价,主要是分析检查数据量及其来源、评估方法及结果等。设计是基础;试验是检验产品是否实现了设计要求,是实物模拟;使用则是反映实际的测试性/BIT 水平。在最后评定产品测试性/BIT 水平时,使用评价结果是主要依据,设计核查和试验结果是重要参考。特别是使用数据不充分时,更应认真考察测试性/BIT 设计和研制的历史记录。主要参数的预计值应高于要求值和试验值,试验值应高于使用值。如果使用评价得出的测试性/BIT 诊断能力比预计值和试验值还高,则这种评价结果是不可信的。

测试性验证演示试验是产品开发过程中的一个重要环节,也是判断能否进入试飞/试用阶段的手段。但由于故障注入和环境条件方面的限制,试验结果并不能代表产品的实际测试性/BIT 水平。另外,从测试性/BIT 本身特点看,它有一个成熟过程,试验及初期使用都是发现问题、调整改进以及提高诊断能力的增长过程。所以,演示试验结果是阶段性评价,实际测试性/BIT 水平的评定只能在使用评价之后。

测试性/BIT 三阶段综合评定方法是根据我国现阶段测试性/BIT 发展现状提出来的,出发点是能较早地得出尽可能接近真实的测试性/BIT 评定结果。实际上使用评价和数据收集与分析工作应持续到产品寿命期完了。此外,从产品质量管理和保证达到使用要求的观点出发,亦应把设计、试验和使用视为一个整体,作为一个全过程。随着工作逐步深入和细化,评价结果准确性也逐步提高,发现不足采取改进措施,最后才能获得达到规定指标、满足使用要求的产品。

习 题

1. 测试性验证的内涵是什么？它与维修性、可靠性验证的关系如何？
2. 测试性验证的目的和作用是什么？
3. 测试性验证的内容有哪些？应该包括 UUT 与 ATE 兼容性和 TPS 要求吗？
4. 如何进行测试性验证试验？其中主要关键技术是什么？
5. 怎样确定试验样本量？如何选取要注入的故障模式？
6. 有哪些故障注入方法？如何注入故障，应注意什么问题？
7. 如何分析测试性验证试验结果，并判定接收或拒收？
8. 分析比较 3 种判定接收/拒收方法（MIL—STD—471A，GJB 2072，GB 5080.5）的优缺点。
9. 在虚警率的验证方面存在什么困难？你认为应如何验证/评价虚警率？
10. 使用中如何评价系统的测试性水平（FDR，FIR 和 FAR 等指标）？
11. 测试性的预计、试验验证和使用评价三者之间有何区别？

附 录

二项分布单侧置信下限如附表 1 所列。

附表 1 二项分布单侧置信下限 C=0.9

n	0	1	2	3	4	5	6	7	8	9	10
0	0.000 0										
1	0.100 0	0.000 0									
2	0.316 2	0.051 3	0.000 0								
3	0.464 2	0.195 8	0.034 5	0.000 0							
4	0.562 3	0.320 5	0.142 6	0.026 0	0.000 0						
5	0.631 0	0.416 1	0.246 6	0.112 2	0.020 9	0.000 0					
6	0.681 3	0.489 7	0.333 2	0.200 9	0.092 6	0.017 4	0.000 0				
7	0.719 7	0.547 4	0.403 8	0.278 6	0.169 6	0.078 8	0.014 9	0.000 0			
8	0.749 9	0.593 8	0.461 8	0.344 6	0.239 7	0.146 8	0.068 6	0.013 1	0.000 0		
9	0.774 3	0.631 6	0.509 9	0.400 6	0.301 0	0.210 4	0.129 5	0.060 8	0.011 6	0.000 0	
10	0.794 3	0.663 8	0.550 4	0.448 3	0.354 2	0.267 3	0.187 6	0.115 8	0.054 5	0.010 5	0.000 0
11	0.811 3	0.689 8	0.584 8	0.489 2	0.400 5	0.317 7	0.240 5	0.169 2	0.104 8	0.049 5	0.009 5
12	0.825 4	0.712 5	0.614 5	0.524 7	0.441 0	0.362 3	0.288 2	0.218 7	0.154 2	0.095 0	0.045 2
13	0.837 7	0.732 2	0.640 2	0.555 7	0.476 6	0.401 8	0.330 9	0.263 7	0.200 5	0.141 6	0.088 0
14	0.848 3	0.749 3	0.662 8	0.583 0	0.508 0	0.436 9	0.369 1	0.304 6	0.243 2	0.185 1	0.130 9
15	0.857 7	0.764 4	0.682 7	0.607 2	0.536 0	0.468 3	0.403 5	0.341 5	0.282 2	0.225 6	0.172 0
16	0.866 0	0.777 8	0.700 4	0.628 8	0.561 1	0.496 3	0.434 6	0.375 0	0.317 8	0.262 9	0.210 4
17	0.873 3	0.789 8	0.716 3	0.648 1	0.583 6	0.521 9	0.462 6	0.405 7	0.350 4	0.297 3	0.246 1
18	0.879 9	0.800 5	0.730 6	0.665 6	0.604 0	0.545 0	0.488 2	0.433 3	0.380 2	0.328 8	0.279 2
19	0.885 5	0.810 2	0.743 5	0.681 5	0.622 5	0.566 0	0.511 4	0.458 7	0.407 5	0.357 9	0.309 8
20	0.891 3	0.819 0	0.755 0	0.695 8	0.639 3	0.585 1	0.532 7	0.482 0	0.432 7	0.384 8	0.338 2
21	0.896 2	0.827 1	0.766 3	0.709 0	0.654 8	0.602 7	0.552 4	0.503 4	0.455 8	0.409 5	0.364 4
22	0.900 6	0.834 4	0.775 8	0.721 1	0.669 0	0.618 8	0.570 3	0.523 2	0.477 3	0.432 5	0.388 8
23	0.904 7	0.841 2	0.784 8	0.732 8	0.682 0	0.633 7	0.586 9	0.541 4	0.497 1	0.453 8	0.411 5
24	0.908 5	0.847 4	0.793 1	0.742 5	0.694 1	0.647 5	0.602 4	0.558 4	0.515 5	0.473 6	0.432 6
25	0.912 1	0.853 1	0.800 9	0.752 0	0.705 0	0.660 3	0.616 6	0.574 2	0.532 7	0.492 1	0.452 3
26	0.915 2	0.858 5	0.808 2	0.760 8	0.715 8	0.672 5	0.630 1	0.568 9	0.548 7	0.509 9	0.470 7
27	0.918 3	0.863 4	0.814 7	0.769 1	0.725 5	0.683 4	0.642 5	0.602 6	0.563 6	0.525 4	0.488 0
28	0.921 1	0.868 1	0.820 8	0.776 8	0.734 5	0.693 8	0.654 1	0.615 3	0.577 6	0.540 6	0.504 2
29	0.923 7	0.872 4	0.826 7	0.784 0	0.743 0	0.703 5	0.665 0	0.627 5	0.590 8	0.534 8	0.519 4
30	0.926 1	0.876 4	0.832 2	0.790 7	0.751 0	0.712 6	0.675 1	0.638 5	0.603 3	0.568 1	0.533 7
31	0.928 4	0.880 2	0.837 3	0.797 1	0.758 5	0.721 2	0.685 0	0.649 7	0.614 8	0.580 7	0.547 5
32	0.930 6	0.883 9	0.842 1	0.803 0	0.765 6	0.729 3	0.694 1	0.659 1	0.625 8	0.592 6	0.560 0
33	0.932 6	0.887 2	0.846 7	0.808 6	0.772 2	0.737 0	0.702 7	0.669 6	0.636 2	0.603 9	0.572 1
34	0.934 5	0.890 3	0.851 0	0.814 0	0.778 5	0.744 2	0.710 8	0.678 1	0.646 0	0.614 5	0.583 5
35	0.936 3	0.893 4	0.855 0	0.819 0	0.784 5	0.751 0	0.718 5	0.686 6	0.655 4	0.624 5	0.594 4
36	0.938 0	0.896 3	0.858 9	0.823 8	0.790 1	0.757 5	0.725 8	0.694 7	0.664 2	0.634 2	0.604 7
37	0.939 7	0.898 9	0.862 5	0.828 3	0.795 5	0.763 7	0.732 7	0.702 4	0.672 6	0.543 3	0.614 5
38	0.941 2	0.901 5	0.865 9	0.832 6	0.800 6	0.769 5	0.739 3	0.709 7	0.680 6	0.652 0	0.623 9
39	0.942 7	0.903 9	0.869 2	0.836 7	0.805 4	0.775 1	0.745 6	0.716 6	0.688 2	0.660 3	0.632 7

续附表 1

n	0	1	2	3	4	F 5	6	7	8	9	10
40	0.944 1	0.906 2	0.872 4	0.840 6	0.810 0	0.780 4	0.751 5	0.723 3	0.695 5	0.668 2	0.641 2
41	0.945 4	0.908 4	0.875 4	0.844 3	0.814 4	0.785 5	0.757 3	0.729 6	0.702 4	0.675 2	0.649 3
42	0.946 7	0.910 5	0.878 2	0.847 8	0.818 6	0.790 5	0.762 9	0.735 7	0.709 1	0.682 9	0.657 1
43	0.947 9	0.912 5	0.880 9	0.851 2	0.822 6	0.794 9	0.767 9	0.741 4	0.715 4	0.689 8	0.664 5
44	0.949 0	0.914 5	0.883 5	0.854 4	0.826 5	0.799 4	0.772 9	0.747 0	0.721 5	0.696 4	0.671 6
45	0.950 1	0.916 3	0.886 0	0.857 5	0.830 2	0.803 6	0.777 7	0.752 3	0.727 3	0.702 7	0.678 4
46	0.961 1	0.918 1	0.888 4	0.860 5	0.833 7	0.807 7	0.782 3	0.757 4	0.732 9	0.708 8	0.685 0
47	0.952 2	0.919 7	0.890 7	0.863 4	0.837 1	0.811 6	0.786 7	0.762 3	0.738 4	0.714 6	0.691 3
48	0.953 2	0.921 4	0.892 9	0.866 1	0.840 3	0.815 3	0.790 8	0.767 0	0.743 4	0.720 2	0.697 3
49	0.954 1	0.922 9	0.895 0	0.868 7	0.843 4	0.818 9	0.795 0	0.771 5	0.748 4	0.725 6	0.703 1
50	0.955 0	0.924 4	0.897 1	0.871 2	0.846 5	0.822 4	0.798 9	0.775 8	0.753 1	0.730 8	0.708 7
51	0.955 9	0.925 9	0.899 2	0.873 7	0.849 3	0.825 7	0.802 6	0.780 0	0.757 7	0.735 8	0.714 1
52	0.956 7	0.927 3	0.900 9	0.876 0	0.852 1	0.828 9	0.806 3	0.784 0	0.762 1	0.740 6	0.719 3
53	0.957 8	0.928 6	0.902 7	0.878 3	0.854 8	0.832 0	0.809 7	0.787 9	0.762 4	0.745 2	0.724 3
54	0.958 3	0.929 9	0.904 4	0.880 5	0.857 4	0.835 0	0.813 1	0.791 6	0.770 5	0.749 7	0.729 1
55	0.959 0	0.931 1	0.906 1	0.882 6	0.859 9	0.837 9	0.816 4	0.795 3	0.774 5	0.754 0	0.733 8
56	0.959 7	0.932 3	0.907 7	0.884 6	0.862 3	0.840 7	0.819 5	0.798 8	0.778 2	0.758 2	0.738 2
57	0.960 4	0.933 5	0.909 3	0.886 6	0.864 6	0.843 4	0.822 5	0.802 1	0.782 0	0.762 2	0.742 6
58	0.961 1	0.934 6	0.910 8	0.888 5	0.866 9	0.846 0	0.825 3	0.805 4	0.785 6	0.766 0	0.746 6
59	0.961 7	0.935 7	0.912 3	0.890 3	0.869 1	0.848 5	0.828 3	0.808 6	0.789 1	0.769 9	0.750 9
60	0.962 4	0.936 7	0.913 7	0.892 0	0.871 2	0.850 9	0.831 1	0.811 6	0.792 5	0.773 6	0.754 9
61	0.963 0	0.937 7	0.915 1	0.893 8	0.873 2	0.853 3	0.833 7	0.814 6	0.795 7	0.777 1	0.758 7
62	0.963 6	0.938 7	0.916 4	0.895 4	0.875 2	0.855 5	0.836 3	0.817 4	0.798 9	0.780 5	0.762 4
63	0.964 1	0.939 7	0.917 7	0.897 0	0.877 1	0.857 7	0.838 8	0.820 2	0.801 9	0.783 9	0.766 5
64	0.964 7	0.940 6	0.919 0	0.898 6	0.879 0	0.859 9	0.841 2	0.822 9	0.804 9	0.787 1	0.769 5
65	0.965 2	0.941 5	0.920 2	0.900 1	0.880 8	0.862 0	0.843 6	0.825 6	0.807 6	0.790 2	0.772 9
66	0.965 7	0.942 3	0.921 4	0.901 6	0.882 5	0.864 0	0.845 9	0.828 1	0.810 6	0.793 3	0.776 3
67	0.966 2	0.943 2	0.922 5	0.903 0	0.884 1	0.866 0	0.848 1	0.830 6	0.813 3	0.796 2	0.779 4
68	0.966 7	0.944 0	0.923 6	0.904 4	0.885 9	0.867 7	0.850 3	0.833 0	0.815 9	0.799 1	0.782 5
69	0.967 2	0.944 8	0.924 7	0.905 7	0.887 5	0.869 7	0.852 4	0.835 3	0.818 5	0.801 9	0.785 5
70	0.967 6	0.945 6	0.925 8	0.907 0	0.889 0	0.871 5	0.854 4	0.837 6	0.821 0	0.804 6	0.788 5
71	0.968 1	0.946 3	0.926 8	0.908 3	0.890 6	0.873 3	0.856 4	0.839 8	0.823 4	0.807 3	0.791 3
72	0.968 5	0.947 0	0.927 8	0.909 6	0.892 1	0.875 0	0.858 3	0.841 9	0.825 8	0.809 9	0.794 1
73	0.968 9	0.947 8	0.928 7	0.910 8	0.893 5	0.876 7	0.860 2	0.844 0	0.828 1	0.812 4	0.796 8
74	0.969 4	0.948 5	0.929 7	0.911 9	0.894 9	0.878 3	0.862 0	0.846 1	0.830 3	0.814 8	0.799 5
75	0.969 8	0.949 1	0.930 6	0.913 1	0.896 2	0.879 8	0.863 8	0.848 0	0.832 5	0.817 2	0.802 0
76	0.970 2	0.949 8	0.931 5	0.914 2	0.897 5	0.881 4	0.865 5	0.850 0	0.834 6	0.819 5	0.804 5
77	0.970 5	0.950 4	0.932 4	0.915 2	0.898 9	0.882 9	0.867 2	0.851 9	0.836 7	0.821 8	0.807 0
78	0.970 9	0.951 0	0.933 2	0.916 4	0.900 1	0.884 3	0.868 9	0.853 7	0.838 7	0.824 0	0.809 4
79	0.971 3	0.951 7	0.934 0	0.917 4	0.901 4	0.885 8	0.870 5	0.855 5	0.840 7	0.826 1	0.811 7

续附表 1

n	0	1	2	3	4	F 5	6	7	8	9	10
80	0.9716	0.9522	0.9348	0.9184	0.9026	0.8872	0.8721	0.8572	0.8426	0.8282	0.8140
81	0.9720	0.9528	0.9356	0.9194	0.9037	0.8885	0.8736	0.8590	0.8445	0.8303	0.8162
82	0.9723	0.9534	0.9364	0.9203	0.9049	0.8898	0.8751	0.8606	0.8464	0.8323	0.8183
83	0.9726	0.9539	0.9371	0.9213	0.9060	0.8911	0.8766	0.8623	0.8482	0.8341	0.8205
84	0.9730	0.9545	0.9379	0.9222	0.9071	0.8924	0.8780	0.8638	0.8499	0.8361	0.8225
85	0.9733	0.9550	0.9386	0.9231	0.9082	0.8936	0.8794	0.8654	0.8516	0.8380	0.8245
86	0.9736	0.9555	0.9393	0.9240	0.9092	0.8948	0.8808	0.8669	0.8533	0.8398	0.8265
87	0.9739	0.9560	0.9400	0.9248	0.9103	0.8960	0.8822	0.8685	0.8545	0.8416	0.8283
88	0.9742	0.9565	0.9407	0.9257	0.9112	0.8972	0.8834	0.8699	0.8565	0.8434	0.8303
89	0.9745	0.9570	0.9413	0.9265	0.9122	0.8983	0.8847	0.8713	0.8581	0.8451	0.8322
90	0.9747	0.9575	0.9419	0.9273	0.9131	0.8994	0.8859	0.8727	0.8596	0.8466	0.8340
91	0.9750	0.9579	0.9426	0.9281	0.9141	0.9005	0.8871	0.8740	0.8611	0.8484	0.8358
92	0.9753	0.9584	0.9432	0.9288	0.9150	0.9015	0.8883	0.8754	0.8626	0.8500	0.8375
93	0.9755	0.9589	0.9438	0.9296	0.9158	0.9026	0.8895	0.8767	0.8640	0.8515	0.8392
94	0.9758	0.9593	0.9444	0.9303	0.9168	0.9036	0.8907	0.8780	0.8654	0.8531	0.8408
95	0.9761	0.9597	0.9449	0.9310	0.9176	0.9046	0.8918	0.8792	0.8668	0.8546	0.8425
96	0.9763	0.9601	0.9455	0.9317	0.9185	0.9055	0.8929	0.8804	0.8681	0.8560	0.8441
97	0.9765	0.9605	0.9461	0.9324	0.9193	0.9065	0.8940	0.8816	0.8695	0.8575	0.8457
98	0.9768	0.9609	0.9466	0.9331	0.9201	0.9074	0.8950	0.8828	0.8708	0.8589	0.8471
99	0.9770	0.9613	0.9471	0.9338	0.9208	0.9083	0.8960	0.8840	0.8721	0.8603	0.8486
100	0.9772	0.9617	0.9477	0.9344	0.9217	0.9092	0.8971	0.8851	0.8733	0.8616	0.8501
101	0.9775	0.9620	0.9482	0.9351	0.9224	0.9101	0.8981	0.8862	0.8745	0.8630	0.8516
102	0.9777	0.9624	0.9487	0.9357	0.9232	0.9110	0.8990	0.8873	0.8757	0.8641	0.8530
103	0.9779	0.9628	0.9492	0.9363	0.9239	0.9118	0.9000	0.8884	0.8768	0.8655	0.8544
104	0.9781	0.9631	0.9497	0.9369	0.9246	0.9126	0.9009	0.8894	0.8781	0.8666	0.8557
105	0.9783	0.9635	0.9501	0.9375	0.9253	0.9135	0.9019	0.8902	0.8792	0.8681	0.8571
106	0.9785	0.9638	0.9506	0.9381	0.9260	0.9142	0.9028	0.8915	0.8801	0.8695	0.8584
107	0.9787	0.9641	0.9510	0.9386	0.9267	0.9150	0.9036	0.8924	0.8814	0.8705	0.8597
108	0.9789	0.9645	0.9515	0.9392	0.9273	0.9158	0.9045	0.8935	0.8825	0.8716	0.8609
109	0.9791	0.9648	0.9519	0.9397	0.9280	0.9166	0.9054	0.8944	0.8835	0.8728	0.8622
110	0.9793	0.9651	0.9523	0.9403	0.9286	0.9173	0.9062	0.8953	0.8846	0.8739	0.8634
111	0.9795	0.9654	0.9528	0.9408	0.9293	0.9180	0.9070	0.8962	0.8856	0.8751	0.8646
112	0.9797	0.9657	0.9532	0.9413	0.9299	0.9188	0.9079	0.8971	0.8865	0.8761	0.8658
113	0.9798	0.9660	0.9536	0.9418	0.9305	0.9195	0.9087	0.8980	0.8875	0.8772	0.8668
114	0.9800	0.9663	0.9540	0.9423	0.9311	0.9202	0.9094	0.8989	0.8885	0.8782	0.8681
115	0.9802	0.9666	0.9544	0.9428	0.9317	0.9208	0.9102	0.8998	0.8895	0.8793	0.8692
116	0.9803	0.9669	0.9548	0.9433	0.9323	0.9215	0.9110	0.9006	0.8904	0.8803	0.8703
117	0.9805	0.9672	0.9552	0.9438	0.9328	0.9222	0.9117	0.9014	0.8913	0.8813	0.8714
118	0.9807	0.9674	0.9555	0.9443	0.9334	0.9228	0.9125	0.9023	0.8922	0.8823	0.8724
119	0.9808	0.9677	0.9559	0.9447	0.9339	0.9235	0.9132	0.9031	0.8931	0.8832	0.8735

二项分布单侧置信上限如附表 2 所列。

附表 2　二项分布单侧置信上限　C=0.9

n	0	1	2	3	4	5	6	7	8	9	10
0	1.0000										
1	1.0000	0.9000									
2	1.0000	0.9487	0.6838								
3	1.0000	0.9655	0.8042	0.5358							
4	1.0000	0.9740	0.8575	0.6795	0.4377						
5	1.0000	0.9791	0.8878	0.7534	0.5839	0.3690					
6	1.0000	0.9826	0.9074	0.7991	0.6668	0.5103	0.3187				
7	1.0000	0.9851	0.9212	0.8304	0.7214	0.5962	0.4526	0.2803			
8	1.0000	0.9869	0.9314	0.8531	0.7603	0.6554	0.5382	0.4062	0.2507		
9	1.0000	0.9884	0.9392	0.8705	0.7896	0.6994	0.5994	0.4901	0.3684	0.2257	
10	1.0000	0.9895	0.9450	0.8841	0.8124	0.7327	0.6457	0.5517	0.4496	0.3368	0.2057
11	1.0000	0.9905	0.9502	0.8952	0.8302	0.7595	0.6823	0.5995	0.5108	0.4152	0.3102
12	1.0000	0.9913	0.9543	0.9043	0.8458	0.7813	0.7118	0.6371	0.5590	0.4753	0.3853
13	1.0000	0.9919	0.9582	0.9120	0.8584	0.7995	0.7363	0.6691	0.5982	0.5234	0.4443
14	1.0000	0.9925	0.9613	0.9185	0.8691	0.8149	0.7568	0.6954	0.6309	0.5631	0.4920
15	1.0000	0.9930	0.9641	0.9241	0.8784	0.8280	0.7744	0.7178	0.6586	0.5963	0.5317
16	1.0000	0.9934	0.9663	0.9290	0.8862	0.8392	0.7896	0.7371	0.6822	0.6255	0.5654
17	1.0000	0.9938	0.9683	0.9333	0.8934	0.8494	0.8026	0.7537	0.7027	0.6496	0.5945
18	1.0000	0.9942	0.9701	0.9371	0.8994	0.8582	0.8145	0.7686	0.7208	0.6712	0.6198
19	1.0000	0.9945	0.9717	0.9405	0.9049	0.8661	0.8249	0.7817	0.7367	0.6902	0.6421
20	1.0000	0.9947	0.9731	0.9436	0.9098	0.8731	0.8341	0.7933	0.7509	0.7071	0.6618
21	1.0000	0.9950	0.9744	0.9463	0.9148	0.8794	0.8425	0.8037	0.7637	0.7222	0.6795
22	1.0000	0.9952	0.9756	0.9488	0.9203	0.8850	0.8500	0.8133	0.7758	0.7358	0.6957
23	1.0000	0.9955	0.9766	0.9511	0.9221	0.8903	0.8560	0.8218	0.7856	0.7488	0.7097
24	1.0000	0.9956	0.9776	0.9532	0.9253	0.8950	0.8631	0.8297	0.7951	0.7594	0.7228
25	1.0000	0.9958	0.9785	0.9551	0.9288	0.8994	0.8688	0.8368	0.8038	0.7697	0.7347
26	1.0000	0.9960	0.9794	0.9568	0.9314	0.9034	0.8740	0.8434	0.8117	0.7791	0.7456
27	1.0000	0.9961	0.9801	0.9585	0.9338	0.9071	0.8789	0.8495	0.8191	0.7878	0.7557
28	1.0000	0.9962	0.9808	0.9600	0.9362	0.9105	0.8834	0.8551	0.8259	0.7958	0.7650
29	1.0000	0.9964	0.9815	0.9605	0.9385	0.9137	0.8875	0.8603	0.8323	0.8032	0.7736
30	1.0000	0.9965	0.9821	0.9627	0.9406	0.9164	0.8914	0.8652	0.8380	0.8106	0.7816
31	1.0000	0.9966	0.9827	0.9639	0.9424	0.9194	0.8954	0.8697	0.8435	0.8166	0.7890
32	1.0000	0.9967	0.9833	0.9651	0.9444	0.9220	0.8989	0.8739	0.8486	0.8226	0.7965
33	1.0000	0.9968	0.9838	0.9661	0.9464	0.9244	0.9016	0.8779	0.8534	0.8282	0.8025
34	1.0000	0.9969	0.9842	0.9671	0.9477	0.9267	0.9044	0.8816	0.8579	0.8335	0.8086
35	1.0000	0.9970	0.9847	0.9681	0.9492	0.9288	0.9074	0.8851	0.8621	0.8385	0.8143
36	1.0000	0.9971	0.9851	0.9690	0.9507	0.9309	0.9099	0.8884	0.8661	0.8437	0.8197
37	1.0000	0.9972	0.9855	0.9698	0.9525	0.9325	0.9125	0.8915	0.8698	0.8476	0.8248
38	1.0000	0.9972	0.9859	0.9706	0.9535	0.9346	0.9149	0.8944	0.8734	0.8517	0.8296
39	1.0000	0.9973	0.9863	0.9714	0.9545	0.9363	0.9171	0.8972	0.8767	0.8557	0.8342

续附表 2

n	0	1	2	3	4	F 5	6	7	8	9	10
40	1.000 0	0.997 4	0.986 6	0.972 1	0.955 7	0.937 9	0.919 3	0.893 9	0.879 9	0.859 4	0.838 5
41	1.000 0	0.997 4	0.987 0	0.972 8	0.956 8	0.939 5	0.921 3	0.902 4	0.882 2	0.863 0	0.842 6
42	1.000 0	0.997 5	0.987 3	0.973 5	0.957 8	0.940 9	0.923 2	0.904 8	0.885 8	0.866 3	0.846 5
43	1.000 0	0.997 6	0.987 6	0.974 1	0.958 8	0.942 3	0.925 0	0.907 1	0.888 6	0.868 6	0.850 2
44	1.000 0	0.997 6	0.987 8	0.974 7	0.959 8	0.943 7	0.926 8	0.909 2	0.891 1	0.872 6	0.853 7
45	1.000 0	0.997 7	0.988 1	0.975 3	0.960 7	0.945 0	0.928 4	0.911 3	0.893 3	0.875 5	0.857 1
46	1.000 0	0.997 7	0.988 3	0.975 8	0.961 5	0.946 2	0.930 0	0.913 3	0.896 0	0.878 3	0.860 3
47	1.000 0	0.997 8	0.988 6	0.976 3	0.962 4	0.947 3	0.931 5	0.915 2	0.898 3	0.881 0	0.863 4
48	1.000 0	0.997 8	0.988 9	0.976 8	0.963 2	0.948 5	0.933 0	0.917 0	0.900 5	0.883 6	0.866 3
49	1.000 0	0.997 9	0.989 1	0.977 3	0.963 9	0.949 5	0.934 4	0.918 7	0.902 6	0.886 0	0.869 1
50	1.000 0	0.997 9	0.989 3	0.977 8	0.964 7	0.950 6	0.935 7	0.928 4	0.904 6	0.888 4	0.871 8
51	1.000 0	0.997 9	0.989 5	0.979 2	0.963 5	0.951 5	0.937 0	0.923 0	0.906 5	0.890 6	0.874 4
52	1.000 0	0.998 0	0.989 7	0.978 6	0.966 0	0.952 3	0.936 8	0.923 6	0.908 5	0.892 6	0.876 9
53	1.000 0	0.998 0	0.989 9	0.979 0	0.966 7	0.953 4	0.939 4	0.925 0	0.910 1	0.894 8	0.879 3
54	1.000 0	0.998 1	0.989 1	0.979 4	0.967 3	0.953 2	0.940 4	0.926 4	0.911 0	0.896 8	0.881 6
55	1.000 0	0.998 1	0.989 8	0.979 8	0.967 9	0.955 1	0.941 7	0.927 8	0.913 4	0.898 8	0.883 8
56	1.000 0	0.998 1	0.989 5	0.979 2	0.968 0	0.955 9	0.942 7	0.929 1	0.915 0	0.900 9	0.885 9
57	1.000 0	0.998 2	0.989 6	0.978 6	0.969 6	0.956 3	0.943 8	0.930 3	0.916 1	0.902 4	0.887 9
58	1.000 0	0.998 2	0.989 8	0.980 8	0.969 6	0.957 5	0.944 8	0.931 6	0.918 0	0.904 1	0.890 0
59	1.000 0	0.998 1	0.989 1	0.981 2	0.970 1	0.958 2	0.945 7	0.932 8	0.919 4	0.905 8	0.891 9
60	1.000 0	0.998 2	0.991 1	0.981 5	0.970 6	0.958 9	0.946 6	0.933 9	0.920 6	0.907 4	0.893 7
61	1.000 0	0.998 3	0.991 2	0.981 8	0.971 1	0.959 6	0.947 5	0.935 0	0.922 1	0.909 0	0.895 5
62	1.000 0	0.998 3	0.991 4	0.982 1	0.971 6	0.960 3	0.948 4	0.936 1	0.923 4	0.910 8	0.897 3
63	1.000 0	0.998 3	0.991 5	0.982 4	0.971 9	0.960 9	0.949 2	0.937 1	0.924 6	0.911 9	0.898 9
64	1.000 0	0.998 4	0.991 7	0.982 7	0.972 5	0.961 5	0.950 0	0.938 1	0.925 3	0.913 3	0.900 5
65	1.000 0	0.998 4	0.991 8	0.982 9	0.972 9	0.962 1	0.950 8	0.939 1	0.927 0	0.914 7	0.902 1
66	1.000 0	0.998 4	0.991 9	0.983 3	0.973 3	0.962 7	0.951 6	0.940 1	0.928 1	0.916 0	0.903 6
67	1.000 0	0.998 4	0.992 0	0.983 4	0.973 7	0.963 3	0.952 3	0.940 9	0.929 2	0.917 3	0.905 1
68	1.000 0	0.998 5	0.992 2	0.983 7	0.974 1	0.963 8	0.953 0	0.941 8	0.930 3	0.918 5	0.906 5
69	1.000 0	0.998 5	0.992 3	0.983 9	0.974 5	0.964 3	0.953 7	0.942 7	0.931 1	0.919 7	0.907 9
70	1.000 0	0.998 5	0.992 4	0.984 2	0.974 8	0.964 8	0.954 4	0.943 5	0.932 3	0.920 9	0.909 3
71	1.000 0	0.998 5	0.992 5	0.984 4	0.975 2	0.965 3	0.955 0	0.944 3	0.933 3	0.922 0	0.910 6
72	1.000 0	0.998 6	0.992 6	0.984 6	0.975 8	0.965 8	0.955 6	0.945 1	0.934 2	0.923 1	0.911 8
73	1.000 0	0.998 6	0.992 7	0.984 8	0.975 9	0.966 3	0.956 3	0.945 8	0.935 1	0.924 1	0.913 1
74	1.000 0	0.998 6	0.992 8	0.985 0	0.976 2	0.966 8	0.956 9	0.946 6	0.936 0	0.925 3	0.914 3
75	1.000 0	0.998 6	0.992 9	0.985 2	0.976 5	0.967 2	0.957 4	0.947 5	0.936 9	0.926 5	0.915 4
76	1.000 0	0.998 6	0.993 0	0.985 4	0.976 8	0.967 7	0.958 0	0.948 0	0.937 7	0.927 5	0.916 6
77	1.000 0	0.998 6	0.993 1	0.985 6	0.977 2	0.968 1	0.958 6	0.948 7	0.938 6	0.928 2	0.917 7
78	1.000 0	0.998 7	0.993 2	0.985 8	0.977 4	0.968 5	0.959 1	0.949 4	0.939 4	0.929 2	0.918 7
79	1.000 0	0.998 7	0.993 2	0.986 0	0.977 7	0.968 9	0.959 6	0.950 0	0.940 2	0.930 1	0.919 8

续附表 2

n	0	1	2	3	4	5	6	7	8	9	10
80	1.000 0	0.998 7	0.993 3	0.986 1	0.978 0	0.969 3	0.960 1	0.950 7	0.940 9	0.931 0	0.920 8
81	1.000 0	0.998 7	0.993 3	0.986 3	0.978 3	0.969 7	0.960 6	0.951 3	0.941 7	0.931 8	0.921 8
82	1.000 0	0.998 7	0.993 5	0.986 5	0.978 6	0.970 0	0.961 1	0.951 9	0.942 4	0.932 7	0.922 8
83	1.000 0	0.998 7	0.993 6	0.986 6	0.978 8	0.970 4	0.961 6	0.952 5	0.943 1	0.933 5	0.923 7
84	1.000 0	0.998 7	0.993 7	0.986 8	0.979 1	0.970 8	0.962 1	0.953 0	0.943 8	0.934 3	0.924 7
85	1.000 0	0.998 8	0.993 7	0.987 0	0.979 3	0.971 1	0.962 5	0.953 6	0.944 4	0.935 1	0.925 6
86	1.000 0	0.998 8	0.993 8	0.987 1	0.979 6	0.971 5	0.962 9	0.954 1	0.945 1	0.935 8	0.926 4
87	1.000 0	0.998 8	0.993 9	0.987 3	0.979 8	0.971 8	0.963 4	0.954 7	0.945 7	0.936 6	0.927 3
88	1.000 0	0.998 8	0.993 9	0.987 4	0.980 0	0.972 1	0.963 8	0.955 2	0.946 4	0.937 3	0.928 1
89	1.000 0	0.998 8	0.994 0	0.987 6	0.980 3	0.972 4	0.964 2	0.955 7	0.947 0	0.938 0	0.929 0
90	1.000 0	0.998 8	0.994 1	0.987 7	0.980 5	0.972 7	0.964 6	0.956 2	0.947 6	0.938 7	0.929 8
91	1.000 0	0.998 8	0.994 1	0.987 8	0.980 7	0.973 0	0.965 0	0.956 7	0.948 2	0.939 4	0.930 5
92	1.000 0	0.998 8	0.994 2	0.988 0	0.980 9	0.973 3	0.965 4	0.957 2	0.948 7	0.940 1	0.931 3
93	1.000 0	0.998 9	0.994 3	0.988 1	0.981 1	0.973 6	0.965 8	0.957 6	0.949 3	0.940 7	0.932 0
94	1.000 0	0.998 9	0.994 3	0.988 2	0.981 3	0.973 9	0.966 1	0.958 1	0.949 8	0.941 4	0.932 8
95	1.000 0	0.998 9	0.994 4	0.988 3	0.981 5	0.974 2	0.966 5	0.958 5	0.950 4	0.942 0	0.933 5
96	1.000 0	0.998 9	0.994 4	0.988 5	0.981 7	0.974 4	0.966 8	0.959 0	0.950 9	0.942 6	0.934 2
97	1.000 0	0.998 9	0.994 5	0.988 6	0.981 9	0.974 7	0.967 2	0.959 4	0.951 4	0.943 2	0.934 9
98	1.000 0	0.998 9	0.994 6	0.988 7	0.982 1	0.975 0	0.967 5	0.959 8	0.951 9	0.943 8	0.935 6
99	1.000 0	0.998 9	0.994 6	0.988 8	0.982 3	0.975 2	0.967 9	0.960 2	0.952 4	0.944 4	0.936 2
100	1.000 0	0.998 9	0.994 7	0.988 9	0.982 4	0.975 5	0.968 2	0.960 6	0.952 9	0.945 0	0.936 9
101	1.000 0	0.998 9	0.994 7	0.989 0	0.982 6	0.975 7	0.968 5	0.961 1	0.953 3	0.945 5	0.937 5
102	1.000 0	0.999 0	0.994 8	0.989 1	0.982 8	0.976 0	0.968 8	0.961 4	0.953 8	0.946 0	0.938 1
103	1.000 0	0.999 0	0.994 8	0.989 3	0.983 0	0.976 2	0.969 1	0.961 8	0.954 3	0.946 6	0.938 8
104	1.000 0	0.999 0	0.994 9	0.989 4	0.983 1	0.976 4	0.969 4	0.962 2	0.954 7	0.947 1	0.939 4
105	1.000 0	0.999 0	0.994 9	0.989 5	0.983 3	0.976 7	0.969 7	0.962 5	0.955 1	0.947 6	0.939 9
106	1.000 0	0.999 0	0.995 0	0.989 6	0.983 4	0.976 9	0.970 0	0.962 9	0.955 6	0.948 1	0.940 5
107	1.000 0	0.999 0	0.995 0	0.989 7	0.983 6	0.977 1	0.970 3	0.963 2	0.956 0	0.948 6	0.941 1
108	1.000 0	0.999 1	0.995 1	0.989 7	0.983 7	0.977 3	0.970 6	0.963 6	0.956 4	0.949 1	0.941 6
109	1.000 0	0.999 1	0.995 1	0.989 8	0.983 9	0.977 5	0.970 8	0.963 9	0.956 8	0.949 6	0.942 2
110	1.000 0	0.999 1	0.995 2	0.989 9	0.984 0	0.977 7	0.971 1	0.964 2	0.957 2	0.950 0	0.942 7
111	1.000 0	0.999 1	0.995 2	0.990 0	0.984 2	0.977 9	0.971 4	0.964 6	0.957 6	0.950 5	0.943 2
112	1.000 0	0.999 1	0.995 2	0.990 1	0.984 3	0.978 1	0.971 6	0.964 9	0.958 0	0.950 9	0.943 7
113	1.000 0	0.999 1	0.995 3	0.990 2	0.984 5	0.978 3	0.971 9	0.965 2	0.958 4	0.951 4	0.944 3
114	1.000 0	0.999 1	0.995 3	0.990 3	0.984 6	0.978 5	0.972 1	0.965 5	0.958 7	0.951 8	0.944 7
115	1.000 0	0.999 1	0.995 4	0.990 4	0.984 7	0.978 7	0.972 4	0.965 8	0.959 1	0.952 2	0.945 2
116	1.000 0	0.999 1	0.995 4	0.990 5	0.984 9	0.978 9	0.972 6	0.966 1	0.959 5	0.952 6	0.945 7
117	1.000 0	0.999 1	0.995 4	0.990 5	0.985 0	0.979 1	0.972 8	0.966 4	0.959 8	0.953 0	0.946 2
118	1.000 0	0.999 1	0.995 5	0.990 6	0.985 1	0.979 2	0.973 1	0.966 7	0.960 1	0.953 4	0.946 6
119	1.000 0	0.999 1	0.995 5	0.990 7	0.985 3	0.979 4	0.973 3	0.967 0	0.960 5	0.953 8	0.947 1

χ^2 分布分位数表如附表 3 所列。

附表 3 χ^2 分布分位数表

$$\chi_P^2(\nu): \int_0^{\chi^2} \frac{1}{2\Gamma(\nu/2)}(\chi^2/2)^{\nu/2-1} e^{-\chi^2/2} d\chi^2 = P$$

ν	P									
	0.000 5	0.001 0	0.002 5	0.005 0	0.010 0	0.020 0	0.025 0	0.050 0	0.100 0	0.150 0
1	0.000 00	0.000 00	0.000 01	0.000 04	0.000 16	0.000 63	0.000 98	0.003 93	0.015 79	0.035 77
2	0.001 00	0.002 00	0.005 01	0.010 03	0.020 10	0.040 41	0.050 64	0.102 59	0.210 72	0.325 04
3	0.015 28	0.024 30	0.044 94	0.071 72	0.114 83	0.184 83	0.215 80	0.351 85	0.584 37	0.797 77
4	0.063 92	0.090 80	0.144 37	0.206 99	0.297 11	0.429 40	0.484 42	0.710 72	1.063 62	1.366 48
5	0.158 14	0.210 21	0.307 48	0.411 74	0.554 30	0.751 89	0.831 21	1.145 48	1.610 31	1.993 82
6	0.299 41	0.381 07	0.526 57	0.675 73	0.872 09	1.134 42	1.237 34	1.635 38	2.204 13	2.661 27
7	0.484 87	0.598 49	0.794 47	0.989 26	1.239 04	1.564 29	1.689 87	2.167 35	2.833 11	3.358 28
8	0.710 38	0.857 10	1.104 26	1.344 41	1.646 50	2.032 48	2.179 73	2.732 64	3.489 54	4.078 20
9	0.971 70	1.151 95	1.450 14	1.734 93	2.087 90	2.532 38	2.700 39	3.325 11	4.168 16	4.816 52
10	1.264 98	1.478 74	1.827 40	2.155 86	2.558 21	3.059 05	3.246 97	3.940 30	4.865 18	5.570 06
11	1.586 85	1.833 85	2.232 14	2.603 22	3.053 43	3.608 69	3.815 75	4.574 81	5.577 78	6.330 43
12	1.934 38	2.214 21	2.661 18	3.073 82	3.570 57	4.178 29	4.403 79	5.226 03	6.303 80	7.113 84
13	2.305 06	2.617 22	3.111 88	3.565 03	4.106 92	4.765 15	5.008 75	5.891 86	7.041 50	7.900 84
14	2.696 73	3.040 67	3.582 02	4.074 67	4.660 43	5.368 20	5.628 73	6.570 63	7.789 53	8.696 30
15	3.107 52	3.482 68	4.069 73	4.600 92	5.229 35	5.984 92	6.262 14	7.260 94	8.546 76	9.499 28
16	3.535 81	3.941 63	4.573 41	5.142 21	5.812 21	6.614 24	6.907 66	7.961 65	9.312 24	10.309 02
17	3.930 18	4.416 09	5.091 67	5.697 22	6.407 76	7.255 00	7.564 19	8.671 76	10.085 19	11.124 86
18	4.439 39	4.904 85	5.623 34	6.264 80	7.014 91	7.906 22	8.230 75	9.390 46	10.864 94	11.946 25
19	4.912 34	5.406 82	6.167 36	6.843 97	7.602 73	8.567 04	8.906 52	10.117 01	11.650 91	12.772 72
20	5.398 07	5.921 04	6.722 82	7.433 84	8.260 40	9.236 70	9.590 78	10.850 81	12.442 61	13.603 86
21	5.895 70	6.446 68	7.288 92	8.033 65	8.897 20	9.914 56	10.282 90	11.591 31	13.239 60	14.439 31
22	6.404 47	6.982 97	7.864 93	8.642 72	9.542 49	10.600 03	10.982 32	12.338 01	14.041 49	15.278 75
23	6.923 68	7.529 24	8.450 21	9.260 42	10.195 72	11.292 60	11.688 55	13.090 51	14.847 96	16.121 92
24	7.452 69	8.084 88	9.044 18	9.886 23	10.856 36	11.991 82	12.401 15	13.848 43	15.658 68	16.968 56
25	7.990 96	8.649 34	9.646 33	10.519 65	11.523 98	12.697 27	13.119 72	14.611 41	16.473 41	17.818 45
26	8.537 95	9.222 13	10.256 18	11.160 24	12.198 15	13.408 58	13.843 90	15.379 16	17.291 88	18.671 39
27	9.093 20	9.802 78	10.873 31	11.807 59	12.878 50	14.125 42	14.573 38	16.151 40	18.113 90	19.527 20
28	9.656 27	10.390 88	11.497 32	12.461 34	13.564 71	14.847 48	15.307 86	16.927 88	18.939 24	20.385 73
29	10.226 78	10.986 05	12.127 87	13.121 15	14.256 45	15.574 48	16.047 07	17.708 37	19.767 74	21.246 82
30	10.804 86	11.587 95	12.764 62	13.786 72	14.953 46	16.306 17	16.790 77	18.492 66	20.599 23	22.110 34
31	11.388 68	12.196 25	13.407 27	14.457 77	15.655 46	17.042 32	17.538 74	19.280 57	21.433 56	22.976 17
32	11.979 43	12.810 65	14.055 55	15.134 03	16.362 22	17.782 71	18.290 76	20.071 91	22.270 59	23.844 19
33	12.576 31	13.430 89	14.709 20	15.815 27	17.073 51	18.527 14	19.046 66	20.866 53	23.110 20	24.714 30
34	13.179 07	14.056 70	15.367 98	16.501 27	17.789 15	19.275 44	19.806 25	21.664 28	23.952 25	25.586 41
35	13.787 45	14.687 85	16.031 67	17.191 82	18.508 93	20.027 43	20.509 38	22.465 02	24.796 65	26.460 42
36	14.401 24	15.324 11	16.700 07	17.886 73	19.232 68	20.782 94	21.335 88	23.268 61	25.643 30	27.336 25
37	15.020 20	15.965 29	17.372 99	18.585 81	19.960 23	21.541 85	22.105 63	24.074 94	26.492 09	28.213 82
38	15.644 14	16.611 19	18.050 24	19.288 91	20.691 44	22.304 01	22.878 48	24.883 90	27.342 95	29.093 07
39	16.272 87	17.261 62	18.731 66	19.995 87	21.426 16	23.069 29	23.654 32	25.695 39	28.195 79	29.973 93
40	16.906 22	17.916 43	19.417 10	20.706 54	22.164 26	23.837 57	24.433 04	26.509 30	29.050 52	30.856 32
41	17.544 01	18.575 44	20.106 40	21.420 78	22.905 61	24.608 75	25.214 52	27.325 55	29.907 59	31.740 10
42	18.186 09	19.238 52	20.799 42	22.138 46	23.650 09	25.382 71	25.998 65	28.144 05	30.765 42	32.625 52
43	18.832 31	19.905 51	21.496 05	22.859 47	24.397 60	26.159 35	26.785 37	28.964 72	31.625 45	33.512 22
44	19.482 53	20.576 29	22.196 14	23.583 69	25.148 03	26.938 59	27.574 57	29.787 48	32.487 48	34.400 24
45	20.136 62	21.250 74	22.899 59	24.311 01	25.901 27	27.720 34	28.366 15	30.612 26	33.350 38	35.289 55
46	20.794 46	21.928 72	23.606 29	25.041 33	26.657 24	28.504 50	29.160 05	31.439 00	34.215 17	36.180 10
47	21.455 92	22.610 13	24.316 13	25.774 56	27.415 85	29.291 01	29.956 20	32.267 62	35.081 43	37.071 85
48	22.120 90	23.294 87	25.029 02	26.510 59	28.177 01	30.079 79	30.754 51	33.098 08	35.949 13	37.966 76
49	22.789 28	23.982 82	25.744 85	27.249 35	28.940 65	30.870 76	31.554 92	33.930 31	36.818 22	38.858 80
50	23.460 97	24.673 91	26.463 55	27.990 75	29.706 68	31.663 86	32.357 36	34.764 25	37.688 65	39.753 93

注：本表对于自由度 ν 和下侧概率 P 给出 χ^2 分布的分位数 $\chi_P^2(\nu)$。

例：对于 $\nu=27$ 和 $P=0.05$，$\chi_P^2(\nu)=16.151\ 40$。

续附表 3

$$\chi_P^2(\nu):\int_0^{\chi^2}\frac{1}{2\Gamma(\nu/2)}(\chi^2/2)^{\nu/2-1}e^{-\chi^2/2}d\chi^2 = P$$

ν	P									
	0.850 0	0.900 0	0.950 0	0.975 0	0.980 0	0.990 0	0.995 0	0.997 5	0.999 0	0.999 5
1	2.072 25	2.705 54	3.841 46	5.023 89	5.411 89	6.634 90	7.879 44	9.140 59	10.827 57	12.115 67
2	3.794 24	4.605 17	5.991 46	7.377 76	7.824 05	9.210 34	10.596 03	11.982 93	13.815 51	15.201 80
3	5.317 05	6.251 39	7.814 73	9.348 40	9.837 41	11.344 87	12.838 16	14.320 85	16.266 24	17.730 00
4	6.744 88	7.779 44	9.487 73	11.143 29	11.667 84	13.276 70	14.860 26	16.423 94	18.466 83	19.997 35
5	8.115 20	9.236 36	11.070 50	12.832 50	13.388 22	15.086 27	16.749 60	18.385 61	20.515 01	22.105 33
6	9.446 10	10.644 64	12.591 59	14.449 38	15.033 21	16.811 89	18.547 58	20.249 40	22.457 74	24.102 80
7	10.747 90	12.017 04	14.067 14	16.012 76	16.622 42	18.475 31	20.277 74	22.040 39	24.321 89	26.017 77
8	12.027 07	13.361 57	15.507 31	17.534 55	18.168 23	20.090 24	21.954 95	23.774 47	26.124 48	27.868 05
9	13.288 04	12.683 66	16.918 98	19.022 77	19.679 02	21.665 99	23.589 35	25.462 48	27.877 16	29.665 81
10	14.533 94	15.987 18	18.307 04	20.483 18	21.160 77	23.209 25	25.188 18	27.112 17	29.588 30	31.419 81
11	15.767 10	17.275 01	19.675 14	21.920 05	22.617 94	24.724 97	26.756 85	28.729 35	31.264 13	33.136 62
12	16.989 31	18.549 35	21.026 07	23.336 66	24.053 96	26.216 97	28.299 52	30.318 48	32.909 49	34.821 27
13	18.201 98	19.811 93	22.362 03	24.735 60	25.471 51	27.688 25	29.819 47	31.883 09	34.528 18	36.477 79
14	19.406 24	21.064 14	23.684 79	26.118 95	26.872 76	29.141 24	31.319 35	33.426 01	36.123 27	38.109 40
15	20.603 01	22.307 13	24.995 79	27.488 39	28.259 50	30.577 91	32.801 32	34.949 59	37.697 30	39.718 76
16	21.793 06	23.541 83	26.296 23	28.845 35	29.633 18	31.999 93	34.267 19	36.455 75	39.252 35	41.308 07
17	22.977 03	24.769 04	27.587 11	30.191 01	30.995 05	33.408 66	35.718 47	37.946 14	40.790 22	42.879 21
18	24.155 47	25.989 42	28.869 30	31.526 38	32.346 16	34.805 31	37.156 45	38.422 15	42.312 40	44.433 77
19	25.328 85	27.203 57	30.143 53	32.852 33	33.687 43	36.190 87	38.582 26	40.884 97	43.820 20	45.973 12
20	26.497 58	28.411 98	31.410 43	34.169 61	35.019 63	37.566 23	39.996 85	42.335 66	45.314 75	47.498 45
21	27.662 01	29.615 09	32.670 57	35.478 88	36.343 45	38.932 17	41.401 06	43.775 12	46.797 04	49.010 81
22	28.822 45	30.813 28	33.924 44	36.780 71	37.659 50	40.289 36	42.795 65	45.204 15	48.267 94	50.511 12
23	29.979 19	32.006 90	35.172 46	38.075 63	38.968 31	41.638 40	44.181 28	46.623 46	49.728 23	52.000 19
24	31.132 46	33.196 24	36.415 03	39.364 08	40.270 36	42.979 82	45.558 51	48.033 69	51.178 60	53.478 75
25	32.282 49	34.381 59	37.652 48	40.646 47	41.566 07	44.314 10	46.927 89	49.435 40	52.619 66	54.947 46
26	33.429 47	35.563 17	38.885 14	41.923 17	42.855 83	45.641 68	48.289 88	50.829 11	54.051 96	56.406 89
27	34.573 58	36.741 22	40.113 27	43.194 51	44.139 99	46.962 94	49.644 92	52.215 27	55.476 02	57.857 59
28	35.714 99	37.915 92	41.337 14	44.460 79	45.418 85	48.278 24	50.993 38	53.594 31	56.892 29	59.300 03
29	36.853 83	39.087 47	42.556 97	45.722 29	46.692 70	49.587 88	52.335 62	54.966 60	58.301 17	60.734 65
30	37.990 25	40.256 02	43.772 97	46.979 24	47.961 80	50.892 18	53.671 96	56.332 50	59.703 06	62.161 85
31	39.124 37	41.421 74	44.985 34	48.231 89	49.226 40	52.191 39	55.002 70	57.692 32	61.098 31	63.582 01
32	40.256 30	42.584 75	46.194 26	49.480 44	50.486 70	53.485 77	56.328 11	59.046 35	62.487 22	64.995 46
33	41.386 14	43.745 18	47.399 88	50.725 08	51.742 92	54.775 54	57.648 45	60.394 88	63.870 10	66.402 51
34	42.513 99	44.903 16	48.602 37	51.966 00	52.995 24	56.060 91	58.963 93	61.738 14	65.247 22	67.803 46
35	43.639 94	46.058 79	49.801 85	53.203 35	54.243 83	57.342 07	60.274 77	63.076 37	66.618 83	69.198 56
36	44.764 07	47.212 17	50.998 46	54.437 29	55.488 86	58.619 21	61.581 18	64.409 79	67.985 17	70.588 07
37	45.886 45	48.363 41	52.192 32	55.667 97	56.730 47	59.892 50	62.883 34	65.738 59	69.346 45	71.972 22
38	47.007 17	49.512 58	53.383 54	56.895 52	57.968 80	61.162 09	64.181 41	67.062 96	70.702 89	73.351 23
39	48.126 28	50.659 77	54.572 23	58.120 06	59.203 98	62.428 12	65.475 57	68.383 08	72.054 66	74.725 29
40	49.243 85	51.805 06	55.758 48	59.341 71	60.436 13	63.690 74	66.765 96	69.699 11	73.401 96	76.094 60
41	50.359 94	52.948 51	56.942 39	60.560 57	61.665 38	64.950 07	68.052 73	71.011 20	74.744 94	77.459 34
42	51.474 59	54.090 20	58.124 04	61.776 76	62.891 81	66.206 24	69.336 00	72.319 50	76.083 76	78.819 66
43	52.587 87	55.230 19	59.303 51	62.990 36	64.115 54	67.459 35	70.615 90	73.624 14	77.418 58	80.175 73
44	53.699 82	56.368 54	60.480 89	64.201 46	65.336 67	68.709 51	71.892 55	74.925 25	78.749 52	81.527 69
45	54.810 49	57.505 30	61.656 23	65.410 16	66.555 27	69.956 83	73.166 06	76.222 95	80.076 73	82.875 69
46	55.919 91	58.640 54	62.829 62	66.616 53	67.771 43	71.201 40	74.436 54	77.517 35	81.400 33	84.219 85
47	57.028 14	59.774 29	64.001 11	67.820 65	68.985 24	72.443 31	75.704 07	78.808 56	82.720 42	85.560 30
48	58.135 20	60.906 61	65.170 77	69.022 59	70.196 76	73.682 64	76.968 77	80.096 68	84.037 13	86.897 15
49	59.241 14	62.037 65	66.338 65	70.222 41	71.406 08	74.919 47	78.230 71	81.381 82	85.350 56	88.230 52
50	60.345 99	63.167 12	67.504 81	71.420 20	72.613 25	76.153 89	79.489 98	82.664 05	86.660 82	89.560 52

注:本表对于自由度 ν 和下侧概率 P 给出 χ^2 分布的分位数 $\chi_P^2(\nu)$。

例:对于 $\nu=1$ 和 $P=0.95$,$\chi_P^2(\nu)=3.841\ 46$。

BIT 信息表如附表 4 所列。

附表 4　BIT 信息表

机型_____　　　编号_____　　　　　　　　　　　　　　填表人_____　　日期_____
系统/设备名称_____　型号_____　　　　　　　　　　　　审核人_____　　日期_____
起飞前加电 BIT 运行时间:有故障时_____　无故障时_____

序号	累积工作小时/架次	故障模式/代码	空中/地面	BIT 显示报警记录			CND	FA	故障隔离			隔离时间	RTOK	BIT 故障	备注
				周期 BIT	加电/启动 BIT	维修/BIT			1个 RU	2个 RU	好的 RU				

注:
1　系统、设备有故障时,或 BIT 报告(显示、告警、记录)有故障时,均要记录。
2　故障模式、代码与其他故障报表一致。
3　CND——外场地面测试不能复现;FA——虚警;RTOK——二、三级维修时重测合格;RU——可更换单元。

BIT 信息统计汇总表如附表 5 所列。

附表 5 BIT 信息统计汇总表

机型_____ 编号_____ 型号_____
系统/设备名称_____

累积工作小时/架次	发生故障总次数	BIT 报告故障次数			未检测次数	虚警次数	故障隔离次数			未隔离次数	CND 次数	RTOK 次数	BIT 故障次数	备注
		周期 BIT	加电/启动 BIT	维修 BIT			1 个 RU	2 个 RU	好的 RU					

参数	BIT 故障检测率			虚警率	BIT 故障隔离率			平均隔离时间	CND 率	RTOL 率	λ_{FA}	λ_{BIT}
	γ_{DP}	γ_{DO}	γ_{DM}	γ_{FA}	γ_{I1}	γ_{I2}	γ_{IE}		γ_{CN}	γ_{RT}		
点估计												
下限 (90 %) 估计												

统计制表人_____ 日期_____
审 核 人_____ 日期_____

常用英文缩略语

ACARS	Aircraft Communication Addressing and Reporting System	飞机通信询问与报告系统
ADC	Air Data Computer	大气数据计算机
AIAA	American Institute of Aeronautics and Astronautics	美国航空与航天学会
AIDS	Aircraft Integrated Data System	飞机综合数据系统
ATA	Air Transport Association	航空运输协会
ATC	Air Traffic Control	航空交通管制
ATE	Automatic Test Equipment	自动测试设备
ATG	Automatic Test Generation	自动测试生成
BCS	Bench Checked-Serviceable	台检可工作
BILBO	Built-In Logic Block Observer	内置逻辑块观察器
BIT	Built-In Test	机内测试
BITD	Built-In Test Device	机内测试器件
BITE	Built-In Test Equipment	机内测试设备
CAD	Computer Aided Design	计算机辅助设计
CDU	Control Display Unit	控制显示单元
CFDIU	Central Fault Display Interface Unit	中央故障显示接口装置
CFDR	Critical Fault Detection Rate	关键故障检测率
CFDS	Central Fault Display System	中央故障显示系统
CI	Configuration Item	技术状态项目
CITS	Central Integrated Test System	中央综合测试系统
CMC	Central Maintenance Computer	中央维修计算机
CMCS	Central Maintenance Computer System	中央维修计算机系统
CND	Cannot Duplicate	不能复现
CNDR	Cannot Duplicate Rate	不能复现率
CPU	Central Processing Unit	中央处理单元
CRC	Cyclic Redundancy Check	循环冗余校验法
CUT	Circuit Under Test	被测电路
DFDRS	Digital Flight Data Record System	数字式飞行数据记录系统
EDCC	Error Detection And Correction Codes	错误检测与校正码
EFIS	Electronic Figure Indication System	电子仪表显示系统

EICAS	Engine Indication and Crewman Alarm System	发动机指示与机组报警系统
EIU	External Interface Unit	接口装置
EO	Electro-Optical	光电
EPROM	Electrically Programmable Read-Only Memory	电可编程只读存储器
ETE	External Test Equipment	外部测试设备
FA	False Alarm	虚警
FAR(r_{FA})	False Alarm Rate	虚警率
FCC	Flight Control Computer	飞控计算机
FD	Fault Detection	故障检测
FDR(r_{FD})	Fault Detection Rate	故障检测率
FDS	Fault Diagnosis System	故障诊断子系统
FDT(t_{FD})	Fault Detection Time	故障检测时间
FF	Flip-Flop	触发器
FFD	Fraction of Faults Detected	故障检测百分数
FFP	Fraction of False Pull	误拆率
FI	Fault Isolation	故障隔离
FIR(r_{FI})	Fault Isolation Rate	故障隔离率
FIT(t_{FI})	Fault Isolation Time	故障隔离时间
FMEA	Failure Mode and Effects Analysis	故障模式影响分析
FMECA	Failure Mode, Effects and Criticality Analysis	故障模式影响及危害性分析
FMS	Fault Monitor System	故障监控系统
FRACAS	Fault Report, Analysis, and Correct Action System	故障报告、分析和纠正措施系统
FTA	Fault Tree Analysis	故障树分析
GCU	Generator Control Unit	发电机控制装置
GMR	Good Machine Responses	正常响应
HDD	Head Down Display	下视显示器
HUD	Head Up Display	平视显示器
IBIT(I-BIT)	Initiated BIT	启动BIT
iBITSM	Intelligent Bit And Stress Measurement	智能BIT和应力测量
IC	Integrated Circuit	集成电路
ICP	Integrated Control Panel	综合控制面板
ID	Interface Device	接口装置
IDS	Integrated Display System	综合显示系统
IDSS	Integrated Diagnosis And Support System	综合诊断保障系统

INS	Inertial Navigation System	惯性导航系统
LCC	Life Cycle Costs	寿命周期费用
LRM	Line Replaceable Module	外场可更换模块
LRU	Line Replaceable Unit	外场可更换单元
LSI	Large Scale Integrated circuit	大规模集成电路
MAT	Maintenance Access Terminal	维修存取终端
MBIT	Maintenance BIT	维修 BIT
MBRT	Mean BIT/ETE Running Time	平均 BIT/ETE 运行时间
MC	Mission Computer	任务计算机
MCDP	Maintenance Control and Display Panel	维修控制显示板
MCDU	Multiple Control and Display Unit	多功能控制与显示装置
MCSP	Mission Completion Success Probability	任务成功概率
MDT	Mean Down Time	平均不能工作时间
MFDT	Mean Fault Detection Time	平均故障检测时间
MFIT	Mean Fault Isolation Time	平均故障隔离时间
MFL	Maintenance Fault List	维修故障清单
MISR	Multiple Input Signature Register	多输入信号特征寄存器
MMH	Mean Maintenance Hour	平均维修工时
MTBF	Mean Time Between Failure	平均故障间隔时间
MTBM	Mean Time Between Maintenance	平均维修间隔时间
MTTR($\overline{M}_{ct}$)	Mean Time To Repair	平均修复时间
MUX	Multiplex	多路复用
ND	Navigation Display	导航显示器
OMS	On-board Maintenance System	机载维修系统
PBIT(P-BIT)	Periodic BIT	周期 BIT
PU-BIT	Power on BIT	加电 BIT
PCB	Printed Circuit Board	印刷电路板
PFD	Primary Flight Display	主飞行显示器
PFL	Pilot Fault List	飞行员故障清单
PROM	Programmable Read-Only Memory	可编程序的只读存储器
PRPG	Pseudorandom Pattern Generator	伪随机模式发生器
psi	Pounds per Square Inch	磅/平方英寸
RAM	Random Access Memory	随机存储器
RDT&E	Research Development Test And Evaluation	研究、发展、试验与评定
RF	Radio Frequency	射频
RMS	Root-Mean-Square	均方根
ROM	Read-Only Memory	只读存储器

rpm	Revolutions Per Minute	转数/分
RTOK	Retest Okay	重测合格
RTOKR	Retest Okay Rate	重测合格率
SIT	System Integrate Test	系统综合测试
SRU	Shop Replaceable Unit	车间可更换单元
ST	System Test	系统测试
STAMP	System Test And Maintenance Program	系统测试与维修程序
TAP	Test Access Port	测试存取端口
TAR	Test Accuracy Ratio	测试精度比
TCK	Test Clock	测试时钟
TDI	Test Data Input	测试数据输入
TDO	Test Data Output	测试数据输出
TE	Test Equipment	测试设备
TMS	Test Mode Selection	测试方式选择
TP	Test Point	测试点
TPI	Test Program Illumination	测试程序说明
TPS	Test Program Set	测试程序接口组合
TRD	Test Requirements Document	测试要求文件
TRST	Test Reset	测试复位
TSMD	Time Stress Measurement Devices	时间应力测量装置
TTL	Transistor-Transistor Logic	晶体管-晶体管逻辑
UUT	Unit Under Test	被测单元
VLSI	Very Large Scale Integration circuit	超大规模集成电路
VSM	Video Selection Module	视频选择模块
WDT	Watch-Dog Timer	看门狗计时器
WRA	Weapon Replaceable Assembly	武器可更换组件
ZIF	Zero Insertion Force	无插拔力

参考文献

[1] GJB 2547—95 装备测试性大纲.
[2] GJB 3385—98 测试与诊断术语.
[3] GJB 2072—94 维修性试验与评定.
[4] GJB /Z57—94 维修性分配与预计手册.
[5] GJB 451—90 可靠性维修性术语.
[6] GJB 1909 装备可靠性维修性参数选择与指标确定要求.
[7] GJB 368A—94 装备维修性通用大纲.
[8] GJB 1378—92 装备预防性维修大纲的制订要求与方法.
[9] GJB 1391—92 故障模式、影响及危害性分析程序.
[10] GJB /Z89—97 电路容差分析指南.
[11] GJB /Z91—97 维修性设计技术手册.
[12] 章国栋,陆廷孝,屠庆慈,等. 系统可靠性与维修性的分析与设计. 北京:北京航空航天大学出版社,1990.
[13] 曾天翔. 电子设备测试性及诊断技术. 北京:航空工业出版社,1995.
[14] 甘茂治. 维修性设计与验证. 北京:国防工业出版社,1995.
[15] 田仲. 系统可测试性设计与分析. 北京:北京航空航天大学可靠性工程研究所,1993.
[16] 姚一平,李沛琼. 可靠性及余度技术. 北京:航空工业出版社,1991.
[17] 丁定浩. 可靠性与维修性工程. 北京:电子工业出版社,1986.
[18] 王熙珍. 可靠性、冗余及容错技术. 北京:航空工业出版社,1991.
[19] 陈廷槐,陈光熙. 数字系统的诊断与容错. 北京:国防工业出版社,1981.
[20] [日]猪濑博. 计算机系统的高可靠性技术. 尤国峻,肖俊选,译. 北京:国防工业出版社,1985.
[21] [美]布鲁尔 Ｍ Ａ,费里德曼 Ａ Ｄ. 数字系统的诊断和可靠性设计. 沈理,董一仁,译. 北京:人民邮电出版社,1983.
[22] 杨士元. 模拟系统的故障诊断与可靠性设计. 北京:清华大学出版社,1993.
[23] 何国伟. 机电产品的可靠性. 上海:上海科学技术出版社,1989.
[24] 杨士元. 数字系统的故障诊断与可靠性设计. 北京:清华大学出版社,2000.
[25] 唐泳洪. 系统可靠性故障诊断及容错. 重庆:重庆大学出版社,1990.
[26] 何国伟,戴慈庄. 可靠性试验技术. 北京:国防工业出版社,1995.
[27] 潘心德. 机载雷达 BIT 技术. 现代雷达,1982(3).
[28] 胡涛,吕炳朝,陈光福. 基于粗糙集理论的旋转机械故障诊断方法研究. Proceeding of the 3rd world Congress on Intelligent Control and Automation,合肥,2000:685-689.
[29] 牛佩翼. 余度管理中故障监控门限值选取. 航空学报,1992(1).
[30] 田仲. 测试性分配方法研究. 北京航空航天大学学报,1999,25(5).
[31] 高津生,达乌德·艾特·卡迪. 基于故障树分析的故障诊断. 第二届 RMS 年会,北京,1994.
[32] 毕正良. 电子模拟电路故障自动检测法. 第七届战术导弹武器系统可靠性工程应用交流会论文集,1997.
[33] [俄]沃罗比耶夫 Ｂ Γ. 航空设备的技术使用. 王福龄,译. 北京:空军第一研究所,1996.

[34] 胡昌寿. 可靠性——设计试验分析管理. 北京:宇航出版社,1988.

[35] MIL—STD—2165 Testability Program for Electronic Systems and Equipments, 1985.

[36] MIL—STD—1309C Definition of Terms for Test, Measurement and Diagnostic Equipment,1983.

[37] MIL—STD—471A Maintainability Verification / Demonstration / Evaluation,1978.

[38] MIL—STD—2165A Testability Program for Systems and Equipments,1993.

[39] MIL—STD—1591A Command, Control and Communications (C^3) System & Component Fault Diagnosis Subsystems, Analysis/ Synthesis of,1978.

[40] MIL—STD—2076(As) Unit Under Test Compatibility with Automatic Test Equipment General Requirements for,1991.

[41] MIL—STD—2077(As) General Requirements Test Program Sets,1987.

[42] MIL—STD—471A Interim Notice 2, Demonstration and Evaluation of Equipment/System Built-in Test/External Test /Fault Isolation/Testability Attributes and Requirements,1978.

[43] Murn S J. R/M/T Design for Fault Tolerance, Technical Manager's Design Implementation Guide. ADA 215531,1989.

[44] Michael Davis, Sonny Kwan, Tony Holzer. CADBIT II——Computer-Aided Design for Built-in Test,1993,RL—TR—93—117,Vol, Vol2.

[45] Andreas Steininger. Testing and Built-in Test-A Survey, Journal of System architecture,2000(46): 721-747.

[46] Vishwani D Agrawal. Design of Mixed-Signal Systems for Testability. INTEGERATION, the VLSI Journal,1998(26):141-150.

[47] Anthony Coppola. A Design Guide for Built-in Test (BIT). ADA 069384,1979.

[48] Donald H Lord, George A Walz, Stan Green. Design Guidelines and Optimization Procedures for Test Subsystem Design. ADA 087059,1980.

[49] Sperry Corporation. Design Guide Built-in Test (BIT) and Built-in Test Equipment (BITE) for Amy Missiles Systems. ADA 101130,1981.

[50] Adel A Aly. Performance Models of Testability. ADA 146255,1984.

[51] Jerome Klion. A Rationale and Approach for Defining and Structuring Testability Requirements. ADA 162617,1985.

[52] Seymour F M, Preston R M, Anthony J F, et al. RADC Reliability Engineer's Toolkit. ADA 215977, 1989.

[53] George Neumann, George Barthleghi, et al. A Contractor Program Manager's Testability/Diagnostics Guide. ADA 222733,1990.

[54] DOD—STD—1701(NS) Hardware Diagnostic Test System Requirements,1985.

[55] Byron J, Deight L, Stratton G. RADC Testability Notebook. ADA 118881,1982.

[56] George Neumann, Goorage Barthelenghi. A Government Program Manager's Testability and Diagnostics Guide. ADA 208917,1989.

[57] Tager R. Integrated Diagnostics: Extension of Testability. 1986 Proceedings Annual R& M Symposium,1986:248-251.

[58] Dale W Richards. Smart BIT. 1987 Proceedings Annual R&M Symposium ,1987:31-33.

[59] PliskaT F, JowF L, Angus J E. BIT/External Test Figures of Merit and Demonstration Techniques. ADA 081128,1979.

[60] William R Simpson, John H Bailey, Katherine B Barto. Eugene Esker.

[61] Paul F Goree. F/A—18 NA/APG—65 Radar Case Study Report. ADA 142103,1983.

[62] Paul F Goree. F—16 APG—66 Fire Control Radar Case Study Report. ADA 142075,1983.

[63] Ierome Klion. A Rational and Approach for Defining and Structuring Testability Requirements. ADA 162617,1985.

[64] David M B, Brian A K. Automated Testability Decision Tool. ADA 241865,1991.

[65] Simpson W R. STAMP Testability and Fault Isolation Application, 1981—1984. Proceedings of the 1984 IEEE Auto testcon Conference, Washington D. C,1984.

[66] Allen D, Joe E, Fleming R, et al. Testability Allocation and Program Monitoring for Fault–Tolerant System Prior to Detailed Design. Proc. 1987 AUTOTESTCON,1987:441-446.

[67] Bellehsan D M, Kelley B A, Hanania A M. A System Testability Top–Down Appointment Method. NAECON'90,1990.

[68] Thompson K. Tkree Phases of Testability. AIAA88—4454.

[69] Neumann G, Barthlenghi G. Testability/Diagnostics Design Encyclipedia. ADA 230067,1990.

[70] Press R E, Keller M E. Testability Design Rating System: Testability Handbook. ADA 254333,1992.

[71] Richard Unkle. Testability Design and Assessments Tools. Reliability Analysis Center,1991.

[72] Consolla W M, Danner F G. An Objective Printed Circuit Board Testability Design Guide and Rating System,1980,RADC—TR—79—327.

[73] Cohn M, Ott G. Design of Adaptive Procedure for Fault Detection and Isolation. IEEE trans,1971, Rel. Vol. R—20.

[74] Cihan Tinaztepe. Automatic Test Design. ADA 056660, 1978.

[75] Harry H Dill. Test Program Sets–A New Approach. AUTOTESTCON, 1990:63-69.

[76] Theodore J Sheskin. Fault Diagnosis With Imperfect Tests. IEEE trans,1981, Rel. Vol. R—30. No. 2.

[77] Robert M S, Juline M E, Arthur W P. Reliability /Maintainability/Testability Design for Dormancy. ADA 202704,1988.

[78] Harold S B, William R S. Testability/Fault Isolation by Adaptive Strategy. 1983 Proceedings Annual R & M Symposium,1983:344-350.

[79] Donald E T, Richard Lovless. Built–in Test and External Tester Reliability Characteristics. ADA 083488, 1980.

[80] Guidance for Design and Use of Built–in Test Equipment. ARINC Report 604, 1986.

[81] John C C, Walter A L, et al. Test and Evaluation of System Reliability Availability Maintainability. ADA 120261,1982.

[82] Ken Derbyshire, Grover Bramhall, Tom Hait. On Board Test System Design Guide. ADA 112301, 1981.

[83] Henry R Hegner. An Approach to Built–in Test and On–line Monitoring for Shipboard Nonelectronic Systems. Proceedings AUTCTESTCDN'84,1984:186-196.

[84] Rhine Jager. A Systematic Approach to Designing for Testability. 1984 Proceedings Annual R & M Symposium, 1984.

[85] Pulazzo C, Rosenfeld M. Avionics Built–in Test Effectiveness & Life Cycle Cost. AIAA—83—2448, 1983.

[86] George S, Krause Jr. Microprocessing to Reduce MTTR for Analog Systems. 1984 Proceeding Annual R & M Symposium,1984:505.

[87] Jerold L Weiss, James C Deckert, Kerin B Kelly. Analysis and Demonstration of Diagnostic Performance in Modern Electronic Systems. ADA 241621,1991.

[88] Plice W A. Built-in Test Techniques for Digital Flight Control Systems. ADA 041042.
[89] Eric Gould. Serial Replacement Maintenance Philosophies and Multiple-Failure Diagnostic Strategies: A Marriage of Multiple-Fault Integrity and Common Cause Sensibility. AUTOTESTCON'97, 1997: 446-454.
[90] Pete Bukovjan, Meryem Marzouki, Walid Maroufi. Design for Testability Reuse in Synthesis for Testability. Proceeding XII Symposium on Integrated Circuits and System Design, 1999.
[91] William R Simposon, Harold S Balaban. The ARINC Research System Testability and Maintenance Program (STAMP). 1982 AUTOTESTCON, 1982: 88-95.
[92] Simpson W R, Agre J R. Adaptive Fault Isolation with Learning. 1983 AUTOTESTCON, 1983: 331-335.
[93] Harold S Balaban, William R Simpson. Testability/Fault Isolation by Adaptive Strategy. 1983 Proceedings Annual R&M Symposium, 1983: 344-350.
[94] Ronald E Collett, Peter W Bachant. Integration of BIT Effectiveness with FMEA. 1984 Proceedings Annual R&M Symposium, 1984: 300-305.
[95] Pramod K V, Carlos R P, et al. Application of Information Theory to Sequential Fault Diagnosis. IEEE Trans. on Comput, 1982, Vol. C—31: 164-170.
[96] David M B, Brian A K, Alony M H. A System Testability "Top-Down" Apportionment Method. AUTOTESTCON'90, 1990: 451-463.
[97] Stan Ofsthun. An Approach to Intelligent Integrated Diagnostic Design Tools. Proc. AUTOTESTCON, 1991.
[98] Anthony J Feduccia. Reliability Engineer's Toolkit, 1993.
[99] Lord D H, Gleason D. Design and Evaluation Methodology for Built-in Test. IEEE Trans. Reliability, 1981, Vol. R—30, No. 3.
[100] Roger K Nicholson, Kenneth W Whitfied. Flight Testing of the Boeing 747—400 Central Maintenance Computer System, 1990.
[101] Tekry Garris. Use of B747—400 Central Maintenance Computer System for Maintenance and Fault Isolation. Boeing Company, 1988.
[102] John G Malcolm, Richard W Highland. Analysis of Built-in Test(BIT) False Alarm, RADC—TR—81—220. ADA 108752, 1981.
[103] Walter C Merrill, John C Delaat, william M Bruton. Advanced Detection, Isolation, and Accommodation of Sensor Failures-Real-Time Evaluation. NASA—2740, 1987.
[104] Kenneth A Haller, John D Zbytniewski, Ken Anderson. Smart Built-in-Test (BIT). IEEE AUTOTESTCON, 1985: 140-147.
[105] John Zbytniewski, Ken Anderson. Smart BIT—2: Adding Intelligence to Built-in Test. IEEE NAECON, Proceedings, 1989: 2035-2041.
[106] Stuart P Broadwater, Edward A Cockey. Time Stress Measurement Device use for On-Board Diagnostic Support. AUTOTESTCON 93, 1993.
[107] Charles Cooper, Kenneth A Haller, Victor G Zourides, et al. Smart BIT/TSMD Integration. ADA 247192, 1992.
[108] William R Simpson, John W Sheppard. Analysis of False Alarms During System Design. IEEE NAECON, 1992.
[109] Albert J, Partridge M, Fennell T, et al. Built-in Test Verification Techniques. Proceedings Annual R&M Symposium, 1986: 252-257.

[110] Anderson J M, Laskey J M. The Enemy is FA, CND and RTOK. AUTOTESTCON 88, 1988:185-189.

[111] Malcolm J G. BIT False Alarm: An Important Factor in Operational Readiness. Proceeding Annual R & M Symposium, 1982:206-212.

[112] Liese M Elerin, Joseph C Hintz, Frederick W Aylstock, et al. Using Neural Networks to Improve Built-in Test. AIAA—95—0993—CP,1995:280-290.

[113] Daric R Benioquez, David C Witterid. Built-in Test Adequacy-Evaluation Methodology for An Air-Vehicle System. Proceedings Annual R&M Symposium, 1995:290-295.

[114] Joseph A, George W. A Testability-Dependent Maintainability-prediction Technique. Proceedings Annual R&M Symposium,1992.

[115] Garrol W H, Linden V A, Walao C R. Diagnostic Specification A Boposed Approach. IEEE Trans R, 1981, R—30 (3).

[116] Malcolm J G. Practical Application of Bayes Formulas. Proceedings Annual R&M Symposium, 1983: 180-186.

[117] Albert J H, Partridge M J, Spillman R J. Built-in Test Verification Techniques. ADA 182335.